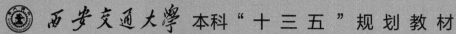

西安交通大学 本科"十三五"规划教材

普通高等教育能源动力类专业"十三五"规划教材

回转压缩机

（第3版）

主编 束鹏程 邢子文 曹 锋

西安交通大学出版社
XI'AN JIAOTONG UNIVERSITY PRESS

内容提要

回转压缩机是一种主要靠回转运动实现气体压缩的容积式压缩机,它作为气体的压缩机械用于制冷空调、空气压缩及各种气体压缩,广泛应用于国民经济各个领域。许多种类的回转压缩机都是依靠机件的啮合产生容积变化以实现气体压缩,书中首先讲述了啮合基础,然后阐述与分析了回转压缩机工作的热力过程,对其热力过程进行建模和数值仿真,并简单介绍了常用分析软件的使用;讲述了螺杆压缩机、单螺杆压缩机、涡旋压缩机、罗茨鼓风机及齿式压缩机、滚动活塞压缩机、滑片压缩机等常见机型的工作原理、设计要点、结构特点及应用范围,还就物联网技术在压缩机领域的应用作了简单介绍。

本书可作为高等学校能源动力类本科专业教材以及相关专业本科生、研究生的教学参考书,也可作为继续教育的培训教材,还可作为有关领域工程技术人员的参考资料。

图书在版编目(CIP)数据

回转压缩机 / 束鹏程,邢子文,曹锋主编. —3 版. —西安:西安交通大学出版社,2020.7(2024.1 重印)
西安交通大学本科"十三五"规划教材　普通高等教育能源动力类"十三五"规划教材
ISBN 978 - 7 - 5693 - 1231 - 7

Ⅰ. ①回⋯　Ⅱ. ①束⋯ ②邢⋯ ③曹⋯　Ⅲ. ①回转式压缩机-高等学校-教材　Ⅳ. ①TH455

中国版本图书馆 CIP 数据核字(2019)第 127183 号

书　　名	回转压缩机
主　　编	束鹏程　邢子文　曹　锋
责任编辑	田　华
出版发行	西安交通大学出版社
	(西安市兴庆南路 1 号　邮政编码 710048)
网　　址	http://www.xjtupress.com
电　　话	(029)82668357　82667874(市场营销中心)
	(029)82668315(总编办)
传　　真	(029)82668280
印　　刷	西安日报社印务中心
开　　本	787mm×1092mm　1/16　　印张　20.625　　字数　499 千字
版次印次	2020 年 7 月第 3 版　　2024 年 1 月第 3 次印刷
书　　号	ISBN 978 - 7 - 5693 - 1231 - 7
定　　价	52.00 元

如发现印装质量问题,请与本社市场营销中心联系。
订购热线:(029)82665248　(029)82667874
投稿热线:(029)82664954　QQ:190293088
读者信箱:190293088@qq.com

前　言

20世纪70年代末,我国改革开放伊始,教材紧缺是全国高校的当务之急,《回转式压缩机》是根据1978年4月中华人民共和国第一机械工业部高等学校对口专业教材座谈会精神制定的大纲编写的全国试用教材,由邓定国、束鹏程主编,于1982年由机械工业出版社出版。

在1982年版高等学校试用教材《回转式压缩机》的基础上,根据1984年5月全国高等工业学校流体动力及通用机械专业教材编审委员会第二次委员(扩大)会议制定的新教学计划和教学大纲,对《回转式压缩机》第一版进行了修订。按照新标准规定,将原书名《回转式压缩机》改为《回转压缩机》,仍由邓定国、束鹏程主编,1988年正式出版。此版参考了当时国内外压缩机技术的新进展,做了较多篇幅的增减,添加了单螺杆压缩机、涡旋压缩机两章。

本书《回转压缩机》(第三版)是西安交通大学"十三五"规划教材和普通高等教育能源动力类专业"十三五"规划教材,与《回转压缩机》(第二版)出版已时隔三十年,伴随中国经济腾飞,我国已跻身世界压缩机制造强国,此版加强了各种制冷空调回转压缩机的设计、结构及应用方面的知识,还增加了压缩机数值模拟及性能预测、物联网技术在压缩机领域应用的内容。

本书重点介绍回转压缩机的特点和设计计算方法,对回转压缩机的工作过程、啮合基础知识、压缩机系统进行了分章叙述。对应用较为广泛的螺杆压缩机、单螺杆压缩机、涡旋压缩机、滑片压缩机、滚动活塞压缩机、罗茨风机(单齿压缩机)的原理、特点、设计计算等作了较详细的论述,对其它形式的回转压缩机也作了一般性介绍。本书还介绍了压缩机工作过程数值模拟及性能预测、物联网技术在压缩机领域的应用。

本书第三版编写分工如下:绪论(束鹏程),第1章(彭学院),第2章(吴华根),第3章(邢子文),第4章(吴伟烽),第5章(冯健美),第6章(彭学院),第7章(郭蓓),第8章(畅云峰),第9章(何志龙),第10章(吴华根),第11章(曹锋,其中11.4节由何志龙编写),最后由束鹏程、邢子文、曹锋统稿。

本书历版的编写得到了华中科技大学、西安交通大学以及压缩机行业同仁们的鼓励、支持和帮助,他们对历版原稿提出了许多宝贵意见和建议;本书也得到了相关压缩机与制冷空调企业的鼎力帮助与支持,在此一并表示敬意和感谢。

鉴于本书编者水平所限,书中内容难免有不妥与疏漏之处,恳请读者批评指正。

编　者
2018年6月于西安交通大学

目　录

绪 论

回转压缩机是一种气缸与转子及其附件表面围成的工作容积绕转子作回转运动的容积式气体压缩机械。

回转压缩机气体的压力提升是依靠容积的变化来实现的,工作容积扩大并与吸气孔口连通(或配置的吸气阀打开)时进行吸气过程,工作容积达到最大值时完成吸气;工作容积减少且处于密闭状态时,其内气体压力升高,进行压缩过程,直至与排气孔口连通(或配置的排气阀打开);而后随工作容积的进一步缩小将其内气体排出,进行排气过程。随转子转动,工作容积周而复始由小到大又由大到小,相继完成吸气、压缩、排气过程。工作容积的变化是借压缩机的一个或几个转子在气缸里作回转运动来达到。区别于往复压缩机的工作容积在周期性扩大和缩小的同时,其空间位置也在作回转运动。只要在气缸上合理地配置吸、排气孔口或气阀,就能实现该回转压缩机的基本工作过程——吸气、压缩以及排气。

就气体压力提高的原理而言,回转压缩机与往复压缩机相同,都依靠容积的缩小来提高气体压力,均属容积式压缩机;而就主要机件(转子)以及工作容积的运动形式而言,作旋转及回转运动,又与透平式(速度式)压缩机相同,所以,回转压缩机同时兼有上述两大类压缩机的特点。压缩机的分类如下。

- 透平压缩机(Turbine Compressor)
  - 离心压缩机(Centrifugal Compressor)
  - 轴流压缩机(Axial-flow Compressor)
- 容积压缩机(Positive Displacement Compressor)
  - 往复压缩机(Reciprocating Compressor)
  - 回转压缩机(Rotary Compressor)

而常见的回转压缩机又有以下几种。

- 螺杆压缩机(Screw Compressor)
- 单螺杆压缩机(Single Screw Compressor)
- 涡旋压缩机(Scroll Compressor)
- 罗茨鼓风机(齿式压缩机)(Roots Blower(Gear-type Compressor))
- 滑片(旋叶)压缩机(Sliding Vane(Rotary Vane)Compressor)
- 滚动活塞(转子)压缩机(Rolling Piston(Rotary)Compressor)

回转压缩机没有往复运动机构,一般不设气阀,零部件(特别是易损件)少,结构简单,因而制造方便,成本低廉;同时,操作简便,无维修运转周期长,易于实现自动化无人值守运行。

回转压缩机与往复压缩机一样,靠容积缩小将气体压出,具有强制输气的特征,即排气量与背压(排气压力)几乎无关,因而它对变工况的适应性良好。

回转压缩机运动机件的动力平衡性良好,故压缩机的转速较高,使其结构紧凑、质量轻、基础小。这一优点,在移动式装置中尤为明显。

回转压缩机转速较高,一般它可以与原动机直接相联。同时,在转子每转之内常有多次排气过程,所以它输气均匀、压力脉动小,不必设置大容量的缓冲储气罐。

回转压缩机对工况的适应性强,在较广的工况范围内保持高效率及稳定性、可靠性。排气量和排气压力大幅变化时,不像透平式压缩机那样会产生喘振或阻塞现象。

某些类型的回转压缩机,可以实现无油压送气体的过程(这类机器称为无油回转压缩机)。由于它的相对运动的机件之间存在间隙以及没有气阀,故它还能压送污浊和带液滴、含粉尘的气体。

回转压缩机也有它的缺点,这些缺点包括以下几点。

(1)由于转速较高,加之工作容积与吸、排气孔口周期性的通断产生较为强烈的空气动力噪声(螺杆压缩机、单螺杆压缩机、罗茨鼓风机尤为突出),常需采取降噪措施。

(2)许多回转压缩机(如螺杆压缩机、单螺杆压缩机、罗茨鼓风机、涡旋压缩机等),运动机件表面多呈曲面形状,且精度要求高。对这些曲面的加工及其检验均较复杂,有的还需使用专用设备。

(3)由于回转压缩机工作容积的周壁多呈曲面形状,致使有相对运动的机件之间的密封问题较难满意解决。通常采取喷油(液)或间隙密封,但因经运动间隙的气体泄漏而难以达到高的终了压力。

回转压缩机的形式和结构类型较多,故有多种分类方法。通常都按结构元件的特征区分和命名。目前广为使用的有螺杆压缩机、单螺杆压缩机、涡旋压缩机、滑片(旋叶)压缩机、滚动活塞(转子)压缩机等。此外,液环压缩机、齿式压缩机(罗茨鼓风机)等在不同领域也得到应用。

一些回转压缩机的简图示于图0-1中。

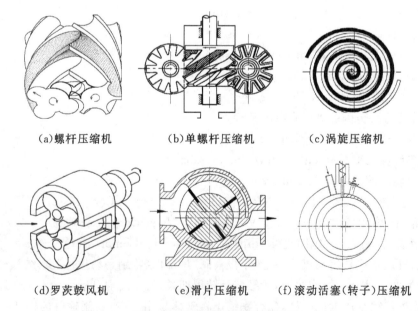

(a)螺杆压缩机　　　(b)单螺杆压缩机　　　(c)涡旋压缩机

(d)罗茨鼓风机　　　(e)滑片压缩机　　　(f)滚动活塞(转子)压缩机

图0-1　典型回转压缩机的简图

　　回转压缩机大多作为中小排气量、中低排气压力压缩机或鼓风机之用。目前,回转压缩机在制冷空调、冶金、化工、石油、交通运输、机械制造以及建筑工程等工业部门得到广泛的应用。随着人民生活水平的逐步提高,在耐用消费品中也将得到广泛的应用,但不同类型的回转压缩机的应用各有侧重。当今喷油螺杆压缩机已成为动力空气压缩、大中型集中制冷空调(热泵)的主力机型,无油螺杆压缩机在工艺过程中的应用也备受关注;单螺杆压缩机目前市场占有率很小,可作为螺杆压缩机应用领域的补充;涡旋压缩机容量稍小紧跟其后,在小型制冷空调和空气压缩装置中十分活跃;而滚动活塞(转子)压缩机则在家用空调装置中占据了绝大部分市场;滑片压缩机作为空气压缩机目前已罕见,但作为微小型汽车空调压缩机也是一个不错的选项;罗茨鼓风机是制造成本低廉的无油、无内压缩气体压力提升机械,在低压领域有广泛的应用。

　　本书将对应用较为广泛的螺杆压缩机、单螺杆压缩机、涡旋压缩机、滑片压缩机、滚动活塞(转子)压缩机以及罗茨鼓风机作较为详细的论述,而对其它的回转压缩机仅作简要介绍。

　　对回转压缩机的研究,主要是提高效率、降低噪声、降低成本以及延长使用寿命,以充分发挥其优点,在与其它类型压缩机的相互竞争中逐步扩大其使用范围,同时研制新型回转压缩机。目前,围绕最优化设计,下列几方面的工作有待进行:

　　(1)回转压缩机主要结构参数、热力参数、性能参数的优化选择,以提升其效率;

　　(2)改进和开发新的回转压缩机机构(包括啮合构件的参数以及新结构);

　　(3)进一步减轻机组重量,减少机组尺寸,发展快装型、低噪声、全自动化无人值守机组;

　　(4)改进主要零部件的制造工艺,提高精度,降低成本;进一步延长连续运转时期,提高整台机组运转的可靠性;

　　(5)用物联网技术改善压缩机的研发、设计、制造、营销以及运行状态的智能监控,实现全产业链的最优化,全面提升压缩机生产企业和运行企业的绩效。

第 1 章　回转压缩机的工作过程

1.1　理论工作过程

1.1.1　实现气体压缩的必备条件

回转压缩机是工作容积作旋转运动的容积式压缩机。与往复压缩机一样,回转压缩机内气体的压缩也是通过容积的变化来实现的。不同的是,回转压缩机的工作容积除了周期性扩大与缩小外,其空间位置也在变更。因此,只要在气缸上合理地配置吸气和排气孔口,就可以实现压缩机的吸气、压缩、排气、膨胀等工作过程,而不需要像往复压缩机那样设置吸气、排气阀。由此,也给回转压缩机的工作过程带来一些特殊性。

回转压缩机转子的每个运动周期(如旋转一周)内,分别有若干个工作容积依次进行相同的工作过程。因此,在研究回转压缩机的工作过程时,只需讨论其中一个工作容积的全部过程,就能完全了解整个压缩机的工作过程,这一工作容积,称为基元容积。

以滑片式压缩机为例来说明。如图 1-1 所示,转子偏心配置在气缸内,转子上开设若干凹槽,凹槽中装有能沿径向自由滑动的滑片。转子旋转时,滑片受离心力的作用从槽中甩出,其端部紧贴在机体内圆壁面上,滑片与转子之间的月牙形空间被滑片分隔成若干扇形小室——基元容积。在转子旋转一周之内,每个基元容积将由最小值逐渐变大,直到最大值;再由最大值逐渐变小,回到最小值。随着转子的连续旋转,基元容积遵循上述规律周而复始地变化。因此,基元容积 V 是转子转角 φ 的函数。

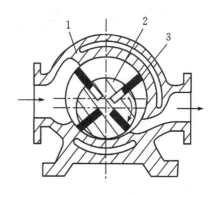

1—气缸;2—转子;3—滑片

图 1-1　滑片压缩机结构简图

基元容积 V 与转子转角 φ 的关系可用图 1-2 所示曲线描述。图中,以基元容积最小值时的位置为转角的起始值($\varphi=0$);V_0 为基元容积所能达到的最小容积,该容积又称穿通容积,它的存在导致基元容积内气体不能被全部排出,余留的高压气体将从排气孔口移向吸气孔口或泄漏至压缩机外;V_m 为基元容积所能达到的最大容积,它与往复压缩机的行程容积相似,若不存在穿通容积 V_0,V_m 即为吸入容积。

为了充分利用工作容积实现气体的压缩与输送,必须使每个基元容积在其容积增加时与吸气侧连通,吸入气体;当基元容积取得最大值 V_m 时,终止吸气(图 1-2 中转角 φ_1 到 φ_2 的容积变化曲线);此后基元容积封闭,随着容积的减小,气体被压缩,压力提高(转角 φ_2 到 φ_3 的容

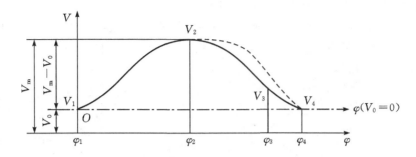

φ_1—吸气过程开始；φ_2—吸气过程终了；φ_3—排气过程开始；φ_4—排气过程终了

图 1-2　基元容积随转角的变化

积变化曲线）；到达转角 φ_3 时，基元容积与排气孔口连通，高压气体排入排气管（转角 φ_3 到 φ_4 的容积变化曲线）。

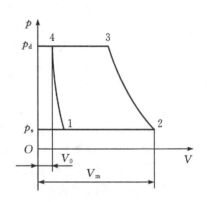

图 1-3　回转压缩机理想工作过程指示图

　　上述过程实际上是一个理想的回转压缩机工作过程，与其相对应的压力-容积变化图（即指示图或 p-V 图）如图 1-3 所示。图中，曲线 4—1 表示存在穿通容积 V_0 时基元容积内的高压气体反向膨胀过程。

　　从上述讨论中可以看出，回转压缩机实现气体压缩的必备条件：从吸气终了到开始排气的整个压缩期间，基元容积应具备气密性，压缩过程的任何瞬间吸气侧与排气侧不得连通。

1.1.2　理论工作过程

　　对回转压缩机工作过程的研究，其实质就是考察压缩机结构、参数、气体性质、能量交换以及质量转移等对 p-V 图的影响。为分析方便，先对压缩机的理论工作过程进行分析，再考虑实际因素的影响。

　　所谓理论工作过程，就是假定不存在实际工作过程中的一切损失，即压缩机是在无摩擦、无热交换、无余隙容积、无泄漏、无吸排气压力损失的情况下进行吸气、压缩和排气的。

　　由于回转压缩机中一般不存在气阀，气体的吸入与排出完全靠孔口的控制，故孔口的开设位置对回转压缩机的工作过程有很大的影响。以下分别讨论吸、排气孔口与基元容积连通的起始、结束位置对回转压缩机工作过程的影响。

　　1. 吸气孔口起始位置

　　在理想情况下，基元容积应在最小容积位置与吸气孔口连通并开始进气。但由于结构限制或密封要求，吸气孔口可能开设在基元容积已经增加的某个位置（图 1-2 中转角 φ_1 到 φ_2 之间某一位置），此时就会产生吸气封闭容积 V_1。所谓吸气封闭容积，指基元容积已经开始扩大，而仍未与进气孔口相通的封闭容积。如果不考虑泄漏，则吸气封闭容积内的气体会随着基元容积的扩大而膨胀，使得压力逐渐降低并低于吸气孔口处的气体压力，直至基元容积与吸气孔口连通。在连通的瞬时，气体通过吸气孔口迅速流入基元容积，容积不变而压力升至吸气孔口处的压力,此过程实际上就是定容积压缩过程。

如图 1-4 所示,吸气孔口起始位置从容积最小位置 φ_0 变化到 φ_1,则 $\varphi_0 \sim \varphi_1$ 范围内的容积为吸气封闭容积,它会影响基元容积的正常充气。存在吸气封闭容积时,压力变化曲线如图 1-5 中 O—f—$1''$—2 所示。

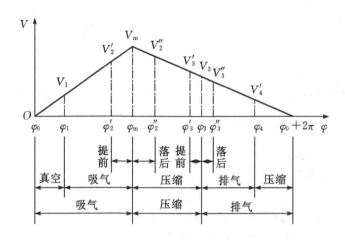

图 1-4 压缩机的容积-转角曲线图

2.吸气孔口结束位置

理想情况下,当基元容积达到最大值时,应脱离吸气孔口。但在实际情况下,有可能出现提前(或落后)终止吸气过程的情况。

如图 1-4 所示,理想情况下,吸气孔口应终止于 φ_m 处。当吸气孔口终止于 φ_2' 时,吸气过程提前结束,基元容积中的气体将在吸气终了之后再度膨胀,到达最大基元容积 V_m 后,才从降低了的压力开始压缩。图 1-5 的指示图中,压力变化曲线将由原来的 1—2—3 变成 1—2'—2''—2'—d,即基元容积中的气体在 $2(\varphi_m - \varphi_2')$ 的转角范围内,按照重合的曲线 2'—2'' 及 2''—2' 分别进行膨胀与压缩。

当吸气孔口终止于 φ_2'' 时,吸气结束延迟,基元容积中的部分气体回流到吸气管,直到基元容积与吸气孔口脱离之后再开始压缩。如图 1-5 所示,压力变化曲线将由原来的 1—2—3 变成

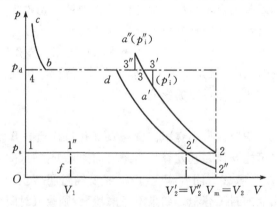

图 1-5 无穿通容积时的指示图

1—2—2′—d,在 $2(\varphi_2'' - \varphi_m)$ 的转角范围内,容积为 $V_m - V_2''$ 的气体无效地进入基元容积后再流出。

可见,吸气孔口结束位置的提前与延迟都使基元容积吸气量减少。

3.排气孔口起始位置

在往复压缩机中,排气阀控制工作腔内气体的排出。只有气缸内气体的压力能克服排气腔内背压及弹簧力的作用时,气体才会推开排气阀,流入排气管路中。因此,对往复压缩机而言,在排气瞬时工作腔内的压力一定略高于排气腔中的背压。但在回转压缩机中,只要工作腔与排气孔口相通,不管工作腔内的压力是高于、等于还是低于排气压力,气体均会排出工作腔外,只是此时会相应出现定容膨胀或定容压缩过程。

基元容积与排气孔口连通瞬时,容积内的气体压力 p_i 定义为内压缩终了压力。内压缩终了压力与吸气压力之比,称为内压力比 ε_i。排气管内的气体压力 p_d 称为外压力或背压,它与吸气压力的比值称为外压力比。对于回转压缩机,吸、排气孔口的位置和形状决定了内压力比,而运行工况或工艺流程中所要求的吸、排气压力,决定了外压力比。如上所述,回转压缩机的内、外压力比可以不相等。

下面讨论排气压力与内压缩终了压力不相等时,即排气孔口与上述最佳情况有所偏差时所产生的影响。

第一种情况,内压缩终了压力 p_i 高于排气压力 p_d。如图 1-6(a)所示,基元容积与排气孔口连通瞬时,气体在压力差 $p_i - p_d$ 的作用下,迅速地流至排气孔口中,使基元容积中的气体压力突降至 p_d,然后随着基元容积的不断缩小,将气体逐渐排出。$p_i > p_d$ 时的附加损失用图 1-6(a)中 CGE 所包围的面积表示。

第二种情况,内压缩终了压力 p_i 低于排气压力 p_d。如图 1-6(c)所示,基元容积中的气体压力 p_i 尚未达到应有的压力值 p_d 时,已与排气孔口相通。在连通的瞬时,排气孔口中的气体将迅速回流入基元容积中,使其中的压力从 p_i 突然上升至 p_d,然后随着基元容积的不断缩小,气体从排气孔口排出。$p_i < p_d$ 时的附加损失用图 1-6(c)中 CGE 所包围的面积表示。

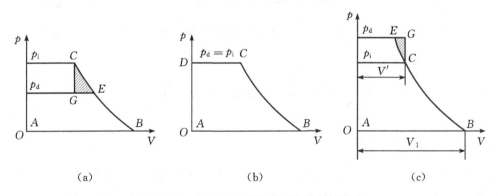

图 1-6 内、外压比不相等对指示图的影响

由此可见,内、外压力比不相等时,总是造成附加能量损失。

某些情况下,气体压力提高并非因容积减小实现,而是因排气管中高压气体的回流而得以提高(相当于图 1-4 中转角 φ_3 与 φ_m 重合的情况)。此时,气体的压缩过程是在基元容积与排气管连通的瞬时实现的,没有内压缩过程,称此种压缩机为无内压缩的压缩机。无内压缩的压缩机也可理解为内压缩阶段(由压力 p_s 到 p_i)减少到零的特例,其功耗及排气温度比有内压缩的机器大(高压比下更为明显),故只限于低压鼓风机(如罗茨鼓风机)中使用。

　　4. 排气孔口结束位置

　　如果排气过程不在最小基元容积处终止,则将产生排气封闭容积。如图 1-4 所示,当排气过程终止于 φ_4 时,V_4' 即为排气封闭容积。理论上,该容积内的气体将被压缩到远高于内压缩终了压力的某一数值,这将使压缩机的耗功增加。这部分高压气体将在随后的吸气过程初期进行膨胀,导致压缩机吸气量的降低。排气封闭容积使排气过程的压力变化沿图 1-5 中曲折线 3—b—c 进行。

　　以上讨论了不具有穿通容积时的情况。若穿通容积 $V_0 \neq 0$,类似于往复压缩机中的余隙容积(当具有排气封闭容积时,则 V_4 相当于余隙容积),基元容积中气体不能全部排出。余隙容积中的高压气体膨胀到一定的压力后,基元容积才能吸进新鲜气体,指示图上将多出一条反向膨胀线。

　　图 1-7 为完整的理论指示图。该图是在穿通容积 $V_0 \neq 0$,吸、排气过程提前结束,开始起始位置延迟以及内压力比大于外压力比条件下绘制的。

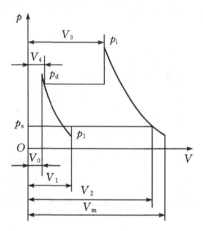

图 1-7　压缩机理论工作过程指示图

1.2　实际工作过程及热力性能

1.2.1　实际工作过程

　　回转压缩机基元容积内的实际工作过程不仅与孔口设置、余隙容积等因素有关,还与通过间隙的泄漏,气体流经吸、排气孔口的压力损失,流体动力损失以及气体与外界的热交换等相关。

　　1. 气体泄漏

　　气体泄漏使实际压缩机的排气量和效率都比理论压缩机的低,它是影响回转压缩机性能的主要因素。

　　气体的泄漏可分为内泄漏及外泄漏两类。

凡是所泄漏的气体不会直接影响到压缩机的排气量时,均称为内泄漏。例如,气体从具有较高压力处泄漏至不处于吸气过程的基元容积,即属于内泄漏。因为这种泄漏气体量仍处于基元容积之内,将随该基元容积以后的压缩过程压送至排气孔口,故不会影响到压缩机的排气量。

内泄漏虽不直接影响排气量,却使气体压缩过程中的参数发生变化。例如,由于泄漏的气体与基元容积中气体的混合加热作用,使压缩过程在较高的温度下进行,使压缩机功率增加。显然,由于内泄漏而使温度升高的加热作用,也会间接减少排气量。

直接影响排气量的气体泄漏,称为外泄漏。泄漏到处于吸气过程的基元容积中的气体,或直接泄漏到吸气孔口的气体,均属外泄漏。显然,外泄漏直接减少排气量,使单位排气量的轴功率增加。

2. 流体动力损失

实际气体流动时,存在沿程阻力损失和局部阻力损失。当气流具有脉动时,这种损失将会更大。沿程阻力损失是由气体黏性引起的,它的大小与流速平方成正比,并与流动状态、表面粗糙度以及路程有关。局部阻力损失是因截面突变引起的,它的大小与截面突变情况有关,并与流速平方成正比。

由上可见,提高转数将使气流速度增加,导致流动损失显著增加。对给定的机器,在某一转数下运转时,流动损失为一常数。

除了流动损失外,流体动力损失还包括回转压缩机转子扰动气体的摩擦鼓风损失、喷液压缩机内转子对液体的扰动损失等。液体动力损失也随转子转速的增加而明显增大。

3. 热交换及进气压力损失

气体进入压缩机时与机体的热交换以及进气压力损失导致的能量耗散,使吸气结束时温度升高,压力降低。这样,换算到原始状态的吸气量就减少了。

一般地讲,高转速回转压缩机中,流体动力损失对效率起主要影响;低转速回转压缩机中,泄漏损失对效率起主要影响。不论何种类型的回转压缩机,由于内、外压力不相等,将引起附加能量损失,同时伴随着强烈的周期性排气噪声。

1.2.2　回转压缩机的热力性能

1. 绝热功率与绝热效率

如果被压缩气体可以作为理想气体处理,则压缩机的绝热功率 P_{ad} 可按下式计算

$$P_{ad} = \frac{k}{k-1} p_s q_V \left[\left(\frac{p_d}{p_s} \right)^{\frac{k-1}{k}} - 1 \right] \tag{1-1}$$

式中: P_{ad} 为压缩机的绝热功率; p_s 为压缩机的吸气压力; p_d 为压缩机的排气压力; k 为被压缩气体的绝热指数; q_V 为压缩机的实际容积流量。

如果被压缩的气体不可作为理想气体处理,则压缩机的绝热功率 P_{ad} 可通过焓差计算,即

$$P_{ad} = q_m (h_{d,s} - h_s) \tag{1-2}$$

式中: h_s 为吸气状态下气体比焓; $h_{d,s}$ 为按照等熵过程达到排气压力下的气体比焓; q_m 为压缩机的质量流量。

绝热压缩所需的功率与压缩机实际轴功率的比值,称为绝热效率 η_{ad},其公式为

$$\eta_{ad} = \frac{P_{ad}}{P_s} \tag{1-3}$$

式中:P_s为压缩机的轴功率。

回转压缩机的绝热效率η_{ad}反映了压缩机能量利用的完善程度,其数值依机型和工况不同而有明显的差别。例如,低压力比、大中容积流量时,η_{ad}可达 0.75～0.85,而高压力比、小容积流量时,η_{ad}降低至 0.65～0.75。喷油或喷液的压缩机,由于喷入液体的密封、冷却及润滑作用,绝热效率常常比干式运行的压缩机效率高。

2. 指示功率与绝热指示效率

为了进一步分析评价回转压缩机的热力性能,常需考察某些特定因素对压缩机的影响,分析中会采用相应的热力性能指标。其中,指示功率P_i及绝热指示效率η_i就是用来评价压缩机内部工作过程完善程度的指标。

以单级压缩为例,回转压缩机的指示功率P_i可以近似如下计算

$$P_i = \frac{1}{60}\frac{n}{n-1}p'_s\frac{q_V}{\eta_V}\left[\left(\frac{p'_d}{p'_s}\right)^{\frac{n-1}{n}}-1\right] \qquad (1-4)$$

式中:n为压缩与膨胀过程指数(实际膨胀过程指数略低于压缩过程指数,这里近似认为相等);p'_s为考虑平均吸气阻力损失后的实际吸气压力;q_V为压缩机实际容积流量;p'_d为考虑平均排气阻力损失后的实际排气压力。P_i与机械摩擦损失功率之和即为压缩机轴功率。

上面的公式仅仅适用于内、外压力比相等的情况,内、外压力比不等时,需要考虑附加损失,将图 1-6(a)或(c)中三角形包围的阴影面积对应的指示功率加进去,具体计算方法不再赘述。

绝热指示效率η_i为绝热压缩所需的理论功率P_{ad}与压缩机指示功率P_i的比值,即

$$\eta_i = \frac{P_{ad}}{P_i} \qquad (1-5)$$

当回转压缩机的内、外压比不相等时,绝热指示效率较低,这是因其热力过程不完善所致。

压缩机的绝热指示效率η_i与绝热效率η_{ad}之间的关系为

$$\eta_i = \eta_{ad}/\eta_m \qquad (1-6)$$

式中:η_m为压缩机的机械效率,其定义为压缩机指示功率与轴功率之比值,一般压缩机 $\eta_m =$ 0.90～0.98,但滑片压缩机除外,因为滑片与气缸之间严重摩擦,其机械效率可能会低至 0.70。

3. 排气温度

干式运行的回转压缩机和喷液回转压缩机的排气温度有着很大的不同。干式压缩机的排气温度主要取决于介质物性和运行压比,而喷液压缩机的排气温度则主要取决于喷液量和喷液温度。

干式压缩机的排气温度T_d可按下式计算

$$T_d = T_s \varepsilon^{\frac{n-1}{n}} \qquad (1-7)$$

式中:T_s为压缩机的名义吸气温度(若吸气加热严重,则应考虑吸气加热影响,采用实际吸气温度);ε为压缩机的外压比;n为多方压缩过程指数。

在没有热损失的情况下,被压缩气体吸收了功,引起温度从吸气温度升高到排气温度。但在实际过程中,热量会通过许多途径从被压缩气体中传出,这些途径包括壳体冷却套、润滑系统、转子冷却系统、对流以及辐射。从被压缩气体中传出热量的多少,除取决于上述因素外,还取决于压缩机所产生的温升大小、气体与转子及机壳间的温差,也与气体的密度有关,因为气体的密度会影响到热传导率。

喷液回转压缩机的排气温度不由压比和介质物性决定,而是压缩机功耗、被压缩气体的比热容以及所喷入的油量联合作用的结果。事实上,如果供入足量温度很低的油或其它液体,甚至可以使这类压缩机的排气温度低于进气温度。在这种情况下,有时会误认为实现了等温压缩过程,能获得比绝热压缩时更高的效率。但实测数据表明,实际压缩机的最高效率仍比绝热压缩时的效率低一点。一般控制喷油量及喷油温度,使压缩机排气温度控制在 $70\sim100$ ℃。

4.回转压缩机的多级压缩

回转压缩机通常运用于中、低压力范围,常用单级、两级回转压缩机,很少采用三级或更多级数。回转压缩机采用多级压缩的主要目的如下。

对无油回转压缩机,与往复压缩机一样,采用多级压缩是为了节省压缩机的能耗,降低排气温度及提高容积效率。

对工作腔喷油(或喷液)回转压缩机、多级回转压缩机的高压级以及吸气压力较高的增压回转压缩机,采用多级压缩是为了降低压缩机的吸、排气压力差,从而减少作用于压缩机转子以及其它机件(如机壳、轴承、密封等)上的力,并提高其使用寿命。

最后,应该强调指出,多级压缩绝不是级数越多越好。在选定压缩机级数时,应根据所选择的机型,综合考虑上述诸项因素以及另外一些因素(如所压缩气体的性质、材料、制造成本等)慎重确定。

第2章 啮合基础知识

回转压缩机中,如双螺杆压缩机、单螺杆压缩机、涡旋压缩机等,都是借助于两个或两个以上彼此作相对运动的构件啮合从而改变气体容积,实现气体的压缩。这两个运动转子间的相互运动关系,就涉及到了啮合原理。本章主要介绍了两个运动转子啮合的基本原理及基础知识,为回转压缩机的结构几何参数的设计奠定基础。

2.1 曲线(面)

借助转子相互啮合而传动的回转压缩机中,转子由具有一定形状的曲面组成。该曲面被垂直转子轴线的端平面截得一平面曲线。由于转子的转动,用转角作为参数的参数方程来研讨该曲面、平面曲线及其特性较为方便,故首先介绍平面曲线及曲面的参数方程。

2.1.1 平面曲线

一条平面曲线的直角坐标参数方程用下式表达

$$\begin{cases} x = x(t) \\ y = y(t) \end{cases} \tag{2-1}$$

该曲线的坐标 x 和 y 都是参数 t 的函数,而参数 t 的始点 t_b 和终点 t_e 就决定了此曲线的起点 b 和终点 e 的坐标(x_b, y_b)、(x_e, x_e)。所以,式(2-1)连同参数 t 的变化范围(t_b, t_e)才完整地表达了该段曲线,t 也被称为曲线参数。

根据曲线由点所组成的法则,选择合适的参数,便可建立其参数方程。下面举例说明。

1.圆弧

圆上任意两点间的部分叫做圆弧,如图 2-1 所示 AB。取圆心 O 为坐标原点,建立坐标系 Oxy。设圆弧 AB 中任意点为 M,MO 连线与 x 轴夹角为 t,圆弧半径为 r,则圆弧 AB 中任意点 M 的直角坐标参数方程为

$$\begin{cases} x = r\cos t \\ y = r\sin t \end{cases} \tag{2-2}$$

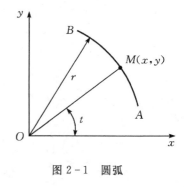

图 2-1 圆弧

2.渐开线

一条直线 l(发生线)沿半径为 r 的圆(基圆)作纯滚动时,直线上点 B 的轨迹就是渐开线(见图 2-2)。

取基圆圆心 O 为坐标原点,Ox 轴通过点 A,这样建立了坐标系 Oxy。设 B 是渐开线 AB 上的任一点,则$\angle BOC = \alpha$,α 称为压力角。先建立渐开线的极坐标参数方程,(ρ, θ) 是它的极坐标。

从渐开线的形成,可知$\overset{\frown}{AC}=BC$。

由直角三角形 BOC 知,

$$\rho=\frac{r}{\cos\alpha}\quad,\quad\tan\alpha=\frac{BC}{r}$$

又 $\theta=\angle AOC-\alpha=\dfrac{\overset{\frown}{AC}}{r}-\alpha=\dfrac{BC}{r}-\alpha=\tan\alpha-\alpha$

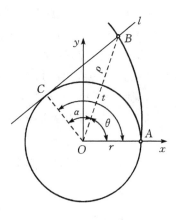

故渐开线的极坐标参数方程是

$$\begin{cases}\rho=\dfrac{r}{\cos\alpha}\\[2mm]\theta=\tan\alpha-\alpha\end{cases}\qquad(2-3)$$

如令参数 $t=\angle AOC$

则　　　　　　　　　　$t=\alpha+\theta=\tan\alpha$

图 2-2　渐开线

由极坐标参数方程化为直角坐标参数方程为

$$\begin{cases}x=\rho\cos\theta=r(\cos t+t\sin t)\\ y=\rho\sin\theta=r(\sin t-t\cos t)\end{cases}$$

所以,渐开线直角坐标参数方程为

$$\begin{cases}x=r(\cos t+t\sin t)\\ y=r(\sin t-t\cos t)\end{cases}\qquad(2-4)$$

3. 摆线

一个圆周(滚圆)在另一个固定的圆周(基圆)上作纯滚动时,固结在滚圆上的一点(形成点)的轨迹称为摆线。滚圆在基圆外表面滚动形成的摆线称为外摆线,在基圆内表面滚动形成的摆线称为内摆线。

如图 2-3 所示,取基圆中心 O 为坐标系 Oxy 的原点。设基圆半径为 R,滚圆半径为 r,滚圆起始点中心为 O_1,滚圆中心到基圆中心的距离为 $a=R+r$,且 OO_1 与 Ox 轴的夹角为 φ_0。点 K 是与滚圆固结的一点,且 $b=O_1K$ 称为摆径,它与 OO_1 夹角为 α。

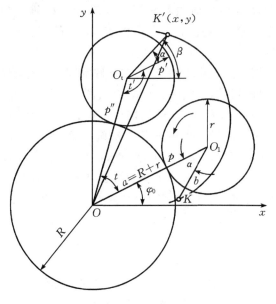

图 2-3　摆线

　　根据摆线的定义,此时形成点 K 的轨迹就是外摆线。当滚圆滚到任意位置 O_t 时,K 点运动到新位置 K',K' 点在该坐标系的坐标即表示外摆线方程。

　　以滚圆起始位置中心 O_1 与基圆中心 O 的连线为始边,而以滚圆滚到任意位置时,其中心 O_t 与 O 的连线为终边的角作为参数 t。显然参数 t 表示滚圆相对基圆的位置。

　　当滚圆中心由 O_1 运动到 O_t 时,原与基圆的切点 p 移到 p',$\angle p'O_t p''=t'$,$\angle K'O_t p'=\alpha$,令 $O_t K'$ 与 Ox 的夹角为 β 由图可得

$$\beta=t+t'+\varphi_0+\alpha-\pi$$

由于纯滚动,滚圆在基圆上滚过的弧长 $\overset{\frown}{p''p}$ 应与其自身转过的弧长 $\overset{\frown}{p'p''}$ 相等

或

$$t'=\frac{R}{r}t$$

由 $\triangle OO_t K'$ 可知

$$\overrightarrow{OK'}=\overrightarrow{OO_t}+\overrightarrow{O_t K'}$$

各矢量的坐标为

$$\overrightarrow{OK'}(x,y);\overrightarrow{OO_t}(a\cos(t+\varphi_0),a\sin(t+\varphi_0));\overrightarrow{O_t K'}(b\cos\beta,b\sin\beta)$$

即

$$\begin{cases} x=a\cos(t+\varphi_0)+b\cos(t+t'+\varphi_0+\alpha-\pi) \\ y=a\sin(t+\varphi_0)+b\sin(t+t'+\varphi_0+\alpha-\pi) \end{cases}$$

考虑到

$$t+t'=(1+\frac{R}{r})t=\frac{a}{r}t=ct \quad (\text{这里令}\frac{a}{r}=c)$$

则有

$$\begin{cases} x=a\cos(t+\varphi_0)-b\cos(ct+\varphi_0+\alpha) \\ y=a\sin(t+\varphi_0)-b\sin(ct+\varphi_0+\alpha) \end{cases} \tag{2-5}$$

这就是外摆线的参数方程。方程中,a 为滚圆半径 r 与基圆半径 R 之和;b 为摆径——形成点到滚圆中心的距离;t 是参数,代表滚圆中心相对基圆中心的角位移;φ_0 代表滚圆初始位置——OO_1 与 Ox 轴的夹角;t、φ_0 的方向顺着坐标的方向(由 Ox 轴到 Oy 轴)时为正,反之为负;α 代表滚圆在初始位置时,摆径与连心线 $O_1 O$ 的夹角;还有一个系数 c,表示滚圆、基圆半径之和与滚圆半径的比值。

　　以上摆线形成过程中,把基圆看作不动,滚圆在基圆圆周上滚动,这时,与滚圆固连的形成点既绕滚圆中心旋转——自转运动,又随滚圆中心绕基圆中心旋转——公转运动。形成点作这种行星运动,即在基圆平面(静坐标系)上形成摆线。我们也可以设想滚圆与基圆作与上述相对运动完全等效的运动来形成摆线:让基圆 O_2 与滚圆 O_1 都绕其中心旋转(如同一对摩擦轮运动),与滚圆固结的形成点随滚圆一起旋转的动坐标系 $O_1 x_1 y_1$ 旋转,此时形成点在基圆动坐标系 $O_2 x_2 y_2$ 上的运动轨迹即为外摆线,这也是螺杆压缩机转子中所用的点啮合摆线。

　　同样,当滚圆在基圆内圆周滚动时,与滚圆固结的点形成内摆线,其方程表达式为

$$\begin{cases} x=a\cos(t+\varphi_0)+b\cos(ct+\varphi_0+\alpha) \\ y=a\sin(t+\varphi_0)-b\sin(ct+\varphi_0+\alpha) \end{cases} \tag{2-6}$$

它与外摆线方程(2-5)仅有一个正负号的差别。

式中:a 仍为滚圆中心到基圆中心的距离,$a=R-r$;其它符号的意义均与外摆线相同。

　　对内、外摆线按形成点在滚圆上相对位置的不同而有:

①$b < r$ 称缩短摆线；

②$b = r$ 称正常摆线；

③$b > r$ 称伸长摆线。

2.1.2 曲面

任意曲面 S 的直角坐标参数方程用下式表达

$$\begin{cases} x = x(t, \tau) \\ y = y(t, \tau) \\ z = z(t, \tau) \end{cases} \tag{2-7}$$

或以矢量式表达 $\boldsymbol{r} = \boldsymbol{r}(t, \tau)$。

曲面的参数方程中有两个参数 t 和 τ，如要确定该曲面的边界，必须知道这两个参数 (t, τ) 的变化范围。

本章主要讨论螺旋面的参数方程。如果已知转子的端面（垂直于转子轴线的平面）截形 c 是平面曲线，设其参数方程为：$x = x_0(t)$，$y = y_0(t)$。让端面截形 c 绕转子轴线做螺旋运动便可得到螺旋面，如图 2-4 所示，c 称为该螺旋面的形成曲线。

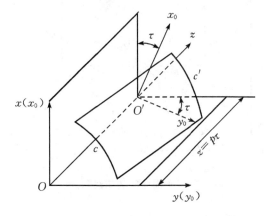

图 2-4 螺旋面及其坐标

若把形成曲线 c 初始位置所在的平面作为 Oxy 平面，相应得到 Ox、Oy 轴，并把旋转轴前当作 Oz 轴，由此得到空间直角坐标系 $Oxyz$。

当曲线 c 绕 Oz 轴作螺旋运动到 c' 位置时，轴向前进距离是 z，并相对原来位置转过 τ 角。c' 在坐标系 $O'x_0 y_0 z$ 的位置即等于 c 在坐标系 $Oxyz$ 的位置。相应的螺旋面方程可表示为

$$\begin{cases} x = x_0(t)\cos\tau - y_0(t)\sin\tau \\ y = x_0(t)\sin\tau + y_0(t)\cos\tau \\ z = p\tau \end{cases} \tag{2-8}$$

形成曲线 c 绕 z 轴旋转一周 (2π) 轴向前进的距离叫做导程 T，则 c 绕 z 轴旋转 τ 角前进的距离为

$$z = \frac{T}{2\pi}\tau = p\tau$$

这里 $p = \dfrac{T}{2\pi}$ 表征螺旋面的陡峭程度，称为螺旋特性数。

　　在螺旋面方程中,若 $\tau=\tau_c=$ 常数,则 $z=p\tau_c=$ 常数,由此得到一个垂直于 z 轴的平面,该平面与螺旋面相截的截形是一转过 τ_c 角的形成曲线;若 $\tau=0$,代入式(2-8)得到的方程即表示形成曲线 c 的初始位置。

　　如果螺旋面方程中的参数 $t=t_c=$ 常数,则代表一个定点 (x_c,y_c) 作螺旋运动的轨迹——一条螺旋线。t 为不同常数时,得到无数条螺旋线,它们的集合就是螺旋面。

2.1.3　曲面(线)的法线

　　图 2-5 中,T、n 分别是平面曲线 c 上 M 点的切线与法线。由图极易得出曲线上任一点的法线矢量 n 在坐标轴上的投影为

$$\begin{cases} n_x=-\dfrac{\partial y}{\partial t} \\[2mm] n_y=+\dfrac{\partial x}{\partial t} \end{cases}$$

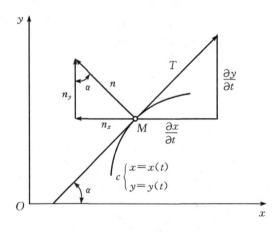

图 2-5　平面曲线的切线和法线

　　为求得以参数方程(2-7)表达的曲面 S 上任意一点 M 的法向矢量 n ,可在曲面 S 上作一系列坐标曲线,如图 2-6 所示。固定一个参数,例如令 $t=$ 常数,得到曲面 S 上的一簇空间曲线,我们称之为 τ 曲线。显然,在 τ 曲线上,$t=$ 常数,只有参数 τ 变化;同样可得与 τ 曲线相交的 t 曲线,在 t 曲线上,$\tau=$ 常数,只有参数 t 变化。这两段曲线交织成曲面 S 。

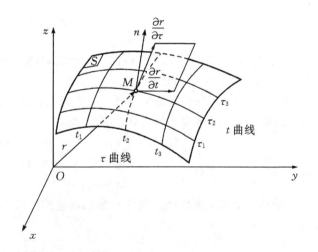

图 2-6　曲面及法线矢量

曲面 S 可以用矢量 $r[x(t,\tau), y(t,\tau), z(t,\tau)]$ 表示。在 t 曲线上（τ 不变），t 沿曲线在 M 点的变化率 $\dfrac{\partial r}{\partial t}$ 表示一条与该 t 曲线相切于 M 点的切线；同样，在 τ 曲线上（t 不变），τ 沿曲线在 M 点的变化率 $\dfrac{\partial r}{\partial \tau}$ 表示一条与该 τ 曲线相切于 M 点的切线。两条切线 $\dfrac{\partial r}{\partial t}$ 与 $\dfrac{\partial r}{\partial \tau}$ 所决定的平面就是曲面 S 在 M 点的切平面，该切平面的垂线即为曲面 S 在 M 的法线 n，即

$$n = \frac{\partial \boldsymbol{r}}{\partial t} \times \frac{\partial \boldsymbol{r}}{\partial \tau} = \begin{vmatrix} i & j & k \\ \dfrac{\partial x}{\partial t} & \dfrac{\partial y}{\partial t} & \dfrac{\partial z}{\partial t} \\ \dfrac{\partial x}{\partial \tau} & \dfrac{\partial y}{\partial \tau} & \dfrac{\partial z}{\partial \tau} \end{vmatrix} \tag{2-9}$$

法线矢量在各坐标轴的投影为

$$\boldsymbol{n}_x = \begin{vmatrix} \dfrac{\partial y}{\partial t} & \dfrac{\partial z}{\partial t} \\ \dfrac{\partial y}{\partial \tau} & \dfrac{\partial z}{\partial \tau} \end{vmatrix} \qquad \boldsymbol{n}_y = \begin{vmatrix} \dfrac{\partial z}{\partial t} & \dfrac{\partial x}{\partial t} \\ \dfrac{\partial z}{\partial \tau} & \dfrac{\partial x}{\partial \tau} \end{vmatrix} \qquad \boldsymbol{n}_z = \begin{vmatrix} \dfrac{\partial x}{\partial t} & \dfrac{\partial y}{\partial t} \\ \dfrac{\partial x}{\partial \tau} & \dfrac{\partial y}{\partial \tau} \end{vmatrix} \tag{2-10}$$

为求得螺旋面方程（2-8）的法线矢量的分量，对该式的各项求偏导数，并将各偏导数代入式（2-10），得螺旋面法向矢量的分量为

$$\begin{cases} \boldsymbol{n}_x = p \dfrac{\partial y}{\partial t} \\ \boldsymbol{n}_y = -p \dfrac{\partial x}{\partial t} \\ \boldsymbol{n}_z = x \dfrac{\partial x}{\partial t} + y \dfrac{\partial y}{\partial t} \end{cases} \quad \text{或} \quad \begin{cases} \boldsymbol{n}_x = p \dfrac{\partial y}{\partial t} \\ \boldsymbol{n}_y = -p \dfrac{\partial x}{\partial t} \\ \boldsymbol{n}_z = \dfrac{1}{2} \dfrac{\partial (x^2 + y^2)}{\partial t} \end{cases} \tag{2-11}$$

2.2 坐标变换

在研究两个转子啮合时，往往已知一个转子的曲面（线）方程，进而利用啮合原理，求出另一个转子的曲面（线）方程及两者之间的啮合特性。为此，就要找出这两个转子之间各自坐标系间的关系，也就是两者之间的坐标变换。本节将以两个空间坐标系为基础，推导它们之间的变换公式，进而得到平行轴的平面啮合与垂直轴间的空间啮合之间的普遍关系。除特别声明，本书章节中都采用右手系空间笛卡儿坐标系。

2.2.1 任意空间直角坐标变换

坐标变换的一般情况是坐标的平移、旋转或者两者之间的合成，任意空间直角坐标系 $O_a x_a y_a z_a$ 与 $O_b x_b y_b z_b$ 之间的变换公式

$$\begin{cases} x_a = x_b \cos \alpha_1 + y_b \cos \alpha_2 + z_b \cos \alpha_3 + a_x \\ y_a = x_b \cos \beta_1 + y_b \cos \beta_2 + z_b \cos \beta_3 + a_y \\ z_a = x_b \cos \gamma_1 + y_b \cos \gamma_2 + z_b \cos \gamma_3 + a_z \end{cases} \tag{2-12}$$

式中：a_x、a_y、a_z 分别为坐标系 $O_b x_b y_b z_b$ 的原点 O_b 在坐标系 $O_a x_a y_a z_a$ 的坐标；α_1、α_2、α_3 分别为 $O_a x_a$ 轴与 $O_b x_b$、$O_b y_b$、$O_b z_b$ 轴的夹角；β_1、β_2、β_3 分别为 $O_a y_a$ 轴与 $O_b x_b$、$O_b y_b$、$O_b z_b$ 轴的夹角；γ_1、γ_2、γ_3 分别为 $O_a z_a$ 轴与 $O_b x_b$、$O_b y_b$、$O_b z_b$ 轴的夹角。必须注意，坐标轴之间的夹角一共有 9 个（$\alpha_1,\alpha_2,\alpha_3,\beta_1,\beta_2,\beta_3,\gamma_1,\gamma_2,\gamma_3$），但它们并不都是独立变量，独立变量只有其中的任意 3 个，只要确定了这 3 个，其余的 6 个就随之而定了。

假设存在任意两个空间啮合的运动转子，两转子的旋转轴（$Z_1(z_1)$ 与 $Z_2(z_2)$）既不平行，也不在一个平面里相交，而是在空间交错成某一角度 θ，且两旋转轴之间的最短距离为 A，如图 2-7 所示。运用任意空间直角坐标系 $O_a x_a y_a z_a$ 与 $O_b x_b y_b z_b$ 之间的基本变换公式（2-12），可得出两转子之间的坐标变换关系。

如图 2-7 所示，大写字母（X,Y,Z）表示静坐标轴系 $OXYZ$（坐标系固结在机体上静止不动）上的坐标，小写（x,y,z）表示在动坐标系 $Oxyz$（固结在转子上，并随转子一起转动）上的坐标，下标"1"与"2"分别表示转子 1 与转子 2。

利用坐标变换基本公式（2-12），可求得空间啮合系统各坐标系之间的变换公式。例如，求动坐标系 $O_1 x_1 y_1 z_1$ 与 $O_2 x_2 y_2 z_2$ 间的变换关系，先分别建立动坐标系与静坐标系的变换关系，即 $O_1 x_1 y_1 z_1$ 与 $O_1 X_1 Y_1 Z_1$ 的关系以及 $O_2 x_2 y_2 z_2$ 与 $O_2 X_2 Y_2 Z_2$ 的关系，再建立静坐标系 $O_1 X_1 Y_1 Z_1$ 与 $O_2 X_2 Y_2 Z_2$ 间的关系。这样就可得到动坐标系 $O_1 x_1 y_1 z_1$ 与 $O_2 x_2 y_2 z_2$ 间的关系。

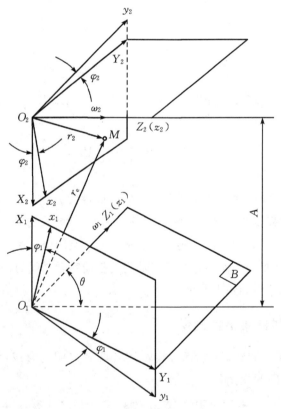

图 2-7 空间坐标系的一般关系

(1)动坐标系 $O_1 x_1 y_1 z_1$ 与静坐标系 $O_1 X_1 Y_1 Z_1$ 的变换

$$\begin{cases} X_1 = x_1 \cos \varphi_1 - y_1 \sin \varphi_1 \\ Y_1 = x_1 \sin \varphi_1 + y_1 \cos \varphi_1 \\ Z_1 = z_1 \end{cases} \tag{2-13}$$

式中：φ_1 表示动坐标系 $O_1 x_1 y_1 z_1$ 相对静坐标系 $O_1 X_1 Y_1 Z_1$ 的参变角。

(2)动坐标系 $O_2 x_2 y_2 z_2$ 与静坐标系 $O_2 X_2 Y_2 Z_2$ 变换

$$\begin{cases} X_2 = x_2 \cos \varphi_2 - y_2 \sin \varphi_2 \\ Y_2 = x_2 \sin \varphi_2 + y_2 \cos \varphi_2 \\ Z_2 = z_2 \end{cases} \tag{2-14}$$

式中：φ_2 表示动坐标系 $O_2 x_2 y_2 z_2$ 相对静坐标系 $O_2 X_2 Y_2 Z_2$ 的参变角。

(3)静坐标系 $O_1 X_1 Y_1 Z_1$ 与 $O_2 X_2 Y_2 Z_2$ 的变换(参见图 2-7、图 2-8)

$$\begin{cases} X_1 = -X_2 + A \\ Y_1 = -Y_2 \cos \theta + Z_2 \sin \theta \\ Z_1 = Y_2 \sin \theta + Z_2 \cos \theta \end{cases} \tag{2-15}$$

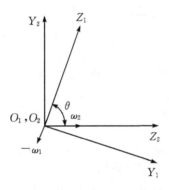

图 2-8　静、动坐标间的关系图

(4)动坐标系 $O_1 x_1 y_1 z_1$ 与 $O_2 x_2 y_2 z_2$ 的变换

将式(2-13)及式(2-14)代入式(2-15)，经化简后，就得到两动坐标系上坐标$(x_1, y_1,$ $z_1)$与(x_2, y_2, z_2)间的变换公式(2-16)

$$\begin{cases} x_1 = -x_2 (\cos \varphi_1 \cos \varphi_2 + \sin \varphi_1 \sin \varphi_2 \cos \theta) + y_2 (\sin \varphi_2 \cos \varphi_1 - \\ \quad \cos \varphi_2 \sin \varphi_1 \cos \theta) + z_2 \sin \varphi_1 \sin \theta + A \cos \varphi_1 \\ y_1 = x_2 (\sin \varphi_1 \cos \varphi_2 - \cos \varphi_1 \sin \varphi_2 \cos \theta) + y_2 (-\cos \varphi_1 \cos \varphi_2 \cos \theta - \\ \quad \sin \varphi_1 \sin \varphi_2) + z_2 \cos \varphi_1 \sin \theta - A \sin \varphi_1 \\ z_1 = (x_2 \sin \varphi_2 + y_2 \cos \varphi_2) \sin \theta + z_2 \cos \theta \end{cases} \tag{2-16}$$

2.2.2　平行轴与垂直轴的坐标变换

以上讨论的是两转子轴线在空间交错的情况，这是最一般的情况。实际上回转压缩机的两个转子往往采取特殊的相对位置，以使计算简化，结构设计和加工更加简便。

平行轴啮合，是指两转子轴线平行但因旋向相反导致指向相反($\theta = \pi$)的啮合情况，如罗茨鼓风机、螺杆压缩机。对这一类问题我们首先当作平面啮合对待。对于由齿形扭曲形成的螺旋面的啮合问题(如螺杆压缩机的齿面),只需补充一些空间啮合的特性(两个螺旋面导程之间的关系)就能满足空间啮合的要求。

图 2-9 为平行轴啮合坐标系。图中 Z_1 轴、z_1 轴及旋转角速度 ω_1 均垂直图面而背向读者;Z_2 轴、z_2 轴及旋转角速度 ω_2 均垂直图面而指向读者。

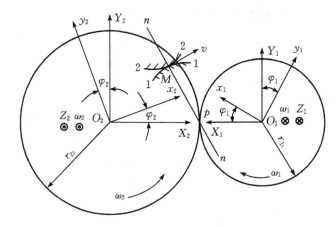

图 2-9　平行轴($\theta=\pi$)啮合坐标关系图

令式(2-16)中 $\theta=\pi$,便得到了平行轴啮合的动坐标变换公式

$$\begin{cases} x_1=-x_2\cos(\varphi_1+\varphi_2)+y_2\sin(\varphi_1+\varphi_2)+A\cos\varphi_1 \\ y_1=x_2\sin(\varphi_1+\varphi_2)+y_2\cos(\varphi_1+\varphi_2)-A\sin\varphi_1 \\ z_1=-z_2 \end{cases} \tag{2-17}$$

由于 z 轴方向不随 φ 变化,故上式可简化为

$$\begin{cases} x_1=-x_2\cos(\varphi_1+\varphi_2)+y_2\sin(\varphi_1+\varphi_2)+A\cos\varphi_1 \\ y_1=x_2\sin(\varphi_1+\varphi_2)+y_2\cos(\varphi_1+\varphi_2)-A\sin\varphi_1 \end{cases} \tag{2-18}$$

若是上述两转子之间进行定传动比啮合,则应满足

$$\frac{\varphi_2}{\varphi_1}=\frac{n_2}{n_1}=\frac{\omega_2}{\omega_1}=\frac{r_{1t}}{r_{2t}}=i \tag{2-19}$$

式中:n_1、n_2 为转子的转速;ω_1、ω_2 为转子的角速度;r_{1t}、r_{2t} 为节圆半径;i 为传动比。

令 $k=1+i$,则 $\varphi_1+\varphi_2=(1+i)\varphi_1=k\varphi_1$。

故式(2-18)可写为

$$\begin{cases} x_1=-x_2\cos k\varphi_1+y_2\sin k\varphi_1+A\cos\varphi_1 \\ y_1=x_2\sin k\varphi_1+y_2\cos k\varphi_1-A\sin\varphi_1 \end{cases} \tag{2-20}$$

这就是动坐标 (x_2,y_2) 向 (x_1,y_1) 的变换公式。

同理,动坐标 (x_1,y_1) 向 (x_2,y_2) 的变换公式为

$$\begin{cases} x_2=-x_1\cos k\varphi_1+y_1\sin k\varphi_1+A\cos i\varphi_1 \\ y_2=x_1\sin k\varphi_1+y_1\cos k\varphi_1-A\sin i\varphi_1 \end{cases} \tag{2-21}$$

如果 ω_1 及 ω_2 的转向与图 2-9 相反,只要令式(2-20)、式(2-21)及式(2-13)、式(2-14)中 $\varphi_1=-\varphi_1$,则得坐标变换式为

$$\begin{cases} x_1 = -x_2\cos k\varphi_1 - y_2\sin k\varphi_1 + A\cos\varphi_1 \\ y_1 = -x_2\sin k\varphi_1 + y_2\cos k\varphi_1 + A\sin\varphi_1 \end{cases} \tag{2-22}$$

及

$$\begin{cases} x_2 = -x_1\cos k\varphi_1 - y_1\sin k\varphi_1 + A\cos i\varphi_1 \\ y_2 = -x_1\sin k\varphi_1 + y_1\cos k\varphi_1 + A\sin i\varphi_1 \end{cases} \tag{2-23}$$

$$\begin{cases} X_1 = x_1\cos\varphi_1 + y_1\sin\varphi_1 \\ Y_1 = -x_1\sin\varphi_1 + y_1\cos\varphi_1 \end{cases} \tag{2-24}$$

及

$$\begin{cases} X_2 = x_2\cos i\varphi_1 + y_2\sin i\varphi_1 \\ Y_2 = -x_2\sin i\varphi_1 + y_2\cos i\varphi_1 \end{cases} \tag{2-25}$$

垂直轴啮合,是指转子轴线垂直(可以共面,也可以不共面,$\theta=\dfrac{\pi}{2}$)的啮合情况。单螺杆压缩机就属于这种情况,只要令式(2-16)中的 $\theta=\dfrac{\pi}{2}$,即得动坐标 (x_2,y_2,z_2) 向 (x_1,y_1,z_1) 的变换公式为

$$\begin{cases} x_1 = -x_2\cos\varphi_1\cos\varphi_2 + y_2\sin\varphi_1\cos\varphi_1 + z_2\sin\varphi_1 + A\cos\varphi_1 \\ y_1 = x_2\sin\varphi_1\cos\varphi_2 - y_2\sin\varphi_1\sin\varphi_2 + z_2\cos\varphi_1 - A\sin\varphi_1 \\ z_1 = x_2\sin\varphi_1 + y_2\cos\varphi_1 \end{cases} \tag{2-26}$$

2.3　平面啮合求解

基于前两节对于曲线(面)以及坐标变换的了解,现在来讨论平行轴啮合情况的解法。由式(2-17)可知,平行轴啮合完全可以视为平面啮合的问题,对于该问题可以用两种不同的方法来研究。

2.3.1　包络法

为了更好的了解包络法在平面啮合问题中的应用,本小节将以图解法为基础,便于读者理解包络法的内涵,再以解析法来分析实际的问题。首先介绍几个基本概念。

1. 共轭曲线

图 2-9 中,如果对转子 2 的廓线(曲线 2)在转子 1 上有另一廓线(曲线 1)与之对应,且可与曲线 1 啮合,则称曲线 1 为曲线 2 的共轭曲线。或者说,曲线 2 是曲线 1 的共轭曲线。所以,曲线 1 与曲线 2 互为共轭曲线。

为了表示组成转子齿形的一段曲线——齿曲线,只有把该曲线固连在该转子的动坐标系上,也就是说,跟随转子一起旋转,才能得到该曲线原有的形状。因此,齿曲线的方程,必须表示在该转子的动坐标系上:齿曲线 1 表示在动坐标系 $O_1x_1y_1z_1$ 上,齿曲线 2 表示在动坐际系 $O_2x_2y_2z_2$ 上。

2. 瞬时接触点

在某一瞬时,表示在转子动坐标系上的齿曲线 1 与 2 的交点称瞬时接触点。在啮合过程中,每一瞬时的接触点的轨迹,实际上就是齿曲线 1 与 2 本身。

应该指出,一对共轭齿曲线啮合时,瞬时接触点可能是一点、多点(包括无穷多的连续点——曲线),当然也可能在某一瞬时不存在接触点。

3. 啮合点和啮合线

在某一瞬时,表示在固定平面(固定坐标系)上的一对共轭曲线的交点,称为这对共轭曲线在该瞬时的啮合点。各瞬时啮合点集合称之为啮合线。所以,啮合点或啮合线一定要表示在静坐标系上。

4. 图解法

下面简述求已知曲线的共轭曲线的基本原理。若已知齿曲线 2(在转子 2 上),欲求与其共轭的曲线 1(在转子 1 上)的方程。

如图 2-9 所示,曲线 1 与曲线 2 啮合时,两个节圆 r_1、r_2 好像一对摩擦轮以角速度 ω_1、ω_2 作纯滚动,固结在这两个动圆上的坐标系 $O_1 x_1 y_1$ 及 $O_2 x_2 y_2$ 也以相同角速度转动。如果给两个转子都加以一个 $-\omega_1$ 的旋转角速度,两转子的相互运动关系仍保持不变。给予原来以 ω_1 旋转的转子以 $-\omega_1$ 的角速度,则转子 1 就静止不动了;给予原来以 ω_2 旋转的转子 $-\omega_1$ 的角速度,则相当于转子 2 有两个运动:一个是转子中心 O_2 以角速度 $-\omega_1$ 绕 O_1 的运动,另一个是以角速度 ω_2 绕其自身中心 O_2 的运动(图 2-10)。也就是说,如果把转子 1 看作静止不动,转子 2 就必须作行星运动:中心 O_2 以角速度 $-\omega_1$ 绕转子 1 的中心 O_1 的公转运动和以角速度 ω_2 绕其自身中心的自转运动。

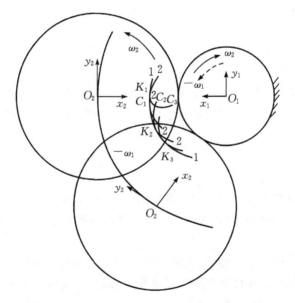

图 2-10　图解法求共轭曲线

曲线 2 随转子 O_2 作公转加自转的运动时,每一瞬时在固定平面(也可以说在坐标系 $O_1 x_1 y_1$ 上——已被看作静止不动)上画出一条曲线 2,各个瞬时,则将画出一系列的曲线 2,即曲线簇 2。被看作不动的转子 1 上的共轭曲线 1 在每一瞬时都必须与曲线簇 2 中的一条曲线相啮合(相切),只有该曲线簇 2 的包络线能满足这一要求。因此,曲线簇 2 的包络线就是转子 2 上曲线 2 的共轭曲线——转子 1 的曲线 1。包络线与曲线簇的切点 K_1、K_2、K_3 等就是转子 2 的曲线 2 与其共轭曲线(转子 1 的曲线)的瞬时接触点,它表示在定坐标系上的连线即为啮合线。故将 K_1、K_2、K_3 诸点绕 O_1 顺 ω_1 的方向转过相应的公转角度,所得之对应点 C_1、C_2、C_3 等的连线即为啮合线。

下面以图解法来详细解说共轭曲线及啮合线的形成。图 $2-11$ 中,转子 2 的中心为 O_2,旋转角速度 ω_2;转子 1 的中心为 O_1,旋转角速度 ω_1。转子 2 上有一段曲线 AB,它是以 O_1O_2 连线上 L 点为圆心,r 为半径的圆弧,求与 AB 共轭的转子 1 的曲线及其啮合线。按上述作图原理,具体步骤如下。

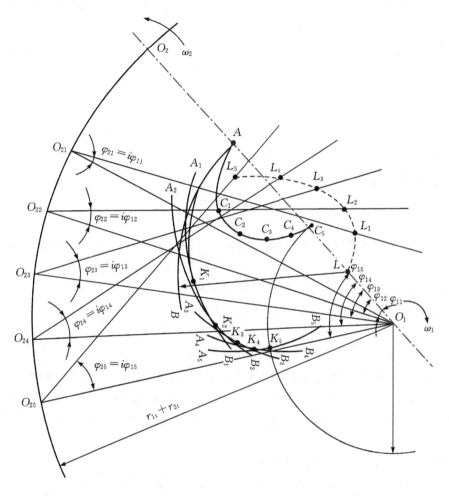

图 $2-11$　圆弧包络线及啮合线的形成

(1)转子 1(节圆为 r_{1t})不动,转子 2(节圆为 r_{2t})以 ω_1 作公转及以 ω_2 作自转运动,即以 O_1 为圆心,O_1O_2 为半径作圆弧 $\overset{\frown}{O_2O_{25}}$,又以 O_1O_2 为始边,O_1 为顶点逆 ω_1 方向作圆心角(公转角)φ_{11}、φ_{12}、φ_{13}、φ_{14}、φ_{15} 与圆弧 $\overset{\frown}{O_2O_{25}}$ 相交,得转子 2 不同瞬时的中心位置 O_{21}、O_{22}、O_{23}、O_{24}、O_{25}。

(2)以 O_{21}、O_{22}、O_{23}、O_{24} 及 O_{25} 为起点顺 ω_1 方向分别作射线,使各射线与连心线 $O_{21}O_1$、$O_{22}O_1$、$O_{23}O_1$、$O_{24}O_1$ 及 $O_{25}O_1$ 的夹角(自转角)分别为 φ_{21}、φ_{22}、φ_{23}、φ_{24}、φ_{25},且使 $\varphi_{21}=i\varphi_{11}$,$\varphi_{22}=i\varphi_{12}$,$\varphi_{23}=i\varphi_{13}$,$\varphi_{24}=i\varphi_{14}$,$\varphi_{25}=i\varphi_{15}$(式中 $i=\varphi_2/\varphi_1$,传动比)。

(3)在各射线上分别量取等于 O_2L 的线段 $O_{21}L_1$、$O_{22}L_2$、$O_{23}L_3$、$O_{24}L_4$、$O_{25}L_5$ 得点 L_1、L_2、L_3、L_4、L_5。

（4）分别以 L_1、L_2、L_3、L_4、L_5 为圆心，r 为半径画圆弧 $\overset{\frown}{A_1B_1}$、$\overset{\frown}{A_2B_2}$、$\overset{\frown}{A_3B_3}$、$\overset{\frown}{A_4B_4}$、$\overset{\frown}{A_5B_5}$，连同 $\overset{\frown}{AB}$，即为一圆弧簇。

（5）作此圆弧簇的包络线 $AK_1K_2K_3K_4K_5$，即为转子 1 上齿形 AB（圆弧）的共轭曲线——转子 1 上的齿形。

（6）包络线与圆弧簇相应的切点（瞬时接触点）为 K_1、K_2、K_3、K_4、K_5，将以上诸点顺 ω_1 方向转回相应的公转角 φ_{11}、φ_{12}、φ_{13}、φ_{14}、φ_{15}，得到点 C_1、C_2、C_3、C_4、C_5，则 $AC_1C_2C_3C_4C_5$ 即为 $\overset{\frown}{AB}$ 与其共轭曲线 $AK_1K_2K_3K_4K_5$ 的啮合线。

从以上作图过程可以发现，当转子 2 的节圆 r_{2t} 绕 O_1 作行星运动时，固结在节圆 r_{2t} 面上的点 L 的运动轨迹（曲线 $LL_1L_2L_3L_4L_5$）亦是摆线。所以上述作图步骤（1）～（3），也是求取摆线的图解法。

5. 解析法

应用包络原理，用数学方法求解给定曲线的共轭曲线及其啮合线。

1）求共轭曲线

设曲线 2 已知，其方程为

$$\begin{cases} x_2 = x_2(t) \\ y_2 = y_2(t) \end{cases} \tag{2-27}$$

其共轭曲线（转子 1 的曲线），当然表示在转子 1 的动坐标系上，按上述的包络原理，其求取步骤如下。

（1）找出曲线 2 相对转子 1 运动的曲线簇方程。

这可通过动坐标变换式（2-22），将 (x_2,y_2) 变换到 (x_1,y_1) 得到

$$\begin{cases} x_1 = x_1(t,\varphi_1) \\ y_1 = y_1(t,\varphi_1) \end{cases} \tag{2-28}$$

上式出现了两个参数，因此是曲线簇的方程。φ_1 为某定值时，表示一条平面曲线，即曲线 2。

在此曲线簇中的两个参数 t、φ_1 有不同意义：t 表示原来曲线 2 的参数，称作曲线参数；φ_1 是表示曲线簇中某一条曲线位置的参数，显然它与两个转子的相对位置有关，称之为位置参数或转角参数。

（2）找出曲线簇方程（2-28）的包络条件。

根据包络的概念可以知道，曲线簇中的任一条曲线上总有一点在包络线上。例如图 2-12 所示，$\varphi_1 = \varphi_{1c}$ 时的曲线 $2'2'$ 上的点 $M(x_1,y_1)$ 在包络线 1 上。这就是说必须找到对应的 t 与 φ_1，才能得到曲线簇的包络线。这个 t-φ_1 的关系，写成函数形式 $f(t,\varphi_1)=0$ 或者 $\varphi_1 = \varphi_1(t)$ 就称为曲线簇的包络条件式。问题的关键是求函数 $\varphi_1 = \varphi_1(t)$。

若曲线 1 是曲线簇的包络线，则它与曲线簇中某一条曲线（$\varphi_1 = \varphi_1(t)$）必公切于一点 $M(x_1,y_1)$。

把包络条件的显函数形式 $\varphi_1 = \varphi_1(t)$ 代入曲线簇方程（2-28），就是曲线簇的包络线方程

$$\begin{cases} x_1 = x_1(t,\varphi_1(t)) \\ y_1 = y_1(t,\varphi_1(t)) \end{cases} \tag{2-29}$$

此包络线上任一点 $M(x_1,y_1)$ 的切线斜率可通过微分上式得到

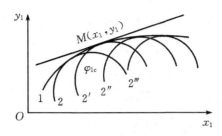

图 2 - 12 曲线簇包络线的几何意义

$$\frac{\mathrm{d}y_1}{\mathrm{d}x_1} = \frac{\left(\dfrac{\partial y_1}{\partial t} + \dfrac{\partial y_1}{\partial \varphi_1} \dfrac{\partial \varphi_1}{\partial t}\right)\mathrm{d}t}{\left(\dfrac{\partial x_1}{\partial t} + \dfrac{\partial x_1}{\partial \varphi_1} \dfrac{\partial \varphi_1}{\partial t}\right)\mathrm{d}t} \tag{2-30}$$

与包络线共切于 M 点的曲线簇中的一条曲线($\varphi_1 =$ 常数),其切线斜率为

$$\frac{\mathrm{d}y_1}{\mathrm{d}x_1} = \frac{\dfrac{\partial y_1}{\partial t}}{\dfrac{\partial x_1}{\partial t}} \tag{2-31}$$

由于是公切线,这两条切线的斜率应该相等,令式(2-30)与式(2-31)右边相等,整理得

$$\frac{\partial x_1}{\partial t} \frac{\partial y_1}{\partial \varphi_1} - \frac{\partial x_1}{\partial \varphi_1} \frac{\partial y_1}{\partial t} = 0 \tag{2-32}$$

或

$$\begin{vmatrix} \dfrac{\partial x_1}{\partial t} & \dfrac{\partial x_1}{\partial \varphi_1} \\[2mm] \dfrac{\partial y_1}{\partial t} & \dfrac{\partial y_1}{\partial \varphi_1} \end{vmatrix} = 0 \tag{2-33}$$

式(2-32)或式(2-33)就是包络条件的隐函数表达式 $f(t,\varphi_1)$,它建立了曲线参数 t 与位置参数 φ_1 之间的关系,也就是说,它指出了啮合点的位置,即在什么转角位置 φ_1,曲线 2 上的哪一点(用参数 t 表示)与之进行啮合。由此可见,包络条件是求共轭曲线时的必要条件,故往往又被称为补充条件。包络条件实际上是两个曲线能彼此进行啮合的最根本条件,故又被称作啮合条件。

同样,求给定曲线 1 $\begin{cases} x_1 = x_1(t) \\ y_1 = y_1(t) \end{cases}$ 的共轭曲线时,经动坐标变换式(2-23)得到曲线簇

$$\begin{cases} x_2 = x_2(t,\varphi_1) \\ y_2 = y_2(t,\varphi_1) \end{cases} \tag{2-34}$$

同样可得其包络条件是

$$\begin{vmatrix} \dfrac{\partial x_2}{\partial t} & \dfrac{\partial x_2}{\partial \varphi_1} \\[2mm] \dfrac{\partial y_2}{\partial t} & \dfrac{\partial y_2}{\partial \varphi_1} \end{vmatrix} = 0 \tag{2-35}$$

此式与式(2-33)的实质完全一样,即给出曲线参数 t 与位置参数 φ_1 之间的关系。

(3)求出共轭曲线方程。

曲线 2 $\begin{cases} x_2 = x_2(t) \\ y_2 = y_2(t) \end{cases}$ 的共轭曲线方程,可用方程(2-28)及补充条件联立表示

$$\begin{cases} x_1 = x_1(t,\varphi_1) \\ y_1 = y_1(t,\varphi_1) \\ f(t,\varphi_1) = 0 \end{cases} \tag{2-36}$$

同样,可得曲线 1 $\begin{cases} x_1 = x_1(t) \\ y_1 = y_1(t) \end{cases}$ 的共轭曲线方程为

$$\begin{cases} x_2 = x_2(t,\varphi_1) \\ y_2 = y_2(t,\varphi_1) \\ f(t,\varphi_1) = 0 \end{cases} \tag{2-37}$$

2)求共扼曲线的啮合线

如前所述,啮合线是一对共轭曲线在某一时间间隔内啮合点在静坐标系上的轨迹。可以设想,转子 2 上的齿曲线可由该转子动坐标系 $O_2x_2y_2$ 上任一点 M 的坐标(x_2,y_2)表示,则 M 点在静坐标系 $O_2X_2Y_2$ 的坐标(X_2,Y_2)就代表任意一个啮合点,即啮合线的方程。所以,求一对共轭曲线的啮合线,只要将这对共轭曲线中的任一条曲线的方程,例如 $\begin{cases} x_2 = x_2(t) \\ y_2 = y_2(t) \end{cases}$,通过坐标变换式(2-25)变换到静坐标系 $O_2X_2Y_2$ 即可,得到

$$\begin{cases} X_2 = X_2(t,\varphi_1) \\ Y_2 = Y_2(t,\varphi_1) \end{cases} \tag{2-38}$$

这仍为一个曲线簇,它的包络条件,即 $t-\varphi_1$ 之间的关系 $f(t,\varphi_1)=0$,就是前面求共轭曲线时的补充条件,可对式(2-33)或式(2-35)任意加以采用。

所以,一般地说共轭曲线的啮合线方程为

$$\begin{cases} X_2 = X_2(t,\varphi_1) \\ Y_2 = Y_2(t,\varphi_1) \\ f(t,\varphi_1) = 0 \end{cases} \tag{2-39}$$

6.典型曲线的共轭曲线及啮合线求解

现在,应用解析法求已知曲线的共轭曲线及啮合线的知识,我们就回转压缩机中常遇到的一些齿曲线予以讨论。

1)圆弧

用图 2-13 中的圆弧 AB(圆心 C,$O_2C=b$,半径为 r)作为转子 O_2 的齿曲线,设 M 为圆弧 AB 上任一点,坐标为(x_2,y_2),CM 与 O_2x_2 轴反向的夹角为参变数 t,则圆弧 AB 的方程为

$$\begin{cases} x_2 = b - r\cos t \\ y_2 = r\sin t \end{cases} \tag{2-40}$$

为求它的共轭曲线,将此式代入动坐标转换式(2-22),得曲线簇方程,经整理后,得

$$\begin{cases} x_1 = -b\cos k\varphi_1 + r\cos(t + k\varphi_1) + A\cos\varphi \\ y_1 = -b\sin k\varphi_1 + r\sin(t + k\varphi_1) + A\cos\varphi \end{cases} \tag{2-41}$$

对上式中的 t、φ_1 求偏导数,代入啮合条件式(2-33),化简后得到

$$-b\sin t + r_{2t}\sin(t + i\varphi_1) = 0 \tag{2-42}$$

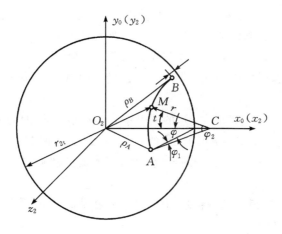

图 2-13 圆弧齿曲线

式 $(2-42)$ 是求圆弧的共轭曲线或啮合线时的补充条件，它以隐函数 $f(t,\varphi_1)$ 的形式表征曲线簇两参数 $t-\varphi_1$ 间的关系。

由此，圆弧式 $(2-40)$ 的共轭曲线是式 $(2-41)$ 及式 $(2-42)$ 的联立，即

$$\begin{cases} x_1 = -b\cos k\varphi_1 + r\cos(t + k\varphi_1) + A\cos\varphi_1 \\ y_1 = -b\sin k\varphi_1 + r\sin(t + k\varphi_1) + A\sin\varphi_1 \\ -b\sin t + r_{2t}\sin(t + i\varphi_1) = 0 \end{cases} \quad (2-43)$$

而该圆弧的相应啮合线可由式 $(2-24)$ 及式 $(2-42)$ 联立求得

$$\begin{cases} X_1 = b\cos\varphi_1 - r\cos(t + i\varphi_1) \\ Y_1 = -b\sin i\varphi_1 + r\sin(t + i\varphi_1) \\ -b\sin t + r_{2t}\sin(t + i\varphi_1) = 0 \end{cases} \quad (2-44)$$

下面分两种情况讨论圆弧式 $(2-40)$ 的共轭曲线方程 $(2-43)$ 及啮合线方程 $(2-44)$。

第一种情况：若 $b = r_{2t}$ 也就是说，转子 O_2 的圆弧中心在节圆 r_{2t} 的圆周上，圆弧的方程为

$$\begin{cases} x_2 = r_{2t} - r\cos t \\ y_2 = r\sin t \end{cases} \quad (2-45)$$

由式 $(2-42)$ 写出的补充条件可简化为

$$t = t + i\varphi_1$$

使该补充条件成立的条件是 $\varphi_1 = 0$，因此也可说，$\varphi_1 = 0$ 就是补充条件。故将 $b = r_{2t}$ 及 $\varphi_1 = 0$ 代入式 $(2-43)$ 中，整理后，得共轭曲线方程

$$\begin{cases} x_1 = A - r_{2t} + r\cos t \\ y_1 = r\sin t \end{cases}$$

发现它依然为同一半径的圆弧，圆心在节圆 r_{1t} 的圆周上，因此它与转子 O_2 上的圆弧形状是完全一致的。这种圆心在其节圆圆周上的圆弧，称为销齿圆弧。

为得销齿圆弧的啮合线，将补充条件 $\varphi_1 = 0$ 代入式 $(2-44)$，得到

$$\begin{cases} X_1 = r_{2t} - r\cos t \\ Y_1 = r\sin t \end{cases}$$

由上可见，销齿圆弧的啮合线是与销齿圆弧完全一样的圆弧，只不过是表示在固定平

面——静坐标系上而已。而且还可以进一步看到，销齿圆弧与其共轭曲线仅在 $\varphi_1 = 0$ 时才进行啮合，而且是沿着整个圆弧齿形同时啮合的。也即在此瞬时，两转子的齿形（圆弧）完全叠合在一起。除此瞬时之外（即 $\varphi_1 \neq 0$ 时），两转子齿形不进行啮合。

综上所述，销齿圆弧的共扼曲线为同一半径的销齿圆弧，它们仅在 $\varphi_1 = 0$ 瞬时沿整段圆弧啮合。

第二种情况：若 $b \neq r_{2t}$，也即转子 O_2 的圆弧中心不在节圆 r_{2t} 的圆周上，由式（2-42）表达的补充条件再不能简化。由式（2-43）表示的转子 O_1 上共轭曲线的方程是相当复杂的。如前所述，它是圆弧簇的包络，故又称之为圆弧包络线，把形成此圆弧包络线的圆弧（转子 O_2 的齿曲线）称为包络圆弧。

同样，如果转子 O_1 的齿形是一包络圆弧（圆心不在节圆 r_{1t} 圆周上）时，则与其共轭的转子 O_2 的齿形将是圆弧包络线。

由式（2-44）表示的包络圆弧的啮合线方程也是相当复杂的。由于此时补充条件描绘的 $t-\varphi_1$ 之间有一一对应的关系，因此包络圆弧与其共轭曲线（圆弧包络线）的啮合是循序前进的点啮合——依次在转子齿形的每一点进行连续的点啮合，这一点与销齿圆弧的瞬时线啮合有着极大的区别。

2）摆线

摆线的共轭曲线及啮合线仍按坐标变换加补充条件的办法求解。

先看补充条件。已知转子 O_1 的齿形是外摆线，为简单起见，假定 $\varphi_0 = 0，\alpha = 0$，其方程由式（2-5）写为

$$\begin{cases} x_1 = a\cos t - b\cos ct \\ y_1 = a\sin t - b\sin ct \end{cases} \qquad (2-46)$$

如前所述，曲线参数 t 是滚圆相对基圆的中心角位移，这里也就是转子 O_1 的转角 φ_1（位置参数）。也就是说摆线的曲线参数和位置参数是一回事情，即 $t = \varphi_1$，因而各补充条件式肯定满足。

既然摆线的曲线参数就是位置参数，那么以后写摆线方程式时，例如式（2-5）、式（2-6）等，都把 t 换成 φ_1（或 φ_2）。在求摆线的共轭曲线及啮合线时，直接进行相应的坐标变换便可得到。

将式（2-46）代入坐标变换式（2-23），即得外摆线的共轭曲线方程

$$\begin{cases} x_2 = (A-a)\cos\varphi_2 + b\cos c'\varphi_2 \\ y_2 = (A-a)\sin\varphi_2 - b\sin c'\varphi_2 \end{cases} \qquad (2-47)$$

式中：$c' = \dfrac{1}{i}(c-k) = \dfrac{A-a}{r}$。

由此可见，与外摆线共轭的曲线是内摆线，它是同一滚圆、同一形成点在节圆 r_{2t} 的内圆周上滚出的，这可由图 2-14 表示。滚圆 O 在节圆 O_1 的外圆周滚动时，滚圆上一点 K 滚出外摆线 KK_1，则同一滚圆及形成点在节圆 O_2 内圆周内滚动得到的内摆线 KK_2 一定与 KK_1 互为共轭曲线。也可以认为 O_1、O_2、O 三个圆切于 p 点共滚时，滚圆 O 上的 K 点分别在节圆 O_1 与节圆 O_2 上形成的外摆线 KK_1 和内摆线 KK_2 互为共扼曲线。

根据上述结论，讨论以下两种特殊情况。

（1）若 $r = r_{2t}$，即滚圆为转子 O_2 的节圆，基圆为 $O_1(r_{1t})$，则由此形成的转子 O_1 的外摆线

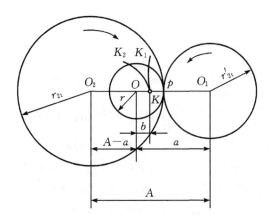

图 2-14 内、外摆线及滚圆的相互关系

方程为

$$\begin{cases} x_1 = A\cos\varphi_1 + b\cos k\varphi_1 \\ y_1 = A\sin\varphi_1 - b\sin k\varphi_1 \end{cases} \tag{2-48}$$

将上式代入动坐标变换式(2-23),即得与其共轭的转子 O_2 的曲线

$$\begin{cases} x_2 = b \\ y_2 = 0 \end{cases}$$

说明转子 O_2 本该为内摆线的曲线已蜕化为 O_2x_2 轴上的一点(距 O_2 为 b)。故由式(2-48)表示的外摆线与一个点进行啮合,称为点啮合外摆线。

(2)若 $r = b = \dfrac{r_{2t}}{2}$,即滚圆半径为节圆 O_2 半径的一半,且形成点就在滚圆圆周上,此时式(2-47)中

$$A - a = r_{1t} + r_{2t} - \left(r_{1t} + \frac{r_{2t}}{2}\right) = \frac{r_{2t}}{2}$$

$$r = b = \frac{r_{2t}}{2}$$

$$c' = \frac{A - a}{r} = 1$$

将以上关系代入式(2-47),即得出在 O_2 内圆周滚出的内摆线方程为

$$\begin{cases} x_2 = r_{2t}\cos\varphi_2 \\ y_2 = 0 \end{cases} \tag{2-49}$$

此时内摆线已蜕化为 O_2x_2 轴上指向 O_2 的一条径向直线。

同一滚圆在 O_1 的外圆周上滚动时

$$a = r_{1t} + \frac{r_{2t}}{2}$$

$$b = r = \frac{r_{2t}}{2}$$

$$c = \frac{a}{r} = 1 + 2i$$

此时外摆线方程可由式(2-46)改写为

$$
\begin{cases}
x_1 = \left(r_{1t} + \dfrac{r_{2t}}{2}\right)\cos\varphi_1 - \dfrac{r_{2t}}{2}\cos(1+2i)\varphi_1 \\[3mm]
y_1 = \left(r_{1t} + \dfrac{r_{2t}}{2}\right)\sin\varphi_1 - \dfrac{r_{2t}}{2}\sin(1+2i)\varphi_1
\end{cases}
\tag{2-50}
$$

这就是与径向直线式(2-49)(锐化的内摆线)共轭的外摆线方程。

求摆线的啮合线时,也不必用补充条件,只需直接把动坐标转换到静坐标系中便可得到。把外摆线式(2-46)代入坐标变换式(2-24),即得啮合线方程

$$
\begin{cases}
X_1 = a - b\cos(1-c)\varphi_1 \\
Y_1 = b\sin(1-c)\varphi_1
\end{cases}
\tag{2-51}
$$

两式两边平方后相加,即得直角坐标方程

$$(X_1 - a)^2 + Y_1^2 = b^2 \tag{2-52}$$

说明摆线的啮合线为一圆,圆心在$(a,0)$,即O_1x_1轴上,半径为b。

点啮合摆线的啮合线即为该点在静止平面的运动轨迹——圆心在转子中心、半径为该点到转子中心的距离的圆弧。

3)渐开线

如果转子 2 的齿形为渐开线方程式(2-4),求与其共轭的转子 1 的齿形及啮合线。为此将式(2-4)中的x、y记为x_1、y_1,代入动坐标转换式(2-22),利用包络条件式(2-33),可以得出与转子 2 渐开线共轭的转子 1 的型线仍为渐开线。罗茨鼓风机、涡旋式压缩机转子的共轭齿形均为渐开线,就是上述结果的应用。事实上,将式(2-4)代入坐标变换式(2-24),并与包络条件式(2-33)联立,还可以证明式(2-4)表达的渐开线及其共轭的渐开线的啮合线是此两渐开线基圆的内公切线。

2.3.2　齿廓法线法

齿廓法线法是直接利用齿廓啮合基本定理:令转子 1 及转子 2 都作转动,设在某一瞬时,转子 1 齿曲线在图 2-15 实线所示位置,根据$v \cdot n = 0$(v为两转子接触点的相对速度矢量,n为该点的法线矢量)的条件,可以在转子 1 上求得一点M,它的法线通过节点p,则M就是这个瞬时转子 1 和转子 2 的接触点。转子 1 转过一个角度,其齿曲线转到图 2-15 虚线所示的位置$1'$时,同样可在其上求得法线通过节点p的点M',则M'又是这个瞬时两转子的接触点。用这种方法求得转子 1 转动过程中的一系列接触点位置,它在固定平面(静坐标系)中的轨迹就称为啮合线,因为两个转子是沿这条线连续地发生啮合。接触点在转动着的转子 1 平面上(动坐标系)的轨迹是已知的转子 1,而它在转动着的转子 2 平面上(动坐标系)的轨迹就是要求的与转子共轭的转子 2 齿曲线。

用包络法和齿廓法线法都可以由转子 1 求得转子 2 或者由转子 2 求得转子 1,它们的结果也是完全一致的。

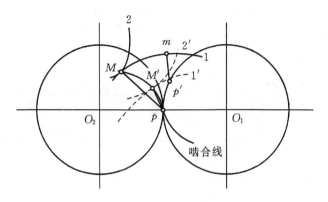

图 2-15　齿廓法线法求共轭曲线

2.4　空间啮合问题的求解

本节采用运动几何学法解决空间啮合的基本问题：①求已知曲面的共轭曲而；②求这一对共轭曲面的啮合特性，如瞬时接触线、啮合面等。学习这一节应由平面啮合的一些概念出发，并延伸到空间啮合。

2.4.1　基本概念

1.共轭曲面

与平面啮合中的共轭曲线概念相似，齿面必须表示在相应的转子动坐标系 $O_1 x_1 y_1 z_1$ 或 $O_2 x_2 y_2 z_2$ 上。

2.瞬时接触线

一对共轭曲面每一瞬时存在一条交线，它表示在动坐标系上，称为瞬时接触线（一般为空间曲线）。一般地说，不同瞬时的接触线是不一样的。转子啮合过程中，瞬时接触线的运动轨迹分别表示在两个转子上，就构成了两转子的齿曲面。依瞬时接触线的定义，它也必定表示在转子的动坐标系上。

3.瞬时啮合线

在某一瞬时，两共轭齿面的交线在固定空间的表示，叫瞬时啮合线，因此它必定要表示在静坐标系上。

4.啮合面

各瞬时啮合线在固定空间的轨迹是一个曲面，它叫做啮合面，显然它也必定要表示在静坐标系上。

将上述空间啮合的这些概念与平面啮合的对比列于表 2-1 中。

表 2-1　平面啮合与空间啮合对比

平面啮合	空间啮合
共轭曲线	共轭曲面
瞬时接触点	瞬时接触线
瞬时啮合点	瞬时啮合线
啮合线	啮合面

2.4.2　啮合条件

两转子啮合时,一个转子的齿面包络出另一转子的齿面,在两个互为包络的齿面的接触点 M 处,有公切面或公法线。所谓啮合,就是说相互运动的两个转子的齿面只能相互滑移,而不允许彼此冲击或脱离,也即两齿面的法向相对速度应该为零,而法向相对速度为零的条件是两转子接触点的相对速度矢量 v 在接触点公法线矢量 n 上的投影等于零,即 $v \perp n$。两矢量垂直的数学表达式为

$$v \cdot n = 0$$

这就是两转子齿面啮合应满足的条件,我们称为啮合条件,其数学表达式又称啮合条件式。

啮合条件式可以表示在不同的坐标系上,如果表示在动坐标系 $O_2 x_2 y_2 z_2$ 上,则为

$$v_2 \cdot n_2 = 0$$

式中:v_2 为啮合点相对速度在动坐标系 $O_2 x_2 y_2 z_2$ 上的表达式;n_2 为啮合点法线矢量在动坐标系 $O_2 x_2 y_2 z_2$ 上的表达式。

或写成投影式

$$v_{x_2} \cdot n_{x_2} + v_{y_2} \cdot n_{y_2} + v_{z_2} \cdot n_{z_2} = 0 \qquad (2-53)$$

式中:v_{x_2}、v_{y_2}、v_{z_2} 为接触点相对速度在动坐标系 $O_2 x_2 y_2 z_2$ 各坐标轴上的投影;n_{x_2}、n_{y_2}、n_{z_2} 为接触点法线矢量在动坐标系 $O_2 x_2 y_2 z_2$ 各坐标轴上的投影。

下面阐述相对运动速度 v_2 的求法。

前面我们处理转子 2 与转子 1 之间的相对运动时,把转子 1 看作不动,而转子 2 作复合运动。处理空间啮合问题时,我们仍采取这一方法。

在图 2-7 的坐标系统中,对两个转子都附加同一角速度 $-\omega_1$,两转子的相互运动关系仍保持不变。此时,转子 1 静止不动,转子 2 作复合运动:①以 $-\omega_1$ 绕 Z_1 轴的牵连运动;②绕 Z_2 轴的相对运动。

虽然运动形式发生变化,但相对运动关系没有改变,所以求转子 2 对于转子 1 的相对运动,在这里就转化成转子 2 的绝对运动了。现在,求转子 2 的 M 点与转子 1 的相对速度 v 就转化成求既有牵连运动,又有相对运动的复合运动系统中 M 点的绝对速度了。

根据运动学,作复合运动点的绝对速度等于牵连速度 v_e 与相对速度 v_r 的矢量和,即

$$v = v_e + v_r = (-\omega_1) \times r_e + \omega_2 \times r_2 \qquad (2-54)$$

这一矢量式可根据需要,表达在任意坐标系中。

欲求 v 在坐标系 $O_1 X_1 Y_1 Z_1$ 中的表达式,只需把各矢量投影到该坐标系的各坐标轴上。

下面求各矢量在坐标系 $O_1X_1Y_1Z_1$ 的坐标

$$r_e = \overrightarrow{O_1O_2} + r_2$$

式中：$\overrightarrow{O_1O_2}$ 为 $(A,0,0)$；r_2 为 (X_1,Y_1,Z_1)。

如令 ω_1 的大小为一个单位，即 $|\omega_1| = 1$ rad/s，并不影响转子 1 与 2 相对速度 v 的方向。则

$$|\omega_2| = i|\omega_1| = i \text{ rad} \cdot \text{s}^{-1}$$

由图 2-8 可得角速度矢量 $-\omega_1$ 及 ω_2 在坐标系 $O_1X_1Y_1Z_1$ 的坐标：$-\omega_1$ 为 $(0,0,-1)$；ω_2 为 $(0,i\sin\theta,i\cos\theta)$。

由上述各矢量在 $O_1X_1Y_1Z_1$ 可写为

$$v_1 = \begin{vmatrix} \boldsymbol{i}_1 & \boldsymbol{j}_1 & \boldsymbol{k}_1 \\ 0 & 0 & -1 \\ A+X_1 & Y_1 & Z_1 \end{vmatrix} + \begin{vmatrix} \boldsymbol{i}_1 & \boldsymbol{j}_1 & \boldsymbol{k}_1 \\ 0 & i\sin\theta & i\cos\theta \\ X_1 & Y_1 & Z_1 \end{vmatrix}$$

或写成在坐标系 $O_1X_1Y_1Z_1$ 各坐标轴上的分量，由上式化简得

$$\begin{cases} v_{X1} = Y_1(1 - i\cos\theta) + iZ_1\sin\theta \\ v_{Y1} = -X_1(1 + i\cos\theta) - A \\ v_{Z1} = -iX_1\sin\theta \end{cases} \tag{2-55}$$

上式是单位角速度矢量（$|\omega_1| = 1$ rad/s）引起的转子 1 与 2 的相对速度 v 在坐标系 $O_1X_1Y_1Z_1$ 各坐标轴的投影。如果 $|\omega_1| \neq 1$ rad/s，只需将式（2-55）乘以 $|\omega_1|$ 即可。

如果需要转子 1 与 2 的相对速度 v 在坐标系 $O_2x_2y_2z_2$ 中的表达式，只需将矢量式（2-54）投影到坐标系 $O_2x_2y_2z_2$ 的各坐标轴上。

各矢量的坐标系 $O_2x_2y_2z_2$ 中的坐标 $\overrightarrow{O_1O_2}$ 为 $(-A\cos\varphi_2, A\sin\varphi_2, 0)$；$r_2$ 为 (x_2,y_2,z_2)；r_e 为 $(x_2-A\cos\varphi_2, y_2+A\sin\varphi_2, z_2)$；$\omega_2$ 为 $(0,0,i)$；$-\omega_1$ 为 $(-\sin\theta\sin\varphi_2, -\sin\theta\cos\varphi_2, -\cos\theta)$。上面 $-\omega_1$ 的坐标式是用以下方法这样得到的。

由图 2-8 可知，$-\omega_1$ 在 $O_2X_2Y_2Z_2$ 中的坐标为

$$(-\omega_1)_{X_2} = 0; \quad (-\omega_1)_{Y_2} = -\sin\theta; \quad (-\omega_1)_{Z_2} = -\cos\theta$$

把它们通过如下变换式变换到坐标系 $O_2x_2y_2z_2$，为

$$(-\omega_1)_{x_2} = (-\omega_1)_{X_2}\cos\varphi_2 + (-\omega_1)_{Y_2}\sin\varphi_2$$

$$(-\omega_1)_{y_2} = -(-\omega_1)_{X_2}\sin\varphi_2 + (-\omega_1)_{Y_2}\cos\varphi_2$$

$$(-\omega_1)_{z_2} = (-\omega_1)_{Z_2}$$

即

$$\begin{cases} (-\omega_1)_{x_2} = -\sin\theta\sin\varphi_2 \\ (-\omega_1)_{y_2} = -\sin\theta\cos\varphi_2 \\ (-\omega_1)_{z_2} = -\cos\theta \end{cases}$$

由上述各矢量在坐标系 $O_2x_2y_2z_2$ 中的坐标，式（2-54）可写为

$$v_2 = \begin{vmatrix} \boldsymbol{i}_2 & \boldsymbol{j}_2 & \boldsymbol{k}_2 \\ -\sin\theta\sin\varphi_2 & -\sin\theta\cos\varphi_2 & -\cos\theta \\ x_2-A\cos\varphi_2 & y_2+A\sin\varphi_2 & z_2 \end{vmatrix} + \begin{vmatrix} \boldsymbol{i}_2 & \boldsymbol{j}_2 & \boldsymbol{k}_2 \\ 0 & 0 & i \\ x_2 & y_2 & z_2 \end{vmatrix}$$

或写成在坐标系 $O_2x_2y_2z_2$ 各坐标轴上的分量，由上式化简得

$$\begin{cases} v_{x_2} = y_2(\cos\theta - i) - z_2\sin\theta\cos\varphi_2 + A\cos\theta\sin\varphi_2 \\ v_{y_2} = x_2(i - \cos\theta) + z_2\sin\theta\sin\varphi_2 + A\cos\theta\cos\varphi_2 \\ v_{z_2} = x_2\sin\theta\cos\varphi_2 - y_2\sin\theta\sin\varphi_2 - A\sin\theta \end{cases} \quad (2-56)$$

如 $|\boldsymbol{\omega}_1| \neq 1$ rad/s,只需将上式乘以 $|\boldsymbol{\omega}_1|$ 即可。

对两平行轴转子,旋向与图 2-9 相反,只要把上式中的 θ 以 π、φ_2 以 $-\varphi_2$ 代入,即得

$$\begin{cases} v_{x_2} = -ky_2 + A\sin\varphi_2 \\ v_{y_2} = kx_2 - A\cos\varphi_2 \\ v_{z_2} = 0 \end{cases} \quad (2-57)$$

对垂直轴转子,$\theta = \dfrac{\pi}{2}$,式 $(2-56)$ 简化为

$$\begin{cases} v_{x_2} = -iy_2 - z_2\cos\varphi_2 \\ v_{y_2} = ix_2 + z_2\sin\varphi_2 \\ v_{z_2} = x_2\cos\varphi_2 - y_2\sin\varphi_2 - A \end{cases} \quad (2-58)$$

下面写出啮合条件的数学表达式,若知转子 2 的齿面方程为

$$\begin{cases} x_2 = x_2(t,\tau) \\ y_2 = y_2(t,\tau) \\ z_2 = z_2(t,\tau) \end{cases} \quad (2-59)$$

将式 $(2-56)$、式 $(2-10)$ 代入式 $(2-59)$ 得其啮合条件式为

$$\begin{vmatrix} \dfrac{\partial y_2}{\partial t} & \dfrac{\partial z_2}{\partial t} \\ \dfrac{\partial y_2}{\partial \tau} & \dfrac{\partial z_2}{\partial \tau} \end{vmatrix} \left[y_2(\cos\theta - i) - z_2\sin\theta\cos\varphi_2 + A\cos\theta_1\sin\varphi_2 \right] + \begin{vmatrix} \dfrac{\partial z_2}{\partial t} & \dfrac{\partial x_2}{\partial t} \\ \dfrac{\partial z_2}{\partial \tau} & \dfrac{\partial x_2}{\partial \tau} \end{vmatrix} \times$$

$$\left[x_2(i - \cos\theta) + z_2\sin\theta\sin\varphi_2 + A\cos\theta_1\cos\varphi_2 \right] + \begin{vmatrix} \dfrac{\partial x_2}{\partial t} & \dfrac{\partial y_2}{\partial t} \\ \dfrac{\partial x_2}{\partial \tau} & \dfrac{\partial y_2}{\partial \tau} \end{vmatrix} \times \quad (2-60)$$

$$(x_2\sin\theta\cos\varphi_2 - y_2\sin\theta\sin\varphi_2 - A\sin\theta) = 0$$

由此知道,这是一个含有三个参数 (t,τ,φ_2) 或 (t,τ,φ_1) 的隐函数表达式 $f(t,\tau,\varphi_2)$,如给定一个 φ_2 值,则可由上式解得若干组 (t,τ),用这些 (t,τ) 代入转子 2 的齿面方程式 $(2-59)$ 即可得到在此 φ_2 位置时,两齿面的一条接触线。所以啮合条件式 $f(t,\tau,\varphi_2)$ 的涵义在于给出了齿面接触线的位置,这与上一节所讲的求共轭曲线或啮合线时的包络条件具有相同的意义。

事实上,对平面啮合,将式 $(2-9)$、式 $(2-57)$ 代入啮合条件式 $(2-53)$,可得到与式 $(2-35)$ 完全相同的结果,这也说明上一节的包络条件或补充条件的实质即本节所说啮合条件 $\boldsymbol{v} \cdot \boldsymbol{n} = 0$。

从啮合条件还可推导出平面啮合的一个重要定律:两共轭曲线啮合点的公法线必定通过节点(两节圆的切点)p。由图 2-9 知,曲线 1 和 2 在 M 点有公法线 n,相对速度为 v。由于节点 p 是瞬时回转中心,即 $v = \boldsymbol{\omega}_{21} \times \boldsymbol{M}$,由啮合条件可得

$$\boldsymbol{n} \cdot (\boldsymbol{\omega}_{21} \times \boldsymbol{M}) = 0$$

式中：$\boldsymbol{\omega}_{21}$ 为相对角速度矢量，方向垂直纸面。

三矢量的混合积为零，则此三矢量应共面。$\boldsymbol{n}$ 既要与 $\boldsymbol{M}$ 在一个平面，又要与 $\boldsymbol{\omega}_{21}$ 在一个平面，只有 $\boldsymbol{n}$ 与 $\boldsymbol{M}$ 重合才行，也就是公法线必定通过节点 p（瞬心）。

2.4.3　空间啮合求解

已知曲面式（2-59），首先求其接触线。所谓接触线，也就是曲面式（2-50）上满足啮合条件 $f(t,\tau,\varphi_2)$ 的点的连线。因此接触线的方程为

$$\begin{cases} x_2 = x_2(t,\tau) \\ y_2 = y_2(t,\tau) \\ z_2 = z_2(t,\tau) \\ f(t,\tau,\varphi_2) = 0 \end{cases} \tag{2-61}$$

给定一个瞬时，即 φ_2 为定值时，由啮合条件 $f(t,\tau,\varphi_2)$ 找出 $t-\tau$ 的关系，例如，将 $\tau=\tau(t)$ 代入曲面方程，得到单参数方程组

$$\begin{cases} x_2 = x_2(t,\tau(t)) \\ y_2 = y_2(t,\tau(t)) \\ z_2 = z_2(t,\tau(t)) \end{cases}$$

这就是 φ_2 转角（表示某一瞬时）的瞬时接触方程。

再求曲面式（2-59）的啮合面——可看作瞬时接触线在静坐标系的轨迹，因此只须将式（2-59）转换到静坐标系并考虑啮合条件即为啮合面方程

$$\begin{cases} X_2 = x_2\cos\varphi_2 - y_2\sin\varphi_2 \\ Y_2 = x_2\sin\varphi_2 + y_2\cos\varphi_2 \\ Z_2 = z_2 \\ f(t,\tau,\varphi_2) = 0 \end{cases} \tag{2-62}$$

或

$$\begin{cases} X_2 = X_2(t,\tau,\varphi_2) \\ Y_2 = Y_2(t,\tau,\varphi_2) \\ Z_2 = Z_2(t,\tau,\varphi_2) \\ f(t,\tau,\varphi_2) = 0 \end{cases} \tag{2-63}$$

从上式清楚看到，曲面式（2-59）通过坐标变换得到曲面簇，加上啮合条件，即包络条件 $f(t,\tau,\varphi_2)=0$，就是啮合面。由此可见，本节采用的运动几何学法与解决平面啮合问题的包络线法，其实质是完全一样的。

现在再求曲面式（2-59）的共轭曲面方程。

由前所述，瞬时接触线在动坐标系上的轨迹即形成齿曲面，故只需将接触线方程（2-61）通过坐标变换式（2-20）转换到转子 1 的动坐标系 $O_1x_1y_1z_1$ 上，即得曲面式（2-59）的共轭曲面方程

$$\begin{cases} x_1 = -x_2(\cos\varphi_1\cos\varphi_2 + \sin\varphi_1\sin\varphi_2\cos\theta) + y_2(\sin\varphi_2\cos\varphi_1 - \\ \qquad \cos\varphi_2\sin\varphi_1\cos\theta) + z_2\sin\varphi_1\sin\theta + A\cos\varphi_1 \\ y_1 = x_2(\sin\varphi_1\cos\varphi_2 - \cos\varphi_1\sin\varphi_2\cos\theta) + y_2(-\cos\varphi_1\cos\varphi_2\cos\theta - \\ \qquad \sin\varphi_1\sin\varphi_2) + z_2\cos\varphi_1\sin\theta - A\sin\varphi_1 \\ z_1 = (x_2\sin\varphi_2 + y_2\cos\varphi_2)\sin\theta + z_2\cos\theta \\ f(t,\tau,\varphi_2) = 0 \end{cases} \qquad (2-64)$$

有时，解决空间啮合并非像上面那样先从求瞬时接触线入手，而是先求瞬时啮合线。此时，除了采用相应的坐标变换之外，啮合条件式也应表示在静坐标系上，即

$$n_{X1}v_{X1} + n_{Y1}v_{Y1} + n_{Z1}v_{Z1} = 0 \qquad (2-65)$$

式中：v_{X1}、v_{Y1}、v_{Z1} 由式（2-55）得到，而法矢量在坐标系 $O_1X_1Y_1Z_1$ 的投影 n_{X1}、n_{Y1}、n_{Z1} 经坐标变换得到。

2.4.4 单螺杆的空间啮合问题

单螺杆压缩机中，星轮与螺杆轴相互垂直布置，其星轮齿与螺杆齿槽之间的啮合问题为空间啮合问题。本节主要求解单螺杆压缩机的啮合副型面。

单螺杆压缩机星轮、螺杆啮合副的运动和蜗轮、蜗杆间的运动类似，螺杆与星轮的转速都是恒定的。同样，星轮齿面与齿槽面必须满足共轭的几何关系，即齿槽面是星轮齿面的包络面。

两个面共轭的几何关系可以这样来描述：共轭面之间相对移动时，两者在接触点接触但不干涉，即在两个面的接触点处，两者的相对速度与这两个面的法向向量垂直，即

$$v \cdot n = 0$$

式中：v 为接触点处的相对速度；n 为星轮齿侧面或齿槽侧面在接触点的法向向量。

上式所定义的关系称为共轭条件。为更具体地描述单螺杆压缩机啮合副的共轭条件，根据星轮与螺杆之间的运动关系，建立图 2-16 所示的坐标系。其中，S_1、S_3 为固定坐标系，表示星轮和螺杆的初始位置，Z_1 与星轮轴重合，Z_3 与螺杆轴重合，O_1O_3 为两轴的中垂线；S_2 的起始

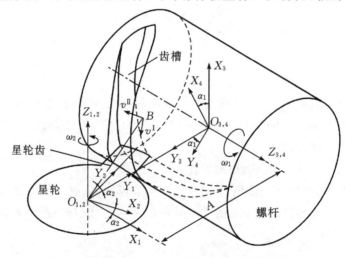

图 2-16 星轮、螺杆的运动关系

位置与 S_1 相同,固结于星轮;S_4 固结于螺杆,起始位置与 S_3 相同。星轮与螺杆的转动角速度分别为 ω_2、ω_1,星轮与螺杆的转动角度(位置)分别为 α_2、α_1。其中星轮转角 α_2 为 Y_1 至 Y_2 的角,即当转角与星轮角速度方向一致时取正值,否则取负值,螺杆转角亦相同。

螺杆与星轮的角速度之比与齿数比相反,即

$$\frac{\omega_1}{\omega_2} = \frac{\alpha_1}{\alpha_2} = \frac{z_2}{z_1} = P$$

式中:ω 表示角速度;α 表示转角;z 表示齿数;下标 1 表示螺杆,下标 2 表示星轮。当螺杆的转速为 n 时,星轮转动的角速度为

$$\omega_2 = \frac{2\pi n}{60P}$$

在星轮上任取一点 B,且 B 点在坐标系 S_2 中的坐标为 (x_2, y_2, z_2),则 B 点在坐标系 S_1 中可表示为

$$\begin{bmatrix} x_1 \\ y_1 \\ z_1 \\ 1 \end{bmatrix} = M_{12} \begin{bmatrix} x_2 \\ y_2 \\ z_2 \\ 1 \end{bmatrix} \tag{2-66}$$

其中

$$M_{12} = \begin{bmatrix} \cos\alpha_2 & -\sin\alpha_2 & 0 & 0 \\ \sin\alpha_2 & \cos\alpha_2 & 0 & 0 \\ 0 & 0 & 1 & 0 \\ 0 & 0 & 0 & 1 \end{bmatrix} \tag{2-67}$$

星轮在 B 点的速度为其角速度与半径的积,即

$$\boldsymbol{v}_1^{\text{II}} = -\omega_2 y_1 \boldsymbol{i}_1 + \omega_2 x_1 \boldsymbol{j}_1 \tag{2-68}$$

式中:下标 1 表示坐标系 S_1 中的变量;上标 II 表示星轮的绝对速度;$\boldsymbol{i}$、$\boldsymbol{j}$ 分别表示沿 X 轴和 Y 轴的单位向量。

B 点的速度在坐标系 S_3 中可表示为

$$\boldsymbol{v}_3^{\text{II}} = M_{31} \boldsymbol{v}_1^{\text{II}}$$

其中

$$M_{31} = \begin{bmatrix} 0 & 0 & 0 & 0 \\ 0 & -1 & 0 & 0 \\ 1 & 0 & 0 & 0 \\ 0 & 0 & 0 & 1 \end{bmatrix} \tag{2-69}$$

根据坐标变换,B 点在螺杆坐标系 S_3 中的坐标可表示为

$$\begin{bmatrix} x_3 \\ y_3 \\ z_3 \\ 1 \end{bmatrix} = M_{32} \begin{bmatrix} x_2 \\ y_2 \\ z_2 \\ 1 \end{bmatrix} \tag{2-70}$$

其中

$$M_{32} = \begin{bmatrix} 0 & 0 & 1 & 0 \\ -\sin\alpha_2 & -\cos\alpha_2 & 0 & a \\ \cos\alpha_2 & -\sin\alpha_2 & 0 & 0 \\ 0 & 0 & 0 & 1 \end{bmatrix} \tag{2-71}$$

故采用类似的方法,可得 B 点螺杆的速度为

$$\boldsymbol{v}_3^{\mathrm{I}} = -\omega_1 y_3 \boldsymbol{i}_3 + \omega_1 x_3 \boldsymbol{j}_3 \tag{2-72}$$

因而,在 B 点星轮与螺杆的相对速度可表示为

$$\boldsymbol{v}_3 = \boldsymbol{v}_3^{\mathrm{II}} - \boldsymbol{v}_3^{\mathrm{I}} \tag{2-73}$$

以星轮齿面为母面,此时给出 B 点星轮齿母面的法向向量即可根据啮合条件和式(2-73)求解星轮齿面与齿槽面在任意转角 α_2 的接触线,将接触线转换至螺杆坐标系则可获得齿槽面方程。若 B 点在接触线上,则螺杆齿槽面的方程可表示为

$$\begin{bmatrix} x_4 \\ y_4 \\ z_4 \\ 1 \end{bmatrix} = M_{42} \begin{bmatrix} x_2 \\ y_2 \\ z_2 \\ 1 \end{bmatrix} \tag{2-74}$$

其中

$$M_{42} = \begin{bmatrix} -\sin\alpha_1\sin\alpha_2 & -\sin\alpha_1\cos\alpha_2 & \cos\alpha_1 & a\sin\alpha_1 \\ -\cos\alpha_1\sin\alpha_2 & -\cos\alpha_1\cos\alpha_2 & -\sin\alpha_1 & a\cos\alpha_1 \\ \cos\alpha_2 & -\sin\alpha_2 & 0 & 0 \\ 0 & 0 & 0 & 1 \end{bmatrix} \tag{2-75}$$

第3章 螺杆压缩机

3.1 概 述

3.1.1 基本结构和工作原理

1.基本结构

通常所称的螺杆压缩机即指双螺杆压缩机。与活塞压缩机等其它类型的压缩机相比,螺杆压缩机的发展历程较短,是一种比较新颖的压缩机。

螺杆压缩机的基本结构如图3-1所示。在"∞"字形的气缸中,平行地配置着一对相互啮合的螺旋形转子。通常将节圆外具有凸齿的转子称为阳转子或阳螺杆;在节圆内具有凹齿的转子,称为阴转子或阴螺杆。一般阳转子与原动机连接,由阳转子带动阴转子转动。因此,阳转子又称为主动转子,阴转子又称为从动转子。在压缩机机体的两端,分别开设一定形状和大小的孔口,一个供吸气用,称作吸气孔口;另一个供排气用,称作排气孔口。

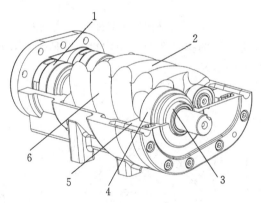

1—推力轴承;2—阴转子;3—轴封;4—轴承;5—气缸;6—阳转子

图3-1 螺杆压缩机结构示意图

2.工作原理

螺杆压缩机的工作循环可分为吸气、压缩和排气三个过程。随着转子旋转,每对相互啮合的齿相继完成相同的工作循环,为简单起见,这里只研究其中的一对齿。

(1)吸气过程。图3-2示出螺杆压缩机的吸气过程,所讨论的一对齿用箭头标出。在图3-2中,阳转子按逆时针方向旋转,而阴转子按顺时针方向旋转,图中的转子端面是吸气端面。机壳上有特定形状的吸气孔口,如图中粗实线所示。

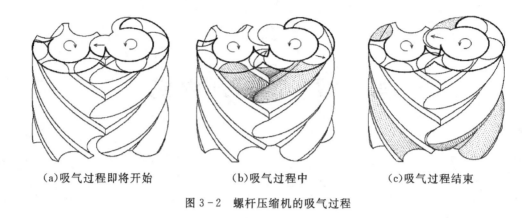

(a)吸气过程即将开始　　　　　　(b)吸气过程中　　　　　　(c)吸气过程结束

图 3-2　螺杆压缩机的吸气过程

图 3-2(a)示出吸气过程即将开始时的转子位置。在这一时刻,这一对齿前端的型线完全啮合,且即将与吸气孔口连通。

随着转子开始运动,由于齿的一端逐渐脱离啮合,而形成了齿间容积,这个齿间容积的扩大,在其内部形成了一定的真空,而此齿间容积又仅与吸气口连通,因此气体便在压差作用下流入其中,如图 3-2(b)中阴影部分所示。在随后的转子旋转过程中,阳转子齿不断从阴转子的齿槽中脱离出来,齿间容积不断扩大,并与吸气孔口保持连通。从某种意义上讲,也可以把这个过程看成是活塞(阳转子齿)在气缸(阴转子齿槽)中滑动。

吸气过程结束时的转子位置如图 3-2(c)所示,其最显著的特征是齿间容积达到最大值,随着转子的旋转,所研究的齿间容积不会再增加。齿间容积在此位置与吸气孔口断开,吸气过程结束。

(2)压缩过程。图 3-3 示出螺杆压缩机的压缩过程。这是从上面看相互啮合的转子,图中的转子端面是排气端面,机壳上的排气孔口如图中粗实线所示。在这里,阳转子沿顺时针方向旋转,而阴转子沿逆时针方向旋转。

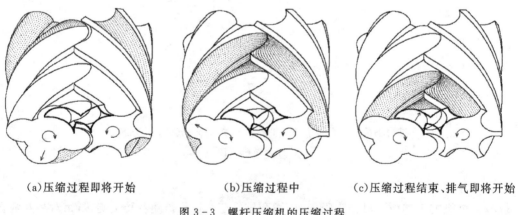

(a)压缩过程即将开始　　　　　　(b)压缩过程中　　　　　　(c)压缩过程结束、排气即将开始

图 3-3　螺杆压缩机的压缩过程

图 3-3(a)示出压缩过程即将开始时的转子位置。此时,气体被转子齿和机壳包围在一个封闭的空间中,齿间容积由于转子齿的啮合要开始减小了。

随着转子的旋转,齿间容积由于转子齿的啮合而不断减小。被密封在齿间容积中的气体所占据的体积也随之减小,导致压力升高,从而实现气体的压缩过程,如图 3-3(b)所示。压缩过程可一直持续到齿间容积即将与排气孔口连通之前,如图 3-3(c)所示。

(3)排气过程。图 3-4 示出螺杆压缩机的排气过程。齿间容积与排气孔口连通后,即开始排气过程。随着齿间容积的不断缩小,具有排气压力的气体逐渐通过排气孔口被排出(图 3-4(a))。这个过程一直持续到齿末端的型线完全啮合(图 3-4(b))。此时,齿间容积内的气体通过排气孔口被完全排出,封闭的齿间容积的体积将变为零。

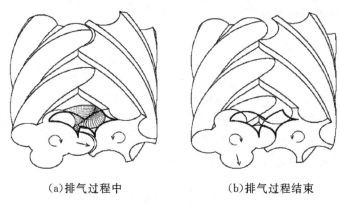

　　　　(a)排气过程中　　　　　　　　　　　(b)排气过程结束

图 3-4　螺杆压缩机的排气过程

从上述工作原理可以看出,螺杆压缩机是一种工作容积作回转运动的容积式气体压缩机械。气体的压缩依靠容积的变化来实现,而容积的变化又是借助压缩机的一对转子在机壳内作回转运动来达到的。区别于活塞压缩机,它的工作容积在周期性扩大和缩小的同时,其空间位置也在变更。只要在机壳上合理地配置吸、排气孔口,就能实现压缩机的基本工作过程——吸气、压缩以及排气过程。

3.1.2　特点

就气体压力提高的原理而言,螺杆压缩机与活塞压缩机相同,都属于容积式压缩机。而就主要部件的运动形式而言,螺杆压缩机又与透平压缩机相似。所以,螺杆压缩机同时兼有上述两类机器的特点。

螺杆压缩机的优点如下。

(1)可靠性高。螺杆压缩机零部件少,没有易损件,因而它运转可靠,寿命长,大修间隔期可达 4~8 万小时。

(2)操作维护方便。螺杆压缩机自动化程度高,操作人员不必经过长时间的专业培训,可实现无人值守运转。

(3)动力平衡好。螺杆压缩机没有不平衡惯性力,机器可平稳地高速工作,可实现无基础运转,特别适合用作移动式压缩机,体积小、重量轻、占地面积少。

(4)适应性强。螺杆压缩机具有强制输气的特点,排气量几乎不受排气压力的影响,在宽广的范围内能保持较高的效率。

(5)多相混输。螺杆压缩机的转子齿面间实际上留有间隙,因而能耐液体冲击,可压送含液气体、含粉尘气体、易聚合气体等。

螺杆压缩机的主要缺点如下。

(1)造价贵。螺杆压缩机的转子齿面是一空间曲面,需利用特制的刀具,在价格昂贵的专用设备上进行加工。另外,对螺杆压缩机气缸的加工精度也有较高的要求。所以,螺杆压缩机的造价较高。

(2)不能用于高压场合。由于受到转子刚度和轴承寿命等方面的限制,螺杆压缩机只能适用于中、低压范围,排气压力一般不能超过 4 MPa。

(3)不能用于微型场合。由于螺杆压缩机依靠间隙密封气体,因此目前一般只有当排气量大于 $0.2\ \mathrm{m^3/min}$ 时,螺杆压缩机才具有优越的性能。

3.1.3 分类及适用范围

1. 分类

螺杆压缩机有多种分类方法,按其运行方式的不同,螺杆压缩机可分为无油压缩机和喷油压缩机两类。按被压缩气体种类和用途的不同,螺杆压缩机又可分为空气压缩机、制冷压缩机和工艺压缩机三种。按结构形式的不同,螺杆压缩机又可分为移动式和固定式、开启式和封闭式等。常见的螺杆压缩机种类如图 3-5 所示。

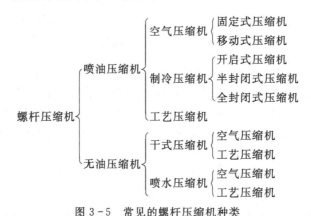

图 3-5 常见的螺杆压缩机种类

上述每种螺杆压缩机的工作原理都完全相同,但在某个主要特征上又有显著的区别。每一种螺杆压缩机都有其固有的特点,满足一定的功能,并适用于一定的市场范围,但也有一些种类的螺杆压缩机在功能和适用范围上差异较小。

在无油螺杆压缩机中,气体在压缩时不与润滑油接触。而在喷油螺杆压缩机中,润滑油在压缩时被喷入气体,并在以后被分离出来。这一区别不仅影响压缩机内压力与温度的变化关系,而且在设计观念上有着根本的不同。例如,无油机器的转子并不直接接触,相互间存在一定的间隙。阳转子通过同步齿轮带动阴转子高速旋转,同步齿轮在传输动力的同时,还确保了转子间的间隙。在喷油螺杆压缩机中,大量的润滑油被喷入所压缩的气体介质中,起着润滑、密封、冷却和降低噪声的作用。喷油机器中不设同步齿轮,一对转子就像一对齿轮一样,由阳转子直接带动阴转子旋转。所以,喷油机器的结构更为简单。

值得指出的是,所谓"无油",指的是气体在被压缩过程中,完全不与油接触,即压缩机的压缩腔或转子之间没有油润滑。但压缩机中的轴承、齿轮等零部件,仍是用普通润滑方式进行润滑的,只是在这些润滑部位和压缩腔之间,采取了有效的隔离措施。

2. 适用范围

(1)喷油螺杆空气压缩机分为固定式和移动式两类。固定式的使用场所不变,用电动机驱动,具有较好的消声措施,主要为各种气动工具及气控仪表提供压缩空气。移动式适合于野外流动作业场所,采用内燃机或电动机驱动。

动力用的喷油螺杆空压机已系列化,一般都是在大气压力下吸入气体,单级排气压力有 0.7 MPa、1.0 MPa 和 1.3 MPa(表压)等不同形式。少数两级压缩机,排气压力可达到 4.5 MPa(表压)。喷油螺杆空压机目前的排气量范围为 0.2~100 m³/min。由于油气分离和气体净化技术的发展,喷油螺杆空压机越来越多地被用到对空气品质要求非常高的应用场合,如食品、医药及棉纺企业,占据了许多原属无油压缩机的市场。

(2)喷油螺杆制冷压缩机都采用喷油润滑的方式运行,按与电动机联接方式的不同,分为开启式、半封闭式和全封闭式三种。开启式通过联轴器与电动机相联,要求在压缩机伸出轴上加装可靠的轴封,以防制冷剂和润滑油泄漏。半封闭式的电动机与压缩机作为一体,中间用法兰联接,能有效防止制冷剂和润滑油的泄漏,并采用制冷剂冷却电动机,消除了开启式机组中电动机冷却风扇的噪声。全封闭式把电动机与压缩机封闭在一容器内,彻底消除了制冷剂和润滑油的泄漏,噪声也比较低。目前,半封闭和全封闭式螺杆制冷压缩机广泛应用于民用住宅和商用楼房的中央空调系统,产量远远超过开启式。此外,螺杆制冷压缩机还用于工业制冷,食品冷冻、冷藏以及各种交通运输工具的制冷装置。目前绝大多数螺杆制冷压缩机中采用 R22 和 NH_3 制冷剂,也有一些采用 R134a、R245fa 和 R410A 等制冷剂。

在环境温度下工作时,单级螺杆制冷机可达 -25 ℃ 的蒸发温度,采用经济器或双级压缩,可达 -40 ℃ 的蒸发温度。另外,已有越来越多的螺杆制冷机用作热泵,可向高达 100 ℃ 的热源传送热量。既能供冷又能供暖的冷热两用螺杆机组,近年来发展很快。目前螺杆制冷压缩机标准工况下制冷量范围为 10~2500 kW。

(3)喷油螺杆工艺压缩机用来压缩各种工艺流程中的气体,既包括 CO_2 和 N_2 这样化学性质不活泼的气体,也包括像 H_2 和 He 这样的轻气体,还包括一些化学性质活泼的气体,如 HCl、Cl_2 等。由于其要求相似,通常喷油螺杆工艺压缩机由喷油螺杆制冷压缩机改制而成,运行于其设计工况之内。

喷油螺杆工艺压缩机的工作压力由工艺流程确定,单级压比可达 10,最高排气压力可达 3 MPa,排气量范围为 1~200 m³/min。

(4)干式螺杆压缩机可用来作为空气压缩机或工艺压缩机,压缩过程中没有液体内冷却和润滑。干式螺杆压缩机转速往往很高,对轴承和轴封要求较高,而且排气温度也较高,单级压比小。目前,一般干式螺杆压缩机的单级压比为 1.5~3.5,双级压比可达 8~10,排气量为 3~500 m³/min。

(5)喷水螺杆压缩机。为了降低干式螺杆压缩机的排气温度,提高单级排气压力,发展了向压缩腔喷水的无油螺杆压缩机。由于水不具有润滑特性,故这类压缩机中也设有同步齿轮,结构基本与干式螺杆压缩机相同。在压缩腔与轴承、齿轮间,也需设有可靠的轴封,以使喷入的水与润滑油相隔离。

在其它场合,有时也使用向压缩机内喷入液体这一方法。例如,有些气体在压缩时由于温度或压力的改变,可能发生聚合反应,会在转子和机壳上沉积一层塑料状的薄层。在压缩机运行的时候,这也许不会产生问题,但当压缩机停止运行时,它就会将转子"粘"在一起,从而造成压缩机不能再次启动。另外,有些气体混合物中含有沥青类的化合物时,也会产生同样的问题。在这些情况下,可以向压缩机入口喷入适当的溶剂,以冲掉这些化合物。溶剂的喷入可以是连续的,也可以在压缩机停机前喷入。

(6)其它螺杆机械可作为油、气、水多相流混输泵使用,用于降低采油成本,提高油井产量。螺杆机械也可作为真空泵使用,单级真空度可达98%。此外,螺杆机械还可作为膨胀机,用于高压气体的动力回收和低品位热源的动力转换等场合。用螺杆膨胀机替代制冷系统中的节流阀后,整个制冷系统的综合性能可以得到提高。

3.1.4　发展历程及发展方向

1.发展历程

1878年,Heinrich Krigar(海因里希·克里格尔)提出了螺杆转子运行的原理,并在德国申请专利,但由于缺乏制造技术,在很长时间内未进一步发展。20世纪30年代,瑞典工程师Alf Lysholm(利斯霍姆)在对燃气轮机进行研究时,希望找到一种作回转运动的压缩机,要求其转速比活塞压缩机高得多,以便可由燃气轮机直接驱动,并且不会发生喘振。为了达到上述目标,他发明了螺杆压缩机。在理论上,螺杆压缩机具有他所需要的特点,但由于必须具有非常大的排气量,才能满足燃气轮机工作的要求,螺杆压缩机并没有在此领域获得应用。尽管如此,Alf Lysholm及其所在的瑞典SRM公司,仍对螺杆压缩机在其它领域的应用,继续进行了深入的研究,并提出了5-4齿设计原型。

1937年,Alf Lysholm在SRM公司研制成功了两类螺杆压缩机试验样机,并取得了令人满意的测试结果。1946年,英国James Howden公司第一个从瑞典SRM公司获得了生产螺杆压缩机的许可证。随后,欧洲、美国和日本的多家公司也陆续从瑞典SRM公司获得了这种许可证,从事螺杆压缩机生产和销售。

最先发展起来的螺杆压缩机是无油螺杆压缩机,1957年喷油螺杆空气压缩机投入了市场,1961年又研制成功了喷油螺杆制冷压缩机和喷油螺杆工艺压缩机。我国无锡压缩机厂和上海第三压缩机厂于1965年开始研制螺杆空气压缩机,随后产生了我国喷油螺杆式空气压缩机行业标准。20世纪60年代,SRM公司开发了SRM-A型线,Atlas公司开发了Atlas型线。20世纪70年代,欧洲最大的螺杆空气压缩机制造商GHH公司开发了GHH型线,SRM公司开发了SRM-D型线。1975年,合肥通用机械研究所联合国内行业厂家生产出我国第一批螺杆氨制冷机;1978年制定了螺杆制冷机行业标准。

20世纪80年代,随着英国Holroyd公司的螺杆专用铣床陆续引进国内,我国螺杆压缩机形成批量生产能力,驶入快速发展轨道。新世纪,国内螺杆工艺压缩机推向市场,经后续的基础理论研究和产品开发试验,通过对转子型线的不断改进和专用转子加工设备的开发成功,螺杆压缩机的优越性能得到了不断的发挥,我国已跻身世界先进螺杆压缩机行列。

2.发展方向

螺杆压缩机广泛应用于矿山、化工、动力、冶金、建筑、机械、制冷等工业部门,在宽广的容量和工况范围内,逐步替代了其它种类的压缩机。例如,永磁变频、双级压缩、低压专用等高效节能的喷油螺杆空压机快速推广和应用,无油螺杆空压机近年来增长迅猛。高压制冷压缩机在CO_2复叠机组、高温NH_3热泵、天然气集输等领域快速推广。统计数据表明,螺杆压缩机的销售量已占所有容积式压缩机销售量的80%以上,在所有正在运行的容积式压缩机中,有50%是螺杆压缩机。今后螺杆压缩机的市场份额仍将不断扩大,特别是无油螺杆空气压缩机和各类螺杆工艺压缩机,会获得更快的发展。新的应用场合与客户需求向压缩机研发和生产提出了新挑战,也提供了新机遇。除螺杆空压机、制冷机、工艺机外,螺杆真空泵、膨胀机等其它螺杆机械市场潜力巨大,应用前景广阔。

为进一步改善螺杆压缩机的性能,扩大其应用范围,应在以下几方面作深入的研究。

(1)在型线啮合特性、转子受力变形和受热膨胀等方面研究的基础上,创造新的高效型线,以进一步提高螺杆压缩机的效率。

(2)分析喷油对螺杆压缩机工作过程中泄漏、换热和摩擦等方面的影响机理,使喷油参数的设计从目前的经验设计提高到机理设计和优化设计。

(3)研究吸气和排气过程的流动特性,在流场分析的基础上,进一步合理配置吸、排气孔口和相关的连接管道。

(4)分析螺杆压缩机的噪声产生机理,研究型线设计和孔口配置等因素对噪声指标的影响,从而更有效地降低噪声。

(5)研究转子螺旋面的加工工艺,除研究高精度和高生产率的专用设备外,还要研究新型少切削和无切削加工工艺。

(6)扩大螺杆压缩机的参数范围,主要应向小排气量、高排气压力的方向发展。同时,研究气量调节机构与智能控制系统,提高调节工况下压缩机运转的经济性,进一步扩大螺杆压缩机的应用范围。

(7)p-V 测录、CFD、FEA 等新技术广泛用于螺杆压缩机特性研究,在继续追求降低空压机比功率、提高制冷机冷冻系数(Coefficient of Performance,COP)的同时,研究减振降噪、余热回收等。

(8)在螺杆压缩机特性研究的优化设计的基础上,针对具体的应用场合与工况范围,对压缩机进行专门设计,满足不同领域的需求。

3.2 转子型线

3.2.1 转子型线设计原则及发展过程

1.转子型线及其要素

螺杆压缩机中,最关键的是一对相互啮合的转子,转子的齿面与转子轴线垂直面的截交线称为转子型线,如图 3-6(a)所示。由于转子型线作螺旋运动就形成了转子的齿面,故又把转子型线称为端面型线或转子齿形。

螺杆压缩机的阴、阳转子可以看作是一对相互啮合的斜齿轮,因此,螺杆压缩机的阴、阳转子型线,也要满足啮合定律,即不论在任何位置,经过型线接触点的公法线必须通过节点。

但螺杆转子与普通的斜齿轮又有很大的不同。普通斜齿轮的主要任务是在两根平行轴之间的任意传动方向上,强制传递转速、转矩及功率。在螺杆压缩机中,转子之间的动力传递和由此而引起的齿面接触应力都是次要的。事实上,无油螺杆压缩机的阴、阳转子并不接触,两者之间的动力传递是通过同步齿轮来完成的。在喷油螺杆压缩机中,转子之间传递的功率也仅占压缩机轴功率的 10% 左右,而且只在齿面的一侧进行。所以,螺杆压缩机的转子型线不必像普通齿轮那样,无条件地对称于其齿顶中心线。

对于螺杆压缩机转子型线的要求,主要是要在齿间容积之间有优越的密封性能,因为这些

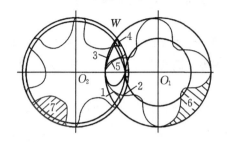 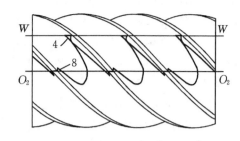

　　（a）型线、啮合线、齿间面积、封闭容积、泄漏三角形　　　　（b）泄漏三角形和接触线

1、2—转子型线；3—啮合线；4—泄漏三角形；5—封闭容积；6、7—齿间面积；8—接触线

图 3-6　转子型线、啮合线、齿间面积、封闭容积、泄漏三角形和接触线

齿间容积是实现气体压缩的工作腔。对螺杆压缩机性能有重大影响的转子型线要素有接触线、泄漏三角形、封闭容积和齿间面积等。

　　（1）接触线。螺杆压缩机的阴、阳转子啮合时，两转子齿面相互接触而形成的空间曲线称为接触线，如图 3-6（b）所示。接触线一侧的气体处于较高压力的压缩和排气过程，另一侧的气体则处于较低压力的吸气过程。如果转子齿面间的接触线不连续，则处在高压力区内的气体将通过接触线中断缺口向低压力区泄漏。

　　阴、阳转子型线啮合时的啮合点轨迹，称为啮合线，如图 3-6（a）所示。啮合线实质是接触线在转子端面上的投影。显然接触线连续，意味着啮合线应该是一条连续的封闭曲线。

　　（2）泄漏三角形。螺杆压缩机转子接触线的顶点通常不能达到阴、阳转子气缸孔的交线，在接触线顶点和机壳的转子气缸孔之间，会形成一个空间曲边三角形，称为泄漏三角形（图3-6）。通过泄漏三角形，气体将从压力较高的齿间容积，泄漏至压力较低的邻近齿间容积。从啮合线顶点的位置，可定性反映泄漏三角形面积的大小。如图 3-6（a）所示，若啮合线顶点距阴、阳转子齿顶圆的交点 W 较远，则说明泄漏三角形面积较大。

　　（3）封闭容积。如果在齿间容积开始扩大时，不能立即开始吸气过程，就会产生吸气封闭容积。由于吸气封闭容积的存在，使齿间容积在扩大的初期，其内的气体压力低于吸气口处的气体压力。在齿间容积与吸气孔口连通时，其内的气体压力会突然升高到吸气压力，然后才进行正常的吸气过程。所以，吸气封闭容积的存在，影响了齿间容积的正常充气。吸气封闭容积在转子端面上的投影如图 3-6（a）所示，从转子型线可定性看出封闭容积的大小。

　　（4）齿间面积。齿间面积是齿间容积在转子端面上的投影，如图 3-6（a）所示。转子型线的齿间面积越大，转子的齿间容积就越大。

　　2．转子型线设计原则

　　经过多年的理论分析和试验研究，总结出螺杆压缩机转子的型线设计原则如下。

　　（1）转子型线应满足啮合要求。螺杆压缩机的阴、阳转子型线，必须是满足啮合定律的共轭型线，即不论在任何位置，经过型线接触点的公法线必须通过节点。

　　（2）转子型线的设计应保证能形成连续的接触线。另外，在实际机器中，为保证转子间的相对运动，齿面间总保持有一定间隙。因此，理论上的接触线就转化成实际中的间隙带。为了尽可能减少气体通过间隙带的泄漏，要求设法缩短转子间的接触线长度。

(3)转子型线应形成较小面积的泄漏三角形。为减少气体通过泄漏三角形的泄漏,型线设计应使转子的泄漏三角形面积尽量小。

(4)转子型线应使封闭容积较小。大多数转子型线会形成吸气封闭容积,导致压缩机功耗增加,效率降低,噪声增大。所以转子型线应使吸气封闭容积尽可能地小。

(5)转子型线应使齿间面积尽量大。较大的齿间面积使泄漏量占的份额相对减少,效率得到提高。

另外,从制造、运转角度考虑,还要求转子型线便于加工制造,具有良好的啮合特性,较小的气体动力损失,以及在高温和受力的情况下具有小的热变形和弯曲变形等。值得指出的是,以上有些因素是相互制约的。例如,为了减小泄漏三角形,就不可避免地会使型线具有封闭容积和较长的接触线。为了减少流体动力损失,而使型线流线型化,又会增大泄漏三角形等等。

鉴于要满足如上种种要求,螺杆压缩机的转子型线通常由多段曲线首尾相接组成,这些曲线被称为组成齿曲线。常用的组成齿曲线主要有点、直线、摆线、圆弧、椭圆及抛物线等。

3.转子型线的发展过程

螺杆转子设计中,最重要的是设计其型线,因为转子型线基本决定了螺杆压缩机的性能好坏。螺杆压缩机性能的不断提高及其市场份额的不断扩大,是与转子型线的发展密不可分的。国际上著名的螺杆压缩机生产厂家,都是伴随着新型线的开发成功,而不断发展壮大的。性能优越的新型线一旦开发成功,往往会使其产品的销售量猛增,市场占有率迅速扩大。

为便于区别,将螺杆压缩机中的型线分为对称型线和不对称型线,以及单边型线和双边型线。齿顶中心线两边的型线完全相同时,称为对称型线。反之,齿顶中心线两边的型线不同时,称为不对称型线。只在转子节圆的内部或外部一边具有型线,称单边型线。节圆的内、外均具有型线,称双边型线。

随着对螺杆压缩机转子型线设计原则的逐步认识和转子加工方法的不断改进,以及计算机在转子型线设计中的应用,螺杆压缩机的转子型线大致经历了三代变迁。

(1)对称圆弧型线。第一代转子型线是对称圆弧型线,应用于初期的螺杆压缩机产品中,虽然在随后的年代里,不对称的转子型线有了许多显著的进展,但这些进展主要是针对喷油螺杆压缩机的。由于对称齿形易于设计、制造和测量,这类型线直到现在还被很多干式螺杆压缩机制造商广泛采用。

螺杆压缩机齿间容积间的泄漏主要通过四个通道进行,分别是通过接触线的泄漏、通过泄漏三角形的泄漏、通过齿顶间隙的泄漏和通过排气端面的泄漏。不对称齿形的最大优点之一,就是泄漏三角形的面积明显减少。但对无油压缩机而言,泄漏三角形只是四个主要泄漏通道中的一个,其面积的减少对压缩机的整体效率只能产生有限的影响。另外,与喷油压缩机相比,无油螺杆压缩机工作在较低的压比和压差工况下,压比和压差对泄漏也有重大影响。

(2)不对称型线。第二代转子型线是以点、直线和摆线等组成齿曲线为代表的不对称型线。20 世纪 60 年代后,随着喷油技术的发展,发展了以 SRM - A 型线为代表的第二代转子型线。这种型线为螺杆压缩机市场份额的扩大,起了巨大的推动作用,目前仍被多家公司所采用。

螺杆压缩机内共有四个主要的泄漏通道,在喷油螺杆压缩机中,由于油的存在,而使这四个通道中的三个被有效地密封起来。通过齿顶、排气端面及接触线这三个狭长间隙的泄漏大大减小。由于泄漏三角形不像其它三个泄漏通道那样是狭长的间隙,而是一个近似于三角形的开口孔,因而成为唯一无法被油有效地密封的泄漏通道。

对称齿形与不对称齿形的主要区别,在于采用不对称齿形时,泄漏三角形的面积大为减少。一般不对称齿形的泄漏三角形面积仅是对称齿形时的十分之一左右。因此,采用不对称齿形,可以使喷油螺杆压缩机的性能得到明显改善。

(3)新的不对称型线。20世纪80年代后,随着计算机在螺杆压缩机领域的应用,精确解析螺杆压缩机转子的几何特性成为可能,在压缩机工作过程数学模拟的基础上,出现了各具特色的多种第三代转子型线。20世纪90年代后,转子型线更加多样化,已能够根据螺杆压缩机的具体应用场合,专门设计出新颖的高效型线。目前,所有的喷油螺杆压缩机,采用的都是不对称型线。

第二代和第三代转子型线都是不对称型线,两者之间的主要区别在于:第三代转子型线的组成齿曲线中不再有点、直线和摆线,均采用圆弧、椭圆、抛物线等曲线。这种改变可使转子齿面由"线"密封改进为"带"密封,能明显提高密封效果,还有利于形成润滑油膜和减少齿面磨损。

3.2.2　典型型线及其啮合线

1. 对称圆弧型线

(1)原始对称圆弧型线。图3-7示出一种对称圆弧型线及其啮合线,这种型线的组成齿曲线都在节圆的一侧,有时又称为单边对称圆弧型线,该型线的组成齿曲线和相应的啮合线列于表3-1中。

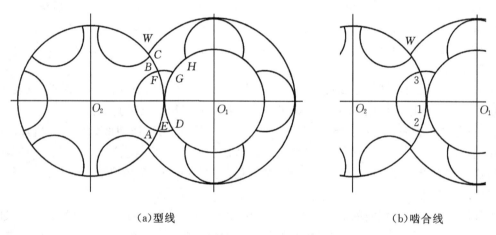

　(a)型线　　　　　　　　　　　　　　　　(b)啮合线

图3-7　原始对称圆弧型线及其啮合线

表3-1　原始对称圆弧型线的组成齿曲线和啮合线

阴转子		阳转子		
齿曲线	曲线性质	齿曲线	曲线性质	啮合线
A	点	DE	摆线	12
AB	圆弧	EF	圆弧	23
B	点	FG	摆线	31
BC	圆弧	GH	圆弧	1

应该指出,由图3-7及表3-1可知,所谓对称圆弧型线,并非全由圆弧组成。圆弧齿曲

线被限制在阴转子节圆之内,而阴转子节圆之外的齿曲线 DE 和 FG 却是摆线。这是因为若 DE 和 FG 仍为圆弧,将引起阴、阳转子接触线中断,使压缩机的泄漏增大。

　　由图 3-7(b)可见,原始对称圆弧型线啮合线的顶点 3 距两转子齿顶圆的交点 W 比较远,说明其泄漏三角形面积较大,所以,原始对称圆弧型线通过泄漏三角形的泄漏较严重。但是,这种型线的接触线是连续的,且接触线长度较短。此外,它还具有设计、制造方便等优点,所以此种型线在螺杆压缩机中仍作为一种基本齿形。

　　(2)双边对称圆弧型线。图 3-8 示出另一种对称圆弧型线及其啮合线,这种型线的组成齿曲线位于节圆的两侧,故又称为双边对称圆弧型线。该型线的组成齿曲线和相应的啮合线列于表 3-2 中。

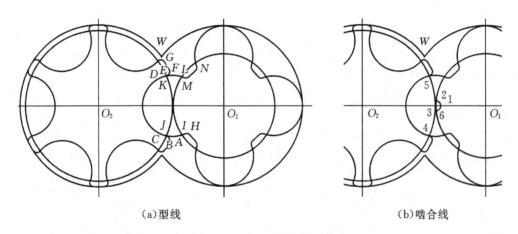

（a）型线　　　　　　　　　　　　（b）啮合线

图 3-8　双边对称圆弧型线

表 3-2　双边对称圆弧型线的组成齿曲线和啮合线

阴转子		阳转子		啮合线
齿曲线	曲线性质	齿曲线	曲线性质	
AB	圆弧	HI	圆弧	12
BC	摆线	I	点	23
C	点	IJ	摆线	34
CD	圆弧	JK	圆弧	45
D	点	KL	摆线	53
DE	摆线	L	点	36
EF	圆弧	LM	圆弧	61
FG	圆弧	MN	圆弧	1

　　由图 3-8 及表 3-2 可知,这种双边对称圆弧型线与原始对称圆弧型线的区别是,在阴转子节圆外增添了齿曲线 AB、BC、DE、EF 和 FG,其中 AB 和 EF 是中心在节圆 R_{2t}、半径为 r_0 的圆弧段。相应地,阳转子在其节圆之内亦增添了齿谷齿曲线 HI、LM 和 MN。此时,阴转子的齿顶圆半径 R_2 为

$$R_2 = R_{2t} + r_0$$

显然,这种双边对称圆弧型线啮合线的顶点 5 距两转子齿顶圆的交点 W 更远,从而使通过泄漏三角形的泄漏更为严重。为减少这种不利的影响,通常把 r_0 的取值限制在一定的范围之内。

但是,这种双边对称圆弧型线去除了原始对称圆弧型线上的尖点,使齿曲线间光滑过渡,便于加工、储运,也免除了应力集中,使转子能承受更大的载荷。更为重要的是,保护了摆线 IJ 和 KL 的形成点 C 和 D,有助于减少通过接触线的泄漏。此种型线很适合用于干式螺杆压缩机,直到现在还被很多制造商所采用。

2. 不对称型线

1)原始不对称型线

随着喷油技术的发展,喷油螺杆压缩机获得了广泛的应用。喷入的油能对狭窄的接触线、排气端面及齿顶间隙进行很好的密封,从而大幅度减少了泄漏量。考虑到面积较大的泄漏三角形不能被油有效地密封,故发展了各种各样的不对称型线,用来克服对称圆弧型线泄漏三角形面积大的缺陷。在喷油螺杆压缩机中用不对称型线代替对称圆弧型线后,压缩机的功耗一般可降低 10% 左右。

图 3-9 示出原始不对称型线及其啮合线,对于处于低压侧的型线前段,其本身并无轴向气密性的要求,故仍沿用圆弧型线。该型线的组成齿曲线和相应的啮合线列于表 3-3 中。

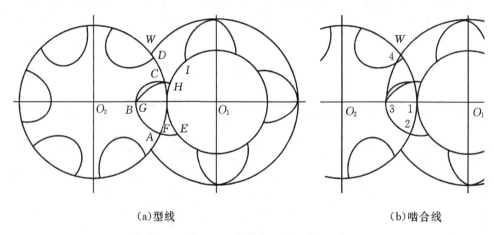

| (a)型线 | (b)啮合线 |

图 3-9　原始不对称型线

表 3-3　原始不对称型线的组成齿曲线和啮合线

阴转子		阳转子		啮合线
齿曲线	曲线性质	齿曲线	曲线性质	
A	点	EF	摆线	12
AB	圆弧	FG	圆弧	23
BC	摆线	G	点	34
C	点	GH	摆线	41
CD	圆弧	HI	圆弧	1

由图 3-9(b)可以看出,处于高压侧的原始不对称型线背段的啮合线顶点 4 是与两转子齿顶圆交点 W 重合的,这就从根本上改善了对称圆弧型线泄漏三角形面积大的缺陷。但其缺点主要是接触线长且具有封闭容积。

确保原始不对称型线消除泄漏三角形的关键,在于型线组成齿曲线中采用点啮合摆线。因此,形成点 A、C 及 G,特别是点 C 和 G,对密封气体起着非常重要的作用。一旦摆线形成点位置不精确,或者遭到损伤,将使原始不对称型线的泄漏量显著增加。

2)单边不对称摆线——销齿圆弧型线

图 3-10 示出对原始不对称型线进行倒棱修正后的一种型线,这种型线已被我国规定为螺杆压缩机的标准不对称型线,习惯称为单边不对称摆线——销齿圆弧型线,其组成齿曲线和相应的啮合线列于表 3-4 中。

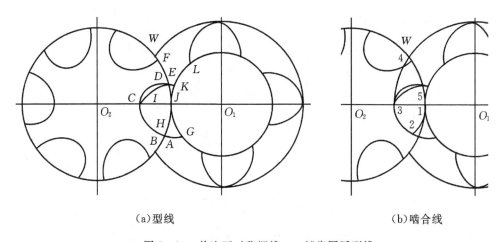

（a）型线　　　　　　　　　　　　　　（b）啮合线

图 3-10　单边不对称摆线——销齿圆弧型线

表 3-4　单边不对称摆线——销齿圆弧型线的组成齿曲线和啮合线

阴转子		阳转子		
齿曲线	曲线性质	齿曲线	曲线性质	啮合线
AB	直线	GH	摆线	12
BC	圆弧	HI	圆弧	23
CD	摆线	I	点	34
D	点	IJ	摆线	45
DE	直线	JK	摆线	51
EF	圆弧	KL	圆弧	1

由图 3-10 可见,这种单边不对称摆线——销齿圆弧型线与原始不对称型线的主要区别在于:采用径向直线 AB 及 DE 倒棱修正,去除了原始不对称型线外圆上的摆线形成点,并使摆线 IJ 的形成点 D 向内移动。另外,将圆弧齿曲线扩大一角度,形成保护角,使摆线 CD 的形成点 I 处于阳转子外圆之内,保护了对啮合性能很敏感的摆线形成点。所以,经此修正后,便于转子在加工、安装、运行及储运中保护摆线形成点。但与此同时,使接触线顶点与转子齿

顶圆交点之间的距离略有增大,使通过泄漏三角形的泄漏量增加。为此,通常限制直线段 DE 的长度在 $0.5\sim2$ mm 的允许范围之内。至于处在低压侧的直线段 AB 的长度,由于不影响气密性,通常从制造工艺性出发,使其与圆弧 BC 光滑过渡。

下面以单边不对称摆线——销齿圆弧型线为例,由图 3-11,推导各段齿曲线方程、啮合线方程及相应的参数变化范围。

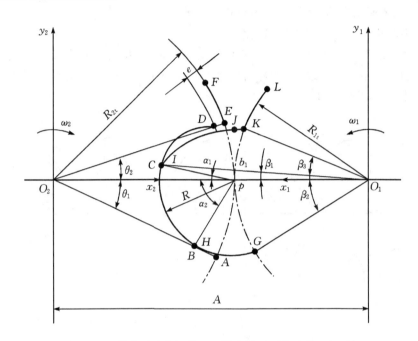

图 3-11 单边不对称摆线——销齿圆弧型线及其坐标系

(1)AB 与 GH。

①AB 方程。

阴转子上的 AB 为一径向直线,不难写出其方程为

$$\begin{cases} x_2 = \rho_2 \cos\theta_1 \\ y_2 = -\rho_2 \sin\theta_1 \end{cases} \tag{3-1}$$

参数 ρ_2 的变化范围为

$$\rho_{2B} \leqslant \rho_2 \leqslant R_{2t} \tag{3-2}$$

由直角三角形 $O_2 B p$ 有

$$\rho_{2B} = \sqrt{R_{2t}^2 - R^2} \tag{3-3}$$

$$\theta_1 = \arcsin \frac{R}{R_{2t}} \tag{3-4}$$

即

$$R_{2t} = \frac{Az_2}{z_1 + z_2} \tag{3-5}$$

式中:z_2、z_1 分别为阴、阳转子齿数;R 称为齿高半径,在标准中,规定 $R = 25.625\%A$。

②GH 方程。

阳转子上的 GH 为阴转子上径向直线 AB 的共轭曲线,将 AB 的方程(3-1)代入坐标变

换式(2-22),得曲线簇方程为

$$\begin{cases} x_1 = -\rho_2 \cos(k\varphi_1 + \theta_1) + A\cos\varphi_1 \\ y_1 = -\rho_2 \sin(k\varphi_1 + \theta_1) + A\sin\varphi_1 \end{cases} \tag{3-6}$$

故有

$$\frac{\partial x_1}{\partial \rho_2} = -\cos(\theta_1 + k\varphi_1)$$

$$\frac{\partial x_1}{\partial \varphi_1} = k\rho_2 \sin(\theta_1 + k\varphi_1) - A\sin\varphi_1$$

$$\frac{\partial y_1}{\partial \rho_2} = -\sin(\theta_1 + k\varphi_1)$$

$$\frac{\partial y_1}{\partial \varphi_1} = -k\rho_2 \cos(\theta_1 + k\varphi_1) + A\cos\varphi_1$$

将上述诸式代入包络条件式(2-33),可得位置参数与曲线参数的关系为

$$\varphi_1 = \frac{1}{i}\left(\arccos\frac{k\rho_2}{A} - \theta_1\right) \tag{3-7}$$

联立式(3-6)和式(3-7)即得到 GH 方程,其参数变化范围仍由(3-2)确定。分析(3-6)方程特征,可发现 GH 的性质是一摆线。

③啮合线方程。

AB 与 GH 啮合时的啮合线方程,可按式(2-39),通过把 AB 的方程(3-1)代入坐标变换式(2-25),并与包络条件式(3-7)联立得到

$$\begin{cases} X_2 = \rho_2 \cos(\theta_1 + i\varphi_1) \\ Y_2 = -\rho_2 \sin(\theta_1 + i\varphi_1) \\ \varphi_1 = \frac{1}{i}\left(\arccos\frac{k\rho_2}{A} - \theta_1\right) \end{cases} \tag{3-8}$$

其参数变化范围仍由式(3-2)确定。

(2)BC 与 HI。

①BC 方程。

阴转子上的曲线 BC 为一圆心在节点 p、半径为 R 的圆弧,这种圆弧又称为销齿圆弧,其方程为

$$\begin{cases} x_2 = R_{2t} - R\cos t \\ y_2 = -R\sin t \end{cases} \tag{3-9}$$

参数 t 和变化范围为

$$-\alpha_1 \leqslant t \leqslant \alpha_2 \tag{3-10}$$

由直角三角形 $O_2 Bp$ 有

$$\alpha_2 = \frac{\pi}{2} - \theta_1$$

而 α_1 为保护角,通常为 $5° \sim 10°$,标准规定为 $5°$。

②HI 方程。

阳转子上的曲线 HI 是阴转子上销齿圆弧 BC 的共轭曲线,将 BC 的方程(3-9)代入坐标变换式(2-22),得曲线簇方程为

$$\begin{cases} x_1 = -R_{2t}\cos k\varphi_1 + R\cos(k\varphi_1 - t) + A\cos\varphi_1 \\ y_1 = -R_{2t}\sin k\varphi_1 + R\sin(k\varphi_1 - t) + A\sin\varphi_1 \end{cases} \quad (3-11)$$

故有

$$\frac{\partial x_1}{\partial t} = R\sin(k\varphi_1 - t)$$

$$\frac{\partial x_1}{\partial \varphi_1} = kR_{2t}\sin k\varphi_1 - kR\sin(k\varphi_1 - t) - A\sin\varphi_1$$

$$\frac{\partial y_1}{\partial t} = -R\cos(k\varphi_1 - t)$$

$$\frac{\partial y_1}{\partial \varphi_1} = -kR_{2t}\cos k\varphi_1 + kR\cos(k\varphi_1 - t) + A\cos\varphi_1$$

将上述诸式代入包络条件式(3-14),可得包络条件

$$R_{2t}\sin t + R_{2t}\sin(i\varphi_1 - t) = 0$$

即

$$\varphi_1 = 0 \quad (3-12)$$

由此可见,BC 与 HI 仅在 $\varphi_1 = 0$ 的位置啮合,而且是整条曲线同时啮合。把式(3-33)代入式(3-11),得到简化后的 HI 方程为

$$\begin{cases} x_1 = A - R_{2t} + R\cos t \\ y_1 = -R\sin t \end{cases} \quad (3-13)$$

其参数变化范围仍由式(3-10)确定。

分析方程(3-13),发现其仍为一半径为 R 的圆弧,而且圆心也在节点 p。由此可见,销齿圆弧的共轭曲线仍是一完全相同的销齿圆弧,两曲线仅在 $\varphi_1 = 0$ 的瞬时啮合,而且是沿着整个圆弧段同时啮合。

③啮合线方程。

把 BC 方程(3-9)代入坐标变换式(2-25),并与包络条件(3-12)联立,得到啮合线方程

$$\begin{cases} X_2 = R_{2t} - R\cos t \\ Y_2 = -R\sin t \end{cases} \quad (3-14)$$

其参数变化范围仍由式(3-10)确定。

式(3-14)表明,销齿圆弧的啮合线是与销齿圆弧一样的圆弧。

(3)I 点与 CD。

①I 点方程。

阳转子上的 I 点为一固定点,在 $O_1 x_1 y_1$ 坐标系中的坐标为

$$\begin{cases} x_1 = b_1\cos\beta_1 \\ y_1 = b_1\sin\beta_1 \end{cases} \quad (3-15)$$

而由 $\triangle O_1 I p$ 可知

$$b_1 = \sqrt{R^2 + R_{1t}^2 + 2RR_{1t}\cos\alpha_1}$$

$$\beta_1 = \arcsin\frac{R\sin\alpha_1}{b_1}$$

②CD 方程。

阴转子上的 CD 曲线是与阳转子上 I 点共轭的曲线,将 I 点的方程(3-15)代入坐标变换式(2-23),得方程为

$$\begin{cases} x_2 = A\cos i\varphi_1 - b_1\cos(\beta_1 - k\varphi_1) \\ y_2 = A\sin i\varphi_1 + b_1\sin(\beta_1 - k\varphi_1) \end{cases} \quad (3-16)$$

上述方程中只有一个参数 φ_1，而且可以看出是一个摆线方程，这说明 I 点的共轭曲线 CD 是一种摆线，而且包络条件是自然满足的，其参数变化范围为

$$\varphi_{1C} \leqslant \varphi_1 \leqslant \varphi_{1D} \quad (3-17)$$

而阴转子 CD 曲线上任一点距阴转子中心 O_2 的距离可用下式表示

$$\rho^2 = x_2^2 + y_2^2 \quad (3-18)$$

将式(3-16)代入式(3-18)，并整理得

$$\rho^2 = A^2 + b_1^2 - 2Ab_1\cos(\beta_1 - \varphi_1)$$

即

$$\varphi_1 = \beta_1 - \arccos\frac{A^2 + b_1^2 - \rho^2}{2Ab_1} \quad (3-19)$$

故

$$\varphi_{1C} = \beta_1 - \arccos\frac{A^2 + b_1^2 - \rho_C^2}{2Ab_1} \quad (3-20)$$

$$\varphi_{1D} = \beta_1 - \arccos\frac{A^2 + b_1^2 - \rho_D^2}{2Ab_1} \quad (3-21)$$

其中

$$\rho_C = \sqrt{R^2 + R_{2t}^2 - 2R_{2t}R\cos\alpha_1} \quad (3-22)$$

$$\rho_D = R_{2t} - e$$

式中：e 称为径向直线修正长度，标准规定为 $e = 0.625\%A$。

③啮合线方程。

将 I 点方程(3-15)代入坐标变换式(2-24)，并考虑到包络条件自然满足，得到啮合线方程为

$$\begin{cases} X_1 = b_1\cos(\beta_1 - \varphi_1) \\ Y_1 = b_1\sin(\beta_1 - \varphi_1) \end{cases} \quad (3-23)$$

其参数变化范围仍由式(3-17)确定。

从方程(3-23)可以看出，I 点与其共轭曲线 CD 啮合时，其啮合线就是以阳转子中心 O_1 为圆心、以 I 点到 O_1 的距离 b_1 为半径的圆弧，即 I 点在静坐标系中的运动轨迹。

(4)D 点与 IJ。

①D 点方程。

阴转子上的 D 点为一固定点，在 $O_2x_2y_2$ 坐标系中的坐标为

$$\begin{cases} x_2 = (R_{2t} - e)\cos\theta_2 \\ y_2 = (R_{2t} - e)\sin\theta_2 \end{cases} \quad (3-24)$$

其中

$$\theta_2 = \arctan\frac{y_D}{x_D}$$

由曲线 CD 方程(3-16)有

$$\begin{cases} x_D = A\cos i\varphi_{1D} - b_1\cos(\beta_1 - k\varphi_{1D}) \\ y_D = A\sin i\varphi_{1D} + b_1\sin(\beta_1 - k\varphi_{1D}) \end{cases} \quad (3-25)$$

式中：φ_{1D} 由式(3-21)确定。

②IJ 方程。

阳转子上的 IJ 是与阴转子上 D 点相啮合的共轭曲线,将 D 点的方程(3-24)代入坐标变换式(2-22),即得 IJ 方程为

$$\begin{cases} x_1 = A\cos\varphi_1 - (R_{2t} - e)\cos(\theta_2 - k\varphi_1) \\ y_1 = A\sin\varphi_1 + (R_{2t} - e)\sin(\theta_2 - k\varphi_1) \end{cases} \tag{3-26}$$

类似于方程(3-16),上述方程中也只有一个参数 φ_1,也是一个摆线方程,其包络条件也自然满足,参数变化范围为

$$\varphi_{1I} \leqslant \varphi_1 \leqslant \varphi_{1J} \tag{3-27}$$

而阳转子 IJ 曲线上任一点距阳转子中心 O_1 的距离可用下式表示

$$\rho^2 = x_1^2 + y_1^2 \tag{3-28}$$

将式(3-26)代入式(3-28)中,有

$$\rho^2 = A^2 + (R_{2t} - e)^2 - 2A(R_{2t} - e)\cos(\theta_2 - i\varphi_1)$$

即

$$\varphi_1 = \frac{1}{i}\left[\theta_2 - \arccos\frac{A^2 + (R_{2t} - e)^2 - \rho^2}{2A(R_{2t} - e)}\right] \tag{3-29}$$

故

$$\varphi_{1I} = \frac{1}{i}\left[\theta_2 - \arccos\frac{A^2 + (R_{2t} - e)^2 - \rho_I^2}{2A(R_{2t} - e)}\right] \tag{3-30}$$

$$\varphi_{1J} = \frac{1}{i}\left[\theta_2 - \arccos\frac{A^2 + (R_{2t} - e)^2 - \rho_J^2}{2A(R_{2t} - e)}\right] \tag{3-31}$$

其中

$$\rho_I = b_1 = \sqrt{R^2 + R_{1t}^2 + 2RR_{1t}\cos\alpha_1}$$

ρ_J 的求法如下:阳转子上摆线 IJ 的终点 J 与阴转子径向直线 DE 的始点 D 的啮合位置如图3-12所示,根据啮合定律,啮线点的公法线必通过节点 p,即 $pD(pJ)$ 是 DE 及 JK 的公法线,于是在直角 $\triangle O_2Dp$(图3-12)中

$$\cos\theta_3 = \frac{R_{2t} - e}{R_{2t}} \tag{3-32}$$

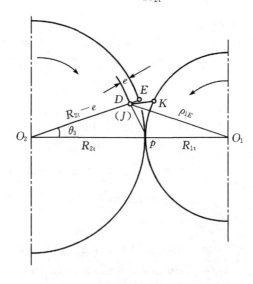

图 3-12　求解参数变化范围示意图

又由 $\triangle O_1 O_2 J$ 得

$$\rho_J = \sqrt{A^2 + (R_{2t} - e)^2 - 2A(R_{2t} - e)\cos\theta_3} \tag{3-33}$$

③啮合线方程。

将 D 点方程(3-24)代入坐标变换式(2-25),并考虑到包络条件自然满足,得到啮合线方程为

$$\begin{cases} X_2 = (R_{2t} - e)\cos(\theta_2 - i\varphi_1) \\ Y_2 = (R_{2t} - e)\sin(\theta_2 - i\varphi_1) \end{cases} \tag{3-34}$$

其参数变化范围仍由式(3-27)确定。

从方程(3-34)也可以看出,D 点与其共轭曲线 IJ 啮合时,其啮合线就是 D 点在静坐标系中的轨迹,即以 O_2 为圆心,以 D 点到 O_2 的距离为半径的圆弧。

(5)DE 与 JK。

①DE 方程。

阴转子上的 DE 为一径向直线,其方程为

$$\begin{cases} x_2 = \rho_2 \cos\theta_2 \\ y_2 = \rho_2 \sin\theta_2 \end{cases} \tag{3-35}$$

参数 ρ_2 变化范围为

$$(R_{2t} - e) \leqslant \rho_2 \leqslant R_{2t} \tag{3-36}$$

②JK 方程。

阳转子上的 JK 曲线为阴转子上径向直线 DE 的共轭曲线,将 DE 的方程(3-35)代入坐标变换式(2-22)得曲线簇方程为

$$\begin{cases} x_1 = A\cos\varphi_1 - \rho_2\cos(\theta_2 - k\theta_1) \\ y_1 = A\sin\varphi_1 + \rho_2\sin(\theta_2 - k\theta_1) \end{cases} \tag{3-37}$$

故有

$$\frac{\partial x_1}{\partial \rho_2} = -\cos(\theta_2 - k\varphi_1)$$

$$\frac{\partial x_1}{\partial \varphi_1} = -A\sin\varphi_1 - k\rho_2\cos(\theta_2 - k\varphi_1)$$

$$\frac{\partial y_1}{\partial \rho_2} = \sin(\theta_2 - k\varphi_1)$$

$$\frac{\partial y_1}{\partial \varphi_1} = A\cos\varphi_1 - k\rho_2\cos(\theta_2 - k\varphi_1)$$

将上述诸式代入包络条件式(3-14),得到曲线参数 ρ_2 与转角参数 φ_1 的关系为

$$\varphi_1 = \frac{1}{i}\left(\theta_2 - \arccos\frac{k\rho_2}{A}\right) \tag{3-38}$$

联立式(3-38)和式(3-37)即得到 JK 的方程,其参数变化范围仍由式(3-36)确定。另外,式(3-38)表明 JK 的性质是一摆线。

③啮合线方程。

把 DE 的方程(3-35)代入坐标变换式(2-25),并与包络条件式(3-38)联立,即得到其啮合线方程为

$$\begin{cases} X_2 = \rho_2 \cos(\theta_2 - i\varphi_1) \\ Y_2 = \rho_2 \sin(\theta_2 - i\varphi_1) \\ \varphi_1 = \dfrac{1}{i}(\theta_2 - \arccos \dfrac{k\rho_2}{A}) \end{cases} \tag{3-39}$$

其参数变化范围仍由式(3-36)确定。

(6)EF 与 KL。

①EF 方程。

阴转子上 EF 曲线为一圆心在 O_2、半径为 R_{2t} 的圆弧,其方程为

$$\begin{cases} x_2 = R_{2t} \cos t \\ y_2 = R_{2t} \sin t \end{cases} \tag{3-40}$$

参数 t 的变化范围为

$$\theta_2 \leqslant t \leqslant \frac{2\pi}{z_2} - (\theta_1 + \theta_2) \tag{3-41}$$

②KL 方程。

阳转子上 KL 为阴转子上 EF 的共轭曲线,将 EF 方程(3-40)代入坐标变换式(2-22),有

$$\begin{cases} x_1 = -R_{2t} \cos(k\varphi_1 - t) + A\cos\varphi_1 \\ y_1 = -R_{2t} \sin(k\varphi_1 - t) + A\sin\varphi_1 \end{cases} \tag{3-42}$$

故有

$$\frac{\partial x_1}{\partial t} = -R_{2t} \sin(k\varphi_1 - t)$$

$$\frac{\partial x_1}{\partial \varphi_1} = R_{2t} k \sin(k\varphi_1 - t) - A\sin\varphi_1$$

$$\frac{\partial y_1}{\partial t} = R_{2t} \cos(k\varphi_1 - t)$$

$$\frac{\partial y_1}{\partial \varphi_1} = -R_{2t} k \sin(k\varphi_1 - t) + A\cos\varphi_1$$

将上述诸式代入包络条件式(3-14)可得包络条件为

$$\varphi_1 = \frac{1}{i}t \tag{3-43}$$

把式(3-43)代入式(3-42)并整理可得

$$\begin{cases} x_1 = R_{1t} \cos \dfrac{1}{i}t \\ y_1 = R_{1t} \sin \dfrac{1}{i}t \end{cases} \tag{3-44}$$

其参数变化范围仍由式(3-41)确定。从式(3-44)中可以看出,KL 是圆心在 O_1、半径为 R_{1t} 的圆弧,这说明节圆圆弧的共轭曲线仍为节圆圆弧。

③啮合线方程。

把 EF 的方程(3-40)代入坐标变换式(2-25),有

$$\begin{cases} X_2 = R_{2t} \\ Y_2 = 0 \end{cases} \tag{3-45}$$

上式表明节圆弧的啮合线为一固定点,即节点 p。

3)SRM‑A 型线

图 3‑13 示出另一种不对称型线,称为双边不对称摆线——包络圆弧型线,简称 SRM‑A 型线,其组成齿曲线和相应的啮合线列于表 3‑5 中。

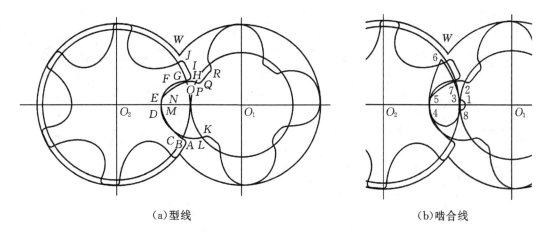

（a）型线　　　　　　　　　（b）啮合线

图 3‑13　SRM‑A 型线

表 3‑5　SRM‑A 的组成齿曲线和啮合线

阴转子		阳转子		啮合线
齿曲线	曲线性质	齿曲线	曲线性质	
AB	圆弧	KL	圆弧	12
BC	摆线	L	点	23
CD	圆弧	LM	圆弧包络线	34
DE	圆弧	MN	圆弧	45
EF	摆线	N	点	56
F	点	NO	摆线	67
FG	直线	OP	摆线	73
GH	摆线	P	点	38
HI	圆弧	PQ	圆弧	81
IJ	圆弧	QR	圆弧	1

与原始不对称型线相比,SRM‑A 型线的特点:采用齿顶圆弧,既保护了摆线形成点,又便于测量阳螺杆外径;采用齿峰圆弧,把原来的"曲线对曲面"密封改为更好的"曲面对曲面"密封;采用圆弧包络线,使接触线更短;去除了阳转子齿根上的尖点,改善了应力集中状态,有利于承受较大的载荷。此外,避免了原始不对称型线上整段曲线瞬时啮合和瞬时脱开的泵吸作用,有益于保护业已形成的油膜,降低噪声。

3.新的不对称型线

因为转子型线对螺杆压缩机的效率、性能、体积等有着决定性的影响,故转子型线的研究在螺杆压缩机的发展过程中始终是一个关键问题。近年来,有关的制造厂家已研制出一些新的高效型线,下面将对几种典型的新不对称型线进行介绍。

(1)实例1。此种新型线为 SRM－D 型线,如图 3－14 所示,其组成齿曲线和相应的啮合线列于表 3－6 中。

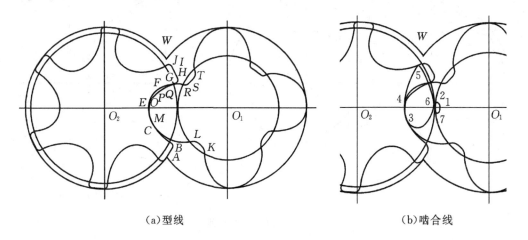

(a)型线　　　　　　　　　　　　(b)啮合线

图 3－14　SRM－D 型线

表 3－6　SRM－D 型线的组成齿曲线和啮合线

阴转子		阳转子		啮合线
齿曲线	曲线性质	齿曲线	曲线性质	
AB	圆弧	KL	圆弧包络线	12
BC	圆弧包络线	LM	圆弧	23
CE	圆弧	MO	圆弧	34
EF	圆弧包络线	OP	圆弧	45
FG	圆弧	PQ	圆弧包络线	56
GH	圆弧包络线	QR	圆弧	67
HI	圆弧	RS	圆弧包络线	71
IJ	圆弧	ST	圆弧	1

从图 3－14 和表 3－6 可以看出,SRM－D 型线是对 SRM－A 型线的进一步改进。SRM－D 型线的组成齿曲线均为圆弧及其包络线,在转子间完全实现"曲面对曲面"的密封,有助于形成流体动力润滑油膜,降低通过接触线的横向泄漏,提高压缩机效率。另外,还改善了转子的加工性能,便于采用滚削法加工。

(2)实例2。此种新型线和其啮合线如图 3－15 所示,其组成齿曲线和相应的啮合线列于表 3－7 中。

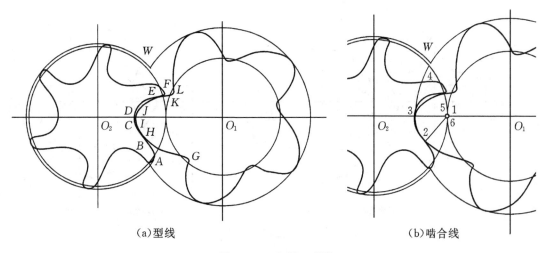

（a）型线　　　　　　　　　　　　（b）啮合线

图 3-15　实例 2 型线

表 3-7　实例 2 型线的组成齿曲线和啮合线

阴转子		阳转子		啮合线
齿曲线	曲线性质	齿曲线	曲线性质	
AB	椭圆	GH	椭圆包络线	12
BC	圆弧	HI	圆弧	23
CD	圆弧	IJ	圆弧	3
DE	摆线	J	点	34
E	点	JK	摆线	45
EF	圆弧	KL	圆弧	61

由图 3-15 和表 3-7 可见，上述型线中采用点啮合摆线作组成齿曲线，尽量减少泄漏三角形面积，从而降低了泄漏损失。采用阳转子齿数为 5、阴转子齿数为 6 的齿数组合，可使基元容积间的压差减小，吸、排气孔口面积增大，有利于压缩机效率的提高。另外，这种型线呈流线型，这在阴转子上表现尤为明显，从而降低了流体动力损失。

（3）实例 3。此种新型线如图 3-16 所示，其组成齿曲线和相应的啮合线列于表 3-8 中。

表 3-8　实例 3 型线的组成齿曲线和啮合线

阴转子		阳转子		啮合线
齿曲线	曲线性质	齿曲线	曲线性质	
AB	圆弧	HI	圆弧包络线	12
BC	圆弧	IJ	圆弧包络线	23
CD	圆弧	JK	圆弧	34
DE	圆弧包络线	KL	圆弧	45
EF	圆弧	LM	圆弧包络线	51
FG	圆弧	MN	圆弧	1

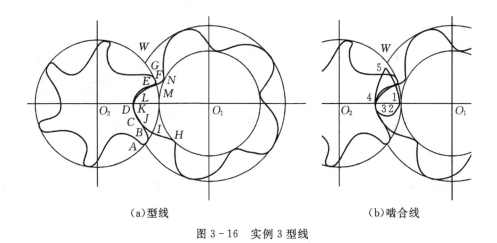

（a）型线　　　　　　　　　　　（b）啮合线

图 3-16　实例 3 型线

　　从图 3-16 和表 3-8 可以看出，实例 3 型线综合了 SRM-D 型线和实例 2 型线的优点。在阴、阳转子齿数组合方面，实例 3 型线与实例 2 型线相同。而在齿曲线组成方面，实例 3 型线又类似于 SRM-D 型线，均为圆弧及其包络线。因此，实例 3 型线具有较好的综合性能。

3.3　转子几何特性

3.3.1　齿间面积和面积利用系数

1. 齿间面积

　　阴、阳转子的齿间面积是螺杆压缩机的重要几何特性之一，在对转子型线的各段组成齿曲线建立方程并确定其参数变化范围后，可利用解析法求得转子的齿间面积。

　　如图 3-17 所示，若已知曲线 AB 的参数方程为

$$\begin{cases} x=x(t) \\ y=y(t) \end{cases} \qquad t_a \leqslant t \leqslant t_b$$

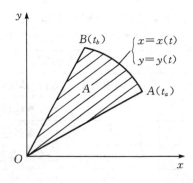

图 3-17　齿间面积计算

则由曲线 AB 及 OA、OB 所围成的面积 A 为

$$A = \frac{1}{2} \int_{t_a}^{t_b} (\dot{y}x - \dot{x}y) \mathrm{d}t \tag{3-46}$$

上式是计算齿间面积的基本关系式。考虑到转子齿间面积是由多段光滑曲线以及齿顶圆弧首尾相接围成的,故其面积的一般表示式为

$$A = \sum_{1}^{i} \frac{1}{2} \int_{t_i}^{t_{i+1}} [\dot{y}_i x_i - \dot{x}_i y_i] \mathrm{d}t \tag{3-47}$$

式中: $x_i = x_i(t)$, $y_i = y_i(t)$ 及 $\dot{x}_i = \mathrm{d}x_i(t)/\mathrm{d}t$, $\dot{y}_i = \mathrm{d}y_i(t)/\mathrm{d}t$,表示第 i 段齿曲线(包括补充的齿顶圆弧)的参数方程及其对参数的导数; t_i、$t_i + 1$ 表示第 i 段齿曲线(包括补充的齿顶圆弧)起点及终点的参数。

根据式(3-47),则阴、阳转子的齿间面积 A_{02}、A_{01} 分别为

$$A_{02} = \sum_{1}^{i} \frac{1}{2} \int_{t_i}^{t_{i+1}} [\dot{y}_{2i} x_{2i} - \dot{x}_{2i} y_{2i}] \mathrm{d}t \tag{3-48}$$

$$A_{01} = \sum_{1}^{i} \frac{1}{2} \int_{t_i}^{t_{i+1}} [\dot{y}_{1i} x_{1i} - \dot{x}_{1i} y_{1i}] \mathrm{d}t \tag{3-49}$$

以上两式中各符号意义与式(3-47)同;下角标"2"及"1"分别表示阴、阳转子。

2.面积利用系数

螺杆压缩机的面积利用系数表征转子直径范围内总面积的利用程度。其定义式为

$$C_{n1} = \frac{z_1 (A_{01} + A_{02})}{D_1^2} \tag{3-50}$$

式中: C_{n1} 为螺杆压缩机的面积利用系数; z_1 为阳转子的齿数; D_1 为阳转子的直径。

显然,面积利用系数 C_{n1} 取决于转子型线种类和型线参数(齿高半径、齿数、齿顶高等)。表3-9中列出了一些常用型线的面积利用系数,可供参考。

表 3-9　常用型线的面积利用系数

转子型线	双边对称 圆弧型线	单边不对称摆线 ——销齿圆弧型线	Atlas-X 型线	SRM-A 型线	GHH 型线	复盛 型线	SRM-D 型线	日立 型线
面积利用系数	0.4889	0.4696	0.4856	0.5009	0.4495	0.4474	0.4979	0.4013

3.3.2　齿间容积及其变化过程

1.齿间容积

在转子型线的基础上,求出齿间面积后,即可方便地求出螺杆压缩机的转子齿间容积。一般说来,若转子的齿间面积为 A、有效工作段长度为 L 时,则齿间容积 V 为

$$V = \int_0^L \mathrm{d}V = \int_0^L A \mathrm{d}z = AL \tag{3-51}$$

由上式可得到阴、阳转子的齿间容积 V_{02}、V_{01} 分别为

$$V_{02} = A_{02} L \tag{3-52}$$

$$V_{01} = A_{01} L \tag{3-53}$$

以上两式中 A_{02}、A_{01} 分别是阴、阳转子的齿间面积。

2.齿间容积的变化

螺杆式压缩机工作时,阴、阳转子的齿间容积因转子齿的彼此侵占而减小,从而达到压缩气体的目的。研究齿间容积的变化规律,是计算螺杆压缩机内压力升高过程和设计吸、排气孔口的基础。这种容积的变化若用端面齿间面积的变化来描述,则能使复杂的空间问题转化为简单的平面问题。

如图 3-18 所示,当阴转子转到齿 $1'$ 即将侵占阳转子齿 1 后的齿间面积 A_{01} 位置时,即为压缩开始点,也是齿间容积减少的起点。规定处于这一位置时的阳转子转角为零,即 $\varphi_1 = 0$。此后,阳转子齿 1 后的齿间面积就因阴转子齿 $1'$ 的侵入而由最大值 A_{01} 逐渐减小。

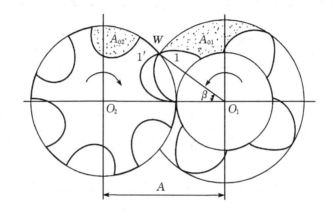

图 3-18　基元容积开始减少时的转子位置

从压缩过程开始点起,根据转子型线方程或型线坐标点,应用解析法、数值积分法或图解积分法,可得到阳转子的齿间面积被阴转子齿侵占的齿间面积 A_{1r} 随阳转子转角 φ_1 的变化曲线,如图 3-19(a)所示。同理,可得到阴转子的齿间面积被阳转子齿侵占的齿间面积 A_{2r} 随阳转子转角 φ_1 的变化曲线,如图 3-19(b)所示。显然,阴转子齿间面积开始减少时的位置较阳转子落后一个角度。将图 3-19(a)及图 3-19(b)相叠加,得到图 3-19(c),它表示一对齿间面积被侵占值 A_r 随转角 φ_1 的变化关系。

图 3-19 中,τ_{1z} 为阳转子扭转角,表示阳转子型线从转子的一个端面作螺旋运动到转子的另一个端面所转过的角度,而

$$\varphi_{1k} = \beta + \frac{2\pi}{z_1} \tag{3-54}$$

螺杆压缩机的齿间容积因转子齿彼此侵占而减少的数值,可用如图 3-19(c)所示的 A_r-φ_1 曲线下的面积求得,即

$$V_r = V_r(\varphi_1) = \frac{T_1}{2\pi} \int_0^{\varphi_1} A_r(\varphi) \mathrm{d}\varphi \tag{3-55}$$

由式(3-55)可得到齿面间容积对的容积减少值 V_r 与转角 φ_1 的关系曲线,如图 3-20 所示。

图 3-19(c)中的 A_r-φ_1 曲线及图 3-8 中相应的 V_r-φ_1 曲线,可分为以下三个阶段。

第 I 阶段($0 \leqslant \varphi_1 \leqslant \varphi_{1k}$):表示从转子齿间容积开始减少到阴转子的齿完全扫过阳转子在吸入端面上的齿间面积,亦即在阴、阳转子的一对齿容积间形成形状和长度不变的接触线时

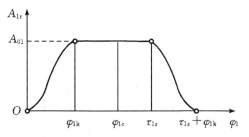

(a)阳转子齿间面积被侵占图

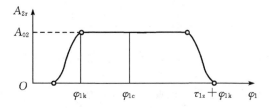

(b)阴转子齿间面积被侵占图

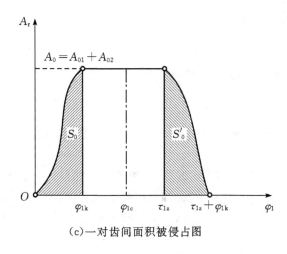

(c)一对齿间面积被侵占图

图 3-19 齿间面积侵占图

为止。φ_{1k} 的具体数值由型线种类和阴、阳转子齿数等型线参数确定。

此阶段齿间容积的减少值 V_{1r}，若已求得函数式 $A_r(\varphi_1)$，可按式（3-55）积分求出；若根据数值积分法或图解积分法已绘出 $A_r(\varphi_1)-\varphi_1$ 曲线，则可由相应范围内的曲线下的面积（当然应乘以 $(T_1/2\pi)$ 与作图比例尺之积）来表示，如图 3-20 所示。例如，第 I 阶段结束时（即 $\varphi_1 = \varphi_{1k}$ 时），齿间容积减少值为 $V_{1k} = (T_1/2\pi)S_0$（图 3-19(c)）。

第 II 阶段（$\varphi_{1k} \leqslant \varphi_1 \leqslant \tau_{1z}$）：表示从第 I 阶段结束到阳转子转过一个阳转子扭转角 τ_{1z} 时为止。

此阶段齿间容积的减少，可视为在转角 φ_{1k} 时已形成的接触线向排气端推进造成的。因此，容积减少值与转角成正比，由式（3-55）得

$$V_{2r} = \frac{T_1}{2\pi}\int_{\varphi_{1k}}^{\varphi_1} A_0 \,\mathrm{d}\varphi = \frac{T_1}{2\pi}A_0(\varphi_1 - \varphi_{1k}) \tag{3-56}$$

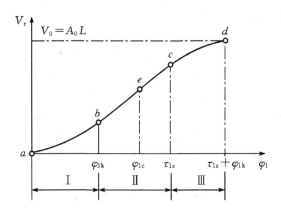

图 3-20　齿间容积减少值 V_r 与转角 φ_1 的关系曲线

连同第 I 阶段的容积减少值 V_{1k}，于是总的减少值可表示为

$$V_r = V_{1k} + V_{2r} = \frac{T_1}{2\pi}[S_0 + A_0(\varphi_1 - \varphi_{1k})] \tag{3-57}$$

当 $\varphi_1 = \tau_{1z}$ 时，由式（3-57）得

$$V_{2z} = \frac{T_1}{2\pi}A_0(\tau_{1z} - \varphi_{1k}) \tag{3-58}$$

显然，第 II 阶段结束时（即时），齿间容积总的减少值为

$$V_{rz} = \frac{T_1}{2\pi}[S_0 + A_0(\tau_{1z} - \varphi_{1k})] \tag{3-59}$$

第 III 阶段（$\tau_{1z} \leqslant \varphi_1 \leqslant \tau_{1z} + \varphi_{1k}$）：表示从 II 阶段结束至该齿间容积对的相应齿解脱啮合时为止。

此阶段齿间容积减少值 V_{3r} 的确定方法，与第 I 阶段相似。若已求得函数 $A_r(\varphi_1)$，可按式（3-55）计算；若已绘出 $A_r(\varphi_1)-\varphi_1$ 曲线，则可由相应范围内的曲线下的面积来表达。

如图 3-19(c) 所示，当 $\varphi_1 = \tau_{1z} + \varphi_{1k}$ 时，第 III 阶段的容积减少值为 $V_{3kz} = (T_1/2\pi)S_0'$，显然有关系式

$$V_{1k} + V_{2z} + V_{3kz} = \frac{T_1}{2\pi}[S_0 + A_0(\tau_{1z} - \varphi_{1k}) + S_0'] = V_0 \tag{3-60}$$

从上述分析可以看出，螺杆压缩机的阴、阳转子齿从开始啮合到解脱啮合期间，阳转子所转过的角度为 $\tau_{1z} + \varphi_{1k}$。在此期间，位于接触线一侧的齿间容积从最大值减少到零，完成压缩和排气过程。与此同时，位于接触线另一侧的齿间容积却从零扩大到最大值，完成了吸气过程。若假定齿间容积扩大到最大值后，立即开始减少，则可得到螺杆压缩机的齿间容积从零扩大到最大值，再由最大值减少到零的整个变化过程，如图 3-21 所示。

由图 3-21 可以看出，在转子齿的侵入阶段（$0 \leqslant \varphi_1 \leqslant \varphi_{1k}$）和解脱阶段（$\tau_{1z} \leqslant \varphi_1 \leqslant \tau_{1z} + \varphi_{1k}$），螺杆压缩机的齿间容积随阳转子转角的变化率不同。但在绝大多数的时间内（$\varphi_{1k} \leqslant \varphi_1 \leqslant \tau_{1z}$），齿间容积随阳转子转角的变化率保持不变，齿间容积的扩大或减少与阳转子转角呈线性关系，从而使压力升高过程平稳，进、排气流动均匀。

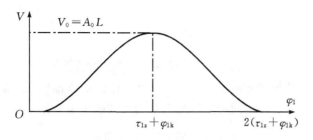

图 3 - 21　容积变化规律

3.3.3　扭角系数及内容积比

1. 扭角系数

如果阴、阳转子的齿间面积分别为 A_{02}、A_{01}，当转子轴向长度为 L 时，则螺杆压缩机齿间容积的最大值 V_{max} 为

$$V_{max} = A_{01}L + A_{02}L \tag{3-61}$$

如前所述，螺杆压缩机的阴、阳转子从吸气端面开始啮合到在排气端面完全解脱，阳转子需转过 $\tau_{1z} + \varphi_{1k}$ 的角度。在此期间，齿间容积从零扩大到式（3-61）所表示的最大值。但另一方面，如图 3 - 18 所示，当所研究的阳转子齿 1，从图示位置转过 2π 的角度后，其后的齿间面积将在吸气端面再一次被侵占。由上述分析可知，若 $\tau_{1z} + \varphi_{1k} < 2\pi$，则齿间容积在扩大到式（3-61）所示的最大值后，并不会立即开始减少，如图 3 - 22 中的曲线 1 所示。若 $\tau_{1z} + \varphi_{1k} = 2\pi$，则齿间容积正好在扩大到式（3-61）所示的最大值后，立即开始减少，如图 3 - 22 中的曲线 2 所示。但若 $\tau_{1z} + \varphi_{1k} > 2\pi$，则相互啮合的齿在排气端尚未完全解脱啮合的情况下，在吸气端就已重新开始投入啮合，即转子齿间容积的解脱与侵占在同一齿间容积内同时进行，如图 3 - 22 中的曲线 3 所示。

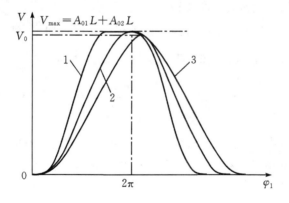

1—$\tau_{1z} + \varphi_{1k} < 2\pi$；2—$\tau_{1z} + \varphi_{1k} = 2\pi$；3—$\tau_{1z} + \varphi_{1k} > 2\pi$

图 3 - 22　扭转角对容积变化规律的影响

在图 3 - 22 中曲线 3 所示的情况下，齿间容积不能完全充气，无法达到式（3-61）所示的最大值。为了顾及这种影响，用扭角系数来表征齿间容积能达到的最大容积 V_0 与 V_{max} 比

值,即

$$C_\varphi = \frac{V_0}{V_{\max}} \qquad (3-62)$$

在螺杆压缩机中,转子扭转角太小时,会导致压缩机性能恶化。而扭转角太大时,又会使扭角系数过小。阳转子的扭转角通常为 $250° \sim 300°$,在这个范围内,扭角系数的数值一般为 $0.97 \sim 1.0$,表 $3-10$ 给出了在不同的扭转角下常用型线的扭角系数。

表 3 – 10 常见型线的扭角系数

阳转子扭转角	双边对称圆弧型线	单边不对称摆线——销齿圆弧型线	SRM – A 型线	GHH 型线	SRM – D 型线	日立型线
240°	1.0	0.9989	0.9992	1.0	0.9995	1.0
270°	0.996	0.9905	0.9907	0.9976	0.9916	0.9987
300°	0.9769	0.971	0.9711	0.9841	0.9726	0.987

2. 内容积比

内容积比是螺杆压缩机的一个重要几何特性,它决定了压缩机的排气孔口位置,也能对压缩机的性能产生很大的影响。内容积比的定义为

$$\theta = \frac{V_0}{V_i} = \frac{V_0}{V_{\max} - V_r} \qquad (3-63)$$

式中:V_i 为齿间容积与排气孔口相连通时的容积值,即压缩过程结束时的容积值;V_r 为压缩过程中齿间容积的容积减少值。

螺杆压缩机中,气体的压缩过程通常终止于第 II 阶段,如图 $3-19$ 及图 $3-20$ 所示。只是在压力比较小或作鼓风机使用时,压缩过程有可能终止于第 I 阶段。至于第 III 阶段,总是属于排气阶段,否则将使排气孔口的设计发生困难。

对压缩过程终止于第 II 阶段($\varphi_{1k} \leqslant \varphi_1 \leqslant \tau_{1z}$)的螺杆压缩机而言,欲求所达到的内容积比,可将关系式 $V_0 = \frac{T_1}{2\pi} C_\varphi A_0 \tau_{1z}$ 及式($3-57$)代入式($3-63$)而得到

$$\theta = \frac{V_0}{V_i} = \frac{C_\varphi \tau_{1z}}{\tau_{1z} - \varphi_{1c} + \varphi_{1k} - \dfrac{S_0}{A_0}} \qquad (3-64)$$

式中:φ_{1c} 为阳转子内压缩转角,表示齿间容积与排气孔口相连通瞬时的阳转子转角。

由式($3-64$)可以求出已有机器的内容积比,以验证该机器适应所运行工况的程度。反之,在设计新机器时,可根据所需达到的内容积比,确定阳转子内压缩转角 φ_{1c}。为此,变换式($3-64$)即得

$$\varphi_{1c} = \tau_{1z}\left(1 - \frac{C_\varphi}{\theta}\right) + \left(\varphi_{1k} - \frac{S_0}{A_0}\right) \qquad (3-65)$$

在近似计算中,可以把齿面面积侵占曲线的第 I 阶段看作直线 ab,如图 $3-23$ 所示。

在图 $3-23$ 所示的简化假设下,若气体的压缩过程终止于第 I 阶段之内(即 $0 \leqslant \varphi_{1c} \leqslant \varphi_{1k}$),由于

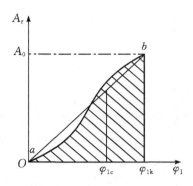

图 3-23　第 I 阶段的齿间面积侵占图及其简化

$$V_r = \frac{T_1}{2\pi}\int_0^{\varphi_{1c}} A_r(\varphi)\,\mathrm{d}\varphi = \frac{T_1}{2\pi}\int_0^{\varphi_{1c}} \frac{A_0\varphi}{\varphi_{1k}}\,\mathrm{d}\varphi = \frac{T_1}{2\pi}\frac{A_0}{\varphi_{1k}}\frac{\varphi_{1c}^2}{2} \tag{3-66}$$

将上式代入式(3-63)得

$$\theta = \frac{C_\varphi\tau_{1z}}{\tau_{1z} - \dfrac{1}{2}\dfrac{\varphi_{1c}^2}{\varphi_{1k}}} \tag{3-67}$$

若气体的压缩过程终止于第 II 阶段(即 $\varphi_{1k} < \varphi_{1c} \leqslant \tau_{1z}$)时,此时

$$S_0 = \frac{1}{2}\varphi_{1k}(A_{01} + A_{02}) = \frac{1}{2}\varphi_{1k}A_0$$

将上式代入式(3-64)及式(3-65)得

$$\theta = \frac{C_\varphi\tau_{1z}}{\tau_{1z} - \varphi_{1c} + \dfrac{1}{2}\varphi_{1k}} \tag{3-68}$$

及

$$\varphi_{1c} = \tau_{1z}\left(1 - \frac{C_\varphi}{\theta}\right) + \frac{1}{2}\varphi_{1k} \tag{3-69}$$

由式(3-68)可知,螺杆式压缩机的内容积比 θ 与转子的扭转角 τ_{1z}、内压缩转角 φ_{1c} 以及第 I 阶段转角 φ_{1k} 有关。因此可以通过以下途径提高内容积比。

(1)减小第 I 阶段转角 φ_{1k}。由式(3-54)可知,影响 φ_{1k} 值的主要因素是齿数 z_1,增加齿数 z_1 可使 φ_{1k} 急剧下降,这就是在高内容积比机器中采用多齿数的原因。如若此时级的压力差亦属较大时,齿数的增多同时对转子的刚度也有所增益,这正是人们所期求的。

(2)增加内压缩转角 φ_{1c}。如前所述,通常的内压缩过程于第 II 阶段结束。应该指出,过分增大 φ_{1c} 角,往往给排气孔口的结构设计带来困难,同时也大大增加了压缩气体在该处的气流动力损失。

(3)减小扭转角 τ_{1z}。在相同的比较条件(包括导程 T_1)下,随着扭转角的减小,将使在同一内压缩转角 φ_{1c} 时,容积的变化相对更为激烈。但是,这种减小,也会使排气孔口过于偏小,使其结构设计困难。

3.4　吸、排气孔口

3.4.1　吸气孔口

螺杆压缩机吸气孔口的合理位置和形状是实现气体压缩过程的必备条件,也是影响压缩机效率的一个重要因素。为此,在设计吸气孔口时应该满足一系列的要求。首先,吸气孔口应尽量减少吸气封闭容积的影响。其次,吸气孔口的位置应能保证齿间容积获得最大程度的充气,以提高机器的容积利用率。另外,气体在吸气孔口处及齿间容积内的流动损失要小,即力求孔口面积尽可能地大,气流通道截面变化平滑。

1. 轴向吸气孔口

(1)吸气开始角。对于目前广泛使用的不对称型线而言,当阴转子齿转过两转子的齿顶圆交点,并与阳转子齿进入啮合后,在接触线的一侧,转子的齿间容积将逐步减少。而在接触线的另一侧,转子的齿间容积将从零开始扩大。如图 3-24 所示,在 $\varphi_1 = 0 \sim \beta$ 范围内,吸入端面上呈镰刀形的 V_1 楔形空间随转子旋转而逐渐增大,但由于接触线另一侧的容积 V_2 处于压缩过程,故在此区域内不能布置吸气孔口。这种与吸气孔口连通之前所扩大的容积就是吸入封闭容积,其内的气体将进行膨胀,气体压力低至吸气压力之下。然而,由于这部分空间的体积并不大,加之吸入端面存在较大的轴向间隙,故实际上这种压力的降低对压缩机性能影响不大。对于不对称的转子型线而言,都会产生大小不同的吸入封闭容积。

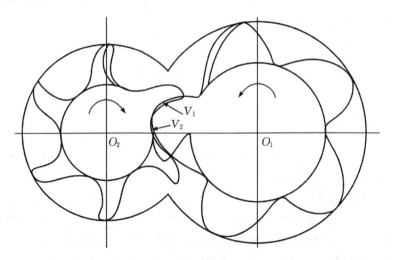

图 3-24　吸入封闭容积

当阳转子转过两转子的中心连线后,处于压缩过程的容积 V_2 不再与吸气端面连通,从此位置开始,即可布置吸气孔口。值得指出的是,吸气孔口的位置不应处于啮合线范围之内,以防止 V_2 容积内的气体流回吸气孔口,如图 3-24 所示。当吸气封闭容积与吸气孔口相通后,其内气体的压力会迅速升至正常的吸气压力。为使齿间容积尽早开始吸气过程,吸气孔口应尽量靠近两转子的中心连线,即阳转子的吸气开始角应为 β。

(2)吸气结束角。吸气孔口的位置应能保证齿间容积获得最大程度的充气,这就是说,当齿间容积达到最大值时,齿间容积就应当与吸气孔口脱离,而开始进行压缩过程。据此,就可以确定阴、阳转子轴向吸气角 α_{2s}、α_{1s},并进而得出螺杆压缩机吸气端面上的轴向吸气孔口,如图 3-25 所示。

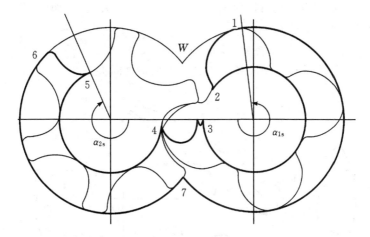

图 3-25　吸气端面上轴向吸气孔口的位置和形状

阳转子的轴向吸气角 α_{1s} 由下式确定

$$\alpha_{1s} = 2\pi - \varphi_{1k} + \Delta\varphi = 2\pi\left(1 - \frac{1}{z_1}\right) - \beta + \Delta\varphi \tag{3-70}$$

上式中 $\Delta\varphi$ 是在 $c_\varphi < 1$ 的情况下,对阳转子吸气角的修正数值。显然,若 $\tau_{1z} + \varphi_{1k} \leqslant 2\pi$,则 $\Delta\varphi = 0$。在 $\tau_{1z} + \varphi_{1k} > 2\pi$ 时,$\Delta\varphi$ 的准确数值应根据图 3-12 所示的齿间容积变化规律确定。

若假定齿间容积的侵占和解脱成对称的线性关系,由图 3-26 可近似确定 $\Delta\varphi$ 数值如下

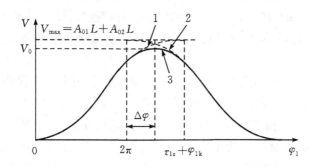

1—扩大的齿间容积;2—减少的齿间容积;3—实际的齿间容积

图 3-26　对阳转子吸气角的修正数值 $\Delta\varphi$

$$\Delta\varphi = \frac{\tau_{1z} + \varphi_{1k} - 2\pi}{2}$$

将 $\varphi_{1k} = \beta + \dfrac{2\pi}{z_1}$ 代入上式得

$$\Delta\varphi = \frac{\tau_{1z}}{2} + \frac{\beta}{2} - \pi\left(1 - \frac{1}{z_1}\right) \tag{3-71}$$

求出阳转子轴向吸气角 α_{1s} 后,根据阴、阳转子相对运动关系自然可求得阴转子轴向吸气角 α_{2s}

$$\alpha_{2s} = i\alpha_{1s} + \frac{2\pi}{z_2} \qquad (3-72)$$

如图 3-27 所示,在有些情况下,阴转子的齿间容积达到最大值后,并不立即开始压缩过程。这表明阴转子的轴向吸气角可以比式(3-72)所确定的大一些,如图 3-27 所示,其最大值可按下式确定

$$\alpha_{2smax} = 2\pi - \delta - \beta_{02} \qquad (3-73)$$

式中:$\beta_{02} = \angle WO_2O_1$;$\delta$ 为阴转子槽底径线与其前方齿顶之间夹角。

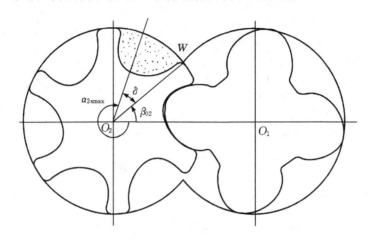

图 3-27 阴转子最大轴向吸气角 α_{2smax} 的确定

通常,阴转子吸气角 α_{2s} 可按式(3-72)计算。有时,考虑到实际气体流动滞后的因素,可适当选取比式(3-72)计算结果稍大的数值,但不宜采用式(3-73)所表示的最大值,这是因为转子和机体等对气体的加热作用,会造成所谓"进气加热"损失,反而对充气不利。

吸气角 α_{1s} 及 α_{2s} 确定后,就很容易得出螺杆式压缩机端平面上的轴向吸气孔口,它的位置和形状如图 3-25 所示。

由图 3-25 可以看出,吸入端平面上整个轴向吸气孔分别由若干段曲线所组成。曲线段 1—2 是阳转子齿间容积后方齿的前段型线,其位置由 α_{1s} 确定;曲线段 3—4 应取型线的低压侧啮合线形状;曲线段 5—6 是阴转子齿间容积后方齿的前段型线,其位置由 α_{2s} 确定;曲线段 2—3、4—5 可按最大可能的通流面积决定,分别为阳、阴转子型线的齿根圆周;孔口外圈曲线段 6—7—1 与气缸内圆周壁相重合,但是,为了尽可能扩大吸气孔口的面积,便于安装、检修、降低噪声,通常将机体的这一部分挖空。

2. 径向吸气孔口

为了尽可能扩大吸气孔口的通流面积,在开设轴向吸气孔口的同时,还将机体沿轴向挖空作为径向吸气孔口,如图 3-28(a)所示。

挖空的径向吸气孔口形状可按下述方法确定:由阴、阳转子的吸气角 α_{2s}、α_{1s} 即可确定阴、阳转子齿顶 A、B 的位置,以及相应的螺旋线 $A_1—A_2—A_3$、$B_1—B_2—B_3$。螺旋线 $A_1—A_2$ 段及 $B_1—B_2$ 段在两转子轴线平面的上方,而螺旋线 $A_2—A_3$ 段及 $B_2—B_3$ 段则在转子轴线平面的下方。圆柱螺旋线 $A_1—A_2—A_3$ 及 $B_1—B_2—B_3$,可根据阴、阳转子齿顶直径及导程确定。螺旋线上任意一点的轴向位置 z 为

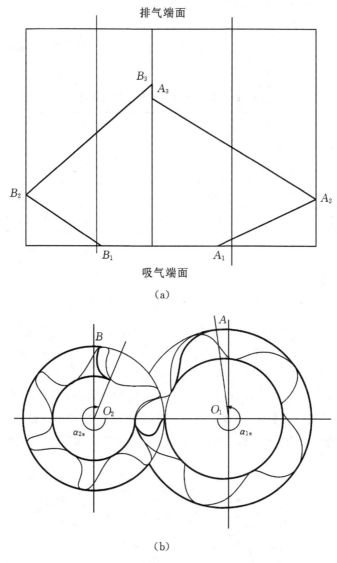

图 3 - 28　确定径向吸气孔口的位置与形状

$$z = \frac{T}{2\pi}\theta \tag{3-74}$$

式中：θ 为分别以过齿顶 A、B 的径线为起边、顺转子旋向的扭角；T 为转子的导程。

　　在实际的螺杆压缩机设计中，有的采用单纯的轴向吸气孔口，即气体沿着与旋转轴平行的方向流入压缩机；也有的采用纯径向的吸气孔口，即气体沿着与旋转轴垂直的方向流入压缩机，但大多数采用轴向与径向混合的吸气孔口。纯径向吸气孔口的优点是可以使压缩机的长度变得稍小些，然而由于转子齿间容积内的气体在随转子一起运动时，会产生离心力，从而能影响到气体通过吸气孔口的流动。研究表明，当齿顶速度较低时用径向吸气孔口效果较好，但当齿顶速度较大时，轴向吸气孔口能获得较高的效率。轴向与径向混合吸气孔口的优点是孔口通流面积较大，因而压力损失较小。最常用的混合吸气孔口是在纯轴向吸气孔口的基础上，进一步在机壳应该开径向吸气孔口的位置挖进去一点。在一些大型螺杆压缩机上挖的深度可达 20 mm,而在微小型压缩机中有的仅挖进 5 mm。

　　3.常见型线的吸气角度

　　螺杆压缩机的吸气孔口角度主要取决于转子的型线种类、扭转角和齿数比,表 3-11 列出常见型线的阳转子吸气角度 α_{1s},可供参考。

表 3-11　常见型线的阳转子吸气角度

阳转子 扭转角	双边对称 圆弧型线	单边不对称摆线 ——销齿圆弧型线	SRM-A 型线	GHH 型线	SRM-D 型线	日立 型线
240°	255°	249°	249°	256°	249°	257°
270°	270°	265°	264°	273°	265°	273°
300°	285°	280°	279°	288°	280°	288°

3.4.2　排气孔口

　　1.轴向排气孔口

　　(1)排气开始角。螺杆压缩机排气孔口的位置和形状,应保证气体在齿间容积内实现预定的内压缩,以提高机器运转的经济性。也就是说,对所要求的内容积比,必有一个对应的排气孔口。换言之,每一个排气孔口,可达到一定的内容积比。

　　根据螺杆压缩机的运行工况,可算出所要求的内容积比,而通过齿间容积的变化规律,可得到与此内容积比对应的阳转子内压缩转角 φ_{1c} 和阴、阳转子轴向排气角 α_{2d}、α_{1d}。

　　排气孔口的开始角度由吸气角 α_{1s} 及内压缩转角 φ_{1c} 确定。如图 3-29 所示,阳转子排气角 α_{1d} 为

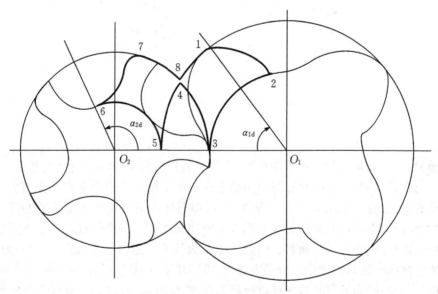

图 3-29　轴向排气孔口的位置和形状

$$\alpha_{1d} = \left(2\pi - \alpha_{1s} - \frac{2\pi}{z_1}\right) + \tau_{1z} - \varphi_{1c} \tag{3-75}$$

将式(3-70)代入上式,则有

$$\alpha_{1d} = \beta + \tau_{1z} - \varphi_{1c} - \Delta\varphi \tag{3-76}$$

相应的阴转子排气角度,可根据阴、阳转子齿间容积同时排气的原则,由下式计算

$$\alpha_{2d} = \alpha_{1d} i + \frac{2\pi}{z_2} \tag{3-77}$$

(2)排气结束角。如图 3-30 所示,对不对称型线而言,当阴转子齿转过两转子的齿顶圆交点,并与阳转子齿进入啮合后,在接触线的一侧,处于排气压力的转子齿间容积 V_4 将继续减少。而在接触线的另一侧,处于吸气压力的转子齿间容积 V_3 却不断扩大。

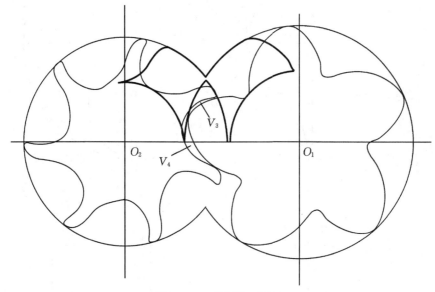

图 3-30　排气孔口形状

为了防止处于排气压力的气体流回处于吸气压力的齿间容积 V_3,排气孔口不应处于啮合线范围之内,如图 3-30 所示。另一方面,若齿间容积 V_4 在减少为零之前与排气孔口脱离,就会产生排气封闭容积。在这种情况下,此容积内的气体压力将急剧增大,致使压缩机功耗增加,并影响到机器的安全运行。为了使齿间容积 V_4 内的气体能够被完全排出,排气孔口又应尽量靠近两转子的中心连线,即阳转子的排气结束角在图 3-29 和图 3-30 上应为 0。从以上分析可以看出,只要排气孔口设计合理,不对称型线就不会导致排气封闭容积。

根据 α_{1d} 和 α_{2d},就可确定轴向排气孔口的位置和形状。如图 3-29 所示,轴向排气孔口线型为 1—2—3—4—5—6—7—8—1。需要指出的是,图中曲线段 6—7、1—2 分别取阴、阳转子齿间容积前方齿的背段型线,曲线段 3—4—5 应取型线的高压侧啮合线形状,曲线段 5—6、2—3 分别为阴、阳转子型线的齿根圆周,孔口外圈曲线段 7—8—1 与气缸内圆周壁相重合,但通常将机体的这一部分挖空。

值得指出的是,对于不对称型线,为了降低排气噪声,减少气体流动损失以及考虑到制造工艺上的方便,常将端面排气孔口啮合线顶点 5 处的尖点削平。削平后,排气孔口有部分处在啮合线范围之内,致使气体泄漏增加,通常取适中的水平段长度,以取得满意的综合效果。

2. 径向排气孔口

　　为了降低排气流速，在开设轴向排气孔口的同时，还将机体沿轴向挖空作为径向排气孔口，其挖空方法与径向吸气孔口类同。如图 3-31(b)所示，径向排气孔口的形状为 A_1—A_2—B_2—B_1。应该指出，A_1—A_2 和 B_1—B_2 分别为排出端面上由点 A、B 所引出的阴、阳转子的外圆螺旋线。

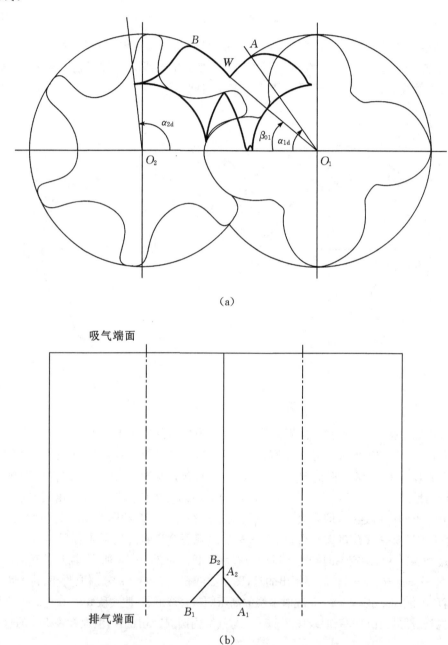

图 3-31　确定径向排气孔口的位置与形状

　　与吸气孔口类似，螺杆压缩机的排气孔口一般也采用轴向与径向混合的形式，以得到最大的通流面积从而使压力损失达到最小。而且,在排气的情况下,气体随转子旋转受到的离心力对气体排向径向排气孔口是有利的。值得指出的是,当螺杆压缩机的内容积比需要达到较高的数值时,阳转子的排气角 α_{1d} 往往会小于如图 3-31 中所示的 β_{01} 角。显然,在这种情况下,就无法布置径向排气孔口。

3. 常见型线的排气角度

螺杆压缩机的排气孔口角度主要取决于内容积比、转子型线种类、扭转角和齿数比,表 3-12 列出常见型线的阳转子排气角度 α_{1d},可供参考。

表 3-12　常见型线的阳转子排气角($\tau_{1z}=300°$)

内容积比	双边对称圆弧型线	单边不对称摆线——销齿圆弧型线	SRM-A 型线	GHH 型线	SRM-D 型线	日立型线
2.6	77.6°	83.8°	84.5°	94.1°	83.5°	92.9°
3.6	46.2°	52.7°	53.4°	62.5°	52.3°	61.3°
4.5	30°	36.5°	37.2°	46.1°	36.1°	44.8°

3.5　工作过程与热力性能

3.5.1　工作过程分析

1. 工作过程模拟方法

通过工作过程的模拟,可以得到压缩机在运行过程中的 p-V 图,进而可以分析压缩机的微观工作过程,包括换热、泄漏、效率等,是一种非常实用的方法。常用的工作过程模拟方法有多方指数法、集总参数法以及 CFD 模拟的方法。多方指数法是一种最简单的工作过程模拟方法,即假设压缩过程为多方过程,通常假设压缩过程为等熵过程;集总参数法是通过控制容积来建模,对基元容积内的气体进行模拟计算;CFD 模拟是通过商业软件进行流场、温度场、压力场的模拟计算。

2. 实际工作过程

在实际工作过程中,螺杆压缩机齿间容积内的气体要通过间隙发生泄漏,气体流经吸、排气孔口时,会产生压力损失,被压缩气体要与外界发生热交换等等,图 3-32 所示为一种螺杆压缩机的实测指示图。

3.5.2　内压力比及压力分布图

1. 内压力比

在实际的螺杆压缩机中,内压力比的准确计算需要采用工作过程数学模拟的方法。若将压缩气体视为理想气体,则内压力比可用下式近似计算

$$\varepsilon_i = \frac{p_t}{p_s} = \left(\frac{V_0}{V_t}\right)^m = \theta^m \tag{3-78}$$

式中:p_t 为齿间容积与排气孔口相连通时,该容积内的气体压力,即内压缩终了压力;p_s 为齿间

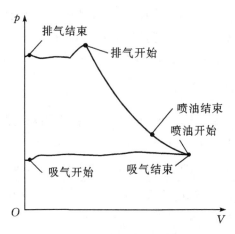

图 3 - 32　螺杆压缩机的实测指示图

容积与吸气孔口断开瞬时，其内的气体压力，即吸气终了压力；V_t 为齿间容积与排气孔口相连通时的容积值，即压缩过程结束时的容积值；V_0 为齿间容积与吸气孔口断开瞬时的容积值，即吸气过程结束时的容积值；θ 为压缩机的内容积比；m 为多方压缩过程指数，其数值取决于螺杆压缩机的运行方式、结构间隙值等因素。

由式（3 - 78）可以求出已有机器所能达到的内压力比，以验证该机器适应现时运行工况的程度。反之，在设计新机器时，可根据所需达到的内压力比，确定内容积比以及阳转子的内压缩转角 φ_{1c}，为设计排气孔口提供数据。

必须指出，式（3 - 78）仅适用于理想气体，或在相应范围内可视作理想气体的实际气体。如果所压缩气体在压缩过程中不能当作理想气体看待，就需根据气体的状态图（$h\text{-}s$ 图、$T\text{-}s$ 图等），确定压缩的终了状态和内压力比。此外，也可利用式 $pv=\xi RT$，通过可压缩性系数 ξ 来考虑其影响。

2. 压力分布图

根据式（3 - 78）以及前面已列出的转角与内容积比之间的诸关系式，就可以绘制出各齿间容积内气体压力值的曲线图，一般称作压力分布图，如图 3 - 33 所示。

压力分布图的纵坐标，表示齿间容积内的气体压力值。坐标原点处为压缩开始时的气体压力，即吸入终了压力 p_s。其横坐标表示阳转子的转角，坐标原点表示压缩开始时阳转子的转角，即 $\varphi_1 = 0$。

由于转子的轴向长度 $l = \dfrac{T_1}{2\pi}\varphi_1$（当 $0 \leqslant \varphi_1 \leqslant \tau_{1z}$ 时），所以压力分布图的横坐标也可以表示转子的轴向位置。

在图上标出了某些有特殊意义的转角，如 0、φ_{1k}、φ_{1c} 及 τ_{1z} 分别表示压缩开始（吸入端面轴向位置）、第 I 阶段结束（即第 II 阶段开始）、内压缩终了（即排气开始）及排气端面的轴向位置。

排气过程（$\varphi_{1c} \leqslant \varphi_1 \leqslant \varphi_{1k} + \tau_{1z}$）时，齿面容积对中气体的压力为不变的数值，且恒等于排出孔口处的气体压力。

如前所述，如果内压缩终了压力 p_t 不等于排气孔口处的气体压力 p_d，则当齿间容积与排气孔口连通的瞬时（即 $\varphi_1 = \varphi_{1c}$ 时），容积内气体因进行定容压缩（或定容膨胀）而使压力突升（或突降）至 p_d。

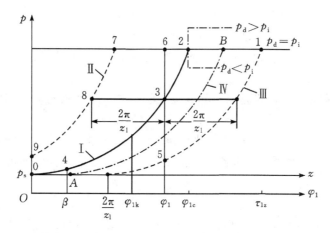

Ⅰ—某齿间容积内压力曲线；Ⅱ—后一齿间容积内压力曲线
Ⅲ—前一齿间容积内压力曲线；Ⅳ—齿数无限多时的压力曲线

图 3-33　压力分布图

　　根据压力分布图可确定某齿间容积不同转角时的气体压力(如曲线 1—2—3—4—0 所示)，此外，它还具有以下作用。

　　(1)根据一个已知齿面容积的压力曲线(如图中曲线Ⅰ)，可以确定与其相邻的齿间容积(对)的压力曲线。

　　由于相邻的齿间容积进行的各过程是完全一样的，在相位上差一个角节距 $2\pi/z_1$。例如，位于转子转向之后的相邻的齿间容积(称为后一齿间容积)所进行的各过程，较已知齿间容积所进行的各过程迟 $2\pi/z_1$ 角。因此，可将已知齿间容积的压力曲线向左平移 $2\pi/z_1$ 角，即得后一齿间容积的压力曲线(如图中曲线Ⅱ)。同理，向右平移 $2\pi/z_1$ 角，即得前一齿间容积的压力曲线(如图中曲线Ⅲ)。

　　(2)根据压力分布图所能得到任一转角下各齿间容积内的气体压力及相邻齿间容积间的压力差，为计算气体的泄漏提供依据。

　　例如，转角 φ_1 时，各齿间容积的压力值如图 3-33 中点 3、点 5、点 6 所示。此时，相邻齿间容积的压力差值如线段 3—6 及 3—5 所示。显然，压力差值随转角 φ_1 作相应的变化。

　　(3)根据压力分布图，可以确定作用在转子上的力和力矩，为转子的力学计算(强度、刚度及振动等)提供依据。

　　由图 3-33 可见，作用在转子上的力及其分布随转角 φ_1 而变化，并且以 $2\pi/z_1$ 为其周期。为简便起见，设想转子具有无限多的齿，此时齿间容积的压力曲线如图中曲线Ⅳ所示，因而作用在转子上的力及其分布就不再随转角 φ_1 而变化，从而给计算带来方便。对实际齿数有限的转子，可将曲线Ⅳ视作整个转子的平均压力分布曲线，这既简化了计算，又具有足够的精确度。曲线Ⅳ是两相邻齿间容积压力曲线的中分线。

3.5.3　容积流量及容积效率

1.理论容积流量

　　螺杆压缩机的理论容积流量 Q_t 为单位时间内转子转过的齿间容积之和，它只取决于压缩

机的几何尺寸和转速。若令 $\lambda = L/D_1$，则有

$$Q_t = C_\varphi V_0 z_1 n = C_\varphi C_{n1} n\lambda D_1^3 \tag{3-79}$$

式中：z_1 为阳转子的齿数；n 为阳转子的转速；λ 为长径比；D_1 为阳转子的直径。

2. 实际容积流量

螺杆压缩机的实际容积流量是指折算到吸气状态的实际容积流量，由下式计算

$$Q = \eta_v Q_t = \eta_v C_\varphi C_{n1} n\lambda D_1^3 \tag{3-80}$$

式中：η_v 为容积效率，其数值受诸如型线种类、喷油与否、压差、转速、气体性质等众多因素的影响。在实际计算中，可参照类似机器的试验数值选取，或通过螺杆压缩机工作过程数学模拟的方法进行计算。

3. 容积效率

各种螺杆压缩机容积效率处于 0.75～0.95 的范围。一般地说，转速低、容积流量小、压力比高、不喷液的压缩机，容积效率较低。而转速高、容积流量大、压力比低、喷液的压缩机，容积效率较高。

(1)在干式螺杆压缩机中，由于没有起密封作用的液体存在，气体通过泄漏三角形、接触线、转子齿顶和排气端面的泄漏较为严重。因此，干式螺杆压缩机的容积效率通常较低。另外，为了达到一定的容积效率，干式螺杆压缩机的转速往往很高，其阳转子齿顶线速度一般为60～100 m/s。

一般来说，压比对干式螺杆压缩机容积效率影响不大，但转速对容积效率的影响却较大。随着转速的上升，容积效率也会有所提高。在固定压比下，随着吸气压力的增加，吸排气压差明显增大。但值得注意的是，压差增加引起的容积效率下降却不大。另外，干式螺杆压缩机的容积效率还与压缩介质和机器的容量有关。大分子量气体(如丙烷或重碳氢化合物)和大容量压缩机的容积效率较高，而小分子量气体(如氦或氢)和小容量压缩机的容积效率较低。

(2)喷油螺杆压缩机中喷油的作用之一就是对许多内泄漏通道具有密封作用，从而显著地降低了内部泄漏量。因此，如果一台干式螺杆压缩机与一台同尺寸的喷油螺杆压缩机运行在同一工况、同一转速下，喷油螺杆压缩机的容积效率将较高。然而，这两种压缩机通常并不运行在同一工况。干式螺杆压缩机的阳转子齿顶线速度一般为 60～100 m/s，而在喷油压缩机中约为 10～50 m/s。另外，喷油螺杆压缩机通常运行在高压比和高压差的工况下，这也使得它与干式螺杆压缩机的应用范围不同。

①对普通动力用喷油螺杆空气压缩机而言，其运行工况十分明确，结构设计也大同小异。这种压缩机的吸气压力为大气压或更低，采用标准的滚动轴承。

喷油螺杆空气压缩机的容积效率为运行工况、转子型线、气量和转子齿顶线速度的函数。特别是气量的影响很明显，大气量压缩机要比小气量压缩机具有更高的效率。

②喷油螺杆制冷压缩机和工艺压缩机的负荷较大，不论是吸气压力还是排气压力的变化范围都很宽。在这类压缩机中，大多数大、中型机器都采用滑动轴承。虽然滑动轴承具有承载能力高、寿命长等优点，但它要消耗更多的功，导致总的机械摩擦损失增加。另外，采用滑动轴承时，也需要较大的间隙数值，从而使容积效率有所降低。由于吸气压力和压比对该类压缩机具有如此大的影响，因而很难真正确定这类压缩机的容积效率范围。

从理论上说，这类压缩机可以达到任意的内压比，但由于压比太高时压缩机的效率过低，因而在压比约大于 10 时，一般都采用多级压缩。利用这一特性，可以在制冷系统充灌工质前，

利用其压缩机对系统抽真空。由于压缩机的气量比一般真空泵的气量大得多,因而用压缩机来抽真空可以在很短的时间内完成。应当指出,当压缩机的吸气压力极低时,可能会在压缩机内产生气蚀,从而产生相当大的噪声。特别是在气体大量溶于润滑油时,更为严重,解决这一问题的方法通常是将吸气压力稍稍增大一点。

3.5.4 轴功率及绝热效率

1.轴功率

轴功率计算方法见第 1 章 1.2.2。

2.绝热效率

螺杆压缩机的绝热效率 η_{ad} 反映了压缩机能量利用的完善程度,其数值依机型和工况不同而有明显的差别。例如,低压力比、大中容积流量时,$\eta_{ad}=0.75\sim0.85$。而高压力比、小容积流量时,$\eta_{ad}=0.65\sim0.75$。

1)干式螺杆压缩机的绝热效率

干式螺杆压缩机的绝热效率取决于压缩机的气量和具体的结构设计,大气量的干式螺杆压缩机绝热效率可以超过 80%,而小气量的绝热效率要比这个值低 10%。压差对效率的影响还与压缩机的设计、气量、所压缩的气体以及工况有关。

2)喷油螺杆压缩机的绝热效率

(1)普通动力用喷油螺杆空气压缩机的吸气压力均为大气压或更低,都采用标准的滚动轴承。其绝热效率也是运行工况、转子型线、气量和转子齿顶线速度的函数。特别是大气量压缩机要比小气量压缩机具有更高的绝热效率,这是因为随着压缩机气量的增大,机械摩擦等损失的影响相对减小。

螺杆压缩机工作时,伴随着两转子的啮合过程以及齿顶和端面扫过机壳的过程。在喷油螺杆压缩机中,所有这些表面都有润滑油,且油也填满了它们之间的间隙,从而起到密封的作用。在转子旋转时,油不断地受到剪切作用,从而要吸收一定量的功。吸收功的多少很明显取决于所用油的黏度。黏度越高,吸收的功越多。但另一方面,黏度越高,密封的效果也越好。因而需要权衡功耗和密封这两方面的因素来确定油的黏度。对空气压缩机而言,油的黏度等级通常为 ISO68,供油温度一般为 50~60 ℃。

实验表明,供油温度升高 10 ℃,容积效率将下降 2%,而功耗将下降 1.5%,此时绝热效率只变化了 0.5%。可以认为,供油温度升高后,由于黏度的改变而引起的密封和功耗的变化量是相同的,即均为 1.5%。另外 0.5% 的容积效率损失,则是由于油温度升高后对进气的额外加热而造成的。上述结论并不通用,因它与压缩机的工况、尺寸和油的类型还有关系。

(2)喷油螺杆制冷压缩机和工艺压缩机的负荷较大,吸气压力和排气压力的变化范围都很宽。由于大多数大、中型机器都采用滑动轴承,导致总的机械摩擦损失增加,绝热效率降低。与空气压缩机相比,这类压缩机的绝热效率变化范围很大。

试验表明,转子直径为 500 mm 左右,吸气压力为大气压的大型制冷和工艺螺杆压缩机的绝热效率可达 82%,当提高吸气压力后,甚至可以高达 90%。而转子直径为 100 mm 左右,吸气压力为大气压的小型机器绝热效率的峰值约为 72%,提高吸气压力后可以达到 76%。

值得指出的是,由于螺杆压缩机没有余隙容积中气体膨胀的影响,并且喷油机器也没有排气温度的限制,故在结构强度允许的条件下,制冷和工艺螺杆压缩机可运行在大多数其它压缩机都不能运行的高压比下,尽管此时的绝热效率很低。

（3）为了进一步改善螺杆压缩机的性能,常需考察某些特定因素对压缩机的影响。为此,也采用其它形式的效率。例如,使用绝热指示效率 η_i 反映压缩机内部工作过程的完善程度。

绝热指示效率 η_i 为等熵绝热压缩所需的理论功率 P_{ad} 与压缩机指示功率 P_i 的比值,即

$$\eta_i = P_{ad}/P_i \tag{3-81}$$

式中: P_i 为螺杆压缩机的指示功率,它与机械摩擦损失功率之和即为压缩机轴功率。当螺杆压缩机的内、外压比不相等时,绝热指示效率较低,这是因其热力过程不完善所致。

压缩机的绝热指示效率与绝热效率之间的关系为

$$\eta_{ad} = \eta_i \eta_m \tag{3-82}$$

式中: η_m 为压缩机的机械效率,其定义为螺杆压缩机指示功率与轴功率的比值,一般的螺杆压缩机 $\eta_m = 0.90 \sim 0.98$。

3.5.5　排气温度

在干式螺杆压缩机和喷液螺杆压缩机中,压缩机的排气温度有着很大的不同。干式机器的排气温度主要取决于介质物性和运行压比,而喷油等喷液机器的排气温度则主要取决于喷入的液量和温度。

1. 干式螺杆压缩机的排气温度

一般来讲,干式螺杆压缩机的排气温度可按下式计算

$$T_d = T_s \varepsilon_0^{\frac{m-1}{m}} \tag{3-83}$$

式中: T_d 为压缩机的排气温度,K; T_s 为压缩机的吸气温度,K; ε_0 为压缩机的外压比; m 为多方过程指数。

干式螺杆压缩机的转速通常很高,容积流量也较大。因而,当气体通过压缩机时,气体被冷却的时间很短。所以,干式螺杆压缩机中的冷却常常是为了保持压缩机的几何尺寸和间隙不变,而不是为了冷却气体。

当排气温度低于 100 ℃时,转子和机壳并不需要专门的冷却装置,向空气的散热即足以保证机壳的几何尺寸不发生改变。但当排气温度更高时,由于螺杆压缩机的气缸是双孔形状,故其整个表面的膨胀是不均匀的。因此,为保证气缸的形状不发生改变,常在气缸的周围做上一圈冷却套,用水、油或其它液体冷却。冷却介质吸收的热量取决于气缸内气体的压力和温度,一般为压缩机输入功的 5%～10%。

当不采用冷却套时,干式螺杆压缩机的排气温度可达 200 ℃。当有冷却套时,排气温度可达 240～250 ℃。为留有一定的安全系数,压缩机连续运转的最高排气温度不要超过 220 ℃。

采用转子内部冷却方式,即让冷却油从转子中心流过,其目的是保证它们的尺寸和形状。这种冷却方式还有一个更大的优点,是可以防止压缩机停机后的余热导致转子温度上升现象的发生。当压缩机工作时,压缩气体向转子传递热量,而这热量的一部分又沿转子向温度较低的一端传递,被温度较低的进气带走,从而实现转子的热平衡,使转子的温度保持稳定。但是,当压缩机停机时,进气端不再具有冷却作用,因而转子的实际温度要上升一段时间后才能再降下来,这时立即再启动压缩机显然是不行的,必须延迟大约 15 min。而当采用转子内部冷却后,这种延迟就不需要了。

2. 喷油螺杆压缩机的排气温度

喷油螺杆压缩机的排气温度不由工作压比和介质物性决定,而是压缩机功耗、被压缩气体的比热容以及所喷入的油量联合作用的结果。事实上,如果供入足量温度很低的油或其它液体,甚至可以使这类压缩机的排气温度低于进气温度。在这种情况下,有时会误认为实现了等温压缩过程,能获得比等热压缩时更高的效率。但实测数据表明,实际压缩机的最高效率仍比绝热压缩时的效率低一点。所以,在实际工作中一般将压缩机效率与绝热压缩而不是等温压缩联系起来。

另外,实际测录的工作过程曲线也表明,喷油螺杆压缩机中的压力升高过程与绝热压缩过程比较接近。一般认为,由于螺杆压缩机转速较高,被压缩气体在压力升高过程期间,与喷入的润滑油之间的热交换很不充分。因此,在压缩过程结束时,气体的温度会明显高于油的温度。然后,气体和油经过排气过程和在排气管道中的流动,最终实现热量平衡,并达到相同的排气温度。

既然喷油螺杆压缩机的排气温度是可控制的,那么在工程实践中取什么样的温度水平才是切实可行的呢? 允许的排气温度越高,所需的油冷却器越小,这是因为排气温度也是需通过油冷却器将热量传出的油的温度。另外,允许的排气温度越高,所需循环流动的油量也越少。

但排气温度越高,压缩机中为考虑膨胀影响而留的间隙也越大,压缩机的效率也就会降低。高的排气温度也会导致更多的润滑油处于气相,增加油分离的困难。另外高的排气温度还会降低油的寿命。特别是矿物油,在高温的情况下,会发生氧化、碳化或分解。

所以,喷油螺杆压缩机的排气温度,通常由高温对油的影响而确定。对空气压缩机而言,额定的排温极限一般设定为约 100 ℃。有些机器的排气温度可高达 120 ℃,但在这种温度下,矿物油的寿命是很低的,故多采用高级合成油,它不仅有长的寿命和适应高温的能力,而且润滑特性也得到了提高。

需要指出的是,对喷油螺杆空气压缩机来讲,排气温度还有一个下限,即不得低于气体压缩后水蒸气分压力所对应的饱和温度,它与压力比及吸气状态下水蒸气的原始分压力有关。在 100% 的相对湿度时,从 20 ℃ 的环境温度压缩到 0.8 MPa 时,相应的饱和温度约为 59 ℃。考虑到工况的不稳定,为了保证在这种条件下绝对不出现冷凝水,通常控制排气温度不得低于 70 ℃。一旦在系统中出现冷凝水,应将压缩机停车 5~6 h,让油与水充分分离并排放水分。否则,会使油质恶化并降低轴承寿命。

对制冷和工艺螺杆压缩机而言,也采用同样的额定排温上限,即 100 ℃,而且,即使采用高级合成油,也很少会运行至超过这一上限。对密度大的气体(如 R22、丙烷等),排气温度趋于更低,大约为 70~80 ℃。这是由于在设计压缩机时,同一压缩机往往要能用于压缩多种气体,为能满足小密度气体的排温要求,设计时所给的油流量偏大。

值得注意的是,这类压缩机的进气温度也有一个下限。因为在非常低的温度下,必须选择特殊的合成润滑油,既能在低温下保持为液态,又能在较高的温度下保持足够的黏性。另外,在进气温度非常低的条件下,转子的平均温度要比机壳的平均温度高。这是因为转子不仅受到喷入的高温油影响,而且受到压缩过程中温度升高的影响,而机壳却被进气充分地冷却,从而使平均温度较低。在压缩机的进气中含有制冷剂液体时,这种现象尤为明显。当然,如果在转子进气端面留有适当的间隙,上述情况并不成为问题。否则,就会导致转子端面的磨损。

3.6 转子受力分析

螺杆压缩机是高速旋转机械,稳定运转时可视其处于平衡状态,即每一转子均处于所有外力及其力矩的平衡状态之下。这些力和力矩分别为气体作用力、轴承支反力、转子自重、齿轮作用力、平衡活塞推力和输入力矩、气体内力矩、摩擦阻力矩等。图3-34示出阳转子受力的一般性情况。为了选择轴承、设计平衡活塞以及进行转子的强度和刚度计算,必须对这些力和力矩进行分析和计算。

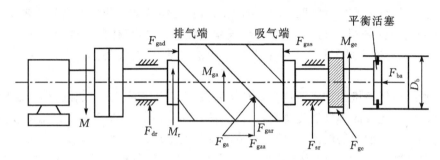

图3-34 作用在转子上的力和力矩

3.6.1 轴向力

作用在转子上的轴向力主要由气体压力产生,其中包括气体压力作用于转子螺旋齿面上所产生的轴向分力 F_{gaa} 及气体压力作用于转子排气和吸气端面上所产生的轴向力 F_{gad} 和 F_{gas}。此外,当转子上装有增速齿轮或同步齿轮时,齿轮传动时所产生的轴向分力 F_{gea} 也作用在转子上。因此,作用在转子上的轴向力 F_a 为

$$F_a = (F_{gad} - F_{gas}) + F_{gaa} - F_{gea} \tag{3-84}$$

作用于转子上的轴向力 F_a,通常由设置在转子排气端的止推轴承所承受。但在制冷螺杆压缩机等高压差、高压比机器中,往往由于轴向力 F_a 数值过大,而在阳转子上设置平衡活塞,产生平衡活塞轴向力 F_{ba},以平衡大部分轴向力。此时,作用于止推轴承上的轴向力 F_a 为

$$F_a = (F_{gad} - F_{gas}) + F_{gaa} - F_{gea} - F_{ba} \tag{3-85}$$

在上述轴向力中,作用于转子排气端面和吸气端面上的轴向力 F_{gad} 和 F_{gas}、齿轮传动时所产生的轴向分力 F_{gea} 及平衡活塞轴向力 F_{ba} 比较容易计算。而要精确计算气体压力产生的作用于转子齿面上的轴向分力 F_{gaa},则十分复杂,需要根据转子型线参数和基元容积内的压力变化规律,利用计算机进行计算。

3.6.2 径向力

作用于转子上的径向力有斜齿轮啮合时产生的径向分力 F_{ger} 和气体压力作用于齿面上的径向分力 F_{gar},此外,对大型螺杆压缩机尚需计入转子的自重。斜齿轮啮合时产生的径向分力 F_{ger} 和转子的自重都比较容易计算,而由于气体压力产生的径向分力的计算,则十分复杂,也如气体轴向力计算一样,需要根据转子型线参数和基元容积内的压力变化规律,利用计算机进行计算。

3.6.3　扭矩

作用在转子上的扭矩有原动机的驱动力矩 M、摩擦阻力矩 M_r 和由于气体压力作用在转子齿面上的切向分力所引起的气体内力矩 M_{ga}。原动机传给螺杆压缩机力矩 M 用以克服阴、阳转子的阻力矩,即

$$M = (M_{2ga} + M_{2r}) + (M_{1ga} + M_{1r}) \qquad (3-86)$$

根据所得的气体轴向分力 F_{gaa},可按下式求出气体内力矩 M_{ga}

$$M_{gaa} = \frac{T}{2\pi} F_{gaa} \qquad (3-87)$$

式中:T 为转子的导程。

摩擦阻力矩 M_r 包括轴承摩擦阻力矩和转子旋转运动时的摩擦鼓风阻力矩两部分。摩擦阻力矩取决于多种因素,目前尚无简便而准确的计算方法。但通过实测得知,阴转子摩擦阻力矩所耗功率约为压缩机轴功率的 $5\% \sim 10\%$。同时还可以认为阳转子的摩擦阻力矩所耗功率与阴转子相同,则阴、阳转子的摩擦阻力矩可分别按下式确定

$$M_{2r} = (0.05 \sim 0.1) \times 9545.2 \frac{P_s}{n_2} \qquad (3-88)$$

$$M_{1r} = (0.05 \sim 0.1) \times 9545.2 \frac{P_s}{n_1} \qquad (3-89)$$

有关计算结果表明,阳转子传递 90% 以上的扭矩,而阴转子只传递 10% 左右的扭矩。所以阳转子属高速重载转轴,而阴转子属高速轻载转轴。另外,当用阳转子带动阴转子时,同步齿轮传递的功率通常只有压缩机轴功率的 10% 左右。因此,同步齿轮属高转速和高精度的轻载齿轮。

3.6.4　各力的计算方法

1. 端面轴向力

(1)吸气端面轴向力。

吸气端面轴向力的计算十分简单,等于吸气压力 p_s 与吸气端面面积 A_s 之积,即

$$F_{gas} = p_s A_s \qquad (3-90)$$

(2)排气端面轴向力。

排气端面轴向力的计算比较复杂,主要是由于排气端面的压力分布难以精确计算。目前,有两种简化的模型来计算排气端面轴向力:均压模型和扇形模型。

①均压模型:假定一半的排气端面面积 A_d 上作用的气体压力为吸气压力 p_s,而另一半面积上作用的气体压力为吸气压力 p_s 和排气压力 p_d 的算数平均值,则

$$F_{gad} = \frac{1}{4}(p_s + p_d)A_d + \frac{1}{2}p_s A_d \qquad (3-91)$$

②扇形模型:根据转子齿数 z,转子端面被划分为相应的面积扇区。每个扇区上作用的气体压力为相应齿槽内的气体压力,如图 $3-35$ 所示。计算过程中,不同扇区作用的气体压力通过实测或模拟的 $p-V$ 指示图得到,因此,扇形模型计算的排气端面轴向力为

$$F_{gad} = \sum_{k=1}^{z} p_k \frac{A_d}{z} \qquad (3-92)$$

式中：$\dfrac{A_d}{z}$ 为根据阳转子齿数划分的扇区面积；p_k 为第 k 个扇区上作用的气体压力。

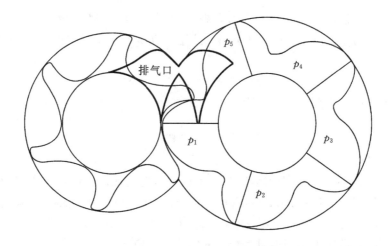

图 3-35　转子端面扇形模型划分

2.气体力及气体力矩

气体力及力矩是由于气体压力作用在转子螺旋齿面上产生的，由于转子齿面是一个复杂的空间几何结构，所以目前存在的几种解析法求解大多比较麻烦。这里，只介绍一种比较容易实现的计算方法——有限元法：利用 ANSYS 软件对转子不同齿间容积施加气体力载荷，从而求解约束处的支反力，使得螺杆转子受力计算由复杂化变得简单化，同时可以得到更高精度的数值解。

首先利用绘图软件生成螺杆压缩机的转子三维图，将各个齿间容积分割开，利用已知的转子接触线数据，在转子表面生成接触线，将转子齿槽沿接触线分成两部分，一部分处于压缩或排气过程，作用的是某一压缩过程中的压力；另一部分处于吸气过程，作用的是吸气压力。其接触线如图 3-36(a) 所示。

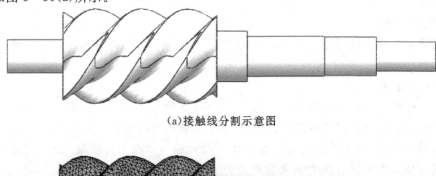

(a)接触线分割示意图

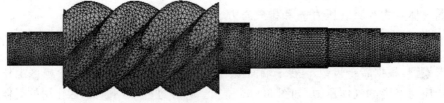

(b)网格划分示意图

图 3-36　阳转子三维图

　　然后调入到 ANSYS Workbench 中,采用四面体结构网格对转子进行网格划分,如图 3-36(b)所示。根据计算出或实验测得的齿间容积内气体压力随阳转子转角的变化对齿槽各部分加载气体力载荷。如前所述,由于相邻齿间容积内进行的各过程是完全一样的,在相位上相差一个角节距 $2\pi/z_1$。因此,若已知某一转角 φ 时的一个齿间容积内的压力,其前、后齿间容积内的压力分别为 $p_{\varphi-2\pi/z_1}$、$p_{\varphi+2\pi/z_1}$。据此可计算出转子上各个齿槽里的压力,从而加载到转子各表面。

　　在螺杆压缩机的设计中,起轴向定位作用的推力轴承一般总是放在排气端,而所有为防止热膨胀而预留的间隙都放在吸气端,以便把这种膨胀对排气端间隙的影响减到最小,从而使排气端面流体泄漏量最小,并防止端面磨损。因此在模型中的轴承安装位置添加圆柱面约束来表示轴承对轴的约束作用时,对于排气端,轴向和径向设置为固定,而切向为自由;对于吸气端,径向和切向设置为固定,而轴向设置为自由,吸气端的切向约束是为了代替施加在转子上的除气体力矩以外的力矩,理论上可以添加在任何圆柱面,从而也可得出气体力矩的值。螺杆压缩机中作用在阴、阳转子上的各种力的大小及其波动范围有着明显的不同,阳转子上的轴向力要比阴转子上的大得多,阴、阳转子排气端径向力大于吸气端的,且同一侧阴转子上的轴承承受的径向力要大于阳转子上的。所以,在考虑转子的轴承时,应注意考虑上述各力的具体数值,以便使各轴承有大致相等的使用寿命,从而使压缩机的无故障运行时间尽量延长。转子受力随阳转子转角的变化如图 3-37 所示。

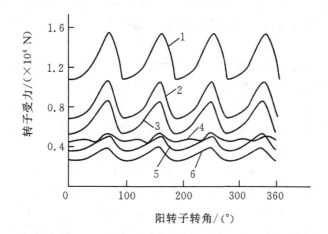

1—阳转子轴向力;2—阴转子排气端径向力;3—阳转子排气端径向力;
4—阴转子轴向力;5—阴转子吸气端径向力;6—阳转子吸气端径向力

图 3-37　转子受力随阳转子转角的变化

3. 齿轮力

　　螺杆压缩机中的同步齿轮和增速齿轮一般都采用斜齿轮。斜齿轮在传递动力的同时,还会产生轴向力 F_{gea} 和径向力 F_{ger}。由于阳转子上的轴向力总是比阴转子的大,所以通常应使阳转子的齿轮轴向力与气体轴向力方向相反,即由吸气端指向排气端,以部分平衡作用于转子上的端面轴向力及气体轴向力。由啮合原理,齿轮产生的轴向力和径向力分别为

$$F_{gea} = 9545.2 \frac{P}{n} \frac{2}{d_t} \tan\beta_0 \qquad (3-93)$$

$$F_{ger} = 9545.2 \frac{P}{n} \frac{2}{d_t} \frac{\tan\alpha_{0n}}{\cos\beta_0} \qquad (3-94)$$

式中：P 为齿轮传递功率，kW；n 为齿轮转速，r/min；d_t 为齿轮节圆直径，m；β_0 为斜齿齿倾角，即斜齿方向与齿轮轴线的夹角，rad；α_{0n} 为齿廓压力角，rad。

4. 平衡活塞轴向力

平衡活塞轴向力等于液压缸压力与平衡活塞端面面积 A_b 之积，即

$$F_{ba} = p_b A_b \qquad (3-95)$$

一般机器设计中，p_b 常选取机组的供油压力或排气压力，所以多用调整 A_b 的方式来达到所要求的 F_{ba} 数值。

3.7 转子加工及刀具设计

3.7.1 转子加工方法及其发展

若把转子齿面看作螺旋齿轮的话，那么加工齿轮的方法同样可用来加工转子型线。但是，由于压缩机的转子齿面主要用于压缩气体，故又不同于一般用于传输动力的齿轮。其主要区别表现在：为获得高的气体密封性，转子型线由多段曲线组成；其螺旋齿的齿数少、螺旋角大。基于这些特点，目前转子型线的加工方法为如下几种。

(1)铣削加工法。用盘形铣刀加工时，刀具轴线与工件轴线空间交错，两者有一夹角。盘形铣刀绕其自身轴旋转，工件则作螺旋运动。一般在卧式铣床上加工，也可以在普通万能铣床上加工。由于转子的螺旋角较大、模数大、齿数少、切削线相当长，故切削力大。在这种大螺旋角的工位下，使机床自身的刚度及稳定性大大下降。故仅在小型转子小批量生产时，才采用普通铣床，一般成批生产时均在转子专用铣床上加工。

(2)磨削加工法。为了进一步提高转子的加工速度和精度，同时降低加工刀具的制造费用，磨削加工法获得了越来越广泛的应用。转子专用数控磨床自备砂轮修正器，可快速加工出新型线的转子，大大加快了新产品的开发速度。另外，采用磨削加工法时，还能对热处理后的硬齿面进行加工，从而提高了成品转子的精度和表面光洁度。值得指出的是，磨削加工法常常和滚削加工法或铣削加工法配合使用，即在转子的粗加工和半精加工中，采用滚削加工法或铣削加工法，而在精加工中，则采用磨削加工法。磨削加工法是目前的主流加工方法。

(3)其它加工方法。除上述两种转子型线加工方法外，指形铣刀加工法、飞刀加工法、涂层法、精密铸造法等也可用于转子型线加工。

3.7.2 刀具设计原理

1. 铣刀刃形设计的接触条件式

(1)一般空间曲面的加工。采用铣刀或成型砂轮加工一般空间曲面时，刀具回转面同工件曲面之间形成一条空间接触线，在该接触线上任一点，两个曲面存在公法线。据此，可导出铣刀加工一般空间曲面的接触条件式（以右旋为例）。

如图 3-38 所示,接触线上任一点 M 在工件坐标系上的坐标及法向量为

$$\boldsymbol{r} = x\boldsymbol{i} + y\boldsymbol{j} + z\boldsymbol{k} \tag{3-96}$$

$$\boldsymbol{n} = n_x\boldsymbol{i} + n_y\boldsymbol{j} + n_z\boldsymbol{k} \tag{3-97}$$

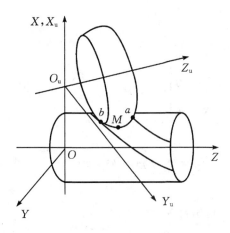

图 3-38　一般空间曲面加工形成的接触线

而从刀具回转曲面上看,点 M 的法向量又可表示为

$$\boldsymbol{S}_M = (A_c - x)\boldsymbol{i} + (-Z_u\sin\psi - y)\boldsymbol{j} + (Z_u\cos\psi - z)\boldsymbol{k} \tag{3-98}$$

根据 $\boldsymbol{n} \times \boldsymbol{S}_M$ 得

$$\begin{vmatrix} \boldsymbol{i} & \boldsymbol{j} & \boldsymbol{k} \\ n_x & n_y & n_z \\ A_c - x & -Z_u\sin\psi - y & Z_u\cos\psi - z \end{vmatrix} = 0 \tag{3-99}$$

消去 Z_u 得

$$(A_c - x)(n_y + n_z\tan\psi) + (y + z\tan\psi)n_x = 0 \tag{3-100}$$

(2)转子螺旋面的加工。对于右螺旋面,如图 3-39 所示,螺旋面上任一点的法向量 $\vec{n}$ 可用过该点的两个切矢量表示

$$\boldsymbol{n} = \frac{\partial \boldsymbol{r}}{\partial t} \times \frac{\partial \boldsymbol{r}}{\partial \tau} \tag{3-101}$$

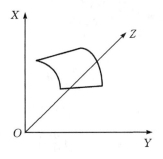

图 3-39　右旋螺旋面坐标系

其中,

$$\begin{cases} \boldsymbol{r} = X\boldsymbol{i} + Y\boldsymbol{j} + Z\boldsymbol{k} \\ X = x(t)\cos\tau - y(t)\sin\tau \\ Y = x(t)\sin\tau + y(t)\cos\tau \\ Z = p\tau \end{cases} \tag{3-102}$$

从而得到

$$\boldsymbol{n} = \begin{vmatrix} \boldsymbol{i} & \boldsymbol{j} & \boldsymbol{k} \\ \dfrac{\partial X}{\partial t} & \dfrac{\partial Y}{\partial t} & 0 \\ -Y & X & p \end{vmatrix} = p\,\frac{\partial Y}{\partial t}\boldsymbol{i} - p\,\frac{\partial X}{\partial t}\boldsymbol{j} + \frac{1}{2}\left(\frac{\partial X^2}{\partial t} + \frac{\partial Y^2}{\partial t}\right)\boldsymbol{k} \tag{3-103}$$

代入接触条件式,得

$$\frac{1}{2}\frac{\partial(X^2+Y^2)}{\partial t}(A_c - X + p\cot\psi) + p\left(p\tau\frac{\partial Y}{\partial t} - A_c\cot\psi\frac{\partial X}{\partial t}\right) = 0 \tag{3-104}$$

2. 接触条件式的求解

(1) 端面型线由参数方程给出时为

$$\begin{cases} x = x(t) \\ y = y(t) \end{cases} \qquad t_1 \leqslant t \leqslant t_2 \tag{3-105}$$

对任意 $t \in [t_1, t_2]$,可求出 (x,y) 及 $\dfrac{\partial x}{\partial t}$、$\dfrac{\partial y}{\partial t}$ 并代入接触线方程,得到关于 τ 的三角超越方程

$$\frac{1}{2}(A_c + p\cot\psi)\frac{\partial(x^2+y^2)}{\partial t} + \frac{1}{2}(y\sin\tau - x\cos\tau)\frac{\partial(x^2+y^2)}{\partial t} + p^2\frac{\partial x}{\partial t}\tau\sin\tau +$$

$$p^2\frac{\partial y}{\partial t}\tau\cos\tau + pA_c\cot\psi\left(\frac{\partial y}{\partial t}\sin\tau - \frac{\partial x}{\partial t}\cos\tau\right) = 0 \tag{3-106}$$

利用二分法解出 τ 后,将 (t, τ) 代入螺旋面方程,得到 (X, Y, Z),再将其转化到刀具坐标下,得到 (X_u, Y_u, Z_u),转化的方程为

$$\begin{cases} X_u = X - A_c \\ Y_u = Y\cos\psi + Z\sin\psi \\ Z_u = -Y\sin\psi + Z\cos\psi \end{cases} \tag{3-107}$$

最后的刀具刃形方程由 $R_u - Z_u$ 曲线给出,其中

$$R_u = \sqrt{X_u^2 + Y_u^2} \tag{3-108}$$

(2) 当端面型线及其导数由一系列离散点给出:$(x_i, y_i, \mathrm{d}y_i/\mathrm{d}x_i)_{i=1,\cdots,n}$,则可将关于 τ 的超越方程转化为

$$(A_c + p\cot\psi + y\sin\tau - x\cos\tau)\left(x\frac{\partial x}{\partial t} + y\frac{\partial y}{\partial t}\right) + p^2\frac{\partial x}{\partial t}\tau\sin\tau +$$

$$p^2\frac{\partial y}{\partial t}\tau\cos\tau + pA_c\cot\psi\left(\frac{\partial y}{\partial t}\sin\tau - \frac{\partial x}{\partial t}\cos\tau\right) = 0$$

$$\Rightarrow (A_c + p\cot\psi + y\sin\tau - x\cos\tau)\left(x + y\frac{\mathrm{d}y}{\mathrm{d}x}\right) + p^2\tau\left(\sin\tau + \frac{\mathrm{d}y}{\mathrm{d}x}\cos\tau\right) +$$

$$pA_c\cot\psi\left(\frac{\mathrm{d}y}{\mathrm{d}x}\sin\tau - \cos\tau\right) = 0 \tag{3-109}$$

式中:x、y、$\dfrac{\mathrm{d}y}{\mathrm{d}x}$ 用 x_i、y_i、$\mathrm{d}y_i/\mathrm{d}x_i$ 代入,从而可以得到相应于 (x_i, y_i) 的 τ_i,再代入螺旋面方程得

到相应的 (X_i, Y_i, Z_i)，最后转化到刀具坐标系，并最终得到由 R_u - Z_u 曲线表示的刀具刃形。

3.7.3　实际刀具的设计

(1)安装角 ψ 和中心距 A_c 的确定。如前所述,转子的型线由数段齿曲线组成。对于端面型线是连续光滑曲线(或是数段光滑曲线光滑连接)的转子来说,其螺旋齿面处处有公切面,工件螺旋齿面与铣刀回转曲面间的接触线亦是连续光滑曲线,所以对这种齿形,可以按工艺条件选择适当的安装角 ψ 和中心距 A_c,按上述方法可求得铣削曲线,即铣削该螺旋齿面的光滑连接的铣刀刃形。

但是,当转子的型线由数条曲线段连接而成,而在接点处不是圆滑地相连(连续而不光滑)时,螺旋面在接点处不存在公共的切面,这种接点称为尖点。在有尖点的情况下,计算铣刀刃形之前,必须先正确选择安装角 ψ,否则将会产生过渡表面或过切现象。

(2)啮合间隙的考虑。按前述方法设计的刀具刃形是没有考虑啮合间隙的理论刃形,实际上由于不可避免的制造和安装误差、运转时的受力变形和热膨胀,以及零部件的磨损等因素,必须在转子间留有一定的齿间间隙,因此还必须对刀具的理论刃形加以修正。修正过程中要考虑最基本的间隙:受热和受力。实践证明,在螺杆压缩机中,受热引起的转子变形量往往比受力引起的变形量大一个数量级。这里采用如图 3 - 40 所示的等法向间隙方法进行修正。设实际刃形曲线为 R_{uu} - Z_{uu},则

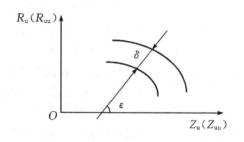

图 3 - 40　实际刃形同理论刃形之间的关系

$$\begin{cases} Z_{uu} = Z_u + \delta\cos\varepsilon \\ R_{uu} = R_u + \delta\sqrt{1-\cos^2\varepsilon} \end{cases} \tag{3-110}$$

式中:$\cos\varepsilon = \pm\dfrac{p\left(\cos\tau \pm \dfrac{\mathrm{d}y}{\mathrm{d}x}\sin\tau\right)\sin\psi + \left(x + y\dfrac{\mathrm{d}y}{\mathrm{d}x}\right)\cos\psi}{\sqrt{p^2\left[1+\left(\dfrac{\mathrm{d}y}{\mathrm{d}x}\right)^2\right]+\left(x+y\dfrac{\mathrm{d}y}{\mathrm{d}x}\right)^2}}$,"$\pm$"中的"$+$"对应左旋,"$-$"对应右旋;$\delta$ 为实际螺旋面与理论螺旋面之间的法向距离。

3.8　主要设计参数

3.8.1　设计计算概述

传统的螺杆压缩机设计计算方法依靠一些在作了许多假设之后得到的近似公式,进行设计和计算。这种设计方法不仅设计周期长,而且准确度差,一些设计参数还要待样机造出后,再通过试验确定,严重影响了新产品的供货时间和性能水平,削弱了其市场竞争力。

20 世纪 80 年代后,随着计算机在螺杆压缩机设计中的应用,通过工作过程数学模拟的方法,可比较准确地解析出螺杆压缩机的各项性能。利用一些基于工作过程数学模拟的数值计算程序,可以快速、准确地完成螺杆压缩机的各项设计工作。另外,还有可能通过"数值试验"

的方法,针对具体的使用场合,对螺杆压缩机进行优化设计。

CFD、FEA 分析等技术广泛用于压缩机特性研究和优化设计,三维流场、温度场、零件变形计算在设计中的作用越来越明显。

3.8.2 主要设计参数及其选取原则

设计螺杆压缩机时,欲使机器取得优良的性能,必须合理选取各主要参数。一般说来,影响螺杆压缩机热力性能和运转可靠性的主要参数有圆周速度和转速、转子直径和相对长度、导程和扭转角、压力比和级数等。

1.圆周速度和转速

转子齿顶圆周速度是影响机器尺寸、重量、效率及传动方式的一个重要因素。习惯上,常用阳转子齿顶圆周速度值来表征。

显然,提高圆周速度,压缩机的重量及外形尺寸指标均将得到改善。另外,提高圆周速度后,通过压缩机各间隙处的气体相对泄漏量将会减少,同时也就提高了压缩机的容积效率和绝热效率。与此同时,它使气体在吸排气孔口及齿间容积内的流动损失、转子摩擦鼓风损失、喷油机器的击油损失相应增加,致使绝热效率降低。

圆周速度对泄漏损失和流动及摩擦损失的影响是相反的,如图 3-41 所示。齿顶圆周速度较低时,泄漏损失较大,对效率起主要影响作用,所以此时提高圆周速度,将使效率得以提高。相反,齿顶圆周速度较高时,基本上与圆周速度的平方成正比的流动及摩擦损失较大,对效率起主要影响作用,是能量损失的主要部分,所以进一步提高圆周速度反而使效率降低。从理论上讲,只在某一最佳圆周速度下,总损失最小,此时压缩机效率取得最高值。实际上,最佳圆周速度的具体数值受众多因素的影响,它与转子型线、运行方式、压力差、压力比、排气量、气体性质、间隙等因素有关。此外,机器结构、气体流动表面的粗糙度等也对最佳圆周速度值有影响。所以,它常处于某一定范围之内。无油螺杆压缩机的圆周速度一般为 60~100 m/s,而喷油螺杆压缩机的圆周速度一般为 10~50 m/s。

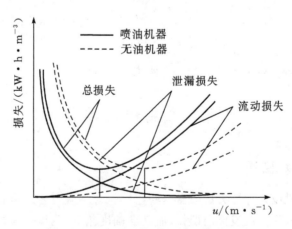

图 3-41 能量损失与圆周速度的关系

圆周速度确定后,转速也随之而定。由排气量的计算公式得知,排气量与转子直径的平方成正比。因此,大排气量机器需选用大的转子直径,小排气量机器选用小的转子直径。排气量相同情况下,不对称型线的转速远低于对称型线的转速。通常,喷油机器的转速范围为 700～10000 r/min,无油机器的转速范围为 3000～20000 r/min。

2. 转子直径和相对长度

转子直径是关系到螺杆压缩机系列化和零件标准化、通用化的一个重要参数。确定转子直径系列化的原则:在最佳圆周速度的范围内,以尽可能少的转子直径规格数来满足尽可能广泛的排气量范围。

由于螺杆压缩机的排气量与转子直径的平方成正比,使得相邻系列转子直径的排气量数值差别较大,特别是在转子直径较大时尤为显著。为此,在各转子直径下,列出几个长径比值,以变化排气量范围,能使相邻系列转子直径的排气量交错相接。如前所述,所谓长径比是指转子的轴向长度 L 与阳转子直径 D_1 的比值。螺杆压缩机的长径比通常为 0.9～2.0。

近代螺杆压缩机的发展趋势是采用小的相对长度。排气量相同时,长径比小的机器其转子直径较大,吸、排气孔口面积也大,因而气体流动损失较小。同样,长径比小的机器使转子变得短而粗,其惯性矩增加,使转子具有良好的刚度,增加了运转的可靠性。这就是在高压差级中采用较小长径比的原因。此外,从总体结构上看,较短的转子,有可能实现同轴串联两段转子的结构,使总体结构更为紧凑。

对排气量大的压缩机,才选用较高的长径比。这点对喷油机器特别明显,由于转子直径不便取得过大,为了获得所需的排气量,个别机器的长径比高达 2.5 以上。

3. 导程和扭转角

由式 $T = 2\pi R \cot\beta$ 知,对同一转子直径而言,大螺旋角 β 对应于短导程,小螺旋角对应于长导程。

内压力比相同时,具有大螺旋角的转子,能得到较大的径向与轴向排气孔口,如图 3 - 42 所示。因此,在内压力比较大时,为适当增加排气孔口面积和增强转子刚度,往往采用大螺旋角、短导程和小长径比、小扭转角的转子。

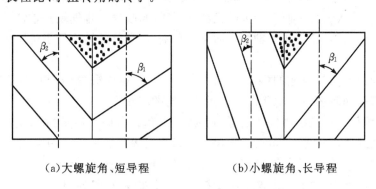

(a)大螺旋角、短导程　　　　　　　　(b)小螺旋角、长导程

图 3 - 42　螺旋角对排气孔口面积的影响

通常,节圆圆柱面上的螺旋角 β_1 不大于 60°。过大的螺旋角,使转子齿面扭曲得厉害,恶化了转子的切削工艺性。

转子的扭转角是保证压缩机基元容积充分吸气和实现内压缩的必要条件。为使基元容积得到完全充气,转子的扭转角不应大于吸气角。但是,当转子的导程短或者长径比较大时,阳转子的扭转角 τ_{1z} 往往会大于吸气角。一般,只要超过数值不大,还是允许的。通常,阳转子的扭转角 τ_{1z} 为 240°～300°。

4.压力比和级数

压力比和级数是影响螺杆压缩机尺寸、重量和性能的主要参数之一。

排气温度往往是限制提高压缩机压力比的主要因素,特别是对无油机器。例如,对双原子气体,从常温常压吸入,如果级的压力比为4,压缩机的排气温度将高达200 ℃以上。此时转子的热变形会很大,可能导致转子接触损伤,造成严重事故。而且,过高的排气温度,使整机温度升高,对密封件和润滑系统的工作都会带来不利影响。所以一般控制排气温度低于200 ℃,也就是说无油机器单级的压力比应小于4。若压缩介质有易燃、易爆、易裂解、易聚合等特性时,应根据其特性作更严格的限制。

级的压力差是限制压缩机压力比提高的又一重要因素。对于无油机器的高压级或增压螺杆压缩机,虽然级的压力比一般小于2,因而气体压缩终温并不算高,但这时吸、排气压力差值却很大。对喷油机器,喷入的油起着极其良好的内冷却作用,级的压力比通常为8～10,个别高达20以上,但排气温度也不超过110 ℃。在以上两种情况下,往往转子承受高压差的作用,转子的刚度会明显不足,使转子产生不允许的机械变形,严重时会出现啮合部位咬死等事故。同时,会给轴承的设计和轴承的运转带来不利影响。此外,高的压差使气体的泄漏量大为增加,容积效率随之降低。为了确保机器运转安全、经济,通常限制级的压力差不大于10 bar(1 bar=100 kPa),但在个别的喷油螺杆制冷压缩机中,级的压差也可高达17～18 bar。

3.9　典型零部件

3.9.1　机体

机体是螺杆压缩机的主要部件。它由中间部分的气缸及两端的端盖组成。为了制造方便,转子直径较小时,常将排气侧端盖或吸气侧端盖与气缸铸成一体,制成带端盖的整体圆形结构,转子顺轴向装入气缸。而在较大的机器中,气缸与吸气和排气端盖常常是分开的。有的大型螺杆压缩机的机体,还在转子轴线平面设水平剖分面,这种结构便于机器的装拆和间隙的调整。

具有吸气通道或排气通道的端盖,有整体式结构,也有中分式结构。通常端盖内置有轴封、轴承,有的端盖同时还兼作增速齿轮或同步齿轮的箱体。

如前所述,螺杆式压缩机中气体的流动大致呈对角线方向。但是,在外形上吸、排气通道却不一定按对角线方向布置,它可按机组尺寸和附属设置进行配置。只要通过适当安排转子的螺旋旋向和机体上的吸、排气孔口,几乎可以在任何位置安排吸、排气通道。对吸、排气通道的要求是平滑过渡和流速低,以期减少流动损失,气体在吸、排气通道的流速范围通常为28～35 m/s。

如图3-43所示,吸气端的机体可以设计成让吸入气体从顶部或底部进入,沿径向进入机体,如果需要当然也可以设计成轴向吸气。与吸气类似,排气也可设计在机体的顶部或底部,可采用轴向或径向排气。实际设计中具体采用何种布置方案,往往视总体设计及产品系列化的要求而定。

干式螺杆压缩机的气缸及排气侧端盖通常制成双层壁结构,夹层内通以冷却水或其它冷却液体,以保证气缸的形状不发生改变。在排气温度小于100 ℃的情况下,机体并不需要专门

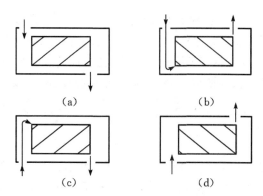

图 3-43　机体上吸排气通道的布置方案

的冷却装置,向空气的散热即足以保证机体几何尺寸不发生改变,故也可采用单层壁结构。但为了增强自然对流冷却效果,要在外壁上顺气流方向设有冷却翅片。另外,这种冷却翅片还可使机体的刚性增加。

喷油螺杆压缩机的机体多采用单层壁结构,如图3-44所示。在这种结构中,转子包含在机体中,机体的外侧即为大气。为给进气和排气留下气体流动的空间,机体需向外作必要的延伸。在螺杆空气压缩机中,这样的结构强度已足够,因而不需要进一步的加强措施。而对制冷和工艺压缩机而言,由于它们工作在压力较高的工况下,因而必须以加强筋的形式对机体外部进行加强,以避免发生变形或开裂。

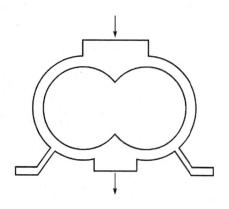

图 3-44　单层壁结构机体

喷油螺杆压缩机的机体有时也采用双层壁结构,如图 3-45 所示。在该结构中,外壁为承受全部压力的密闭壳,由于它是圆柱形的,因而并不会因压力而产生变形,也就不需要特别的加强措施。另外,外壁还承受着联接法兰的负荷,使之不会传递到内部转子的气缸体上。双层壁结构还有一个优点,就是第二层壁同时又是一个隔音板,它降低了传播到外界的噪声水平。双层壁结构的压缩机多用于高压力的场合,用于低压力工况时,它也具有上述其它优点。不过,双层壁结构的造价稍高,这就是它不能普遍应用的原因。

机体的材料主要取决于所要达到的排气压力和被压缩气体的性质。当排气压力小于 2.5 MPa 时,可采用普通灰铸铁,而当排气压力大于 2.5 MPa 时,就应采用铸钢或球墨铸铁。普通灰铸铁可用于空气等惰性气

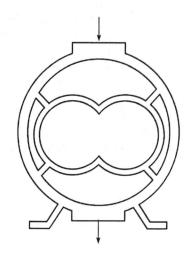

图 3-45　双层壁结构机体

体,铸钢或球墨铸铁可用于碳氢化合物和一些轻微腐蚀性气体,对于腐蚀性气体、酸性气体和含水气体,就要采用高合金钢或不锈钢。值得指出的是,对于腐蚀性气体介质,也可采用在普

通铸铁材料上喷涂或刷镀一层防腐材料的方法,达到防腐的目的。常用的机体材料有 HT200、HT250、HT300 等灰铸铁,单件或供试验用的螺杆压缩机机体宜采用钢板焊接结构。无论何种结构的机体,都应具有良好的刚度。为此,在机体的外表面、底座甚至在吸、排气通道内合理布置加强筋,以确保气缸、轴承、轴封等部分的同心度、平行度,以保证转子高速旋转的需要。

3.9.2 转子

转子是螺杆压缩机的主要零件,其结构有整体式与组合式两类。当转子直径较小时,通常采用整体式结构,如图 3-46(a)所示;而当转子直径大于 350 mm 时,为节省材料和减轻重量,转子常采用组合式结构,如图 3-46 中的(b)、(c)、(d)所示。设计转子时,对螺旋状工作段之外的部分,应按通常的"转轴"要求进行设计。

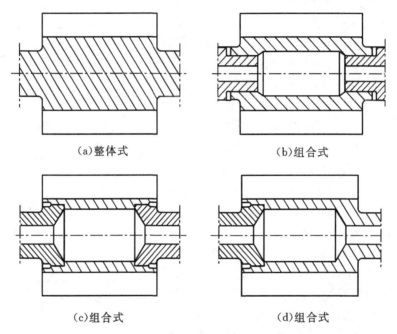

(a)整体式   (b)组合式

(c)组合式   (d)组合式

图 3-46 转子结构

当排气温度较高时,为了减少转子的变形,干式螺杆压缩机的转子有时采用内部冷却的结构。如图 3-47 所示为一种无油压缩机转子内部冷却系统图。

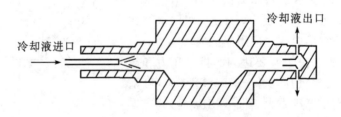

图 3-47 一种无油压缩机转子内部冷却系统

在螺杆压缩机设计中,有时在阴、阳转子的齿顶设有密封齿,并在阳转子齿根圆的相应部位开密封槽,如图 3-48 所示。密封齿数及其位置,有多种方案可供选择。以阴转子为例,图 3-49 中示出 I、II、III 共三种方案。另外,有时还在转子的端面,特别是排气端面,加工许多密封筋,其形状如图 3-48 中 $A-A$、$B-B$ 剖视图所示。这种密封齿可与转子作为一体,也可以镶嵌在铣制的窄槽内。

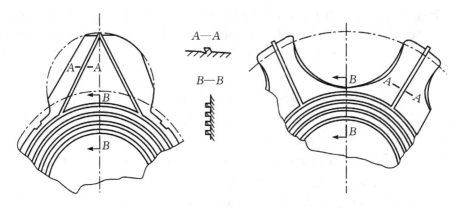

图 3-48　转子密封齿

大多数的干式螺杆压缩机转子齿顶设有密封齿,其目的是使压缩机在实际运行工况下间隙尽可能小。由于这些密封齿的横截面很小,因而能在不产生太多热量的情况下,在刚开始运行后的一段时间内“磨合”到最佳的尺寸,能对加工误差、转子变形和热膨胀进行补偿,从而使压缩机在工作时,能保持非常小的均匀间隙,使泄漏量尽量减少。

从上面的分析可知,当干式螺杆压缩机被逐步加载到额定的运行工况和相应的排气温度时,可以得到压缩机在该工况下的最高效率。而当压缩机在更高排气温度下运行一段时间后,再在低排气温度工况下运行时,压缩机的效率将降低一些。这是因为密封齿在过高的温度下会产生更多的磨损,从而导致运行在较低温度工况时,泄漏量增大。

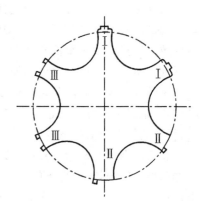

图 3-49　密封齿方案

另外,在非正常情况下,这些密封齿还能起到应急保护作用。如当转子振动、轴承损坏,致使转子与气缸接触时,密封齿可防止引起大面积的咬伤,避免出现严重事故。

值得指出的是,齿顶密封齿的设置,会导致螺杆压缩机的泄漏三角形面积增大。另外,齿顶和端面密封齿的设置,还给加工带来了困难,加大了制造费用。因此,在喷油螺杆压缩机中,由于排气温度较低,转子热涨较小,一般认为以不设置密封齿为宜。另外,当螺杆压缩机转子型线的齿顶圆附近截面足够小时,型线本身就可以起到齿顶密封齿的作用。

螺杆压缩机转子的毛坯常为合金钢或锻件,一般多采用 40Cr 等合金钢或铝合金,有特殊要求时,也采用中碳钢,如 45 号钢等。目前,不少转子采用球墨铸铁,既便于加工,又降低了成本。常用的球墨铸铁牌号为 QT600-3 等。

转子精加工后,应进行动平衡校验。校验时,允许在吸入端面较厚的部分取重,允许的不平衡力矩,因机器的尺寸和转数不同,通常是 $0.05 \sim 1.0$ N·m,可近似地取作 $(0.1 \sim 0.2)G \times 10^{-3}$ N·m

(G 为转子重量,N),尺寸小、转速高的机器应取偏低值。

3.9.3 轴承

如前所述,在螺杆压缩机的转子上,作用有轴向力和径向力。径向力是由于转子两侧所受压力不同而产生的,其大小与转子直径、长径比、内压比及运行工况有关。而由于转子一端是吸气压力,另一端是排气压力,再加上内压缩过程的影响,以及一个转子驱动另一转子等因素,便产生了轴向力。轴向力的大小是转子直径、内压比及运行工况的函数,而与长径比 L/D 无关。

另外,由于内压缩的存在,排气端的径向力要比吸气端大。由于转子的形状及压力作用面积不同,两转子所受的径向力大小也不一样,实际上阴转子承受的径向力较大。因此承受径向力的轴承负荷由大到小依次是阴转子排气端轴承、阳转子排气端轴承、阴转子吸气端轴承和阳转子吸气端轴承。同样,两转子所受轴向力大小也不样,阳转子受轴向力较大。轴向力之间的差别比径向力的差别大得多,设计时需仔细计算。

螺杆压缩机常用的轴承有滚动轴承和滑动轴承两种。由于气体力引起的轴承负荷很大,因此,气体轴承和磁悬浮轴承等其余类型的轴承并不适用于螺杆压缩机。

滚动轴承是球类、滚柱类和它们的派生轴承的通称,包括深沟球轴承、角接触球轴承、圆柱轴承、滚针轴承和圆锥轴承。滚动轴承游隙小,摩擦损耗小,维护也比较简单,有利于提高压缩机的效率。但这些轴承都有一个工作寿命,它是根据轴承的负荷、速度、结构材料、温度和润滑状况计算出来的数值。除此之外,由于每个轴承内的所有工作元件并不是绝对均匀的,因而,一个滚珠或滚柱稍微比其它滚珠或滚柱大一点,就会承受大部分的载荷,从而使之很快失效。同样,如果某个元件比其它元件稍小,它就会承受很少的载荷,从而使其它组件承受的载荷增大,导致它们寿命的降低。

在滚动轴承的寿命计算中,考虑了上述的所有因素。它是对大量工作在额定工况下的轴承寿命作数值统计后,得出的统计平均值。因而有的轴承寿命会比计算寿命长,有些会比计算寿命短。描述滚动轴承寿命值的标准方法为"L10"寿命,它通常用运行小时数来表示,但当运行速度变化的时候,也可用转数来表示。这个数值很容易被误解,它并不是所有的轴承所能持续的寿命,而是 10% 的轴承发生失效时的寿命值,L10 中的 10 也即此意。因此,螺杆压缩机采用滚动轴承时,一般应使选用轴承的计算寿命为 40000 h 以上,以保证在合理的工作时间内,很少发生轴承失效的故障。

滚动轴承的承载能力随轴承直径的增大而增大,但是它没有轴向载荷随直径的增大速度快,如图 3-50 所示。这意味着在中小型螺杆压缩机中,滚动轴承的寿命较长,而在大型螺杆压缩机中,由于寿命太短,有时很难采用滚动轴承。

滑动轴承又称为流体动力轴承,是指轴被油膜支撑起来,而轴承内油膜的形成取决于轴承的结构形状。既然轴运行在油膜之上,因而也就不存在机械磨损部件,也无所谓轴承寿命。所以,只要轴承被充以适当黏度和品质的润滑油,工作在适当的压力和温度下,并且油被很好的过滤,滑动轴承将永远工作下去。另外很重要的一点是,这类轴承不易受速度变化的影响。但滑动轴承的加工和装配都不及滚动轴承方便,较大的游隙也要求压缩机的各处间隙增大,导致泄漏量增多,压缩机效率降低。

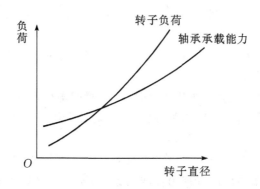

图 3-50　转子负荷与轴承承载能力随转子直径的变化特性

　　滑动轴承的典型结构如图 3-51 所示。图 3-51(a)是安装在转子一端的径向止推联合轴承,图 3-51(b)是径向轴承。止推轴承是自动调位式的,它具有两个相互转动的球面,以保证转子在外力作用下变形时轴承仍能良好地工作。此外,它还具有主、副止推面 A—A,B—B,分别承受机器正常工作时以及异常工作时产生的反方向的轴向推力。径向轴承上开有给油孔和油沟,通入压力油润滑。给油孔和油沟应开设在轴瓦的非承载表面上,否则会破坏油膜的连续,使承载能力降低,轴承的长径比一般取 0.7～1.0。

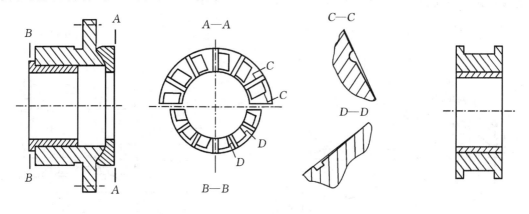

（a）径向止推联合轴承　　　　　　　　　　　　　　（b）径向轴承

图 3-51　滑动轴承结构

　　在螺杆压缩机设计中,无论采用何种形式的轴承,都应确保转子的一端固定,另一端能够伸缩。一般情况下,转子在排出侧轴向定位,而在吸入侧留有较大的轴向间隙,让其自由膨胀,以便保持排出端有不变的最小间隙值,使气体泄漏最小,并避免端面磨损。

　　在一般用无油螺杆空气压缩机中,通常采用高精度的滚动轴承,以便得到高的安装精度,使压缩机获得良好的性能。由于无油螺杆压缩机的转速很高,在选择滚动轴承时,应保证其有足够长的寿命。当无油螺杆压缩机工作在中压或高压工况时,滚动轴承的计算寿命往往较低,因此无油螺杆压缩机的轴向或径向轴承有时也采用滑动轴承。

　　在喷油螺杆空气压缩机中,由于轴向力及径向力都不大,故都采用滚动轴承。承受轴向力的轴承总是放在排气端,以获得最小的排气端面间隙。通常,用分别安装在转子两端的圆柱轴承承受转子的径向载荷,用安装在排出端的一个四点接触轴承或一组角接触球轴承承受轴向载荷,并对转子进行双向定位。在一些机器中,也用一对背靠背安装的圆锥滚子轴承或角接触球轴承同时承受径向和轴向载荷。

螺杆制冷和工艺压缩机的载荷可以比空压机小得多,也可能比它大得多,这是因为这类压缩机的吸气压力及排气压力的变化范围都非常大。

在小负荷的螺杆制冷和工艺压缩机中,特别是半封闭螺杆制冷压缩机和普通的螺杆制冷压缩机中,都采用滚动轴承承受径向力和轴向力,并对转子进行准确的定位,从而使各处泄漏间隙减少到最小,使压缩机的效率得到提高。

在大负荷的螺杆制冷和工艺压缩机中,用滚动轴承会使寿命太短,往往采用滑动轴承。值得指出的是,虽然螺杆压缩机中的径向力无法消除,必须全部由轴承来承受,但部分或全部轴向力却是可以消除的。通常用一个平衡活塞或类似装置,在它两边施加一定的压差。一般用高压油提供所需压力,也可以由高压气体来提供。由于轴向力不一样,两转子所用的平衡活塞直径也不一样,或者有时只在阳转子上设平衡活塞。图 3-52 所示为一个油压平衡活塞的设计方案。

在中小型制冷和工艺压缩机中,采用轴向滑动轴承时,由于游隙较大,会导致排气端面间隙过分增大,进而影响压缩机的经济性。当压缩机运行在高负荷时,这个问题显得更为突出。故通常采用平衡活塞的结构,从而使轴向轴承仍可采用滚动轴承,而径向力则还是由重载巴氏合金制做的滑动轴承来承担,图 3-53 示出这种设计方案。

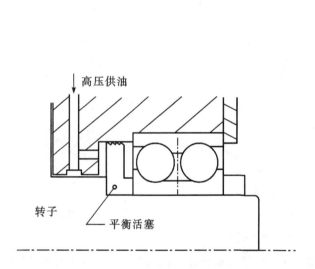

图 3-52　油压平衡活塞设计方案

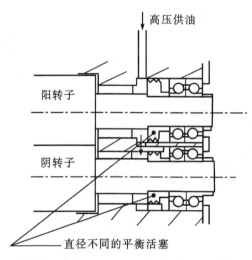

图 3-53　滑动轴承和滚动轴承的组合方案

对于大型制冷和工艺压缩机来说,排气端面间隙就显得不那么重要了。因为对于给定的长径比,泄漏通道的面积与转子直径成正比,而齿间容积则与转子直径的平方成正比。所以,大型喷油螺杆制冷和工艺压缩机多采用滑动轴承作为轴向止推轴承。由于不存在寿命问题,承载能力也较大,此时一般不需要轴向力平衡活塞。

3.9.4　轴封

1.无油螺杆压缩机轴封

在无油螺杆压缩机中,压缩过程是在一个完全无油的环境中进行的,这就要求在压缩机的润滑区与气体区之间设置可靠的轴封。轴封不仅需要能在高圆周速度之下有效的工作,并且必须有一定的弹性,以适应采用滑动止推轴承时转子可能产生的轴向移动。另外,轴封的材料还必须能耐压缩机所压缩气体的化学腐蚀。目前,无油螺杆压缩机的轴封主要有石墨环式、迷宫式、机械式和干气密封四种。

图 3-54 示出最常用的石墨环式轴封,这种轴封包括一组密封环,密封环的数量随密封压力的不同而不同,一般为 4～5 个,且排气侧的密封环数多于吸气侧的密封环数。各密封环间由独立的空间相互隔开,密封环座上装有弹簧。

石墨环式轴封的密封环由摩擦系数较低的石墨制成,由于石墨具有良好的自润滑性,即使石墨环与轴颈接触也无妨碍。为了保证强度和使环孔的热膨胀率与转子轴材料的热膨胀率相同,在密封环上往往还装有钢制支撑环。这样,就可使密封环和轴之间的间隙很小,以达到好的密封效果,并且在一个宽的工作温度范围内也可正常工作。

石墨环式轴封采用环状波纹弹簧,把密封环压向密封表面,以防止气体经石墨环的两侧面泄漏。当轴的旋转中心发生变化时,借助于环孔和弹簧的作用,密封环也移动到新的位置并保持在这一位置,从而防止了产生磨损现象。

气体经石墨环式轴封的泄漏量与间隙值、压差、密封环数目等有密切的关系。除了高压场合以外,通过四道轴封环联合作用的气体泄漏量将少于 0.4%。当然,如果向密封内充入气体,压缩机的气体泄漏量将为零。

图 3-55 所示为无油螺杆压缩机中采用的迷宫式轴封。在这种轴封中,密封齿和密封面之间有很小的间隙,并形成曲折的流道,使气体从高压侧向低压侧流动产生很大的阻力,以阻止气体的泄漏。密封齿可以加工在轴上,与轴一起转动,也可以做成具有内密封齿的密封环,固定在机体上。多数情况下,密封齿是加工在与轴固定的一个轴套上,以便当密封齿损坏时便于更换。

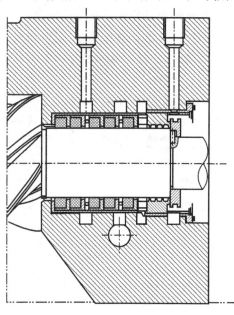

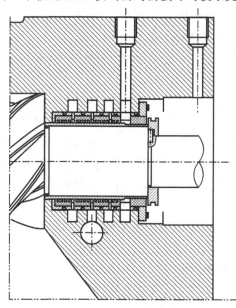

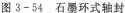

图 3-54　石墨环式轴封　　　　　　　　　　图 3-55　迷宫式轴封

在无油螺杆压缩机中,无论采用石墨式轴封,还是迷宫式轴封,密封单元之间的引气孔都可以有多种选择方案。如果被压缩气体可以漏入大气,例如空气、氮气或二氧化碳等,则所有密封单元可以连续布置,只是最后一个通向大气。如果被压缩气体有毒、易燃、易爆或十分贵重,则可将泄漏的气体引回至吸气管。有时还可用压力稍高于压缩机内气体压力的惰性气体充入密封内,以阻止高压气体向外界泄漏。

当无油螺杆压缩机的转速较低时,还可以采用有油润滑的机械密封,如图 3-56 所示。这种轴封工作可靠,密封性好。然而,这种轴封需要少量的润滑油流过密封表面,这些润滑油可能会混入所压缩的气体中。如果所压缩气体不允许有这种少量的污染,则需在轴封和压缩机腔之间开一个排油槽。应当注意的是,在无油螺杆压缩机的工作转速下,采用有油润滑的机械密封时,所消耗的功是比较大的。在许多场合,单个轴封的摩擦功耗就可以达到数千瓦。而无油螺杆压缩机中,要采用四个轴封,因而必须考虑轴封的功耗这一因素。

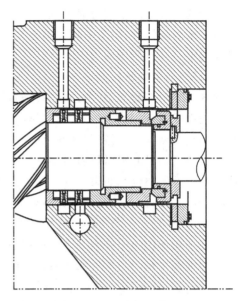

图 3-56 无油螺杆压缩机的机械式轴封

值得注意的是,虽然螺杆压缩机对被压缩气体中带有液体不敏感,但如果有大量的液体长时间进入无油螺杆压缩机,则唯一需要注意的地方就是轴封。许多轴封都不是为液体而设计的,在液体存在的情况下,轴封会与轴一起旋转,产生磨损,并且,液体也会顺着轴与轴封间的间隙流入到润滑区域,破坏润滑油的特性,影响轴承及齿轮的正常润滑。

2.喷油螺杆压缩机轴封

喷油螺杆压缩机中有两种不同的轴封。一种是与压缩腔紧邻的转子轴段的轴封,特别是在排气端,这种轴封更为重要。另外,伸出压缩机端盖外的轴段也必须有轴封,用以与大气隔开。由于压缩介质和运行工况的不同,喷油螺杆空气压缩机的轴封与螺杆制冷和工艺压缩机的轴封有很大的不同。

(1)喷油螺杆空气压缩机轴封。如前所述,这类压缩机都采用滚动轴承。为了防止压缩腔的气体通过转子轴向外泄漏,必须在排气端的转子工作段与轴承之间加一个轴封。这种轴封可以做得非常简单,只要在与轴颈相应的机体处开设特定的油槽,通入具有一定压力的密封油,即可达到有效的轴向密封,如图 3-57 所示。这种轴封的轴向长度要尽量短,以使轴承尽量靠近转子的工作段,提高转子的刚性。在螺杆压缩机正常工作时,吸入端的转子工作段与轴承之间几乎没有压差,当利用吸气节流的方式调节压缩机的气量时,此处也仅可能会有一个大气压力的压差。所以,在吸入端的转子工作段与轴承之间只用间隙密封就满足要求,没有必要再提供密封油。

喷油螺杆空气压缩机转子的外伸轴通常都设计在吸气侧,也是只有在利用吸气节流的方式调节压缩机的气量时,外伸轴上的轴封两侧才可能会有一个大气压力的压差。但由于此处的轴封必须防止润滑油的漏出和未过滤空气的漏入,故在小型空压机中,通常采用简单的唇形密封;而在大中

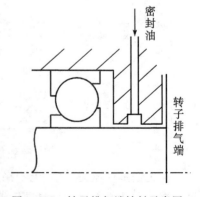

图 3-57 转子排气端轴封示意图

型空压机中,往往采用有油润滑的常规机械密封。

（2）喷油螺杆制冷和工艺压缩机的轴封。
当喷油螺杆制冷和工艺压缩机采用滚动轴承承
受径向力时,其转子工作段与轴承之间的轴封
可采用与前述空压机相同的结构。而采用滑动
轴承承受径向力时,滑动轴承本身就自动起到
了轴封的作用,但必须给滑动轴承提供压力高
于所密封气体压力的润滑油,以使轴承沿长度
方向布满油,有效地起到密封的作用。

同空压机相比,这类压缩机与大气之间的
密封就复杂得多了。首先,压缩机内要密封的
不是空气,而有可能是有毒的或易燃气体,并且
通常都很贵重。其次,它可能不允许被从外面

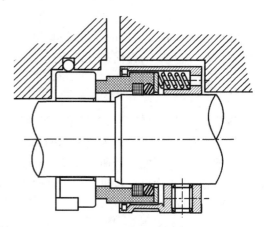

图 3 - 58　转子外伸轴处的面接触式轴封

漏入的空气污染或冲淡。另外,轴封一侧的压缩机内压力可能是不同程度的真空,也可能是达
1 MPa 的高压,并且停机时需密封的压力可能会更高。所以,在喷油螺杆制冷和工艺压缩机
的转子外伸轴处,通常都采用复杂的面接触式机械密封,如图 3 - 58 所示。并且,需向此轴封
处供以高于压缩机内部压力的润滑油,以保证在密封面上形成稳定的油膜。值得注意的是,轴
封中有关零部件的材料须耐被压缩气体的腐蚀。

3.9.5　同步齿轮

在无油螺杆压缩机中,转子间的间隙和驱动靠同步齿轮来实现。同步齿轮有可调式及不
可调式两种结构,通常都采用图 3 - 59 所示的可调式结构。小齿圈 1 及大齿圈 2 都套在轮毂 3
上,调整小齿圈 1,使其与大齿圈 2 错开一个微小角度,就可减少与主动齿轮之间的啮合间隙,

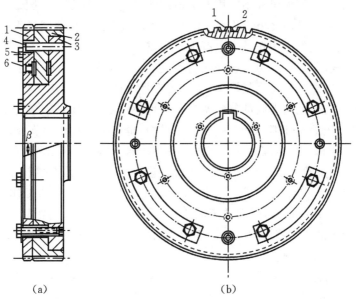

（a）　　　　　　　　　（b）

1—小齿圈;2—大齿圈;3—轮毂;4—圆锥销;5—螺母;6—防松垫片

图 3 - 59　可调式同步齿轮

如图 3-59(b)所示。间隙调整适当以后,将小齿圈 1、大齿圈 2 与轮毂 3 用圆锥销 4 定位,再用螺栓将大小齿圈及轮毂固定。为防止螺母松动,螺母 5 与轮毂之间用防松垫片 6 连接。

螺杆压缩机同步齿轮的齿圈材料可用 40CrMo 钢,轮毂材料通常为 40 号中碳钢。大小齿圈应组合在一起加工,齿面须经调质处理,硬度为 HB30 至 HB270 为宜。

3.9.6　容量调节滑阀

容量调节滑阀是螺杆压缩机中用来调节排气量的一种结构元件,虽然螺杆压缩机的排气量调节方法有多种多样,但采用滑阀的调节方法获得了广泛的应用,特别是在喷油螺杆制冷和工艺压缩机中,应用尤为普遍。如图 3-60 所示,这种调节方法是在螺杆式压缩机的机体上,装一调节滑阀,成为压缩机机体的一部分。它位于机体高压侧两内圆的交点处,且能在与气缸轴线平行的方向上来回移动。

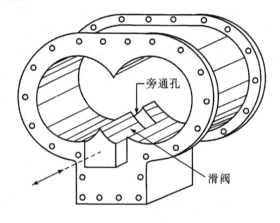

图 3-60　容量调节滑阀示意图

一般来说,无油螺杆压缩机并不采用调节滑阀的气量调节装置,这是因为这类压缩机的压缩腔不但无油,而且处于高温之下。因而,任何气量调节系统也必须同样无油,并且能承受高温,这使得调节滑阀装置的采用在技术上有很多困难。

在喷油螺杆空气压缩机中,由于压缩介质不变和运行工况固定,通常也不采用调节滑阀的气量调节装置,以使压缩机结构尽量简单,适应大批量生产的需要。

值得指出的是,由于调节滑阀的气量调节装置可使压缩机在调节工况下保持较高的效率,近年来,在无油螺杆压缩机和喷油螺杆空气压缩机中,也有采用容量调节滑阀的趋势。

在喷油螺杆制冷和工艺压缩机中,普遍采用容量调节滑阀来调节螺杆压缩机的排气量。这种排气量调节方式虽然比较复杂,但可以对排气量进行连续的无级调节,并且效率也较高。

容量调节滑阀调节螺杆压缩机排气量的原理基于螺杆压缩机的工作过程特点。如图 3-61(a)所示,在螺杆压缩机中,随着转子的旋转,被压缩气体的压力沿转子的轴线方向逐渐升高,在空间位置上,也从压缩机的吸气端逐渐移向排气端。当像图 3-61(b)所示的那样,在机体的高压侧开口后,则当两转子开始啮合并试图提高气体压力时,其中有些气体便会通过开口处旁通掉。显然,旁通的气体量与开口的长度有关。而当接触线移动到开口的末端时,剩下的气体就被完全封闭起来,内压缩过程就从这一点开始。从以上分析可以看出,压缩机对从开口处旁通气体所做的功仅是用来将其排出的,因此压缩机的耗功主要是压缩最终排出的气体所做的功和机械摩擦功之和。所以,当用容量调节滑阀调节螺杆压缩机排气量时,可使压缩机在调节工况下保持较高的效率。

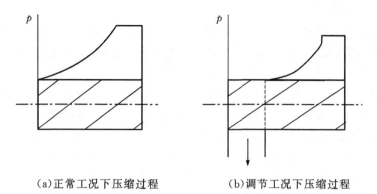

（a)正常工况下压缩过程　　　　　　（b)调节工况下压缩过程

图 3-61　容量调节滑阀原理

　　在实际压缩机中,一般并不是在机壳上开一个孔,而是采用如图 3-62 所示的滑阀结构。滑阀在转子下面的一个孔中移动,可以对开口的大小实行连续调节。从开口处排出的气体将重新回到压缩机吸气口,由于实际上压缩机没有对这部分气体做功,它的温度也没有升高,故在它加到吸气口主流气体之前也不需冷却。

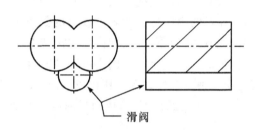

滑阀

图 3-62　容量调节滑阀布置图

　　滑阀可以按控制系统的要求朝任一方向移动,其驱动方式有多种不同的方案,但最常用的是液压缸方案,由压缩机本身的油路系统提供所需的油压。在少数机器中,滑阀是由电机经减速后驱动的。

　　理论上,滑阀的长度应该同转子一样。同样,滑阀由满负荷到空负荷所需的移动距离也需同转子一样长。另外,液压缸也应有同样的长度。然而,实践证明即使滑阀的长度稍微短一些,依然能实现良好的调节特性。这是因为当旁通开口在吸气端面附近刚开始打开时,其面积很小,此时气体的压力也很小,并且转子啮合齿扫过开口所用的时间也很短,故只会有很少一部分的气体被排出。所以,实际滑阀的长度可减小为转子工作段长度的 70% 左右,剩下的部分做成固定的,这样便可减小压缩机的总体尺寸。

　　容量调节滑阀的特性随着转子直径的不同会有所不同,这是因为由滑阀移动而造成的旁通口面积与转子直径的平方成正比,而压缩腔内气体的体积却与转子直径的三次方成正比。图 3-63 所示滑阀调节的典型特性曲线表明螺杆压缩机的排气量 V 可随滑阀的移动距离 L_s 几乎呈线性地连续变化。

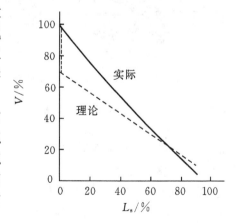

图 3-63　滑阀调节的典型特性曲线

值得注意的是,压缩机在压缩气体时,也把喷入油的压力提高,并使其最终随气体一起排出。为了使油能连续不断地排出,必须保留一定的排气容积。否则,在完全空载的情况下,油将在压缩腔中越积越多,导致压缩机无法持续运行。

为了使油能够被连续地排出,通常至少要有约10%的排气容积。在有的情况下,要求压缩机排气量必须为零,此时通常在吸、排气之间布置旁通管,当需要完全空载时,就让旁通管打开,使吸、排气连通。

用容量调节滑阀调节螺杆压缩机的排气量时,最理想的情况是在调节过程中能保持内压比与满负荷时一样。但是很明显可以看出,当滑阀移动使压缩机排气量变小时,螺杆的有效工作长度变小了,内压缩过程经历的时间也变小了,故内压比肯定要减小。

如图3-64所示,在实际设计中,滑阀上都开有径向排气孔口,它随滑阀做轴向移动。这样,一方面压缩机转子的有效工作长度在减小,另一方面径向排气孔口也在减小,以延长内压缩过程时间,加大内压缩比。当把滑阀上的径向排气孔口与端盖上的轴向排气孔口做成不同的内压比时,就可在一定范围的调节过程中,保持内压比与满负荷时一样。

例如,径向排气孔口按内压比3设计,而轴向排气孔口则按内压比为5设计。在满负荷时,压缩机的内压比由两者中较小的数值决定,即内压比为3。当滑阀向排气端移动时,径向排气口会逐渐变小,从而使内压比保持不变,直至径向排气口减小到与轴向排气孔口一样。然后,压缩机的内压比将由固定不变的轴向排气孔口决定,滑阀再移动一段距离后径向排气孔口将完全消失。上述过程中压缩机内压比的变化特性如图3-65所示。从中可以看出,在滑阀位置移动50%的范围内,压缩机内压比的变化只有0.5,从而保证了在调节工况下具有优越的性能。

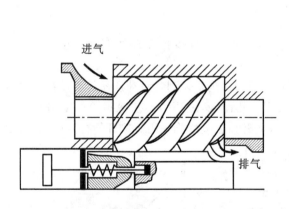

图3-64 通过滑阀改变排气孔口位置

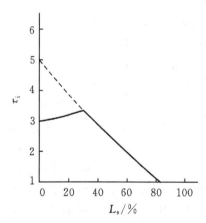

图3-65 滑阀位置与压缩机内压比的关系

利用容量调节滑阀同时改变螺杆压缩机的径向排气孔口大小和转子有效工作段长度时,压缩机的耗功与排气量的关系如图3-66所示。从图中可以看出,在100%~50%的排气量调节范围内,压缩机消耗的功率几乎可随排气量的减少正比例地下降,表明滑阀调节具有良好的经济性。值得注意的是,在滑阀移动的后一阶段,内压比将不断降低,直到减少为1。这使得此时的耗功与排气量曲线与理想情况产生了一定的偏差,偏差的幅度取决于压缩机的外压比大小。如果由运行工况决定的外压比较小,则压缩机的空载功耗可能只有满载时的20%,而外压比较大时,则可能达到35%。从这里可以看到采用容量滑阀的一个显著优点,即压缩机的启动功率很小。因为滑阀可以使压缩机在启动时完全空载,此时的外压比是1,内压比也是1,压缩机的耗功将很小。

　　当采用容量调节滑阀时,正确确定滑阀移动的速度也很重要。显然,滑阀移动速度取决于压缩机的设计方案、驱动滑阀的液压缸面积等因素。值得注意的是,不同的压缩机机组系统,对调节压缩机的速度要求不一样。在绝大多数的制冷系统中,由于热惯性较大,一般不要求压缩机的调节速度很快。否则,容易产生调节过度的弊端。但当螺杆压缩机被用来给燃气透平输送燃气时,就要求压缩机的调节速度很快,以维持系统的压力不变,保证燃气透平机械稳定运转。应当指出的是,滑阀向加载方向移动的速度总是比向卸载方向移动的速度快。这是因为总是有一个朝向加载方向的排气压力作用在滑阀上,促使其向加载方向运动。所以,如果在驱动滑阀的液压活塞与液压缸之间有间隙的话,滑阀将总是朝向加载的方向移动。

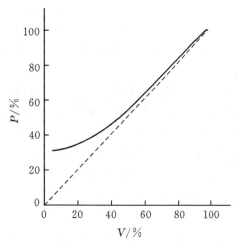

图 3-66　调节工况下耗功与排气量的关系

　　采用前述的调节滑阀结构时,滑阀的上表面充当了螺杆压缩机气缸的一部分,滑阀上又有排气孔口,其下部还要起轴向移动的导向作用,因此对加工精度的要求非常高,会导致制造成本增加。特别是在小型螺杆压缩机中,滑阀部分的加工成本会占有很大的比例。另外,为保证压缩机的可靠运转,滑阀与转子间的间隙通常要比气缸孔与转子间的间隙大一些,在小型螺杆压缩机中,这种加大的间隙也会使压缩机的性能下降得更为严重。为了克服上述缺点,在小型螺杆压缩机的设计中,还可采用几种形状简单、成本低廉的调节滑阀。

　　图 3-67 示出一种简单的滑阀设计方案,气缸壁上开有与转子螺旋形状相对应的旁通孔,当这些孔没有被盖住时,气体可以从这些孔中排出。所用滑阀为"转动阀",阀体是螺旋形的,当它旋转时便可盖住或打开与压缩腔相连的旁通孔。由于此时滑阀只做转动,压缩总体长度

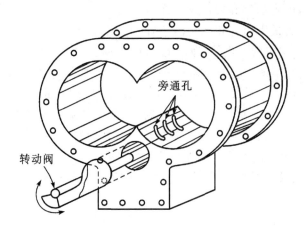

图 3-67　转动滑阀结构

便可减小很多。这种设计方案可以有效地提供连续的排气量调节,但由于其排气孔口大小不变,故从一开始卸载时,内压比就要下降。同时,由于气缸壁上旁通孔的存在,形成了一定量的"余隙容积"。此容积内的气体将反复经历压缩和膨胀过程,从而导致压缩机容积效率和绝热效率降低。

图 3-68 示出另外一种简单的滑阀设计方案,在小型半封闭螺杆制冷压缩机中,这种方案获得了广泛的应用。它通常利用多个独立的旁通孔,调节螺杆压缩机的排气量。所用滑阀为"塞状阀",由于阀体可以做成恰好与气缸内壁平齐,因而不会产生"余隙容积"。由于这种调节方式不改变排气孔口的大小,因此卸载一开始内压比就要下降。另外,由于旁通孔一般为 2～3 个,故不能实现连续地无级调节压缩机的排气量,还会导致卸载工况下的压缩机排气温度越来越高,严重时能导致半封闭螺杆制冷压缩机的电机损坏。

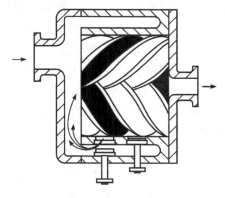

图 3-68　塞状滑阀结构

3.9.7　内容积比调节滑阀

螺杆压缩机工作过程的重要特点之一是具有内压缩过程,如前所述,压缩机的最佳工况是内压比等于外压比。若二者不等,无论是欠压缩还是过压缩,经济性都会降低。显然,增大或减小排气孔口的尺寸,将改变齿间容积内气体同排气孔口连通的位置,从而改变内压比。如图 3-69 所示,通过一种滑阀调节方案,就可以获得变化的排气孔口,从而实现内容积比和内压比的调节。

移动图 3-69 中的滑阀,并不会改变压缩机的排气量,而只会影响它的内容积比和内压比。在这种情况下,压缩机所能达到的最大内容积比是由位置和大

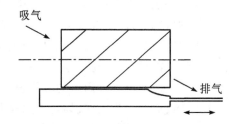

图 3-69　内容积比调节滑阀

小不变的轴向排气孔口决定的。当然,理论上轴向排气孔口也可以设计成变化的,但由于实现起来太复杂,在实际中并不采用。由于螺杆压缩机没有余隙容积,而喷油又有效地控制了排气温度,因此内压比似乎可以无限大。但实际上,当内压比太大时,由于以下两个方面的原因,压缩机经济性将会降低。首先,当排气孔口很小时,油和气体通过排气孔口的节流损失将会变大。其次,气体体积很小时,单位容积的泄漏线长度会变得很大,导致泄漏量增加和压缩效率降低。所以,即使没有级间冷却,两级压缩也比单级压缩效率高。这是因为经过一级压缩后,气体体积变小了,因此第二级可以采用较小直径的转子,此时单位容积的泄漏线长度就比较小。

在螺杆压缩机的实际使用中,有时还要求同时调节排气量和内容积比。如图 3-70 所示,此时在转子下部的孔中,移动的不是一个滑阀,而是两个,即前述的流量调节滑阀中的固定块也变成了移动的。两个滑阀之间没有机械联系,分别由各自的液压缸驱动。两个液压缸可以

布置在压缩机的同一端,通过一个套管机构驱动两个滑阀,也可以分别布置在压缩机的两端。

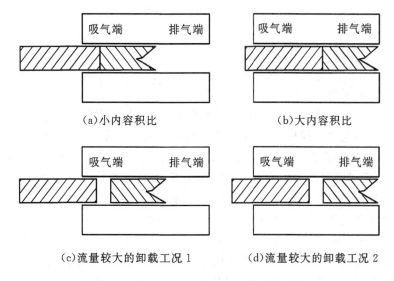

（a）小内容积比　　　　　　　　（b）大内容积比

（c）流量较大的卸载工况 1　　　　（d）流量较大的卸载工况 2

图 3 - 70　同时调节内容积比和流量的调节滑阀

在满负荷工况下,如图 3 - 70(a)和 3 - 70(b)所示,内容积比调节滑阀可以前后移动,以控制压缩机的内压比。为了保持仍是满负荷,流量调节滑阀必须随内容积比调节滑阀运动,以保证两者之间的密封。而在部分负荷的卸载工况下,如图 3 - 70(c)和图 3 - 70(d)所示,流量调节滑阀和内容积比调节滑阀可以单独运动,以实现所需的流量和内压比。

在同时调节内容积比和流量的调节滑阀装置中,为了获得两滑阀的正确位置,必须有一套复杂的调节机构,并通常采用计算机控制系统。这是因为在任何一个工况下,调节控制系统都必须判定两滑阀应处在什么位置,以便能对其进行正确的调节。

在实际使用中,还有另外一种较简单的内容积比调节方法,即采用若干个与滑阀完全独立的旁通阀来调节排气孔口的大小。旁通阀可以是轴向的,也可以是径向的。有时还可把旁通阀设计为自动调节,以便对内压缩终了压力与压缩机排气压力之间的压差做出最快的反应。旁通阀不仅可以在压缩机满负荷时使用,也可以在任何部分载荷情况下使用。

当所有的旁通阀都关闭时,内容积比最大。当需要低的内压比时,可以打开一个或多个旁通阀进行调节。在这种情况下,就可以只布置一个流量调节滑阀。需要指出的是,这种调节方法不能使内容积比连续变化,只能实现有级的调节,但这对压缩机的效率影响不是太大。图 3 - 71 画出在满负荷时,采用两个旁通阀进行内容积比调节的特性曲线。从图中可以看出,采用旁通阀的有级调节和采用滑阀的连续调节之间的差别并不大。

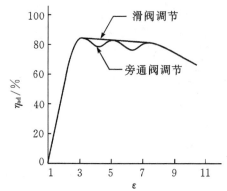

图 3 - 71　旁通阀和滑阀调节内容积比时的特性比较

3.10 结构设计

3.10.1 螺杆空气压缩机

1.喷油螺杆空气压缩机

喷油螺杆空气压缩机主要用于为各种气动工具及气控仪表提供压缩空气。由于多种类型的压缩机都可设计为空气压缩机,导致空气压缩机的市场竞争非常激烈,因此空气压缩机多被设计为系列化、标准化的产品,以便大批量、低成本地生产和销售。另外,由于压缩空气的用途非常广泛,因而还要求空气压缩机的运行和维护尽量简单,以便使非专业技术人员也能够正确操作。在喷油螺杆空气压缩机的设计中,必须考虑上述这些因素。

虽然喷油螺杆空气压缩机分为固定式和移动式两类,但其主机的结构设计却基本相同。图3-72示出喷油螺杆空气压缩机的典型结构型式。从图中可以看出,喷油螺杆空气压缩机的机体不设冷却水套,转子为内部不需冷却的整体结构,压缩气体所产生的径向力和轴向力都由滚动轴承来承受。排气端的转子工作段与轴承之间有一个简单的轴封,通过在机壳或轴上开出凹槽,并向里边供入一定压力的密封油,即可很好地起到密封作用。另外,在喷油螺杆空气压缩机中没有同步齿轮,通常也不设流量调节滑阀和内容积比调节滑阀。由于空气的化学性质比较稳定,所以对喷油螺杆空气压缩机中零部件材料的化学性质要求并不严格。

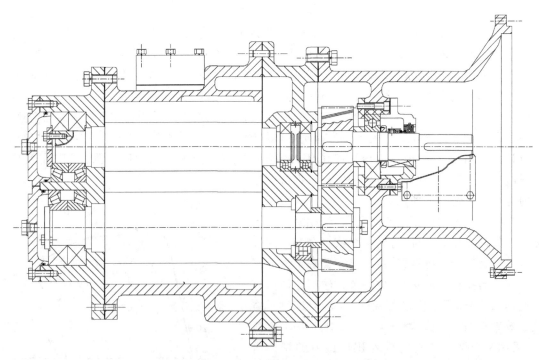

图3-72 喷油螺杆空气压缩机的典型结构

在绝大多数情况下,喷油螺杆空气压缩机的工作转速,都与用作驱动机的内燃机或电机转速不同,因此齿轮增速箱也是压缩机主机结构设计的一部分。通常小齿轮直接安装在转子轴上,大齿轮可以安装在两端用轴承支承的另外一根轴上,也可以直接装在内燃机曲轴或电机轴的末端。

2. 无油螺杆空气压缩机

与喷油螺杆空气压缩机相比,无油机器的结构较为复杂,图 3-73 所示为无锡压缩机厂生产的一种无油螺杆空气压缩机结构。无油螺杆空气压缩机的转子之间不能直接接触,所以阳转子是通过高精度的同步齿轮驱动阴转子的,并且阴转子上的同步齿轮是可调式的,以确保转子间的啮合间隙处于理想范围。为了减小转子由于热膨胀产生的不均匀的变形,向转子的中心通入循环油冷却。考虑到一般空气压缩机的负荷较小,径向轴承和止推轴承都采用滚动轴承,以便对转子进行精确定位。在吸、排气侧均采用波纹弹簧压紧的石墨环式轴封,以隔离压缩腔和轴承部位。另外,为了防止压缩空气吹进轴承和影响润滑,在最后一个密封单元之间的机体上开有通气孔,以导出泄漏的空气。

燃料电池汽车是未来的一大发展方向,燃料电池的使用需要小型、轻质、低噪、高效的供气系统。无油双螺杆压缩机具有结构紧凑、零部件少、无易损件、体积小、重量轻、排气稳定、可靠性好等许多优点,因此是燃料电池用空气压缩机的首选。

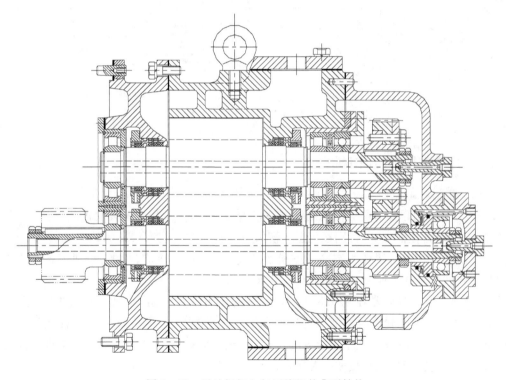

图 3-73　无油螺杆空气压缩机的典型结构

3. 喷水螺杆空气压缩机

工程上或工艺流程中,为了获得安全无油的纯净空气,过去往往采用干式螺杆压缩机。但由于干式机的造价贵、噪声大、效率低,给应用推广带来一定的困难。为了得到既纯净又经济的空气,近来喷水螺杆压缩机的技术发展非常快。图 3-74 为喷水螺杆空气压缩机的典型结构。在国家"863"计划"电动汽车重大专项"中的"燃料电池发动机"课题中,西安交通大学压缩机研究所研制成功了可以应用于燃料电池的 LG300 型喷水螺杆空气压缩机。根据燃料电池的特点,喷水螺杆空气压缩机要求输出的压缩空气中不得有油,所以选用 SKF 的脂润滑滚动轴承。采用喷水冷却后,轴承腔的密封也是一个很大的问题。本机在进气端布置了带排气螺纹的聚四氟乙烯密封套;在排气端则设置了两套聚四氟乙烯密封环,严格防止含水的压缩空气侵入轴承腔,否则既影响轴承和齿轮的寿命,又影响压缩机性能。该喷水螺杆压缩机所有零件的材料都要符合防锈要求。机体、排气端盖和齿轮罩盖部分采用了铸铝,加工方便,质量轻,散热好。阴、阳转子用料为不锈钢。

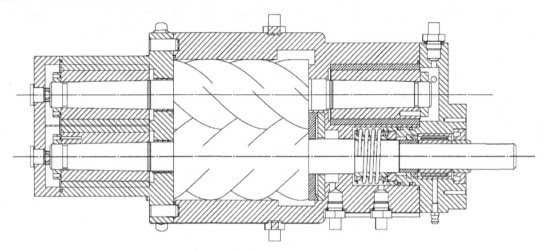

图 3-74　喷水螺杆空气压缩机的典型结构

3.10.2　螺杆制冷压缩机

1. 开启式螺杆制冷压缩机

螺杆制冷压缩机单级有较大的压缩比及宽广的容量范围,适用于蒸发温度为 −40～5 ℃范围内的高、中、低温各种工况,特别在低温工况及变工况情况下仍有较高的效率,这一优点是其它机型不具备的。因此,螺杆式制冷压缩机被广泛用于空调、冷冻、化工、水利等各个工业领域,是制冷领域特别是工业制冷领域的最佳机型。

螺杆制冷压缩机通常是在 0.025～0.5 MPa 的压力下吸入制冷工质,然后压缩至 0.1～2.5 MPa 后排出。螺杆制冷压缩机所适用的制冷工质包括 R22、R134a 等化学性质不活泼的工质,也包括 NH_3(氨)等化学性质活泼的工质,还包括丙烷等易燃的工质。由于螺杆压缩机属于容积式压缩机,所压缩介质变化并不影响压缩机所能达到的排气压力,故可在不对机器结构作任何改变的情况下,适用于多种制冷工质。

螺杆制冷压缩机都采用喷油润滑的方式运行,按与电动机联接方式的不同,分为开启式、半封闭式和全封闭式三种。首先付诸实际应用的是中、大流量的开启式螺杆制冷压缩机,它的应用填补了往复压缩机与离心压缩机之间流量范围的空白,这种压缩机在 20 世纪七八十年代获得了很大的发展。

开启式螺杆制冷压缩机通过联轴器与电机相联,压缩机伸出轴上需装可靠的轴封,以防制冷工质和润滑油泄漏。其结构比喷油螺杆空气压缩机复杂,但仍比无油螺杆压缩机的结构简单。在开启式螺杆制冷压缩机中,不需要冷却水套和同步齿轮,在轴承与压缩腔之间也不需要密封。

在开启式螺杆制冷压缩机设计中,可以采用滑动轴承,也可以采用滚动轴承,还可以分别采用滑动轴承和滚动轴承来承担径向力和轴向力。通常开启螺杆制冷压缩机都设计有流量调节滑阀装置,有的机器还有内容积比调节滑阀。另外,压缩机中零部件的材料要考虑到是否会与工质发生化学反应。

图 3-75 示出一种武汉新世界制冷工业有限公司生产的新型螺杆制冷压缩机。这种压缩机的结构特点如下:①转子采用第三代型线,齿面无尖点棱角,啮合特性优越,气流扰动损失小,接触线缩短,泄漏损失小。②全部采用高质量滚动轴承,转子精确定位,轴颈无磨损,润滑

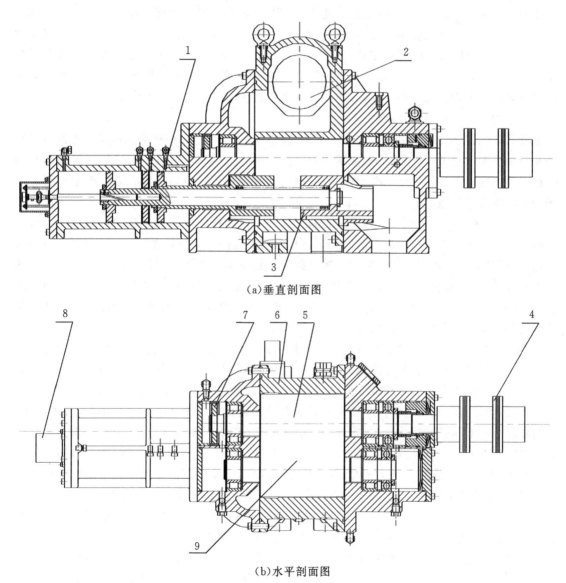

（a）垂直剖面图

（b）水平剖面图

1—油活塞;2—吸气过滤网;3—滑阀;4—联轴器;5—阳转子;
6—气缸;7—平衡活塞;8—流量测定装置;9—阴转子
图 3-75　开启式螺杆制冷压缩机的典型结构

油需求量小。③除流量调节滑阀,还设计有内容积比调节滑阀,并用 PLC 微处理器自动控制有关调节机构,保证压缩机在高、中、低温各种工况下均运行在效率最高点。④吸气过滤器与机体融为一体,机体采用双层壁结构,隔音效果好。另外,吸、排气截止阀和吸、排气止逆阀合二为一,成为最新结构的止回式截止阀,使机器的结构更紧凑,外形更美观。⑤润滑系统在机器运转时,利用吸、排气压差供油,开机前通过一个小油泵预先提供润滑油,油泵故障率极低。⑥采用喷制冷工质的方式对压缩过程进行冷却,进一步减少了润滑油的循环量,还采用中间补气的"经济器"循环,使压缩机的性能得到了进一步的改善。

应用 CO_2 作为工质的制冷系统具有环保、安全、能源利用率高等特点,有着非常好的开发应用前景。对于 CO_2 复叠式系统的低温级,ASHRAE 推荐采用螺杆式压缩机和往复活塞式压缩机。螺杆式压缩机使用零部件数量相对较少,双螺杆式压缩机运转平稳,脉冲低,仅有轴承、轴封等易损件,维护保养费用低,其单机容积流量范围很大,尽管由于其自身的间隙导致效率相对较低,但如通过合理的设计改进,对转子、壳体、油路、轴承等进行设计优化,使螺杆式压缩机的效率保持在较高的水平,则其在 CO_2 复叠式系统中可以发挥巨大作用。

2. 半封闭式螺杆制冷压缩机

开启式螺杆制冷压缩机虽有加工方便、安装维护简单等优点,但所必须的轴封是制冷工质和润滑油泄漏的通道,也是需要经常维护的对象。另外,在高转速下,电动机冷却风扇引起的气流噪声声压级可高达 $90\sim100$ dB(A),从而使开启式螺杆制冷压缩机在商住楼中央空调等场合的应用受到了限制。

近年来,由于制冷空调装置的普及和以改善部分负荷特性的多机组化的趋势,在中、大型开启式螺杆制冷压缩机稳定生产的前提下,中、小流量范围的封闭式螺杆压缩机得到了快速发展,其产量已远远超过开启式。封闭式螺杆制冷压缩机不仅克服了开启式螺杆制冷压缩机轴封不可靠、噪声大的缺点,还简化了系统,减少了部件,提高了可靠性,使螺杆压缩机的固有优点在制冷领域得到了充分的发挥。在拥有广阔市场的往复制冷压缩机流量范围内,小型封闭式螺杆制冷压缩机的应用越来越多。

绝大多数的封闭式螺杆制冷压缩机为半封闭式,仅有少数厂家生产全封闭式,但两者的内部结构几乎完全相同。在封闭式螺杆制冷压缩机的设计中,都采用各具特色的第三代转子型线,阴、阳转子的齿数组合多用 6、5 齿,7、5 齿,6、4 齿,也有少数机器采用 8、6 齿和 5、4 齿。在轴承方面,均采用重载精密的滚动轴承承受径向力和轴向力。滚动轴承间隙小,摩擦损失少,且对频繁启停有很强的适应性,是螺杆压缩机小型化和封闭化的必要条件,其使用寿命一般可达 40000 h 以上。在调节方面,一般都设计有滑阀或塞状阀的流量调节装置,少数机器还设有内容积比调节装置。另外,绝大多数的封闭式螺杆制冷压缩机把油分离器和压缩机主机设计为一体,且不采用润滑油泵,而靠吸排气压差使油循环。因此,体积更小,重量更轻。

图 3-76 示出半封闭式螺杆制冷压缩机的典型结构,整个压缩机由吸气过滤器、电机、螺杆压缩机、油分离器、油箱及油过滤器等构成,上述各部件装在一个共同壳体内,润滑油依靠排气压力润滑,省去了传统的油泵、油冷却器,结构非常紧凑,噪音大大降低,外形也很美观。全部采用滚动轴承,转子定位精确。电动机悬臂与阳转子同轴相连,由吸入制冷剂气体冷却。转子采用阴、阳转子齿数分别为 6 和 5 的第三代不对称型线,设有容量调节滑阀装置。根据控制系统的不同,流量调节滑阀可以实现连续的无级调节或 100%、75%、50%、25% 的有级调节。在油箱中还设有油加热器和油温高温保护开关,电动机中预埋热保护器,防止电动机过热。

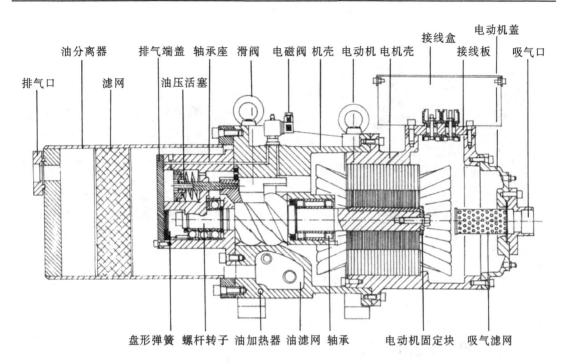

图 3 - 76　半封闭式螺杆制冷压缩机的典型结构

绝大多数的封闭式螺杆制冷压缩机把油分离器和压缩机主机设计为一体,不设油冷却器;但也有一些机器另设油分离器、油过滤器及油冷却器,特别是用于低温领域的机器,往往采用这种设计方案。

另外,在半封闭式螺杆制冷压缩机中,当采用电动机转子悬臂与阳转子同轴相连的设计方案时,为了形成覆盖一定流量范围的压缩机系列,需要依靠不同直径和长度的转子,导致转子规格增多,不利于增大批量和降低成本。所以,在有些半封闭式螺杆制冷压缩机中,电动机是通过增速齿轮驱动压缩机转子的。只要采用不同增速比的增速齿轮,就可以在较少规格转子的基础上,形成多种参数的压缩机系列。另外,采用增速齿轮驱动时,电动机除可与压缩机转子串联布置外,还可采用并联布置的方案,从而使整机长度缩短,便于在机组设计中采用多台压缩机的方案。

封闭式螺杆制冷压缩机中目前多采用 R22、R134A 等制冷工质,也有一些机器采用R407C、R410A 等混合工质,还有少数机器采用氨作为工质。值得指出的是,由于氨对铜有腐蚀作用,通常半封闭式氨压缩机中的电动机采用屏蔽式结构。为了克服屏蔽式电动机效率较低的缺点,在有的半封闭式氨压缩机中,采用了特殊材料制作电动机。

3. 全封闭式螺杆制冷压缩机

全封闭式喷油螺杆制冷压缩机的内部结构与半封闭式螺杆制冷压缩机几乎完全相同。图3 - 77 示出一种用于客车和列车空调用的全封闭式螺杆制冷压缩机,该压缩机采用变频调速技术,连续无级地调节压缩机的流量,充分发挥了螺杆压缩机在宽广的转速范围内能保持高效率的特点。压缩机工作时的转速范围为 1000~6000 r/min,但启动时转速可低达 100 r/min。实际机器的性能测试结果表明,螺杆压缩机的变频调速是一种效率很高的流量调节方式。与滑阀调节相比,在较低的部分负荷工况下尤显优越。

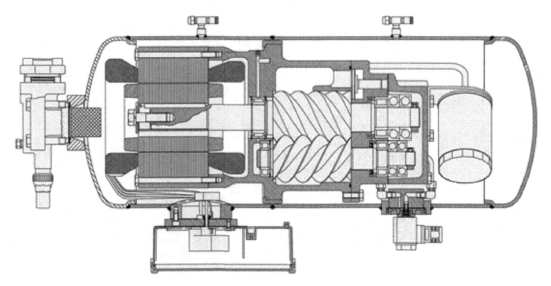

图 3-77　全封闭式螺杆制冷压缩机的典型结构

3.10.3　螺杆工艺压缩机

螺杆工艺压缩机通常是在中、低压下吸入气体,然后压缩至压缩机所能达到的设计压力范围内。工艺气体工质的范围不受任何限制,包括 CO_2 和 N_2 等惰性气体,也包括 H_2、He 等轻气体,还包括一些化学性质活泼的气体,如 HCl、Cl_2 等。在螺杆工艺压缩机设计中,一般要采用复杂的密封手段,以防止气体向大气泄漏。另外零部件材料的选择要考虑到它是否与工质发生化学反应。

1. 喷油螺杆工艺压缩机

喷油螺杆工艺压缩机的结构与螺杆制冷压缩机的结构基本相同,在大多数情况下,这种压缩机是在螺杆制冷压缩机的基础上,考虑工艺气体的特殊性质和压缩机运行工况后的变型产品。由于螺杆工艺压缩机的流量通常较大,并多在高压比或高压差的工况下运行,导致这类压缩机的轴承负荷很大,故有较多的机器中都采用滑动轴承。

像螺杆制冷压缩机一样,喷油螺杆工艺压缩机也可设计为封闭式结构。图 3-78 示出一种用于超导氦气液化装置的半封闭螺杆氦气压缩机,采用两级压缩的方案,电动机位于低压级和高压级之间,电动机用低压级的排气和油进行冷却,而高压级的排气和油则通过中间冷却器冷却。由于采用封闭式结构,彻底解决了开启式螺杆氦气压缩机中存在的氦气泄漏和轴封易出故障等问题。

2. 无油螺杆工艺压缩机

无油螺杆工艺压缩机广泛用于中氮肥行业合成氨装置中的半水煤气压送、炼油行业氢提纯装置和火炬气回收装置中的增压吸附等场合。另外,采用螺杆压缩机作为前段级的螺杆-活塞串联机组和螺杆-离心串联机组也得到了快速的发展。与低高压段完全采用活塞压缩机的机组相比,这种复合型压缩机组占用的空间大大缩少,而且气阀、活塞环等易损件也大量减少,从而使机组具有更高的可靠性。

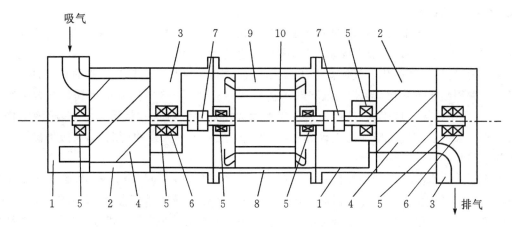

1—吸气端盖;2—气缸;3—排气端盖;4—压缩机转子;5—径向轴承;
6—轴向轴承;7—联轴器;8—电动机壳体;9—电动机定子;10—电动机转子

图 3-78　半封闭式螺杆氦气压缩机

　　无油螺杆工艺压缩机分为干式机器和喷液机器两类,但其结构基本相同。图 3-79 示出
上海压缩机有限公司生产的一种喷液螺杆工艺压缩机,为了承受较大的负荷,径向轴承和止推
轴承都采用压力润滑的滑动轴承。为了防止工艺气体的泄漏,轴封装置采用充气加碳环密封,
由密封盒、石墨环及螺旋密封等组成,分别设置在阴、阳转子的进、排气侧,并拥有平衡气口、放
空口和充气口。压缩机的进、排气口均布置在机体的下部,以使机组采用双层布置的方案,即
将压缩机和电机置于二楼平台,而消音器及油站等附属设备均布置在底层,从而具有安装、操

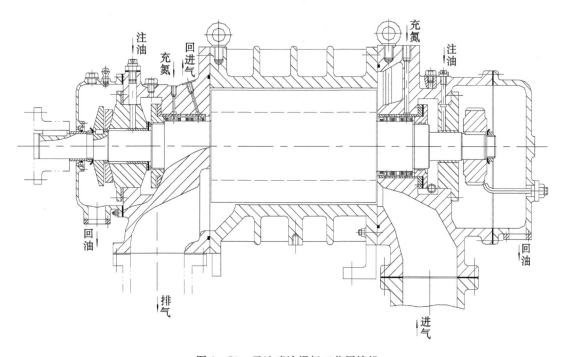

图 3-79　无油喷液螺杆工艺压缩机

作及维修方便的优点。

　　喷液螺杆工艺压缩机中采用的液体通常为软化水,但在有些应用场合,特别是被压缩气体中烷烃类、一氧化碳和硫化氢含量较高时,采用喷水的方案将显得不够合理。因为在一定压力和温度下,某些烷烃和硫化氢气体会对压缩机的气缸、转子材料产生较为严重的晶键腐蚀及应力腐蚀。采用喷水方案时,要求气缸和转子选用 lCr13 和 2Cr13 等特殊的不锈钢或合金钢材料,并经过严格的热处理工艺,从而使制造成本大大增加。针对这一情形,在一些喷液螺杆工艺压缩机中采用了喷轻质柴油的设计方案,可在避免上述不利因素的情况下,有效地确保压缩机正常运转。

　　喷水螺杆式水蒸气螺杆压缩机是喷液螺杆工艺压缩机的一种。研究表明,螺杆式压缩机是最适宜的水蒸气压缩机,压缩过程进行喷水冷却能够有效降低排气温度,提高压缩机压比,并提高绝热效率。喷入的水能在增加压缩机容积流量的同时,使排气饱和,这样可以有效利用水的潜热,将其应用于热泵系统,能有效提高系统的性能。此外,螺杆式压缩机本身具有运行稳定、操作方便等优点。

第4章 单螺杆压缩机

1955 年英国人古德伊尔(J. W. Goodyear)申请的一种"压能变换装置"的专利获得批准,该装置可用作泵、压缩机、风机、转子发动机和液压马达等。1960 年法国工程师齐默恩(B. Zimmern)在此基础上提出了单螺杆压缩机的结构,约于 20 世纪 70 年代开始正式投产。这种压缩机仅具有一根螺杆,因此通常被称作单螺杆压缩机,其主机的典型结构如图 4-1 所示。因其螺杆、星轮是一对特殊的蜗杆、蜗轮啮合副,单螺杆压缩机也被称为蜗杆压缩机。

目前单螺杆压缩机已成功应用于空气压缩、工艺气体压缩、制冷等多个领域,包括喷油、喷水和喷制冷剂等各种机组。荷兰 Grasso 公司是最早开始量产单螺杆制冷压缩机的公司。在我国,北京第一通用机械厂于 1976 年试制出 OG-9/7 型单螺杆空气压缩机。单螺杆压缩机已成为制冷、空气压缩领域的主流机型之一,其容积流量在 $1\sim100$ m³/min,最高压力可达 6 MPa。

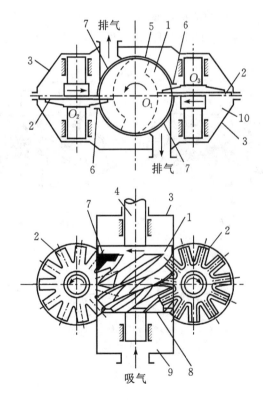

1—螺杆;2—星轮;3—机壳;4—主轴;5—气缸;
6—孔槽;7—排气孔口;8—转子吸气端;9—吸气腔;10—星轮室
图 4-1 单螺杆压缩机主机简图

4.1 工作原理及特点

4.1.1 工作原理

图 4-1 为单螺杆压缩机简图。在单螺杆 1 两侧对称地配置两个与螺杆齿槽相啮合的星轮 2。螺杆 1、星轮 2 分别在气缸 5、机壳 3 内作旋转运动。螺杆轴与星轮轴是空间相互垂直的。类似于蜗轮、蜗杆之间的啮合关系，通常将一根螺杆和一个星轮称为一对啮合副。气体由吸气腔 9 进入螺杆齿槽空间，经压缩后，从开设在气缸上的排气孔口 7 被排出。在排气端，螺杆主轴 4 外伸端通过弹性联轴节与原动机相联（图中未画出）。

单螺杆压缩机的工作原理和其它容积式压缩机相似，其基元容积是由齿槽、气缸以及星轮所组成。在啮合过程中，星轮齿转动方向的前、后侧面与齿槽的前、后侧面接触，星轮齿顶则与螺杆齿槽底面接触。处于啮合状态的星轮齿、螺杆齿槽以及机壳构成封闭的基元容积。当螺杆与星轮按照固定转速比运动时，这一基元容积作周期性地扩大与缩小，实现压缩气体的基本过程：吸气、压缩和排气。如果把螺杆齿槽看成为活塞式压缩机的气缸，星轮齿则可看成活塞，故星轮齿与螺杆齿槽相互啮合运动时，相当于活塞沿气缸作往复运动。

单螺杆压缩机的工作过程如图 4-2 所示。

（1）吸气过程。在如图 4-2(a)所示位置，螺杆吸气端的齿槽 1、2 及 3 均与吸气腔相通，此时齿槽 1、2 与 3 均处于吸气过程。随着螺杆的转动，齿槽内与吸气腔相通的空间逐渐扩大，如

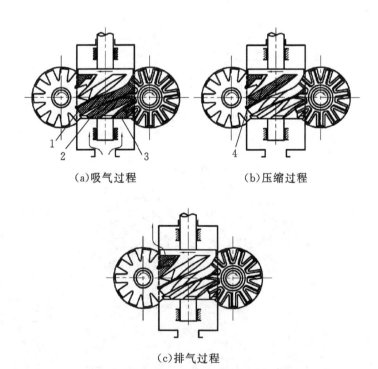

（a）吸气过程　　　　　　　　（b）压缩过程

（c）排气过程

图 4-2　单螺杆压缩机的工作过程

图 4-2(a)齿槽 1 至齿槽 3 所示。当螺杆继续旋转,到达一定位置时,星轮齿啮入螺杆,齿槽空间被与之相啮合的星轮齿遮住,齿槽、星轮齿及气缸之间形成基元容积,与吸气腔断开,吸气过程结束。

(2)压缩过程。吸气过程结束后,螺杆继续转动,随着星轮齿沿齿槽的推进,基元容积逐渐缩小,气体被压缩,如图 4-2(b)中齿槽 4 所示。直到基元容积与排气孔口相连通的瞬时为止,这一过程为压缩过程。

(3)排气过程。当基元容积与排气孔口相连通后,由于螺杆的继续转动,基元容积进一步缩小,气体通过排气孔口被"挤出"至排气管道,直至星轮齿脱离齿槽时排气结束,称为排气过程,如图 4-2(c)所示。

图 4-3 表示基元容积 V、压力 p 随星轮转角 α_2 的变化关系。图中,p_s 为吸气压力,p_d 为排气压力,V_s 为刚被封闭的最大基元容积,V_d 为排气开始时的基元容积,α_{in} 为星轮齿啮入齿槽形成基元容积时的转角,α_{out} 为星轮齿完全脱离齿槽时的转角。

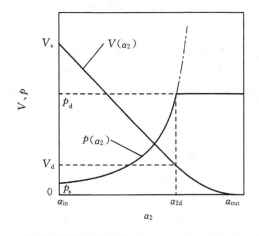

图 4-3　单螺杆压缩基元容积 V、压力 p 与星轮转角 α_2 的关系

4.1.2　特点

1.受力平衡性好

首先,齿槽内的压缩气体对螺杆在轴向的作用力前、后抵消。其次,由图 4-4(a)可见,因一对星轮与螺杆呈中心对称布置,其压缩腔是成对出现的,作用于螺杆上的径向气体力也互相抵消。压缩腔内的气体不会对螺杆形成径向或轴向气体力。最后,螺杆受到的轴向气体力可得到合理平衡。螺杆在高压端留有一段整圆柱段,圆柱段与气缸间的间隙很小,以密封螺杆齿槽内的高压气体。在机壳的排气端和星轮室之间设置一引气通道,泄漏至螺杆排气端的气体,通过该引气通道回流至吸气腔。这可保持螺杆进气端和排气端压力基本相等,使螺杆受到的轴向气体力较小,如图 4-4(b)所示。

对于星轮的受力,如图 4-4(b)中的左侧星轮,其所受的轴向力来自伸入齿槽内的星轮齿上、下表面的气体压力差。这个压力差既造成了星轮的轴向受力,也形成了星轮的弯矩,但是,由于伸入齿槽中的星轮齿面积较小,故产生的作用力也相当小。

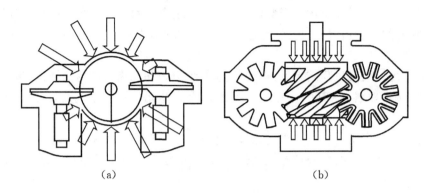

（a）　　　　　　　　　　　（b）

图 4-4　单螺杆轴向和径向气体力平衡图

2.单机容量大,结构紧凑

与其它回转式压缩机类似,单螺杆压缩机的排气压力由排气孔口大小和位置决定,不需设置进、排气阀,结构简单。

一个螺杆上布置有 6 个齿槽,螺杆每转动一周,每个齿槽均被使用两次,容积利用率高,且单螺杆压缩机的转速较高,一般在 2000～3600 r/min。因此,单螺杆压缩机的结构尺寸相较其它压缩机更小。例如,与同气量的活塞式压缩机相比,单螺杆压缩机的重量和零件数目是其1/10,甚至更轻、更少。

3.无余隙容积,容积效率高

在排气过程中,只有星轮齿与齿槽之间的间隙内的气体未被排出,此间隙的容积相对于排气量可以忽略,所以单螺杆压缩机几乎没有余隙容积。

单螺杆压缩机星轮齿与螺杆齿槽之间,齿槽与机壳之间,以及星轮齿与机壳之间的泄漏间隙小。采用喷液的冷却和润滑方式可以使泄漏间隙中的气体泄漏量显著减少。

4.噪声低,振动小

单螺杆压缩机螺杆一般都设有 6 个齿槽,且每个螺杆与两个星轮配置,这样螺杆转子每转一转,基元容积完成 12 次吸、排气。当电机转速相同时,单螺杆压缩机每分钟的排气次数为活塞式、双螺杆式的数倍,这使单螺杆压缩机的排气脉动小,噪声低。

5.型面复杂,加工难度大,要求精度高

单螺杆压缩机啮合副实质为蜗轮蜗杆副,其螺杆齿面为沙漏状空间曲面,型面复杂,加工难度大。当采用复杂型线时,星轮齿型面也变得复杂。

单螺杆压缩机的星轮与螺杆轴相互垂直,配合间隙和位置精度要求高。

综上所述,单螺杆压缩机适用于比双螺杆压缩机工作范围更高的压力区域,如高压空气压缩机、低温热泵压缩机以及工艺压缩机等领域。

4.1.3　发展历程与动向

单螺杆压缩机自被发明以来,星轮齿易磨损、压缩机寿命低的问题一直阻碍着它的发展。单螺杆压缩机技术的发展与进步历程几乎就是克服啮合副易磨损这一问题的过程。

首先是材料方面的改进。星轮和螺杆不宜使用相同的材料,一般油润滑压缩机的螺杆采用球墨铸铁,水润滑的压缩机螺杆采用铜或者不锈钢作为材料,而星轮则使用高耐磨工程塑料聚醚醚酮(PEEK)。近年来,随着 PEEK 材料的大范围使用,星轮齿易磨损这一问题稍有缓解。为保证星轮的刚度,通常在非金属星轮片下设置一金属支架。

其次,浮动星轮的结构设计。在开发制冷、喷水单螺杆压缩机的时候,星轮齿的寿命问题严重阻碍了开发进程。最终,Zimmern 等人提出一种浮动星轮的设计,增加了星轮与支架之间的柔性连接。在星轮受到瞬间冲击时,这一柔性连接能吸收部分能量,从而减小机器对制造、装配精度的要求,并使单螺杆压缩机应用于制冷领域,将喷水空压机和喷液制冷机推向市场。

第三,机床加工精度的提高。由于螺杆和星轮的特殊几何结构,必须使用专用机床才能完成加工。早期由于星轮、螺杆的加工精度(特别是分度精度)低,星轮齿的寿命甚至仅有数百小时。但近年来的实践表明,当齿槽宽度、星轮齿宽度的加工精度达±0.01 mm、星轮齿的分度精度在±15″以内时,进一步提高加工精度对压缩机寿命的贡献已经很小。

第四,啮合副型面的改进。直线包络是单螺杆压缩机啮合副的原始型面。这种啮合副的星轮齿侧面仅有一条棱边与齿槽面接触,易磨损。为此,相继有圆柱包络及二次包络等型面被提出以取代原始型面,提高啮合副寿命。但这些型面均未能实现工业化生产,重要的一个原因是这些型面提出时并未能解决啮合副的加工问题。因此,啮合副型面的研究必须与其加工技术结合起来。

目前,单螺杆压缩机的种类已有空气压缩机、工艺压缩机和制冷压缩机等,其润滑方式也有油润滑、水润滑和喷液(制冷剂)润滑,用于空气动力、石化、医药和食品等领域。但对目前国内外单螺杆压缩机产品的调研显示,星轮齿的磨损问题并未得到彻底解决,星轮片被认为是易损件,单螺杆压缩机仍未能在市场上显示出其应有的优越性能。

近年来单螺杆压缩机技术及产品的新动向。

1.单螺杆压缩机产品向大容量和小容量两极发展

一方面啮合副的加工精度要求高,限制着单螺杆压缩机产品向两极化发展。当螺杆直径很大时,螺杆的热变形增加,啮合副的设计间隙不易控制;当螺杆直径很小时,加工刀具变小,刚度不足,加工精度难以保证。另外一方面,对于大容量的单螺杆压缩机产品,星轮受到的气体力大大增加,星轮齿与齿槽之间的相对速度增大,如果得不到良好的流体动力润滑,星轮齿的磨损将加剧。

2.啮合副磨损特性的研究

总结历史经验,单螺杆压缩机啮合副的磨损原因不能单一归咎为加工精度低、型面不合理、材料不耐磨或者热膨胀导致的螺杆变形,这是一个综合问题,各种因素都有可能导致啮合副的磨损。但即便综合考虑前述各项因素,仍未能解决星轮齿的磨损问题,这意味着目前的研究尚未能揭示啮合副磨损的本质原因。

近来,有研究表明星轮齿侧面与齿槽之间润滑油膜的流体动力状态有可能影响啮合副的磨损。根据模拟计算的结论,在星轮齿前后侧润滑油膜的作用下,星轮齿前侧与齿槽侧面之间的间隙总是小于齿后侧面与齿槽侧面之间的间隙,这使星轮齿前侧的磨损经常甚于齿后侧,这一推论也得到了实际星轮齿磨损特性的验证。

特别是机器在启动阶段,流体动力润滑油膜尚未建立,星轮更易受到冲击而遭到磨损。从流体动力润滑油膜的建立、润滑状态着手有望揭示啮合副磨损的根本原因。

3. 新型面的开发

改进型面,改变啮合副的结构,从而改善星轮齿侧与齿槽之间的润滑油膜流动状态,仍然是提高啮合副寿命的一条有效途径,但改进型面的同时必须考虑啮合副的加工技术。近年来提出的多圆柱包络型面和曲面包络型面有望实现工业化,从而改变啮合副星轮齿易磨损这一现状。

4. 中压工艺压缩机的开发(1~10 MPa)

开发更高压力的工艺压缩机是单螺杆压缩机技术进步的必然趋势。目前,国外已有 3.5 MPa 的单螺杆压缩机推向市场。随着天然气、化工行业日益增长的需求,对更高压力(3.5~10 MPa)的单螺杆压缩机的市场需求也将膨胀。从理论上分析,单螺杆压缩机完全可以应用到这一压力范围,但这对压缩机的设计、啮合副的加工提出了更高的要求。

4.2　啮合副型面与加工

在单螺杆压缩机中,星轮齿与齿槽之间的相互啮合使压缩机的进气、压缩和排气三个过程得以实现。因此,螺杆、星轮啮合副是单螺杆压缩机最重要的部件,且星轮齿型面和螺杆齿槽型面的设计是单螺杆压缩机的关键技术。

由于单螺杆压缩机螺杆轴与星轮轴互相垂直,其螺杆-星轮啮合副为空间啮合副,不可能借鉴双螺杆的方式,采用某个截面的截交线为型线。考虑到螺杆齿槽面与星轮齿侧面互相啮合,满足共轭原理,将星轮齿型面和螺杆齿槽型面统称为啮合副型面。

无论单螺杆压缩机啮合副采用何种型面,星轮齿面与螺杆齿槽面之间必须满足共轭条件,即从几何角度,若以星轮齿面作为母面,则齿槽面是其共轭曲面。

4.2.1　对啮合副型面的基本要求

在设计星轮齿型面与齿槽型面这一对共轭曲面时,需考虑如下要求。

1. 良好的流体动力润滑性能

在工作状态下,单螺杆压缩机啮合副之间的相对速度很大。以 6 m³/min 的机器为例,其星轮齿顶与齿槽之间的最大相对速度可达 35 m/s。良好的流体动力润滑是保证这种高速、轻载的啮合副工作寿命的必要条件之一。星轮齿面和齿槽面的形状直接影响着其间隙内的流体润滑状态。

沿垂直于星轮齿的方向对啮合副作一截面,如图 4-5 所示。星轮齿面与齿槽面之间是有一定设计间隙的(对于直线包络啮合副,这一间隙通常在 0.03~0.07 mm 之间)。当润滑油通过齿前侧和齿后侧的间隙时,在高速的相对滑动的作用下,其内润滑流体能产生较高的流体动压力,从而阻止星轮齿与齿槽侧面的直接接触。

在啮合副的型面设计中应考虑齿面形状对齿侧间隙内润滑流体润滑性能的影响。由于压缩机中存在气体,压缩腔内的润滑油会与气体混合(制冷压缩机中为互溶),间隙内润滑油的流动情况更为复杂。但目前尚未形成合适的方法对啮合副型面的流体动力润滑性能进行准确地评估。

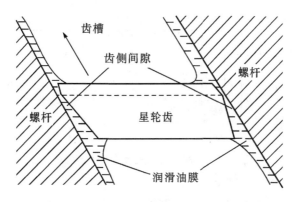

图 4-5　星轮齿与齿槽间的润滑油通道

2. 具有良好的密封性

单螺杆压缩机啮合副形状复杂,泄漏通道较多,对机器性能产生较大影响。在设计啮合副型线时应尽可能缩短泄漏线长度和泄漏通道的截面积。

单螺杆压缩机的泄漏通道如图 4-6 所示,其中,星轮齿顶与齿槽底面之间的间隙为 L_1;星轮齿前侧、后侧与齿槽之间的间隙为 L_2、L_4;星轮齿前、后侧,齿槽侧面及气缸围成的径向泄漏孔为 L_3、L_5;星轮上表面与气缸之间的间隙为 L_6;齿槽前、后侧外缘与气缸内壁面之间的间隙为 L_7、L_8;齿槽排气端外缘与气缸内壁面之间的间隙为 L_9。图中,箭头所指方向为泄漏时流体的流动方向。

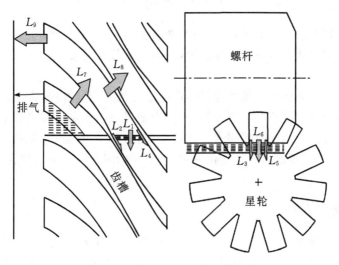

图 4-6　单螺杆压缩机的泄漏通道

通过泄漏通道的泄漏将引起压缩机容积的下降。尽管单螺杆压缩机中存在 9 处泄漏通道,但每个泄漏通道的泄漏对容积效率的影响程度不一,如图 4-7 所示。

以上各泄漏通道中,除了通过 L_7 的泄漏属于内泄漏外,其余均属于外泄漏。但其中 L_8 自螺槽封闭至星轮转过一个分度角时属于外泄漏,此后,下一螺槽封闭,属于内泄漏。在一个工作周期内,只有 L_3、L_5 的长度始终不变,其余通道的泄漏线长度均为螺杆转角的函数,泄漏线长度与螺杆转角的关系如图 4-8 所示。

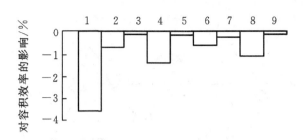

图 4-7　泄漏对压缩机容积效率的影响

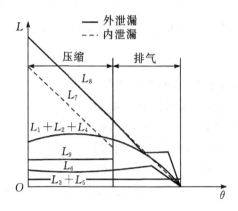

图 4-8　泄漏线长度与螺杆转角的关系

泄漏量除了与泄漏线长度有关外,还与泄漏线前后的压差和泄漏方向与相对运动方向是否一致有关。减小间隙虽可有效地减少泄漏量,但流体剪力损失却相应增大了。

3. 具有良好的加工工艺性

单螺杆压缩机啮合副的加工精度对机器性能影响很大,所设计的啮合副必须便于加工,从而保证啮合副足够的加工精度。实践证明,螺杆齿槽和星轮齿面的复杂性导致设计具有良好加工工艺性能的啮合副型面的难度很大。到目前为止,除了单螺杆压缩机被发明之始采用的直线包络型面,尚无其它型面实现工业化应用,其主要原因在于采用这些型面的啮合副的加工工艺性能差。

4.2.2　啮合副典型型面

根据星轮齿侧母面的不同,目前已有多种型面公布,如直线包络型面、圆柱(台)包络型面、直线二次包络型面、圆柱二次包络型面、多边包络型面以及多直线、多圆柱包络啮合副。其中,直线包络型面和圆柱(台)包络型面是基础。这些型面中仅有直线包络啮合副已经实现商业化应用。

1. 直线包络型面

国内有些教材上亦将直线包络类型面称为第一类型面或原始型面,如图 4-9 所示。其齿槽面 3a 和 3b 是以直母线 7a 和 7b 按设定的配合运动而形成的包络面。直母线的包络面亦为轨迹面,因直母线 7a 和 7b 始终是星轮齿侧与齿槽的接触线。星轮齿前侧由分布在直母线 7a 上、下侧的斜面 8a 和 9a 构成;齿后侧由分布在直母线 7b 上、下侧的斜面 8b 和 9b 构成。

在直母线上下设计斜面的目的是在啮合过程中满足转子(螺杆)螺槽面与星轮齿之间不干涉,这也是单螺杆压缩机啮合副设计的几何条件,称为啮合表面互不干涉原则。

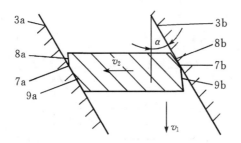

图 4-9　直线包络型面(在垂直于星轮齿的方向对啮合副的截面)

如图 4-10 所示,以星轮齿中线为 Y 轴,星轮轴为 Z 轴,建立星轮坐标系 S_2,前述直母线的方程可表示为

$$\begin{cases} x_2 = \pm\,(b_0/2 - u\sin\delta_c) \\ y_2 = \sqrt{r_0^2 - (b_0/2)^2} + u\cos\delta_c \\ z_2 = h \end{cases} \quad (4-1)$$

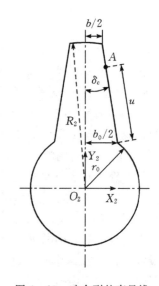

图 4-10　啮合副的直母线

式中:±中"+"表示齿后侧,"−"表示齿前侧;r_0 为星轮齿根圆半径,$r_0 = A - d_1/2$,d_1 为螺杆直径;u 为星轮齿沿其长度方向的坐标;δ_c 为齿形角,一般为 0;b_0 为齿根处齿宽;h 为直母线所在平面的高度,一般取 $h=0$,即将直母线布置在啮合副的中性面(通过螺杆轴线并垂直于星轮轴的平面)内。

采用空间啮合中的坐标变换方程,将式(4-1)转换至螺杆坐标系中,便得到了螺杆齿槽面的型面方程。

直线包络啮合副在啮合过程中仅有直母线与齿槽面接触,即齿侧斜面 8a、8b、9a 和 9b 是不与齿槽接触的。

齿侧斜面 8a、9b 和 8b、9a 可以根据与星轮齿啮合处齿槽斜面倾角 α 的最大值和最小值分别确定。倾角 α 由啮合点处的相对速度决定,而这一相对速度是随星轮转角 α_2 在一定范围内变化的,因此,齿槽面的倾角 α 也是随着星轮转角 α_2 在一定范围内变化的。

特别地,当 $h=0$ 时,在直母线(接触线)上星轮与螺杆的绝对速度是相互垂直的。根据空间啮合原理,齿槽面倾角的近似方程为

$$\alpha = \arctan\left(\frac{\omega_2 r_2'}{\omega_1 r_1'}\right) \quad (4-2)$$

式中:r_2' 为啮合点在星轮上的半径;r_1' 为啮合点在螺杆上的半径;ω_1 为螺杆角速度;ω_2 为星轮角速度,根据星轮与螺杆的几何关系,式(4-2)可简化为

$$\alpha = \arctan\left(\frac{1}{P}\,\frac{r_2'}{A - r_2'\cos\alpha_2}\right) \quad (4-3)$$

式中:P 为星轮与螺杆的齿数比,也即螺杆与星轮的角速度比。对上式进行分析,随着啮合点向星轮齿顶移动,即 r_2' 增大,倾角 α 是逐渐增大的;而随着星轮齿转角 α_2 的变大,倾角先变大

后变小（即星轮齿从进气侧啮入至排气侧脱离齿槽）。当啮合副的齿数比 $P=11/6$，星轮螺杆等径，中心距 $A=0.8d_1$ 时，齿顶处倾角 α 在 $28°\sim42°$ 范围内变化，在齿根处则为 $17°$，如图 $4-11$ 所示。

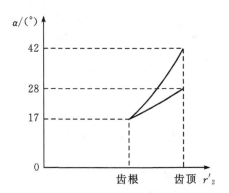

图 $4-11$　倾角 α 的变化

　　根据图 $4-11$，为保证齿侧斜面不与齿槽干涉，在齿顶处，斜面 8a 的倾角应不大于 $28°$，斜面 8b 面的倾角应不小于 $42°$；在齿根处，斜面 8a 面的倾角应不大于 $17°$，斜面 8b 面的倾角应不小于 $17°$，可将齿根的齿侧斜面设定为 $17°$。直母线下侧的斜面确定方法与此相同。因此，齿侧斜面的倾角是随齿长方向变化的，星轮齿侧的斜面为"扭"斜面，如图 $4-12$ 所示。

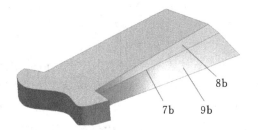

图 $4-12$　直线包络啮合副的星轮齿后侧面

　　直线包络啮合副的主要缺点在于直母线（接触线）7a 和 7b 在整个啮合过程中与齿槽面接触，因此星轮齿侧棱边（直母线所在位置）在啮合过程中容易遭到磨损，啮合副间间隙增大，气体泄漏量增加，机器效率降低。

　　2. 圆柱（台）包络型面

　　鉴于直线包络型面的缺点，单螺杆压缩机的发明人 Zimmern 提出了圆柱（台）包络型面，如图 $4-13$ 所示星轮齿侧母面 2a 和 2b 分别为回转轴 O 和 O' 的圆柱（台）面的一部分，非工作面 1a、1b 和 4a、4b 则为其圆柱面的切面；齿槽面则是前述星轮齿侧圆柱（台）母面按规定配合运动包络而成的共轭曲面。

　　如图 $4-14$ 所示，在星轮坐标系 S_2 中建立包络圆柱模型。包络圆柱与中性面平行，但与 Y_2 轴成一角度 β（即从 Y_2 至圆柱轴的角，当角度方向与星轮转动方向一致时取正值）。在包络圆柱表面设置一任意点 B，经过 B 点的圆柱半径与中性面夹角为 θ，B 点在圆柱上的轴向高度为 u，则可获得 B 点在 S_2 坐标系中的坐标

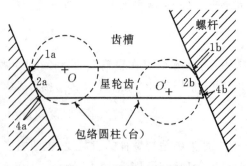

图 $4-13$　圆柱包络型面

$$\begin{cases} x_2 = L - u\sin\beta + \dfrac{d}{2}\cos\theta\cos\beta \\[2mm] y_2 = K + u\cos\beta + \dfrac{d}{2}\cos\theta\sin\beta \\[2mm] z_2 = M + \dfrac{d}{2}\sin\theta \end{cases} \tag{4-4}$$

式中:d 为包络圆柱直径;(L, K, M) 为包络圆柱起点在 S_2 坐标系中的坐标,为计算方便通常可取 $K = 0$。

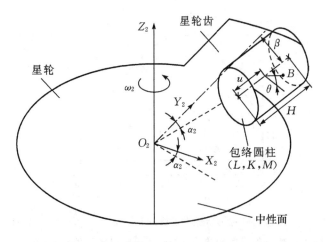

图 4-14 包络圆柱在星轮坐标系的位置

根据啮合原理,在求解螺杆齿槽型面时,只需先求得星轮齿面的接触点,而后将之通过坐标变换,变换至螺杆坐标系即可。而星轮齿面的接触点必然满足啮合原理,即接触点两者的相对速度和齿面(包括星轮齿面或螺杆齿槽面)法向向量垂直。包络圆柱上任意点与螺杆之间的相对速度可根据星轮、螺杆的几何关系求出,圆柱面上某点的面法线即为通过该点的半径。最终,可求得包络条件式为

$$\begin{aligned} &P\sin\theta(A - y_2\cos\alpha_2 - x_2\sin\alpha_2) + \\ &\cos\theta[x_2\sin\beta - y_2\cos\beta + Pz_2\sin(\beta + \alpha_2)] = 0 \end{aligned} \tag{4-5}$$

将式(4-4)代入上式并化简,可得

$$\theta = \begin{cases} \arctan\left[\dfrac{A(u,\alpha_2)}{C(u,\alpha_2)}\right] & (1) \\[3mm] \pi + \arctan\left[\dfrac{A(u,\alpha_2)}{C(u,\alpha_2)}\right] & (2) \end{cases} \tag{4-6}$$

式中:

$$\begin{cases} A(u,\alpha_2) = L\sin\beta - u - K\cos\beta + PM\sin(\beta + \alpha_2) \\ C(u,\alpha_2) = P[K\cos\alpha_2 + L\sin\alpha_2 + u\cos(\beta + \alpha_2) - A] \end{cases}$$

上式即为包络圆柱与齿槽侧面的接触条件,其中式(1)对应齿后侧包络圆柱的接触点,式(2)对应齿前侧包络圆柱的接触点。只要给定包络圆柱参数(位置、圆柱直径),即可求出当星轮齿转角为 α_2 时,包络圆柱上不同高度 u 处,接触点在圆柱表面的圆周角 θ。

由于通过接触点的圆柱半径垂直于齿槽侧面,接触点的圆周角 θ 与齿槽侧面的倾角 α 相

等。随着啮合位置的改变,包络圆柱上接触点的位置是发生变化的,即 θ 值在某一范围内发生变化(与齿槽侧面的倾角的变化范围相同)。由于包络圆柱上接触点位置在变化,星轮齿的齿宽(可以理解为齿前侧接触点至齿后侧接触点的距离)已经不是一个定值。因此,即便中心距等几何参数相同,圆柱包络啮合副包络圆柱上接触点的圆周角变化范围(或者齿槽面倾角)与直线包络啮合副的情况也是不一样的。在齿顶位置,接触点圆周角 θ 随 α_2 的变化如图 4-15所示。当啮合副和圆柱参数改变时,θ_{max} 和 θ_{min} 亦有所波动,但在齿顶处 $\theta_{max}-\theta_{min}$ 介于 $15°\sim17°$之间。当 u 变小时,θ_{max} 和 θ_{min} 同时变小并逐渐接近,直至齿根处,$\theta_{max}=\theta_{min}$。

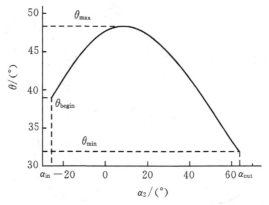

图 4-15　包络圆柱上接触点的圆周角 θ 与星轮齿转角 α_2 的关系

(α_{in} 为啮入齿槽时的星轮转角,α_{out} 为脱离齿槽时星轮的转角,对于不同位置的圆柱,这两个角度是不同的)

根据 θ 的变化范围可确定包络圆柱上的包络圆弧(即同一圆柱高度 u 处接触点位置随星轮齿转角的变化范围),如图 4-16 所示,令 $\phi=\theta_{max}-\theta_{min}$,并称 ϕ 为圆柱上的包络角。

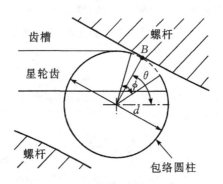

图 4-16　星轮齿侧包络圆柱上的包络角

给定 α_2 时,可求出 θ 随包络圆柱高度位置 u 的变化,确定出包络圆柱与齿槽的瞬时接触线。

对 $u\in[0,H]$(H 为包络圆柱高)范围求解包络角 ϕ 可以获得包络圆柱上的接触区域:一个顶在齿根、底在齿顶的三角形圆柱面。啮合过程中,包络圆柱与齿槽的接触线在这一接触区域内移动。

显然,三角形接触区域越宽,星轮齿的耐磨性能越好。直接影响这一宽度的是包络角 ϕ 和

包络圆柱直径 d。模拟计算表明,啮合副的几何特征和运动关系决定了包络角 ϕ 的变化较小。因此,三角形接触区域的宽度主要由包络圆柱直径 d 决定,且包络圆柱直径 d 越大,前述三角形接触区域越宽。但较大的包络圆柱直径 d 将使齿槽另外一侧型面受到干涉。根据星轮、螺杆之间的运动关系,可求得包络圆柱直径 d 的近似最大值为

$$d_{\max} = \frac{(A - R_2)P}{\sqrt{(A - R_2)^2 P^2 + R_2^2}} b \qquad (4 - 7)$$

式中:b 为星轮齿在中性面的齿宽,本书称之为基准齿宽。

螺杆齿槽侧面方程可通过坐标变换求解,将式(4-6)代入式(4-4),通过坐标变换至螺杆坐标系即可获得齿槽面方程。

圆柱包络啮合副星轮齿面的接触线在一三角形圆柱区域内移动,使齿面的磨损部位分散,有利于减缓星轮齿面的磨损,提高压缩机的寿命;齿槽面可由铣刀或者砂轮通过铣削或磨削的加工方法成型,有利于提高齿槽面的加工精度和表面精度,从而提高压缩机效率和寿命。

但与直线包络啮合副相比,圆柱包络啮合副的缺点在于它的径向泄漏孔更大,如图 4-6 中的泄漏通道 L_3、L_5。包络圆柱的直径、星轮齿厚越大,这一泄漏孔的面积越大,但减小包络圆柱直径将缩小星轮齿侧接触区域。

为减小这一泄漏通道,通常将星轮齿面非接触区域用接触区域边界线上的圆柱切面代替,如图 4-13 中的 1a、1b 和 4a、4b 所示。Zimmern 曾提出采用圆台代替包络圆柱,减小这一泄漏通道,但是采用圆台包络后,齿槽面的加工难度将增加。有研究表明通过径向泄漏孔的泄漏量占总泄漏量的比例很小,且通过控制适量的喷油可以大幅减少这一泄漏。

圆柱包络啮合副型面已公布近 30 年,但目前仍未实现商业化应用,主要原因有以下两点。①齿侧的三角形接触区域仍然不够大。如当包络圆柱直径为 16 mm,星轮外径为 200 mm 时(相当于排气量为 6 m³/min 的单螺杆压缩机),前述齿侧接触区域的最大宽度仅为 2.4 mm,不到星轮齿厚的一半,这并不足以大幅提高星轮齿寿命。②圆柱包络型面的设计未考虑到铣削加工对齿槽底面形状的影响,齿槽底面的加工仍然是个难题。不过,近年来随着数控机床技术的进步,圆柱包络啮合副齿槽底面的型面设计与加工将得以解决。

4.2.3　啮合副的加工

单螺杆与星轮实际是一对特殊的蜗杆蜗轮啮合副,其螺杆与星轮的加工都需要采用专用设备,其加工方式由啮合副采用的型线决定。采用直线包络型线的啮合副加工方法如下。

采用直线包络型线螺杆的加工专机原理图如图 4-17 所示。机床上一般设有螺杆工件台 1 和刀具台 3。机床具有 X、Y 两个平移轴,X 轴一般设在刀具台,Y 轴一般设置在工件台。为提高加工效率和精度,大部分的专机不设 Z 轴,而是按照螺杆大小设计不同规格的专机。在刀具台上设有成型车刀 4,车刀 4 可沿 A 轴进刀或退刀。

加工前,按照啮合副参数(齿宽、槽深)设计好成型车刀,并按照螺杆与星轮的中心距调整 X 轴位置,按照螺杆与星轮的轴向尺寸调整 Y 轴位置,并定位。加工过程中,X、Y、Z 轴均维持定位状态,工件台和刀具台保持 11:6 的转速比(星轮与螺杆的齿数比)旋转;刀具 4 沿着进刀轴 A 逐渐进刀,直至加工到槽底为止。

直线包络的星轮片早期采用滚削的方式加工,其加工原理如图 4 - 18 所示。刀杆轴上安装有两把滚刀,加工过程中星轮与刀杆的转速比保持为压缩机啮合副的转速比,星轮工件逐渐靠近刀杆轴,直到两者中心距为啮合副中心距位置,完成整个星轮齿面的加工。

采用这种方法,星轮齿侧面的区域以包络直线为界,分别由滚刀的刀尖和长刀刃成型。若以包络直线为界,把包络直线到星轮承压面之间的区域分为上侧区域和下侧区域,则齿前侧的上侧区域、齿后侧的下侧区域是由滚刀的刀尖成型的;齿前侧的下侧区域、齿后侧的上侧区域是由滚刀的刀刃成型的。

这种加工方法存在的缺陷一方面是加工不连续,加工过程中滚刀和星轮片容易发生振动。另外一方面,加工过程中的切削力大,星轮齿易变形。

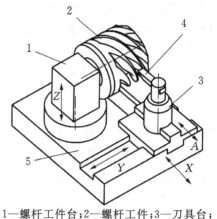

1—螺杆工件台;2—螺杆工件;3—刀具台;
4—成型车刀;5—床身基础

图 4 - 17　直线包络的螺杆齿槽加工专机

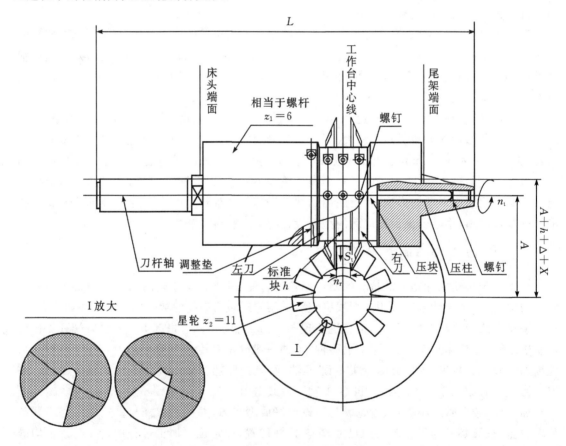

图 4 - 18　直线包络的螺杆齿槽加工专机

也有一些厂家,采用两个电主轴作为动力头带动圆柱铣刀,对星轮前、后齿侧分别加工成型。动力头的摆动角度范围按照星轮齿侧型面的角度变化取值,采用这种方法加工速度快。

　　单螺杆星轮齿侧面还可采用砂轮加工成型,星轮侧面由砂轮外缘成型,砂轮的摆动角度范围与动力头的摆动范围一致,如图 4-19 所示。对于直线包络型线,一般在对面设置另一个砂轮,同时加工星轮齿的两个侧面。圆柱、多圆柱星轮齿,则一般只在一侧设置砂轮加工。采用这种方法加工速度快,加工精度高。

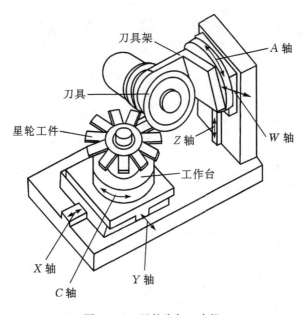

图 4-19　星轮齿加工专机

　　近年来机床加工技术的进步表明,采用 5 轴数控机床对螺杆和星轮进行加工已愈来愈具有可行性。

4.3　结构与设计

4.3.1　主机典型结构

　　单螺杆压缩机的主机通常有开启式和半封闭式两种结构。目前空气压缩机、工艺压缩机常设计为开启式,制冷压缩机有开启式和半封闭式两种。

1.单螺杆空气压缩机

　　图 4-20 为剖分式的单螺杆空气压缩机的结构图。这种压缩机的机壳为上下两部分对合的剖分式结构。为避免机壳对合时引起啮合间隙变化的影响,星轮轴在下机壳内采用悬臂支承。其机壳内装有螺杆、星轮支架和星轮片。在螺杆进气端装圆柱滚子轴承,排气端装一对角接触球轴承。其润滑方式为压差喷油,对于容量较大的压缩机,需采用油泵启动喷油,待压差足以喷油后,油泵自动停止供油。这种压缩机的气量调节一般采用吸气节流的方式,即在进气管道安装电磁阀,根据油气分离器或储气罐内的压力信号控制进气阀门开度,实现气量调节。

　　这种压缩机的结构简单,但剖分式机壳对加工精度和装配精度的要求较高。另外,螺杆排气端轴与电机相连,对轴封的要求较高。在现代设计中,一般在进气端输入动力。

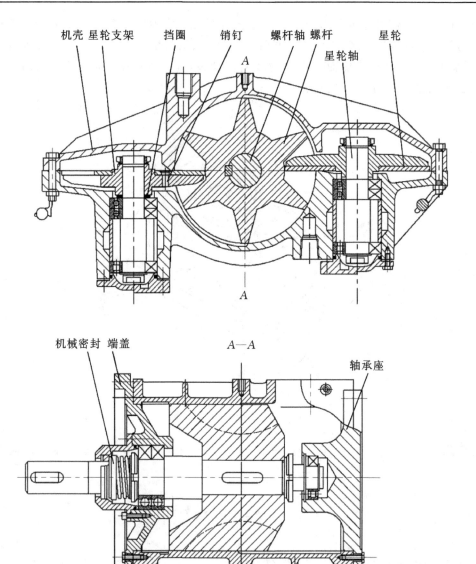

图 4-20 剖分式单螺杆空气压缩机

2. 单螺杆天然气压缩机

图 4-21 所示为开启式单螺杆天然气压缩机的结构图,其螺杆转速为 3600 r/min,排气量为 31 m^3/min,进气压力为 0.13～0.2 MPa,排气压力为 1.7～2.1 MPa。与空气压缩机相比,天然气压缩机的排气压力较高,一般减小星轮直径(稍小于螺杆直径)或星轮齿的啮入深度,以减小作用于星轮的气体力。这种压缩机采用滑阀进行容量调节,在 Vilter 公司推出的单螺杆压缩机中已用双滑阀取代滑阀以提高压缩机的效率。

在(中)高压单螺杆压缩机中,星轮轴两端轴承间的距离一般较小,以减小气体力力矩在星轮轴承上形成的支反力。Vilter 公司采用了如图 4-22 所示的结构,即增大星轮轴受压端直径,将轴承外圈布置在星轮轴孔,轴承内圈布置在固定轴上,星轮承压端的大轴径可使星轮运

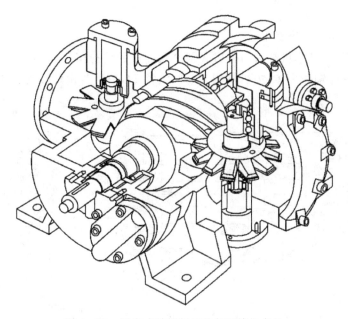

图 4-21　开启式单螺杆天然气压缩机主机

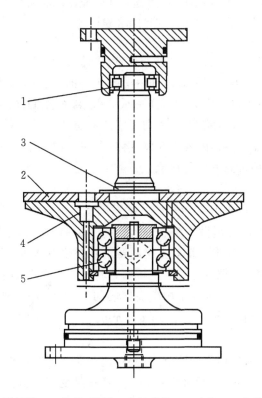

1—圆柱滚子轴承;2—垫片、挡圈;3—星轮片;4—支架;5—角接触球轴承

图 4-22　星轮轴受压端采用大轴的轴承布置

动时的稳定性更好。这种布置方式亦可避免泄漏至星轮室的润滑油直接冲刷轴承,将磨屑带

入轴承间隙。

3.半封闭式单螺杆制冷压缩机

如图 4-23 所示,其主机结构与开启式制冷压缩机的结构相似,但主机一侧布置有电动机 10。电动机轴与螺杆轴为一体,主机左侧为油回收器 14,三部件由螺栓连接成一个整体。

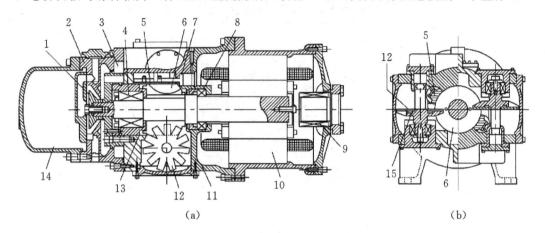

1—离心式经济器;2—经济器组件;3—排气腔;4—推力调心滚子轴承;5—滑阀;6—螺杆;7—滑阀活塞;
8—滚柱轴承;9—进气过滤器;10—电动机;11—主机机壳;12—星轮;13—密封;14—油回收器;15—星轮支架

图 4-23　半封闭单螺杆制冷机

来自蒸发器的制冷剂气体,通过进气过滤器 9、电动机 10 进入压缩机。被压缩气体经经济器组件 2 上的排气腔 3 排出。液体制冷剂由滑阀 5 上的小孔喷入压缩机工作容积内,另一部分液体制冷剂经制冷系统内的膨胀阀减压后成为气、液两相制冷剂,进入离心式经济器 1,分离出来的气体由补气口进入压缩腔,液体则经膨胀阀进入系统中的蒸发器。制冷液中含有少量润滑油,进入油回收器 14 后,闪发成气体,溶解在油中的制冷剂在油回收器中因加热而蒸发,积存在回收器中的油用来润滑各处轴承。

4.水润滑式单螺杆空气压缩机

日本三井公司(MITSUI SEIKI)生产的 ZW 系列水润滑单螺杆空气压缩机的主机结构如图 4-24 所示。机壳内零件必须做防腐处理,其机壳采用铸造青铜制造,螺杆采用铜作为材料,星轮片则使用 PEEK。水润滑系统对主机的要求是必须将油润滑系统或部件与水、空气循环隔离开来。在螺杆和轴承与螺杆之间有机械密封将轴承室隔离,避免循环水腐蚀轴承或润滑脂污染循环水和空气。星轮轴承均采用防腐蚀的陶瓷滑动轴承,轴承采用水润滑方式。其排气压力为 0.7 MPa,最大排气量可达 37.5 m^3/min。

5.喷液润滑与冷却

单螺杆压缩机各泄漏通道均靠间隙节流密封,通常需在工作容积内喷液来加强密封,并起润滑和冷却作用。喷液孔的位置、尺寸和喷液量、喷液温度等参数,对喷液效果有直接影响。以往,喷嘴轴线与螺杆轴线平行,喷射方向由吸气侧指向排气侧,喷射速度等于星轮的圆周速度。这种喷液方式效果较差,在压缩机排气压力较高时气体泄漏增加。目前大都采用垂直喷液方式,即喷嘴轴线垂直于星轮上表面(高压侧),并在星轮齿切入螺杆最深处喷入,喷射速度等于螺杆的圆周速度。对于采用滑阀调节冷量的制冷机,则与双螺杆压缩机一样,由滑阀的喷

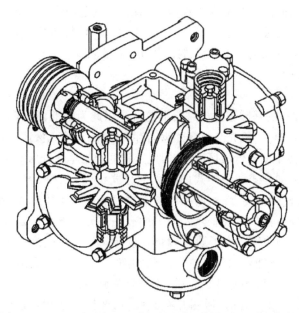

图 4-24 ZW 系列水润滑单螺杆空气压缩机主机内部结构

油孔喷入工作容积内。另外一种喷液方式为沿螺杆齿槽旋向喷入基元容积,这种方式能使喷液与气体接触面积增大,冷却效果好。

喷入液滴的雾化程度对强化喷液效果有很大影响。雾化程度越好,液滴平均直径越小,在工作容积内自由运动的时间也越长。这样就增大了气液换热面积,延长了换热时间,从而提高了冷却效果。显然,液滴雾化程度与喷液孔直径有密切关系,表 4-1 和表 4-2 列出了喷油压力为 1.2 MPa 时,喷油口直径 d_0、油滴平均直径 d_m 和排气温度 t_0 之间关系的实验结果。值得注意的是,目前按喷油量和喷油速度来确定的喷油孔直径往往偏大,适当减小后效果较好。

表 4-1 喷油口直径 d_0 与油滴直径 d_m 的关系

喷油口直径 d_0/mm	1.5	2.0	2.5	3.0
油滴平均直径 d_m/μm	108	139	196	270

表 4-2 油滴平均直径 d_m 与排气温度 t_0 的关系

转速 n/(r·min^{-1})	排气温度 t_0/℃		
	无雾化	$d_m=196\ \mu$m	$d_m=270\ \mu$m
2000	56.0	49.7	46.6
2500	62.0	55.1	51.7
3000	70.0	61.2	55.0

喷液量可根据进、排气温度和喷液温度由热平衡方程求得。对喷油单螺杆压缩机,油、气质量比以 2~6 为宜。实验研究表明,工作容积内的喷油量增加,容积效率增加,但与此同时,

输送这一喷油量所消耗的能量和油在工作容积内的搅动损失也增加,因而喷油量过多,对压缩机效率的提高无益。有实验表明,用来润滑和冷却轴承和轴封的油所消耗的能量,约占压缩机总功耗的7%,故应在保证良好工作状态的前提下,尽量减少喷入这些部位的润滑油。

6.主要零部件的设计

(1)机壳。

机壳是单螺杆压缩机的基础零件,螺杆、星轮就是以此为基准而获得要求的相互位置精度。机壳的内腔起着气缸的作用。机壳与螺杆外缘间存在间隙,靠喷入液体密封,但在螺杆相对机壳内壁运动的情况下,液体不断向低压区流动,因此这种间隙是单螺杆压缩机主要泄漏通道之一。

机壳的结构可分为剖分式和整体式两类。剖分式机壳(见图4-20),以通过螺杆轴线的水平面作为剖分面,将机壳分为上、下两半。这类机壳的优点是铸造、清砂、内部工作表面的加工及啮合副的装入均较方便。主要缺点是剖分面有一部分处于高压区域内,密封要求高,特别对于工艺压缩机和制冷压缩机,为了防止内部工质泄漏,往往需要采取特殊的密封措施。此外,调整好的啮合副之间及啮合副与气缸之间的间隙,由于每次拧紧剖分紧固螺钉的松紧程度不同而发生变化。因此,在每次打开机壳后,均需重新调整。

整体式机壳(见图4-25)的前、后侧开有圆孔,后侧圆孔较大,装配好的螺杆组件由此装入;它的左、右侧开有方形窗口,装配好的星轮组件由此斜向装入。此时,已装入机壳的螺杆要作适当转动,使星轮与之啮合。整体式机壳虽然铸造及内腔加工比较困难,但具有下列优点。

①机壳构成一高压容器,强度高。

②所有连接都为端面连接,特别是由处于低压区的方形窗口代替了剖分面,密封性好。

③所有定位尺寸都在一个整体壳体上,加工精度容易得到保证,装配后间隙稳定。

④取下侧面方形端盖后,能清楚地观察到啮合副的工作情况,更换星轮或轴承时不需打开机壳,不影响压缩机及管路系统的安装定位,因而维修方便。

机壳材料通常采用灰铸铁HT200或HT250,对于喷水压缩机的机壳,也有采用铸造青铜或灰铸铁镀镍磷的。目前市场上大部分的单螺杆压缩机都采用整体式机壳。

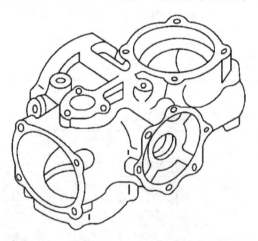

图4-25　单螺杆水润滑空气压缩机主机结构

(2)螺杆。

螺杆的进气端有一倒角,以增大进气的流通面积,排气端有一圆柱段,以密封高压气体。

为进一步提高密封效果,有时在圆柱段上开有起节流作用的环形齿槽。

图 4-26 为外形无倒角的圆柱形螺杆,其内倒锥使原来的径向、轴向进气变为单纯的轴向进气。这种螺杆两端外形完全对称,便于加工、测量和定位。

因为螺杆不受任何径向力,齿槽深度又随齿槽压力增高而减小,螺杆材料的选择,不是根据它的强度而是根据它与星轮之间的摩擦系数进行选择。常用的螺杆材料有灰铸铁、球墨铸铁、铸铝合金及青铜等。球墨铸铁具有良好的尺寸稳定性,理想的表面粗糙度及较低的摩擦因数。青铜的摩擦因数低,但不适用于以氨为工质的制冷机中。铝合金代替青铜可节省成本,降低重量,而耐磨性则下降。

(3)星轮。

星轮的结构主要有整体式、浮动式和弹性式三种。整体星轮将星轮片和支架制成一体,它们可以是同一材料,也可以在金属支架上模压一层塑料。这种星轮结构简单,没有任何附加零件。

浮动星轮(见图 4-27)由星轮片 2 和支架 4 组成,两者由一个带有 O 形橡胶圈 1 的销钉 3 连接。采用浮动星轮后,靠 O 形橡胶圈的弹性,星轮片可相对于支架有微小的相对转动。由于制造误差(特别是分度误差)和装配误差的存在,星轮会在啮合过程中被加速或减速。采用浮动星轮后,仅星轮片产生加速或减速,由于它的质量小,惯性小,使星轮齿与齿槽之间的作用力减小,从而减少磨损。特别是在压缩机启动阶段,星轮与齿槽之间的润滑油膜尚未建立,星轮受到螺杆的冲击而获得速度,采用浮动星轮可缓解这种冲击,提高星轮寿命。

已有研究指出,螺杆、星轮啮合处(图 4-6 中泄漏通道 L_2、L_4)产生的泄漏,约占总泄漏量的 40%。螺杆和星轮几何形状复杂、材料不同,不均匀的热膨胀将使啮合副之间的间隙偏离设计值,使通过其间的泄漏量难以控制。弹性星轮就是为解决这个问题而设计的。如图 4-28 所示,弹性星轮的每一个齿都做成单独的弹性镶嵌齿,每个镶嵌齿包括固定块 2、活动块 1 和固定块尾部的弹簧 3。固定块底部有两个销子,其中大销 4 将固定块 2 固定在铸铁支架 6 上,小销 5 用于固定块对中。活动块 1 有一部分被固定块 2 盖住(见图 4-29),防止它

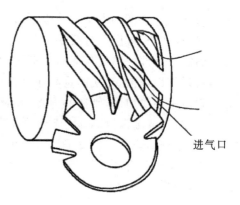

进气口

图 4-26　圆柱形螺杆

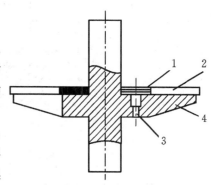

1—橡胶圈;2—星轮片;3—销钉;4—支架

图 4-27　浮动星轮

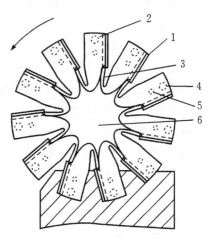

1—活动块;2—固定块;3—弹簧;
4—大销;5—小销;6—支架

图 4-28　弹性星轮

抬起来,固定块和活动块装在支架上,构成星轮的前、后侧工作面。

镶嵌齿的密封作用与活塞环相似。起密封作用的力有三个:弹簧力、离心力和气体压力。固定块尾部的弹簧与活动块衔接,并以一定的推力将活动块推向齿槽壁。离心力不一定起密封作用,若活动块的重心通过弹簧中心线及星轮回转中心,则离心力被平衡掉;若重心在弹簧中心线前面,则离心力将活动块压向齿槽壁。如图 4-29 所示,活动块与固定块间有一缝隙,当缝隙深度 A 大于密封线(接触线)深度 B 时,齿槽内的气体力对活动块产生的推力,大于气体通过齿槽壁泄漏所产生的反力,因而获得可靠的密封推力,并随着齿槽内气体压力的变化而自动调整,但缝隙 A 将增加啮合副的泄漏。弹性星轮的主要缺点是结构复杂,制造困难。

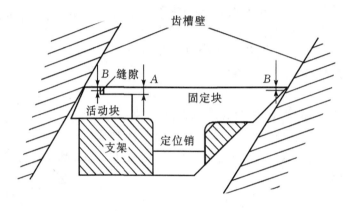

图 4-29 镶嵌齿的剖面图

整体星轮的材料主要是球墨铸铁。浮动星轮的支架可用一般灰铸铁。星轮片常用工程塑料或纤维玻璃/环氧层压材料,也可在铸钢件外表面模压一层尼龙或酚醛树脂。这些材料与铸铁配对时摩擦因数小,在短时间内不喷液情况下也不会损坏,其热导率要比金属小得多,且还有利于降低噪声。目前,市场上大部分的星轮片都采用 PEEK 作为材料,它具有耐高温和耐磨自润滑特性。

(4)轴承与轴封。

单螺杆压缩机螺杆轴和星轮轴上的作用力小,可以选用普通级别的滚动轴承。通常,在螺杆的一端采用圆柱滚子轴承,另一端布置一对角接触球轴承,有时亦可采用调心球轴承代替角接触球轴承。星轮轴可选用圆柱滚子轴承和一对角接触球轴承,有时亦选用一对圆锥滚子轴承代替角接触球轴承。轴承选取时,应结合啮合副的设计间隙考虑轴承的径向、轴向游隙。

对于不喷油的单螺杆压缩机,各轴承用油脂或专用油泵供油,并用磁性密封盖防护或采用轴封将其隔离。喷水的单螺杆空气压缩机,需采用轴封将螺杆轴承隔离。星轮轴承则可采用陶瓷轴承,亦可采用喷水轴承。图 4-30 所示为星轮轴的喷水轴承,它由镀铬动圈和碳/石墨静圈组成。经过冷却、过滤的循环水,由轴承进水口进入上、下两个轴承,从轴承流出的水进入不锈钢制成的水气分离器和储存器。这种轴承不需密封,但应注意水的冷却和喷水量,以免轴承温度过高。

布置轴承时还应当考虑润滑油中的杂质、磨屑不会在轴承中堆积,减短轴承寿命。

当螺杆直径较大、排气压力较高时,螺杆受到高压端气体的轴向力不能忽略(将高压端与

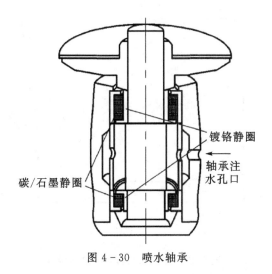

图 4 - 30　喷水轴承

低压端连通使螺杆受力平衡并不一定是一个经济的选择),应按照排气压力作用在螺杆轴截面上,对轴承进行寿命校核。对于星轮轴承,星轮齿面受到周期性的气体力,并形成周期性的弯矩,因此有必要对星轮轴承按照动力计算获得的轴向力和径向力进行寿命校核。

　　开启式单螺杆压缩机螺杆轴的动力输入端与机壳或端盖间的间隙,是压缩机外泄漏的主要部位。对于空气压缩机,一般采用带钢丝的密封环;对于密封要求高的制冷机,通常采用如图 4 - 31(a)、(b)所示的"推进式"和橡胶波纹管式机械密封。它们在受到实际载荷、力和热的作用后,动环和静环端面产生微观变形,使密封恶化而失效。图 4 - 31(c)所示的金属焊接波纹管式机械密封,自用作制冷压缩机的轴封后,上述问题得以解决。这种密封靠波纹管的弹性给密封施加推力。其特点:①消除了动环下 O 形密封圈所产生的迟滞作用,使密封端面受力小而均匀,液力平衡性好;②波纹管的隔离作用,使轴免受侵蚀或微磨损,即使在边界润滑条件下,密封端面的磨损也很轻微,因而使用寿命长;③径向尺寸小,适用于现有的各种压缩机。图 4 - 32 为三种机械密封泄漏率与工作时间的关系曲线,说明金属波纹管具有很大优越性。

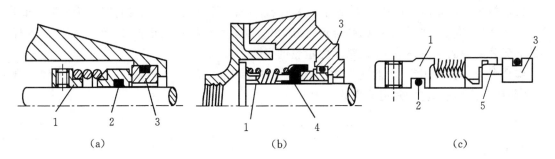

　　　　（a）　　　　　　　　　　　　（b）　　　　　　　　　　　（c）

1—动密封座;2—辅助密封;3—静环;4—橡胶波纹管;5—动环石墨嵌体

图 4 - 31　机械密封

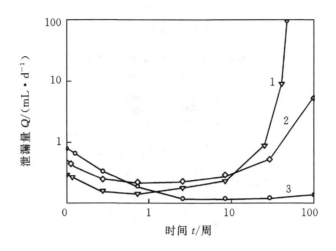

1—推进式；2—橡胶波纹管；3—金属波纹管

图 4-32　三种机械密封的比较

4.3.2　主要结构参数

1.螺杆头数与星轮齿数

螺杆的头数（即齿槽数）z_1 与所要达到的压力比、容积利用率相关。头数越多，可达到的压力比越大，但基元容积减小，容积利用率下降。当压力比为 3～4 时，可采用 $z_1=4$ 的螺杆；压力比为 7～10 时，可采用 $z_1=6$ 的螺杆；如采用 $z_1=8$ 的螺杆，或采用新发展的其它设计，还可以获得 10～16 的压力比。螺杆头数越多，齿槽与齿槽之间的槽肋占据的容积越大，相应的齿槽容积所占比例越小。因此，只要压比能满足要求，应该优先选取较小的 z_1。由于齿槽数改变后相应的加工设备亦要改变，一般厂家都首先通过缩小排气孔口实现更高压力比。

星轮齿数 z_2 与螺杆头数 z_1 应互为质数，以便星轮齿与齿槽交替啮合。这样，齿槽与星轮齿之间没有特殊的配对要求，便于安装和加工；交替啮合可使磨损后的星轮齿与齿槽之间间隙均匀。

选取较少的星轮齿数可使其直径缩小，从而减小机器外形尺寸。当螺杆头数为 6 时，如星轮选用 7 个齿，将使星轮与螺杆的啮合角接近 180°，以致无法配置星轮轴，因此，下一个与螺杆头数 6 无公约数的最小整数 11 便被定为星轮的齿数。

综合考虑容积利用率、所能达到的压比范围以及装配空间等要求，$z_1=6$，$z_2=11$ 较为合适，一般称其为标准组合，并定义齿数比为

$$P = \frac{z_2}{z_1} \qquad\qquad (4-8)$$

2.中心距

如图 4-33 所示，中心距 A 是指螺杆轴与星轮轴之间的距离，它与螺杆直径 d_1、星轮直径 d_2 有关，取决于星轮齿啮入齿槽的深度（即星轮齿垂直于螺杆时，啮入部分的长度）。螺杆和星轮直径一定时，星轮齿啮入深度增加则齿槽宽度减小，但是齿槽长度却相应地增加，因此存在一个最佳啮入深度，此时齿槽容积为最大值。计算结果显示，当相对啮入深度（啮入深度与螺杆半径的比值）为 0.65 左右时，螺杆齿槽容积最大，此时 $A=0.68d_1$，但啮入深度过大时，将使

星轮轴的最大允许直径变小,造成星轮轴刚度不足且难以布置。实际工程中通常取相对啮入深度为 0.4,此时 $A=0.8d_1$。在保证星轮轴刚度和装配空间的情况下,可适当减小中心距 A。

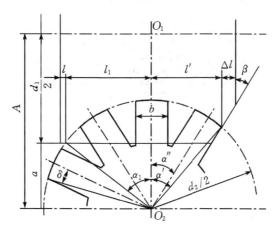

图 4-33 单螺杆压缩机啮合副的几何关系

在保持螺杆直径 d_1 和中心距 A 不变的情况下,增加星轮直径 d_2 亦可增加齿槽容积。但是星轮直径增大后,星轮齿啮入齿槽的面积增加,作用于星轮的气体力增大,使星轮轴承处的支反力增大,通常取 $d_2=(1\sim1.1)d_1$。另外一方面,星轮直径增大后,啮入齿槽部分长度增加,星轮的装配难度增大。

将通过螺杆轴线并垂直于星轮轴的平面称为啮合副的中性面,上述几何关系即将啮合副在中性面投影获得。

3. 啮合角

星轮齿从啮入螺杆齿槽开始到完全脱离齿槽为止,星轮所转过的角度称为啮合角 a_t。对于标准组合,同时啮合的齿、槽通常为 3 齿 2.5 槽,如图 4-34 所示。

根据同时处于啮合状态的齿槽数,可知

$$a_t = 3\times2\delta+2.5\varphi \tag{4-9}$$

式中:δ 为星轮齿宽半角,$\delta=\arcsin\left(\dfrac{b}{d_2}\right)$,$b$ 为星轮齿宽;φ 为螺杆槽宽角,$\varphi=\gamma-2\delta$,星轮分度角 $\gamma=360°/11\approx32.73°$,而通常 $\delta\approx8°$,故通常 $a_t\approx90°$。

4. 星轮齿宽

星轮齿宽 b 的大小与螺杆齿槽容积及螺杆外缘螺杆槽肋的轴向最小长度 ε 相关。为提高容积利用率增加齿槽容积,应增大星轮齿宽 b,但螺杆槽肋轴向最小长度 ε 则相应减小。为保证齿槽与齿槽之间的气密性以及槽肋的强度,ε 值不可过小,通常取

$$\varepsilon = \xi d_1 \tag{4-10}$$

根据如图 4-34 所示星轮齿与螺杆齿槽之间的几何关系,有

$$b = 2a\sin\frac{\gamma}{2} - \varepsilon\cos\frac{\gamma}{2} \tag{4-11}$$

式中:ξ 为齿宽系数;a 为星轮轴线至螺杆外缘的距离。

齿宽系数 ξ 的取值以获得较大的齿槽容积、合适的槽肋强度以及星轮强度为准,计算及试验表明,$\xi=0.014\sim0.025$ 时能取得较满意的综合效果。

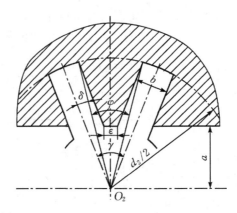

图 4－34　星轮齿与螺杆齿槽的几何关系

5. 螺杆轴向尺寸

螺杆排气侧轴向长度

$$l_1 = \frac{d_2}{2}\sin\alpha_1 \qquad (4-12)$$

式中：α_1 为排气侧啮合角，如图 4－33 所示，$\alpha_1 = \arccos\left[\dfrac{2a}{d_2}\right]$。

为使齿槽进气充分，在螺杆的进气端倒一锥角 b，实现螺杆齿槽的轴向进气，这使螺杆进气侧的轴向长度 l' 小于 l_1，即进气侧啮合角 $\alpha' < \alpha_1$。显然，α' 越小，进气端轴向进气面积越大，但最大基元容积减小。因此，应在满足充分进气的要求下，选取较大的进气侧啮合角 α'。一般取进气侧啮合角 $\alpha' = 0.7\alpha_1$，则

$$l' = \frac{d_2}{2}\sin\alpha' \qquad (4-13)$$

螺杆进气侧端面与进气口的轴向距离为 Δl，减小进气端口流动阻力，Δl 可取为 0。

螺杆排气侧设一段圆柱形密封段，以防止或减少齿槽内高压气体的泄漏，排气侧轴向长度可取

$$l = (0.1 \sim 0.15)d_1 \qquad (4-14)$$

螺杆总轴向长度 L 为

$$L = \Delta l + l' + l_1 + l \qquad (4-15)$$

6. 封闭角

星轮齿封闭齿槽构成最大基元容积时，该星轮齿中心线所在的角位置称为封闭角 α''。封闭角 α'' 与螺杆进气侧啮合角 α' 及进气侧倒角 β 相关，如图 4－35 所示。

当 $\beta = \alpha' - \delta$ 时，即图 4－35(a)，星轮齿后侧通过螺杆外缘 P 点时，齿后侧边与倒角锥面母线重合，形成封闭容积，此时封闭角为

$$\alpha'' = \alpha' - \delta \qquad (4-16)$$

当 $\beta < \alpha' - \delta$ 时，即图 4－35(b)，星轮必须转动至齿后侧通过 P' 点才能形成封闭容积，此时封闭角与式(4－16)相同。

当 $\beta > \alpha' - \delta$ 时，即图 4－35(c)，星轮齿后侧通过螺杆外缘 P 点时形成封闭容积，而星轮齿后侧齿顶处早已通过 P' 点，可知此时 $\alpha'' < \alpha' - \delta$，由几何关系求得封闭角为

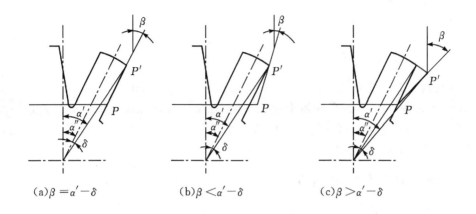

(a)$\beta=\alpha'-\delta$　　　　　(b)$\beta<\alpha'-\delta$　　　　　(c)$\beta>\alpha'-\delta$

图 4-35　α'' 与 α' 和 δ 的关系

$$\alpha''=\arctan\frac{l'+(a-\sqrt{R_2^2-l'^2})\tan\beta}{a}-\arcsin\frac{b}{2\sqrt{a^2+[l'+(a-\sqrt{R_2^2-l'^2})\tan\beta]^2}}$$

$$(4-17)$$

一般取 $\beta=\alpha'$，根据式(4-17)确定封闭角。

　　7. 封闭螺旋线与排气孔口

　　单螺杆压缩机气缸(机壳)内壁面为圆柱面。螺杆进气端的倒角使螺杆齿槽实现了轴向和径向进气。为增大径向进气面积，通常将气缸壁面设计成阶梯形，使处于齿槽外缘封闭螺旋线前(进气侧)那部分"外凹"。将气缸内壁设计为阶梯形还可减少气缸与螺杆之间的密封面积，从而减小了螺杆克服润滑油所需的摩擦功。

　　所谓封闭螺旋线是指星轮齿将齿槽封闭形成基元容积时，齿槽的右侧(螺杆)外缘的螺旋线。若令星轮转角 $\alpha_2=-\alpha''$ 时，则有封闭螺旋线的方程可表示为

$$\begin{cases} y=a\tan\alpha_2-\dfrac{b}{2\cos\alpha_2} \\[2mm] S=P\dfrac{d_1}{2}(\alpha_2+\alpha'') \end{cases} \quad -\alpha''\leqslant\alpha_2\leqslant\alpha_b \quad (4-18)$$

式中：α_2 为星轮转角；y 为螺旋线沿螺杆轴向的位置；α_b 为星轮齿右侧脱离齿槽时星轮的转角，通常 $\alpha_b=\alpha_1+\delta$；P 为啮合副传动比，即齿数比，如式(4-8)所示。

　　根据上式可求得封闭螺旋线方程如图 4-36 所示。实际工程中，为保证气密性，一般将封闭螺旋线稍向进气侧移动。

　　单螺杆压缩机的排气孔口根据工作过程确定。根据排气压力 p_d 求得对应的星轮转角 α_{2d}，即排气孔口的起始转角位置，可得

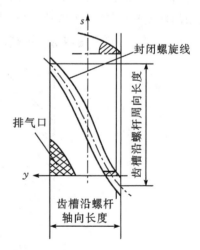

图 4-36　螺杆齿槽螺旋线展开图

$$\begin{cases} y = a\tan\alpha_2 + \dfrac{b}{2\cos\alpha_2} \\ S = P\dfrac{d_1}{2}(\alpha_2 - \alpha_{2p}) \end{cases} \quad \alpha_{2d} \leqslant \alpha_2 \leqslant \alpha_a \qquad (4-19)$$

式中：α_a 为星轮齿左侧脱离齿槽时的星轮转角。由式（4-19）可得排气孔口形状。

显然，啮合副的型面不同，螺杆齿槽形状不同，螺杆外缘的螺旋线形状亦不同。因此，式（4-18）、式（4-19）仅适用于直线包络啮合副。对于其它型面啮合副的封闭螺旋线方程和排气孔口形状可根据其型面方程获得。

4.3.3　容积流量与气量调节

单螺杆压缩机的实际容积流量为

$$V = \eta_v V_{th} \qquad (4-20)$$

式中：η_v 为容积效率，其值为 0.75～0.98，一般转速低、排气量小、压比高（或排气压力高）的压缩机容积效率稍低，转速高、排气量大、压比低（或排气压力低）的机器容积效率高；V_{th} 为理论排气量，m^3/min，可由下式计算

$$V_{th} = 2nz_1 V_t \qquad (4-21)$$

式中：n 为螺杆转速，r/min；V_t 为星轮齿封闭齿槽时的最大基元容积，m^3。

由式（4-21）知，计算单螺杆压缩机容积流量的关键在于计算星轮齿封闭齿槽时的最大基元容积。

1.最大基元容积

最大基元容积即从星轮齿与齿槽形成封闭容积开始至脱离齿槽，星轮齿面所扫过的体积。根据几何学，可采用积分的方法计算这一最大基元容积。按照星轮齿前、后侧是否同时与齿槽啮合，将最大基元容积分成两部分计算，如图 4-37 所示。从星轮齿转角为 α''、刚好与齿槽形成封闭容积开始，至星轮齿转角为 $\alpha_1-\delta$，齿前侧刚好脱离齿槽止，为第一部分。形成这一部分容积时，星轮齿前、后侧均啮入齿槽。从齿前侧刚好脱离齿槽开始至星轮齿全部脱离齿槽止，

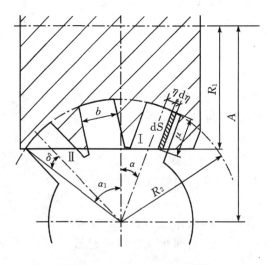

图 4-37　最大基元容积计算

为第二部分。形成这一部分容积时,星轮齿前侧已经脱离齿槽。

(1)第一部分容积的计算。

当星轮齿转角为 α 时,在其齿面取一平行于星轮齿的长方形微元面积 dS,如图 4-37 所示。设这一微元面积的宽度为 $d\eta$,且微元距离星轮齿对称线的距离为 η,可根据几何关系求得此时微元的长度 μ 为

$$\mu = \sqrt{R_2^2 - \eta^2} - \eta\tan\alpha - \frac{A - R_1}{\cos\alpha} \tag{4-22}$$

此时微元面积为

$$dS = \mu d\eta$$
$$= \left(\sqrt{R_2^2 - \eta^2} - \eta\tan\alpha - \frac{A - R_1}{\cos\alpha} \right)d\eta \quad -\frac{b}{2} \leqslant \eta \leqslant \frac{b}{2} \tag{4-23}$$

为保证微元在齿面内,η 的取值范围为 $-b/2 \leqslant \eta \leqslant b/2$。

当星轮齿转动 $d\alpha$ 角后,该微元面积扫掠成一微元体积,如图 4-38 所示。这一微元体积可看成是一长方体,长方体的高 h 为

$$h = \frac{R_1 + R}{2}d\varphi \tag{4-24}$$

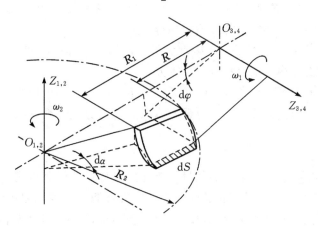

图 4-38　计算基元容积时的微元体积

式中:$d\varphi$ 为螺杆转动的角度,$d\varphi = Pd\alpha$;R 为螺杆轴至微元最近处的半径,根据星轮与螺杆的几何关系可得

$$R = A - \sqrt{R_2^2 - \eta^2}\cos\alpha + \eta\sin\alpha$$

故得这一微元的体积为

$$dV_1 = dS \cdot h$$
$$= P\left(\sqrt{R_2^2 - \eta^2} - \eta\tan\alpha - \frac{A - R_1}{\cos\alpha} \right)\frac{R_1 + A - \sqrt{R_2^2 - \eta^2}\cos\alpha + \eta\sin\alpha}{2}d\eta d\alpha$$

将上式在星轮齿转角 α 在 $(-\alpha'', \alpha_1 - \delta)$ 范围内积分可得第一部分容积为

$$V_1 = \int_{-\alpha''}^{\alpha_1 - \delta} \int_{-\frac{b}{2}}^{\frac{b}{2}} \frac{R_1^2 - \left(A - \sqrt{R_2^2 - \eta^2}\cos\alpha + \eta\sin\alpha\right)^2}{2\cos\alpha}Pd\eta d\alpha \tag{4-25}$$

（2）第二部分容积的计算。

计算第二部分容积时所取的微元面积与微元体积与第一部分容积计算相同。但由于此时星轮齿前侧已经脱离齿槽，η 的取值范围变为

$$-\frac{b}{2} \leqslant \eta \leqslant R_2 \sin(\alpha_1 - \alpha)$$

可得第二部分容积为

$$V_2 = \int_{\alpha_1 - \delta}^{\alpha_1 + \delta} \int_{-\frac{b}{2}}^{R_2 \sin(\alpha_1 - \alpha)} \frac{R_1^2 - \left(A - \sqrt{R_2^2 - \eta^2}\cos\alpha + \eta\sin\alpha\right)^2}{2\cos\alpha} P\,d\eta\,d\alpha \qquad (4-26)$$

综上所述，最大基元容积为

$$V_t = V_1 + V_2 \qquad (4-27)$$

前述积分均可通过解析方法求解，但形式比较复杂。利用数值方法，可以很容易地求得最大基元容积。

经模拟计算表明，在中心距 $A = 0.8d_1$ 的条件下，最大基元容积也可按下式估算

$$V_t = (0.0286 \sim 0.1622\xi)d_1^3 \qquad (4-28)$$

式中：ξ 为齿宽系数，一般 $\xi = 0.014 \sim 0.025$。

压缩机设计时可根据式（4-21）和式（4-28）初步计算螺杆直径 d_1，然后选择其它主要几何参数，最后根据实际选择参数核算压缩机的排气量。

将式（4-25）或式（4-26）的积分上限取为星轮齿的实时转角 α，则可用于计算任意转角时的基元容积，对压缩机的内压缩过程进行计算分析。

前述计算中，仅考虑了齿形角 $\delta_c = 0$ 的情况。当 $\delta_c \neq 0$ 时，仍可以采用与本节相同的积分法求得最大基元容积，但微元面积的长及微元体积的高为分段函数，需进行分段积分，读者可自行求解。

2.气量调节

随着节能要求越来越高，压缩机的气量调节已愈来愈多地受到重视。根据式（4-21），可以通过改变电机转速和最大基元容积实现压缩机的气量调节。当压缩机的进气压力下降时，气体密度下降，压缩机的质量流量降低，故通过吸气节流降低进气压力亦能实现气量调节。另外，开、停机也是一种气量调节的方式，但频繁地停、开机将加剧星轮齿的磨损，这种方式通常不被单螺杆压缩机单独采用。

单螺杆压缩机的气量调节可采用吸气节流，转速调节，进、排气管联通和改变最大基元容积等方式。各种气量调节方式的成本不同，往往还影响到压缩机的效率。因此，需要综合考虑用户特点和经济性要求采用合适的气量调节方式。例如，移动式单螺杆空气压缩机，常选用设备成本相对较低的吸气节流的调节方式，而单螺杆制冷压缩机则常采用经济性较好的滑阀调节方式。

（1）吸气节流。

在压缩机进气管道安装阀门，当压缩机满负荷时，阀门全开；当压缩机需部分负荷运行时，阀门部分打开直至关闭。当阀门开度减小时，节流效应使压缩机进气口的压力下降，压缩机进气的质量流量减小使压缩机的排气量减小，实现气量调节的目的。

吸气节流的优点在于装置简单、控制方便，但其缺点是压缩机在部分负荷工况下效率低，图4-39所示为压缩机排气量与功率的关系。理想情况是当所需压缩机的排气量下降时，其耗功亦按比例下降，如图中理想直线所示。但采用吸气节流的调节方式时，耗功随着排气量降

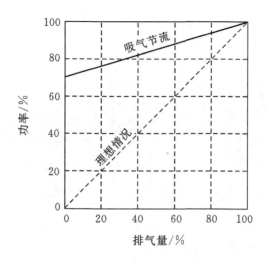

图 4 - 39　压缩机排气量与功率之间的关系(采用吸气节流调节气量)

低的比例要比理想情况小得多。

吸气节流后,排气量下降,压缩机的耗功自然下降。但随着进气压力下降后,压缩机的实际压比增大,单位质量流量的耗功却上升。因此,吸气节流调节气量时,压缩机的效率比理想情况要低。

因吸气节流的设备成本低、控制容易,单螺杆空气压缩机常采用这一调节方式。

(2)转速调节。

转速调节是经济性最好的一种调节方式,压缩机的效率随着排气量的下降略有降低,并能在很大范围内保持基本不变。但转速调节对压缩机的原动机要求较高,特别是在大多数应用场合,压缩机均采用交流电机驱动,需使用变频电机调节,而大功率的变频电机造价较高,故较少采用。

(3)进、排气管联通。

在压缩机的进、排气管之间安装联通阀,当排气压力超过设定值后联通阀打开,排气回流至压缩机进气口(或排入大气中)。这可以很容易地实现压缩机的气量调节且不改变压缩机结构,但压缩机的实际流量未变,节能效果差,故一般仅适用于排气压力较低的场合。

通常可将吸气节流与进、排气管联通的方式联合使用,气量调节比例较小时采用进、排气管联通的方式,气量调节比例增大后采用吸气节流的方式,如图 4 - 40 所示。

调节器的左、右侧有橡胶薄膜 1、2。储气罐是与图中 A 室相通的,所以 A 室压力等于储气罐的压力。当使用空气量低于压缩机排气量时,储气罐压力(亦即 A 室压力)上升,该压力超过额定值时,橡胶薄膜 1 在气体压力作用下使弹簧 G 向右方收缩。这样一来,针阀 U 被打开,A 室的压缩空气经针阀 U 流入 L 室;同时,L 室的空气经喷嘴 K 喷入压缩机的进气中。当针阀开度增加时,进入 L 室的气量将高于经喷嘴流出的空气量,致使 L 室压力逐渐上升,克服弹簧 J 的弹力,橡胶薄膜 2 向左方移动,关小阀 M 的开度,压缩机吸气节流吸入。当实际使用空气量进一步减少时,储气罐压力更高,使 L 室压力增加,最终完全关闭阀 M,压缩机停止吸气,达最低负荷状态。

这种调节器安装在进气管上,与储气罐联通,并不影响主机结构,可实现 0~100% 的自动无级调节,但其经济性较差,适用于气量经常变动的空气压缩机组。

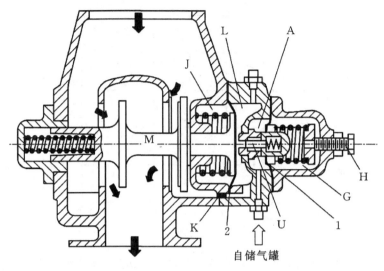

图 4-40　薄膜式气量调节器

（4）变基元容积调节。

对于几何参数已定的单螺杆压缩机，星轮齿封闭齿槽时的最大基元容积是固定的。星轮齿封闭齿槽的时刻亦即气体开始被压缩的时间。通过某种机构，改变星轮齿封闭齿槽的时间（位置），改变齿槽内气体开始被压缩的时间（位置），就可以改变齿槽内的最大基元容积，从而完成气量调节。星轮齿封闭齿槽的时间与气缸内封闭螺旋线的位置有关，当封闭螺旋线固定在气缸内时这一时间也是固定的。如果在螺杆与气缸之间设置一"滑块"，并将部分封闭螺旋线设置在"滑块"上，就可以移动"滑块"，实现齿槽的延迟封闭。

当齿槽延迟封闭，最大基元容积变小后，压缩机的内容积比 ε_v（开始压缩时的基元容积与压缩终了时的基元容积之比）将变小。这是因为此时排气孔口大小和位置均未发生变化，压缩机开始排气时的基元容积未变，而压缩机开始压缩时的最大基元容积已经因延迟封闭而缩小。在排气压力（压比）不变的情况下，这将导致欠压缩。与排气孔口联通瞬间，基元容积内的实际压力低于排气压力而致使排气"倒流"，这使压缩机的效率下降。压缩机内容积比 ε_v、压比与效率的关系如图 4-41 所示。

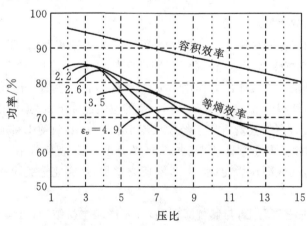

图 4-41　压缩机内容积比、压比及效率之间的关系

如图 4-41 所示,当内容积比变小后,维持压比不变,则压缩机的效率下降。为维持压缩机的效率和压比不变,则需维持内容积比不变。这可以通过改变排气孔口位置,延迟排气位置,减小排气时的基元容积实现。如果将前文所述"滑块"一端通过封闭螺旋线处,另一端通过排气孔口,在移动"滑块"、齿槽延迟封闭的同时,缩小排气孔口延迟排气时间,则有可能维持内容积比不变,实现气量调节的同时保持压缩机的效率基本不下降。

目前常见的通过变基元容积调节气量的调节器可分为转动环式和滑阀式两种,其"滑块"分别是沿螺杆圆周方向和轴向滑动的。滑阀还可以分为(单)滑阀式和双滑阀式,其中双滑阀将滑阀分为容量调节阀与内容积比调节阀,各自单独控制。

转动环式气量调节器的结构如图 4-42 所示,可在 $10\%\sim100\%$ 范围内实现气量的无级调节。转动环是介于螺杆与气缸间的一个同心圆环,位于排气侧,其圆周上开一对矩形缺口 1 和一对三角形缺口 3,借助齿轮传动来改变其周向位置。转动环上的矩形缺口控制气缸壁上的旁通口(它与吸气腔连通),三角形缺口控制气缸壁上的排气口 4。

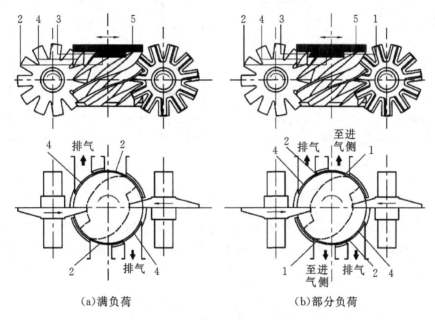

(a)满负荷　　　　　　　　　　(b)部分负荷

1—矩形缺口;2—圆环块;3—三角形缺口;4—排气口;5—转动环体
图 4-42　转动环式气量调节器

如图 4-42(a)所示,当排气满负荷时,圆环块 2 将旁通口全部盖住,三角形缺口使排气口全部打开,整个工作容积内的气体被压缩至排气压力时由排气口排出。转动环处于图 4-42(b)所示部分负荷位置时,矩形缺口与旁通口局部相通,另一侧的三角形缺口则将排气口盖住一部分。这使齿槽内原来应被压缩的一部分气体自旁通口回流至进气腔,直到齿槽转过一定角度越过打开的旁通口被封闭后,气体才开始被压缩,最后由排气口排出。这样,推迟了齿槽内气体开始压缩的时间,使被压缩气体减少,因而排气量也相应减少。由于矩形缺口和三角形缺口在转动环上是一整体,故开始压缩的时间和开始排气的时间同时被推迟,因而内容积比能在一定范围内保持不变。

设计转动环时需确定矩形缺口和三角形缺口在转动环上的相对位置。三角形缺口的起始位置由开始排气时星轮的转角 α_{2d} 确定；矩形缺口的起始位置则取决于旁通口的起始位置，在压缩机满负荷运行时，二者的起始边应重合。旁通口的起始位置与气量调节范围有关。

滑阀式气量调节器的工作原理如图 4-43 所示。滑阀安装在具有半圆槽孔的气缸壁（未画出）上，由于两个星轮同时与螺杆齿槽形成压缩腔，故在螺杆两边对称布置一对滑阀。当滑阀满负荷向部分负荷方向移动时，旁通口被打开，齿槽内气体就向进气口回流，当齿槽越过旁通口后，齿槽内气体才开始被压缩，从而减少了排气量。同时，在滑阀另一端的排气孔口边界也相应移动，这使压缩机的排气孔口变小、内容积比保持基本不变。滑阀式气量调节器可在 10%～100% 范围内无级调节气量。

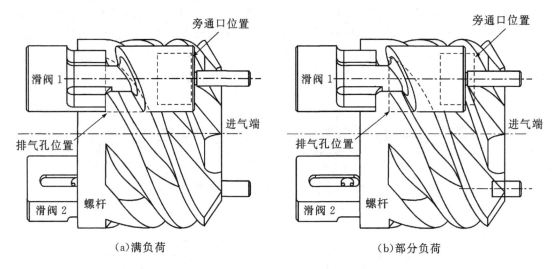

（a）满负荷　　　　　　　　　　　　　（b）部分负荷

图 4-43　滑阀式气量调节器工作原理

图 4-44 示出滑阀调节器的典型结构。滑阀 4 的移动靠油缸 3 中的活塞 5 带动，当高压油进入活塞左侧油缸内，活塞右移，活塞右侧油缸内的油外流，经回流通道进入吸入口，此为加

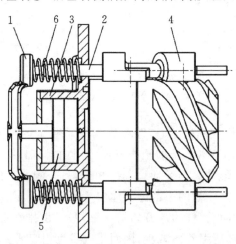

1—支架；2—连接杆；3—油缸；4—滑阀；5—活塞；6—弹簧

图 4-44　滑阀式气量调节器的结构

载过程。减载时,高压油进入活塞右侧油缸,活塞左移,活塞左侧油回流至吸入口。油路一般用四通阀或电磁阀控制。若在活塞上连接指示棒,则可指示能量调节的大小(图中未画出)。

转动环和滑阀调节气量的原理是一样的,在设计时关键在于确定旁通口的位置,它与调节范围和内容积比的变化有密切关系。由于排气孔口的长度和宽度是有限的,因此滑阀可调节的位移量也是有限的。如图 4-45 所示,当旁通口的起始边与封闭螺旋线相交于 N 点时,气量调节范围最小,但调节过程平稳,可以实现连续调节。当旁通口起始边向下移动 ds(转动环)或向左移动 dy(滑阀)距离时,气量调节范围增大,但调节过程产生突跳,即排气量从 100% 突然降到 ds 或 dy 处的排气量。只有当封闭螺旋线越过突跳点后,气量才可以连续调节。ds 或 dy 值越大,调节范围越大,突跳量也越大,当 ds 或 dy 值大于齿槽宽度时,还会产生过压缩。

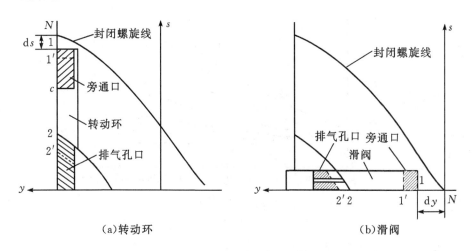

图 4-45　气量调节范围的变化

尽管这两种气量调节器都能延迟排气开始时间,但调节器动作后的内容积比,即旁通口关闭时的基元容积与排气开始时的基元容积之比,并不能完全保持不变。由于单螺杆压缩机中基元容积随星轮转角(或螺杆转角)的变化速率在压缩开始和排气开始时不同,即推迟相同的时间(转角度数),基元容积变化值的比例和原内容积比不同。这导致调节器动作之后的内容积比与原内容积比有一差值,且延迟的时间越多,即气量调节比例越高,这一差值越大。显然,当旁通口起始边位置 ds 或 dy 不同时,内容积比的变化亦不相同,如图 4-46 所示。

比较转动环沿螺杆周向和滑阀沿轴向移动的区别,注意到转动环转动一定距离 Δs 后,压缩与排气开始的延迟时间是相等的,而滑阀滑动一定距离 Δy 后,压缩与排气开始的延迟时间不相等。图 4-46 显示,滑阀调节后的内容积比变化要小于转动环。因此,在目前的单螺杆制冷压缩机中,较多地采用滑阀式气量调节器。

根据图 4-41 与图 4-46 可知,如果滑阀移动时,其进气侧的移动距离与排气侧的移动距离不同,就有可能实现调节气量的同时保持内容积比不变,从而保持压缩机高效运行。双滑阀即将滑阀分成容量调节阀和内容积比调节阀,容量调节阀通过控制基元容积与旁通口之间缺口的开度来实现气量调节,内容积比调节阀则通过移动排气孔口边界位置改变内容积比。在

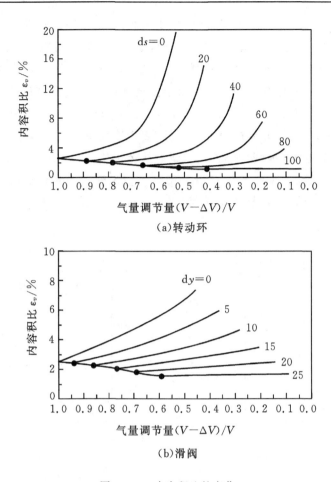

图 4-46　内容积比的变化

（计算依据：螺杆直径 160 mm，满负荷时内容积比为 2.56，转速为 3000 r/min，最大排气量为 3.1 m³/min）

单螺杆压缩机中，这两个滑阀并列布置在气缸与螺杆之间的同一个滑阀槽中，两者均沿螺杆轴向往复移动，实现调节作用，各不干扰，所以又可称为"并行滑阀"，其工作原理如图 4-47 所示。满负荷时，容量调节阀 1 和内容积比调节阀 2 均在初始位置，此时进气旁通口 3 被容量调节阀 1 全部挡住；部分负荷时，容量调节阀 1 左移，旁通口 3 被部分打开，内容积比调节阀 2 左移，使排气孔口 4 缩小，保持内容积比不变；当气量不变，排气压力升高时，容量调节阀 1 不动，内容积比调节阀 2 左移，排气孔口 4 缩小，内容积比增大，压比升高。若内容积比调节阀单独右移可降低排气压力。由于容量调节阀和内容积比调节阀的位移量一般是不相等的，需要用齿轮、齿条机构单独控制每个阀门的位置，因此这种双滑阀的调节、控制机构较复杂。但双滑阀可在 10%～100% 范围内调节气量，并将内容积比控制在 1.2～7，目前在空气、工艺气体和空气压缩机中均已有应用。

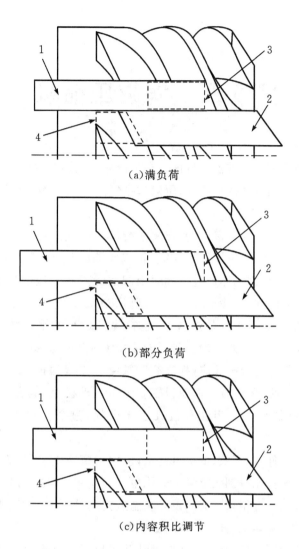

（a）满负荷

（b）部分负荷

（c）内容积比调节

1—容量调节阀；2—内容积比调节阀；3—旁通口；4—排气孔口

图 4-47　"并行"双滑阀的工作原理

第 5 章 涡旋压缩机

涡旋压缩机是一种新型高效的流体机械。它是依靠动、静涡盘的相互啮合形成封闭容积并周期性地变化其大小来实现气体的吸入、压缩和排气过程的。涡旋压缩机属于容积式回转机械。

涡旋压缩机可实现吸气、压缩、排气的连续进行，吸、排气工作腔不直接相连，使得泄漏相对较少，容积效率较高；另外，压缩腔不与吸、排气腔同时相通，不需设置进、排气阀，这既减少了进、排气损失，又可避免气体通过气阀时引起的噪声和相应的振动，也省去了以往往复式压缩机所涉及的易损件，这既减少了由气阀所造成的气体阻力损失，并消除了由于气阀启闭所产生的阀片敲击声和气体爆破声，也提高了运转的平稳性，延长了机器的使用寿命。由于没有气阀，可适用于大范围变转速运行，且对效率影响不大。其吸气过程为主动包容过程，会产生一定吸气增压效应，提高容积效率。连续的排气过程也使排气较均匀，降低了排气阻力损失。多腔室同时工作使得驱动力矩波动极小，其变化幅度仅为往复压缩机和滚动活塞式压缩机的 10%。其工作腔几乎无磨损，整个机器的摩擦损失小，机械效率高。

涡旋压缩机具有零部件少、高效、低噪等优点，但加工精度要求高，适宜大批量生产方式，故在家用和商用空调领域首先得到大批量工业化生产和应用，其次在相近制冷行业和空气压缩领域也得到工业化应用。近年来随着其设计和制造技术的不断完善，其应用领域也在不断扩大，已涉及空气压缩机、液体泵、真空泵及膨胀机等。

涡旋压缩机也涉及型线设计、吸排气孔口设计及气量调节机构设计、润滑系统设计等；不同的是由于结构的特殊性，涡旋压缩机的密封机构和运动机构直接影响其性能，因而密封机构和运动机构的设计至关重要。受篇幅限制，本书将以常用的圆的渐开线为主介绍涡旋压缩机的型线设计、孔口设计，并介绍涡旋压缩机特有的密封机构和防自转机构。在本章的最后概要介绍了涡旋压缩机的特点及应用。

5.1 工作原理及特点

5.1.1 工作原理

涡旋压缩机的主要构件如图 5-1 所示，包括静涡盘、动涡盘、十字滑环（或相位保持机构）、主轴、机架。静涡盘与动涡盘的涡旋体或涡圈一般均采用相同的渐开线构成，两者相向安装，且相位相差 180°。运动涡盘由一个偏心距很小的曲柄轴机构带动绕静盘做平面圆周运动,它们之间的相对位置由安装在动盘和机架之间的十字滑环(或相位保持机构)来保证。图 5－2 为它们结构的立体剖视图,装配后的涡圈其平面上的投影如图 5－3 所示。由此可见,当两涡盘偏心配置时,能同时形成对称的几对月牙形封闭容积。

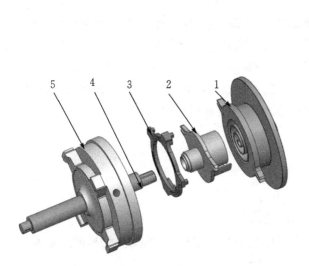

1—静涡盘;2—动涡盘;
3—十字滑环;4—主轴;5—机架
图 5－1 涡旋压缩机主要构件

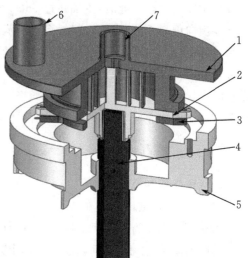

1—静涡盘;2—动涡盘;3—十字滑环;
4—主轴;5—机架;6—吸气口;7—排气口
图 5－2 涡旋压缩机立体剖视图

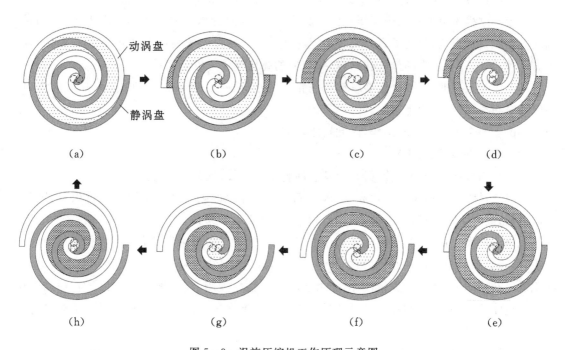

图 5－3 涡旋压缩机工作原理示意图

涡旋压缩机的工作过程如图 5-3 所示。动涡盘在主轴的驱动和十字滑环的相位保持下作平动，吸气口开在静涡盘的外侧面，最外圈的一对工作腔随主轴的转动而逐渐张开，气体随之吸入腔内，进入的气体随转角的增大而增加，进而达到最大，最后形成封闭的月牙形工作腔，完成一次吸气过程。此时，主轴转过 360°。当主轴继续旋转，动涡盘就好像是一个活塞，把气体自外圈向中心推移，也就是接触点沿着涡圈线向中心推移，工作腔容积缩小，气体受到压缩。最后，当两腔室与开在中心的排气孔口相通时开始排气，并直至排气结束，整个排气过程主轴也转过 360°。从图中可以看出，当最外侧吸气腔形成封闭容积开始向中心推进形成一个内工作腔时，另一个新的吸气腔同时又开始形成，并重复上述过程，如此周而复始。因此，涡旋压缩机在每一转中都完成一次吸气-压缩-排气过程，其吸排气过程是连续的。

5.1.2　特点

1.涡旋压缩机的优点

(1)与往复机械比较。

涡旋压缩机作为一种回转机械，与往复机械比较，具有如下优点。

①结构简单，体积小，重量轻。一般作为全封闭空调用压缩机时，涡旋压缩机的主要零部件仅为往复压缩机的 1/10，体积缩小约 40%，重量减轻约 15%。

②工作腔在变化过程中，不与进、排气孔口同时相通，因此不需要设置进、排气阀。这样减少了一组易损件，也减少了正常工作时由于进、排气阀门所造成的流动阻力损失。此外，消除了气阀在启闭过程中所产生的阀片敲击声和气体爆破声，所以噪声和振动都比往复压缩机要低。并且，由于没有气阀，易于实现大范围变转速运行以调节排气量。

③吸气过程无余隙容积中高压气体的膨胀影响，因此容积效率比较高。因为吸气腔和排气腔不相连，中间相隔封闭的月牙形工作容积，所以排气腔内的高压气体不可能进入吸气腔内。而且，通过开设适当的排气孔口，排气腔内的高压气体可以全部排出，不存在无效容积。

④工作腔没有磨损，整个机器摩擦损失相对较小，故机械效率高。工作腔采用间隙密封，一般均喷润滑油，靠油膜来密封。

⑤由于多个工作腔同时工作，因此转矩均匀。

(2)与其它回转机械比较。

涡旋压缩机作为一种回转机械，与其它回转机械比较，具有如下优点。

①吸气过程主轴转角可到达 360°，除滚动活塞压缩机的吸气过程主轴转角可以达到同样数值以外，其它回转机械都不可能达到；而且就工作腔本身来讲，吸气工作腔容积随吸入口面积增大相应增大，而不是像其它回转式压缩机一样属于抽吸，当达到最大值后再慢慢形成封闭容积。因此，相对而言，进气阻力损失小，气流噪声低；而且由于吸气腔形成封闭容积之前，其容积已经开始减少，会吐出少量气体，但由于吸入口也在关闭，往往来不及吐出与容积减少相应量的气体，即形成所谓的吸气增压效应，所以，理论上涡旋压缩机的容积(进气)系数可达到 100%，甚至超过 100%。

②排气过程主轴转角为 360°，这也是其它回转压缩机无法比拟的。因此，排气比较均匀，阻力损失相对较小。

2. 涡旋压缩机的缺点

(1)与大多数回转式机械一样,涡旋机械对零部件的精度要求很高,其形位公差大都处于 $8\sim12~\mu m$ 之间,这样给加工带来了困难。

(2)一般情况下,工作腔无法实施外冷却,压缩过程中热量难以导出,因此宜压缩绝热指数小的气体或进行内冷却。

(3)受涡旋体高度的限制,流量大时涡盘直径必须增大,因此失去了机器的紧凑性。另外,随着不平衡旋转质量的增大,旋转惯性力也相应增大,要求更大的平衡重,这样机器重量增加,所以制造大排量的涡旋机难度大幅增加。

(4)受工作腔密封与零部件强度条件的限制,排气压力不宜过高。

5.2　涡圈型线与结构参数

型线设计是涡旋压缩机的基础,涡旋压缩机的设计计算都是以一定型线为依据的,所以对于涡圈型线人们一直给予高度重视,对型线的理论和实验研究始终没有间断过。涡圈型线的设计与应用和压缩机的性能、空间利用系数、涡旋零件的加工技术以及加工成本等因素休戚相关。

5.2.1　型线方程

涡旋压缩机涡圈型线可以采用螺线、直线渐开线、正多边形的渐开线以及圆的渐开线,如图 5-4 所示。由啮合理论可知,渐开线的共轭啮合型线仍为渐开线,因此涡旋压缩机动静盘型线为相同的渐开线。由于圆的渐开线是一条用无限短的圆弧连接、曲率半径连续变化的曲线,且加工容易,因此涡旋压缩机中较多采用圆的渐开线作为涡旋型线,本书也以圆的渐开线为例介绍。

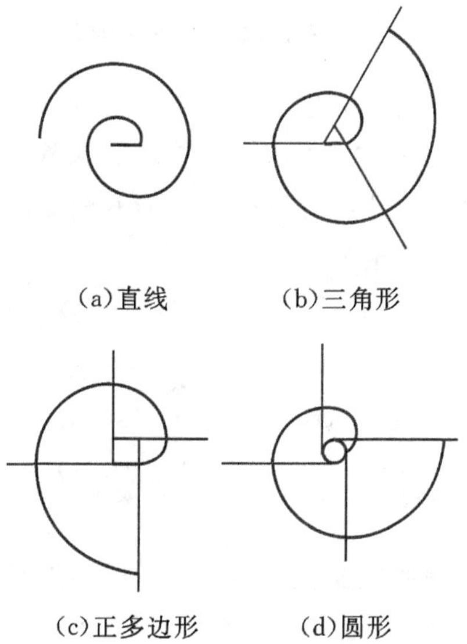

如图 5-5 所示,若以渐开角 ϕ(也叫展开角)作为参变数,则圆的渐开线可表示为

$$\begin{cases} x = r(\cos\phi + \phi\sin\phi) \\ y = r(\sin\phi - \phi\cos\phi) \end{cases} \quad (5-1)$$

式中:r 为渐开线的基圆半径。

（a）直线　　（b）三角形

（c）正多边形　　（d）圆形

图 5-4　直线、三角形、正多边形及圆的渐开线

由于涡旋压缩机的涡旋体应有一定的壁厚,在图 5-6 所示的坐标系中,若以 α 表示涡圈内侧、外侧渐开线起始点的发生线与 x 轴的夹角,则内、外侧渐开线分别以其起始点发生线为基准时,涡旋体的内侧及外侧渐开线分别表示为

$$\begin{cases} x_i = r[(\cos(\phi_i + \alpha) + \phi_i \sin(\phi_i + \alpha)] \\ y_i = r[(\sin(\phi_i + \alpha) - \phi_i \cos(\phi_i + \alpha)] \\ x_0 = r[(\cos(\phi_0 - \alpha) + \phi_0 \sin(\phi_0 - \alpha)] \\ y_0 = r[(\sin(\phi_0 - \alpha) - \phi_0 \cos(\phi_0 - \alpha)] \end{cases} \tag{5-2}$$

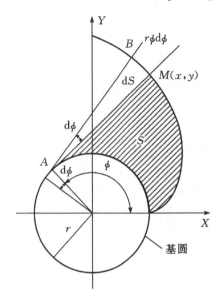

图 5-5　圆的渐开线及其所围成的面积

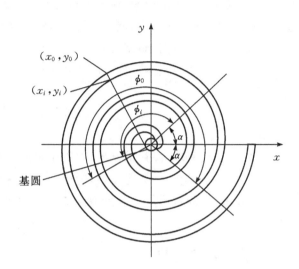

图 5-6　具有一定壁厚的渐开线

　　若以涡圈中心线的发生线为起始发生线(见图 5-5),具有一定壁厚的涡旋体内侧及外侧渐开线可以统一以渐开角 ϕ 为参变量分别表示为

$$\begin{cases} x_i = r(\cos\phi + (\phi - \alpha)\sin\phi) \\ y_i = r(\sin\phi - (\phi - \alpha)\cos\phi) \\ x_0 = r(\cos\phi + (\phi + \alpha)\sin\phi) \\ y_0 = r(\sin\phi - (\phi + \alpha)\cos\phi) \end{cases} \tag{5-3}$$

　　涡圈的主要参数示于图 5-7 中,归纳如下:基圆半径为 r;涡旋体壁厚为 $t = 2r\alpha$;涡旋体节距为 $p = 2\pi r$;涡旋体高度为 h;渐开线起始角为 α;涡旋圈数为 m;对称压缩腔对数为 $N = m - \dfrac{1}{4}$;涡圈中心面渐开线展角为 ϕ;涡圈中心面渐开线最终展角 $\phi_E = 2\pi m$。

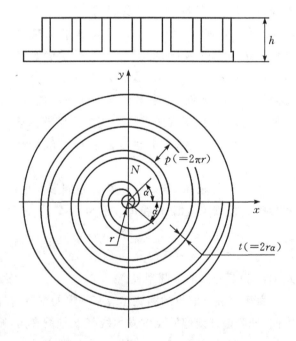

图 5-7　渐开线几何参数

5.2.2　工作腔几何容积

如上工作原理所述,涡旋压缩机工作时,存在多对工作容积,每对两个容积完全相同。只要分析清楚一个容积(即基元容积,动、静涡盘两个相邻啮合点之间的月牙形容积)随转角的变化规律,就可得到每一瞬时压缩机的各个容积大小;知道基元容积随转角的变化规律,就可知道其中气体压力和其它热力参数的变化规律,进而可求得同一瞬时各个容积的热力参数。以下将针对圆的渐开线推导其基元容积随转角的变化规律。

在图 5-5 中,记圆的渐开线展角增量 $\mathrm{d}\phi$ 对应的微元面积为 $\mathrm{d}S$,则有 $\mathrm{d}S = \frac{1}{2}(r\phi)^2\mathrm{d}\phi$,由此求得图中阴影部分的面积为

$$S = \int_0^\phi \mathrm{d}S = \frac{1}{6}r^2\phi^3 \tag{5-4}$$

如图 5-8、图 5-9 所示,当用一对圆的渐开线组合形成压缩机腔时,假定动涡旋盘相对静涡旋盘的回转角为 θ,那么从中心压缩腔数起编号为②的阴影面积为

$$S = \left[\frac{1}{6}r^2\phi^3\right]_{\frac{5\pi}{2}-\alpha-\theta}^{\frac{9\pi}{2}-\alpha-\theta} - \left[\frac{1}{6}r^2\phi^3\right]_{\frac{3\pi}{2}+\alpha-\theta}^{\frac{7\pi}{2}+\alpha-\theta} = 2\pi r^2(\pi-2\alpha)(3\pi-\theta) \tag{5-5}$$

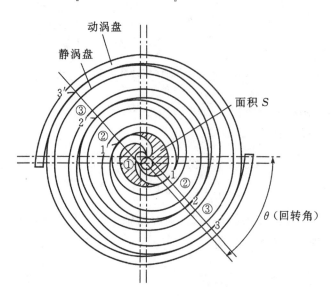

图 5-8　涡旋压缩机的压缩腔

如图 5-8 所示,由于形成 2 个形状相同的压缩腔,故其容积为

$$V_2 = 2 \times 2\pi r^2(\pi-2\alpha)(3\pi-\theta) \times h = \pi p(p-2t)h\left(3-\frac{\theta}{\pi}\right) \tag{5-6}$$

从中心压缩腔数起的第 i 个压缩腔容积的通式为

$$V_i(\theta) = \pi p(p-2t)h\left[(2i-1)-\frac{\theta}{\pi}\right] \quad (i \geqslant 2) \tag{5-7}$$

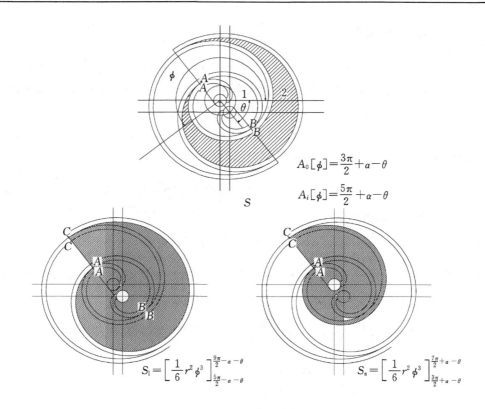

$$A_0[\phi] = \frac{3\pi}{2} + \alpha - \theta$$

$$A_i[\phi] = \frac{5\pi}{2} + \alpha - \theta$$

$$S_1 = \left[\frac{1}{6}r^2\phi^3\right]_{\frac{5\pi}{2}-\alpha-\theta}^{\frac{9\pi}{2}-\alpha-\theta}$$

$$S_8 = \left[\frac{1}{6}r^2\phi^3\right]_{\frac{3\pi}{2}+\alpha-\theta}^{\frac{7\pi}{2}+\alpha-\theta}$$

图 5-9　压缩腔面积计算用图

中心腔①(图 5-8),其阴影部分面积(图 5-10)为

$$S = 2S_1 - 2S_3 - S_2 + 2S_4$$

$$= \frac{1}{3}r^2\left\{\left(\frac{5\pi}{2}-\alpha-\theta\right)^3 - \left(\frac{3\pi}{2}-\alpha-\theta\right)^3\right\} - 2r^2\alpha\left(\frac{3\pi}{2}-\theta\right)^2 - \frac{2}{3}r^2\alpha^3 + (-S_2 + 2S_4)$$

$$(0 \leqslant \theta < \theta^*) \tag{5-8}$$

θ^* 是开始排气角,也就是压缩腔与排气孔口连通时曲轴的回转角。关于排气角的求取见下一节。式中的 S_1、S_3 在图 5-10 中分别为

$$S_1 = \left[\frac{1}{6}r^2\phi^3\right]_{\frac{3\pi}{2}-\alpha-\theta}^{\frac{5\pi}{2}-\alpha-\theta} \tag{5-9}$$

$$S_3 = \left[\frac{1}{6}r^2\phi^3\right]_0^{\frac{3\pi}{2}+\alpha-\theta} - \left[\frac{1}{6}r^2\phi^3\right]_0^{\frac{3\pi}{2}-\alpha-\theta} \tag{5-10}$$

上式中 S_2 是图 5-11 所示的斜线部分的面积,由于曲轴旋转半径 $r_0 = \frac{p}{2} - t$,由几何关系可得

$$S_2 = r^2(\pi - 4\alpha) \quad r_0 \geqslant 2r \tag{5-11a}$$

$$S_2 = r^2\left\{\pi - 4\alpha + 2\arccos\left(\frac{\pi}{2} - \alpha\right) - (\pi - 2\alpha)\sin\left[\arccos\left(\frac{\pi}{2} - \alpha\right)\right]\right\} \quad r_0 < 2r \tag{5-11b}$$

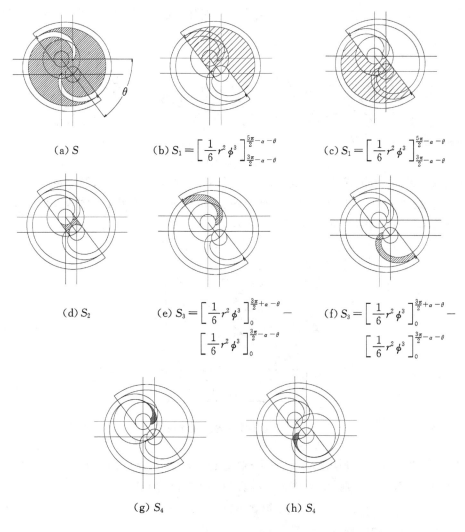

(a) S

(b) $S_1 = \left[\frac{1}{6} r^2 \phi^3 \right]_{\frac{3\pi}{2} - \alpha - \theta}^{\frac{5\pi}{2} - \alpha - \theta}$

(c) $S_1 = \left[\frac{1}{6} r^2 \phi^3 \right]_{\frac{3\pi}{2} - \alpha - \theta}^{\frac{5\pi}{2} - \alpha - \theta}$

(d) S_2

(e) $S_3 = \left[\frac{1}{6} r^2 \phi^3 \right]_0^{\frac{3\pi}{2} + \alpha - \theta} - \left[\frac{1}{6} r^2 \phi^3 \right]_0^{\frac{3\pi}{2} - \alpha - \theta}$

(f) $S_3 = \left[\frac{1}{6} r^2 \phi^3 \right]_0^{\frac{3\pi}{2} + \alpha - \theta} - \left[\frac{1}{6} r^2 \phi^3 \right]_0^{\frac{3\pi}{2} - \alpha - \theta}$

(g) S_4

(h) S_4

图 5-10 中心腔面积计算用图

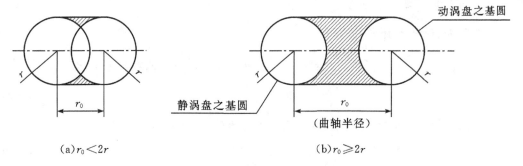

(a) $r_0 < 2r$

(b) $r_0 \geqslant 2r$

图 5-11 基圆之间面积计算用图

至于 S_4 是指加工用的刀具和圆的渐开线相干涉或者为适应内容积比而多铣掉的部分面积(图 5-10),因该值小,可以忽略不计。

当 $\theta^* \leqslant \theta < 2\pi$ 时，由于所研究的中心腔①已与其外侧的压缩腔②连通，所以只要将式(5-8)转动 2π 便得到该时的面积 S

$$S = 2S_1 - 2S_3 - S_2 + 2S_4$$

$$= \frac{1}{3}r^2\left\{(\frac{9\pi}{2} - \alpha - \theta)^3 - (\frac{7\pi}{2} - \alpha - \theta)^3\right\} - 2r^2\alpha(\frac{7\pi}{2} - \theta)^2 - \frac{2}{3}r^2\alpha^3 + (-S_2 + 2S_4)$$

$$\theta^* \leqslant \theta < 2\pi \tag{5-12}$$

于是，中心腔的容积为

$$V_1 = S \cdot h \tag{5-13}$$

式中：当 $0 \leqslant \theta < \theta^*$ 时，S 按式(5-8)确定；当 $\theta^* \leqslant \theta < 2\pi$ 时，S 按式(5-12)确定。

图 5-12 是式(5-7)和式(5-13)计算的图示，由图可见在压缩过程中容积与回转角成线性关系，而在排气过程中则呈曲线关系。

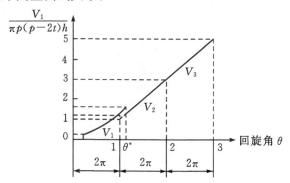

图 5-12　压缩腔容积变化规律

如果图 5-8 中，$\theta = 0$，则压缩腔③的容积就是行程容积。对具有 N 个压缩腔的压缩机，令式(5-7)中 $i = N$，$\theta = 0$，则 $V_i(\theta)$ 成为行程容积 V_h（单位为 $\mathrm{m^3/r}$），即

$$V_h = \pi p(p - 2t)h(2N - 1) \tag{5-14}$$

于是压缩机每分钟的理论排气量 V_t（$\mathrm{m^3/min}$）为

$$V_t = nV_h \tag{5-15}$$

式中：n 为压缩机的转速，$\mathrm{r/min}$。

5.2.3　内压缩及开始排气角

涡旋压缩机的内容积比是指行程容积与任意回转角下压缩腔的容积之比，即

$$v_i(\theta) = \frac{V_h}{V_i(\theta)} \tag{5-16}$$

而结构内容积比是指行程容积与内压缩终了时压缩腔的容积之比，即

$$v_2(\theta^*) = \frac{V_h}{V_2(\theta^*)} \tag{5-17}$$

利用式(5-7)及式(5-14)得结构内容积比为

$$v_2(\theta^*) = \frac{2N - 1}{3 - \dfrac{\theta^*}{\pi}} \tag{5-18}$$

　　在以上各式中,开始排气角 θ^* 是两型线啮合结束时曲轴转角和排气孔口与压缩腔联通时曲轴转角两者中较小者。型线啮合终了可以是设计者特意设计的结果,也可能是加工工艺问题导致原设计型线破坏造成,如刀具干涉。对于刀具对渐开线的干涉情况,开始排气角的计算如下。

　　图 5-13 表示用铣刀加工涡旋体渐开线的情况。铣刀中心应始终在 x 轴上。由刀具(虚线圆)外圆方程和外侧渐开线方程便可求得二者交点的 ϕ_0^* 角。刀具外圆方程为

$$(x+r)^2 + y^2 = [r(\pi - \alpha)]^2 \tag{5-19}$$

等式右端 $r(\pi - \alpha)$ 表示刀具圆半径,由涡旋体节距及壁厚确定。外侧渐开线方程为

$$\left.\begin{aligned} x_0 &= r[\cos(\phi_0 - \alpha) + \phi_0 \sin(\phi_0 - \alpha)] \\ y_0 &= r[\sin(\phi_0 - \alpha) - \phi_0 \cos(\phi_0 - \alpha)] \end{aligned}\right\} \tag{5-20}$$

联立以上方程组求得

$$\phi_0^2 + 2\phi_0 \sin(\phi_0 - \alpha) + 2\cos(\phi_0 - \alpha) = (\pi - \alpha)^2 - 2 \tag{5-21}$$

　　求这个方程的解,得图 5-13 中的解 ϕ_0^*。在无排气阀的压缩机中,用 ϕ_0^* 表征的上述交点因干涉而破坏涡旋体间的接触,应与开始排气角位置相对应,由该图所示的几何关系得开始排气角 θ^* 为

$$\theta^* = \frac{3}{2}\pi - \phi_0^* + \alpha \tag{5-22}$$

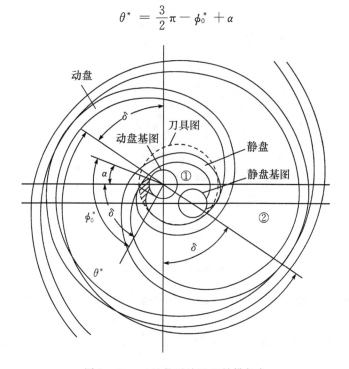

图 5-13　刀具的干涉及开始排气角

　　显然,改变涡旋体最里边(即涡圈始端)的几何形状,其 θ^* 便不能用上式确定。

　　应该指出,如果对涡圈始端不进行任何修正,在涡圈基本参数给定的情况下,则涡旋压缩机的结构内容积比,也就是涡旋压缩机的内压比就取决于始端的干涉条件,不能随意改变,这样肯定限制了设计的自由度。因此,设计动、静涡盘时,常对原始涡旋型线进行修正,以实现不同的目的。

由容积比不难求得涡旋压缩机任意转角下的压力比为

$$\tau_i(\theta) = [v_i(\theta)]^m \tag{5-23}$$

式中：$\tau_i(\theta)$ 为不同曲轴回转角时刻，各压缩腔的压力比（$\tau_i(\theta) = \dfrac{p_i(\theta)}{p_s}$）；$m$ 为多方过程指数。

而取决于涡旋压缩机结构本身而与工况无关的结构内压力比为

$$\tau(\theta^*) = [v(\theta^*)]^m \tag{5-24}$$

式中：$\tau(\theta^*)$ 是内压缩终了压力与吸气压力之比。

5.3　涡圈型线齿端修正

5.3.1　涡圈齿端修正的必要性

涡圈一般采用范成法或在数控铣床上移动刀具加工而成。但是由于渐开线在始端的曲率半径较小，刀具圆会与涡圈始端发生干涉，如图 5-14 所示。该图示出了刀具圆和涡盘涡圈始端发生干涉的情况。

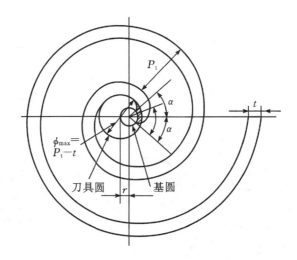

图 5-14　刀具与涡圈始端干涉示意图

由于干涉，涡圈始端被刀具切削掉一部分，从而会产生以下几方面的影响：

（1）在涡圈基本参数给定的情况下，排气角由干涉条件确定，设计内压比不能随意改变；

（2）由于刀具的干涉，涡圈始端形成尖角，机器在工作时始端会产生很大的应力，在高压下容易发生疲劳损坏；

（3）涡圈始端刚性降低，而受力又较大，故会产生过大的变形，导致磨损；

（4）涡圈始端比较薄，在加工时让刀现象比较严重，不利于保证加工精度；

（5）动、静盘脱啮时，中型腔有一部分无效容积存在，将使排气过程平稳性降低，增加功率损失和产生较大的气流脉动与噪音，在涡旋真空泵中，由于该部分无效容积的存在，使所能达到的真空度降低。

鉴于以上原因，有必要对齿端进行修正。修正时一般应遵守以下几条原则：

(1)满足结构内容积比的设计要求;

(2)增强齿端厚度,消除刀具干涉,提高强度和刚度;

(3)使可开设的排气孔面积尽可能大,形状易于加工,并具有优良的启闭特性,以便减小排气损失;

(4)齿端修正圆弧的最小曲率半径不小于刀具半径,以免刀具对齿端形成干涉;

(5)中心腔排气开始时刻的内压力尽量与排气背压相等,以避免由于过压缩或不足压缩所引起的附加功耗。

对型线始端的修正方法多种多样,目前最常用的两种齿端修正形式为对称圆弧修正和对称圆弧加直线修正。以下将具体介绍其修正设计方法。

5.3.2　对称圆弧修正

如图 5 - 15 所示,用两段圆弧光滑连接涡圈内侧和外侧渐开线,把半径为 R_c 的圆弧称为修正圆弧,半径为 r_c 的圆弧称为连接圆弧,其动、静盘涡旋体始端修正型线参数相同。两段圆弧满足以下条件:

(1)修正圆弧和涡圈内侧渐开线保持一阶连续;

(2)连接圆弧和涡圈外侧渐开线保持一阶连续;

(3)连接圆弧和修正圆弧保持一阶连续。

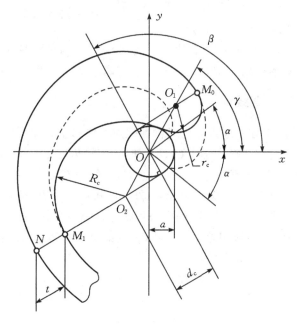

图 5 - 15　对称圆弧修正示意图

图 5 - 15 中,点 M_0 是连接圆弧和涡圈外侧渐开线的接点,该点所对应的渐开线中心线展角为 β,即定义为修正角。同样,点 M_1 是修正圆弧和涡圈内侧渐开线的接点,该点所对应的渐开线中心线展角为 $\beta+\pi$,按直角三角形三边关系及渐开线啮合原理,有

$$(R_c + r_c)^2 - (2a)^2 = (2d_c)^2 \tag{5-25}$$

$$R_c - r_c = r_0 \tag{5-26}$$

$$d_c = a(\beta + \alpha) - r_c \tag{5-27}$$

解上述方程组可得

$$d_c = -\frac{a^2 - \left[a(\alpha + \beta) + \dfrac{\rho}{2}\right]^2}{2\left[a(\alpha + \beta) + \dfrac{\rho}{2}\right]} \tag{5-28}$$

$$r_c = a(\beta + \alpha) - d_c \tag{5-29}$$

$$R_c = \rho + r_c \tag{5-30}$$

两圆弧中心连线与 x 轴的夹角为

$$\gamma = \beta - \arctan\frac{d_c}{a} \tag{5-31}$$

排气角为

$$\theta^* = 2\pi - \gamma \tag{5-32}$$

修正圆弧的参数方程为

$$\begin{cases} x = \sqrt{a^2 + d_c^2} \cdot \cos(\gamma + \pi) + R_c \cdot \cos\theta \\ y = \sqrt{a^2 + d_c^2} \cdot \sin(\gamma + \pi) + R_c \cdot \sin\theta \end{cases} \quad \theta \in \left[\gamma, \beta + \frac{\pi}{2}\right] \tag{5-33}$$

连接圆弧的参数方程为

$$\begin{cases} x = \sqrt{a^2 + d_c^2} \cdot \cos\gamma + r_c \cdot \cos\theta \\ y = \sqrt{a^2 + d_c^2} \cdot \sin\gamma + r_c \cdot \sin\theta \end{cases} \quad \theta \in \left[\gamma - \pi, \beta - \frac{\pi}{2}\right] \tag{5-34}$$

由此可见,当 β 变化时,R_c 和 r_c 也相应发生变化,涡圈始端的结构也就发生改变。在对称圆弧修正时,除了涡圈基本参数外,β 角是另一个影响涡圈结构的参数,称为修正参数。

5.3.3　对称圆弧加直线修正

从对称圆弧修正可以很方便地推导出对称圆弧加直线修正。如图 5-16 为对称圆弧加直线修正型线。保持修正角 β 不变,将连线 O_1O_2 顺时针旋转角度 $\Delta\gamma$ 形成直线 $O_1'O_2'$,其与直线 AM_0、直线 BM_1 分别交于点 O_1'、O_2'。由几何关系,显然线段 O_1O_1' 和线段 O_2O_2' 的长度相等。也就是说,将对称圆弧修正中,连接圆弧半径 r_c 和修正圆弧半径 R_c 分别沿直线 AM_0 和 BM_1 缩短 Δr,然后如图所示作圆 O_1' 和圆 O_2' 的内公切线,这样对称圆弧加直线修正就构成了。修正连接直线 L 为修正圆弧与连接圆弧的公切线,可以证明圆弧部分可以正确啮合。

以 Δr 为设计修正参数,有如下关系

$$R = r_c - \Delta r \tag{5-35}$$

$$r = r_c - \Delta r \tag{5-36}$$

$$d = d_c + \Delta r \tag{5-37}$$

$\Delta r = 0$ 时,即为对称圆弧修正。

涡圈齿端其它参数如下。

两圆弧中心连线与 x 轴的夹角为

$$\gamma = \beta - \arctan\frac{d}{a} \tag{5-38}$$

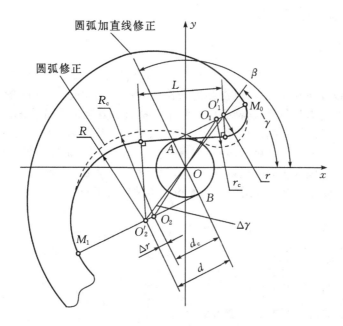

图 5 - 16 对称圆弧加直线修正示意图

修正连接直线和 x 轴的夹角为

$$\xi = \gamma - \arcsin \frac{R + r}{2\sqrt{a^2 + d^2}} \tag{5-39}$$

排气角为

$$\theta^* = 2\pi - \left(\xi + \frac{\pi}{2}\right) \tag{5-40}$$

修正圆弧的参数方程为

$$\begin{cases} x = \sqrt{a^2 + d^2} \cdot \cos(\gamma + \pi) + R \cdot \cos\theta \\ y = \sqrt{a^2 + d^2} \cdot \sin(\gamma + \pi) + R \cdot \sin\theta \end{cases} \quad \theta \in \left[\xi + \frac{\pi}{2}, \beta + \frac{\pi}{2}\right] \tag{5-41}$$

连接圆弧的参数方程为

$$\begin{cases} x = \sqrt{a^2 + d^2} \cdot \cos\gamma + r \cdot \cos\theta \\ y = \sqrt{a^2 + d^2} \cdot \sin\gamma + r \cdot \sin\theta \end{cases} \quad \theta \in \left[\xi - \frac{\pi}{2}, \beta - \frac{\pi}{2}\right] \tag{5-42}$$

5.4 吸、排气孔口设计

由于涡旋压缩机是定容积比结构,所以吸、排气孔口位置就显得非常重要,设计吸、排气孔口时应该遵循以下几个基本原则。

(1)吸气孔口与排气孔口在任何主轴转角时,都不得与内压缩过程的任一压缩腔连通。

(2)吸气孔口与排气孔口的有效流通面积应尽可能大,并具有良好的启闭特性,以减小流动损失。

(3)曲轴转角达到设计排气角时,排气孔开启,即尽量避免过压缩或欠压缩引起的附加功耗损失。

(4)在整个 2π 转角的排气过程中,排气孔应始终与排气腔连通,否则会导致排气腔内压力急剧升高,功耗大幅增加,甚至发生危险。

5.4.1　吸气孔口

吸气孔口开设的位置分两种情况:一种情况是压缩机壳体呈高压腔(排气压力),吸气孔口开设在静涡盘上,可以轴向开设,也可以沿侧向开设,如图 5-17 所示。径向吸气孔口可以开在沿渐开线终端转过 90°左右的位置,这样孔口离两个对称型的月牙形吸气腔的距离接近,但动涡盘的回转会对一侧吸气腔的进气有阻碍作用;也可开在渐开线终端附近位置,这样虽然离两个对称月牙形吸气腔距离不一样,但动涡盘回转会对较远吸气腔进气有推动。另一种情况是压缩机壳体内气体呈低压状态(吸气压力),气体首先进入壳体内,再通过动、静涡盘端面之间的通道进入吸气腔,如图 5-18 所示。吸气通道的流通面积随主轴转角而变化。

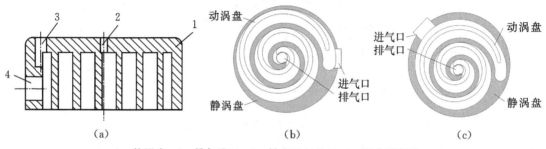

1—静涡盘;2—排气孔口;3—轴向吸气孔口;4—径向吸气孔口

图 5-17　高压壳体腔涡旋压缩机的吸、排气孔口

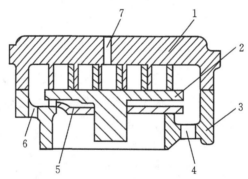

1—静涡盘;2—动涡盘;3—支架;4、6—吸气孔口;5—十字环;6—排气孔口

图 5-18　低压壳体腔涡旋压缩机的吸、排气孔口

5.4.2　排气孔口

涡旋压缩机的排气孔口,一般开设在静涡盘的中心线附近,如图 5-17 和图 5-18 所示。排气孔口与型线类型及开始排气角有关。

当圆的渐开线最初一段进行圆弧修正时,可以获得所谓的 PMP(Perfect Mesh Profile)型线。PMP 型线使得涡旋压缩机的开始排气角增大,内容积比增加,而且最大限度地利用了涡盘中心部位的空间,这对于需要较大压力比的涡旋压缩机是比较合适的。但是,随着 θ^* 的增加,排气孔口却缩小了。在实际设计时,应该同时考虑开始排气角 θ^* 与排气孔口的大小,以便取得更高的综合性能指标。

对于由其它曲线构成的涡旋压缩机,只要知道开始排气角 θ^* 的大小,就可根据解析法或几何作图法,求取排气孔口的理论位置及最大面积,如图 5 - 19 所示的 $ABCDEA$ 所围的形状及面积,其中线段 BC、CD、DE 与齿端型线重合。实际开设排气孔口时,综合考虑加工工艺和孔口面积尽可能大,根据涡旋型线的特点,常将排气孔口开设成非圆形状,如腰形排气孔以及圆弧形排气孔,如图 5 - 20、图 5 - 21 所示(所示为齿端圆弧修正情况)。

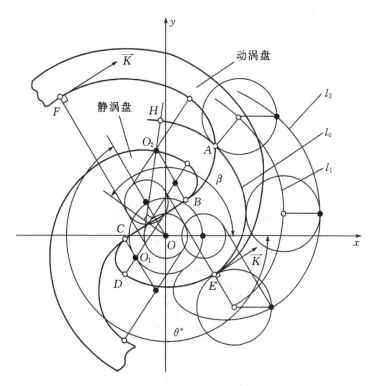

图 5 - 19　排气孔口开设的理论位置及最大面积

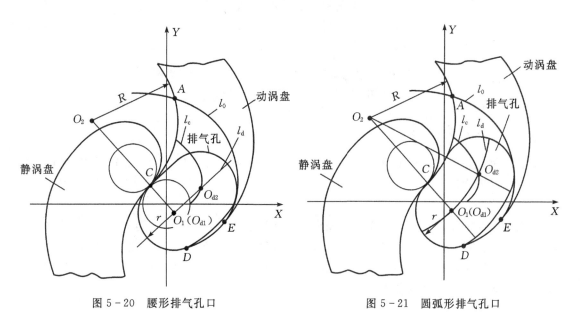

图 5 - 20　腰形排气孔口　　　　　　　　　　图 5 - 21　圆弧形排气孔口

5.5　动力计算

为了进行涡旋压缩机零件的强度、刚度及其平衡的计算,必须分析涡旋盘在回转过程中所受的力及力矩。作用在涡旋盘上的力主要有气体力、惯性力及摩擦力,并由此而产生作用于曲轴机构的切向力、径向力、轴向力。

图 5-22 示出作用于动涡旋上的切向力、径向力、轴向力和离心力。

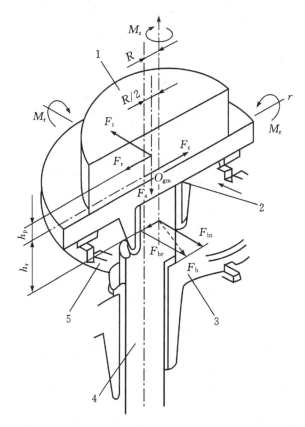

1—动涡盘;2—动涡盘质心;3—支架;4—轴;5—十字滑环

图 5-22　作用在动涡盘上的力

5.5.1　作用力分析

涡旋压缩机在工作过程中,压缩气体产生气体压力,并由此产生作用于曲轴机构上的切向力、径向力、轴向力以及力矩。

1.切向力

切向力为相邻压缩室之间由于压差而产生的作用于动涡盘上的气体力的合力。气体力作用面的长度,可由图 5-23 中的几何关系求得。如以中心压缩腔的 1—1′面为例,去掉中心压缩室内壁自平衡的气体压力后,在 1—1′面上作用有如箭头所示的压力 p_1 和 p_2,则作用在 1—1′面上垂直于曲柄的气体压力的合力,即切向力 $F_{t1}(\theta)$ 为

$$F_{t1}(\theta) = \left[2r\left(\frac{3\pi}{2} + \alpha - \theta\right) + r(\pi - 2\alpha)\right]h(p_1 - p_2)$$

$$= P(2 - \theta/\pi)h(p_1 - p_2) \tag{5-43}$$

同样,2—2′面上作用的有图 5-23 中所示的 p_2 和 p_3 的气体力,故 2—2′面上的切向力为

$$F_{t2}(\theta) = \left[2r\left(\frac{7\pi}{2} + \alpha - \theta\right) + r(\pi - 2\alpha)\right]h(p_2 - p_3)$$

$$= P(4 - \theta/\pi)h(p_2 - p_3)$$

依次类推,则 i—i' 面上的切向力为

$$F_{ti}(\theta) = P(2i - \theta/\pi)h(p_i - p_{i+1}) \tag{5-44}$$

当具有 N 个压缩腔时总切向力 $F_t(\theta)$ 为

$$F_t(\theta) = P(2N - \theta/\pi)h(p_N - p_{N+1}) \tag{5-45}$$

式中:p_{N+1} 是吸气压力,如用 p_s 表示则切向力又可表示为

$$F_t(\theta) = p_s Ph \sum_{i=1}^{N} (2i - \theta/\pi)(\tau_i - \tau_{i+1}) \tag{5-46}$$

式中:τ_i 为第 i 个压缩室压力比,$\tau_i = \dfrac{p_i}{p_s}$。

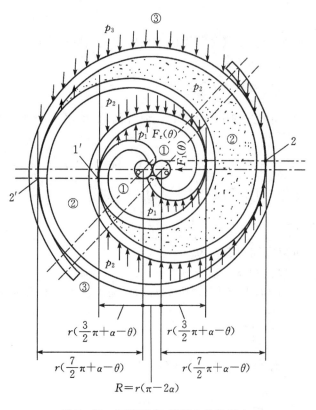

图 5-23　压缩腔内、外壁上的作用力

2.径向力

　　径向力为相邻压缩室之间的压差引起的沿曲柄半径方向的力,其作用面积为 $2rh$,即径向力仅作用在 $2r$ 宽度的中心带上,平行于曲轴偏心方向作用于曲柄销上。类似于上述分析方

法,可求得平行于曲柄压力的合力,即径向力为

$$F_r(\theta) = 2p_s rh(\tau_i - 1) \tag{5-47}$$

F_t 和 F_r 在 $t-r$ 平面内的合力

$$F = \sqrt{F_r^2(\theta) + F_t^2(\theta)} \tag{5-48}$$

通常由于 F_r 很小,所以也可近似取 $F = F_t(\theta)$。

3. 公转阻力矩及自转力矩

压缩机的阻力矩由涡旋转子切向力矩 $M_t(\theta)$ 及摩擦力矩 M_f 组成,若不计及摩擦力矩,则 $M = M_t(\theta)$。由图 5-22 可见,切向力作用于动涡盘和静涡盘基圆中心连线的中点上,简化到曲柄销上则有附加力矩 $M_z(\theta)$ 及 $F_t(\theta)$,$M_z(\theta)$ 即自转力矩,由 $F_t(\theta)$ 所产生的公转阻力矩为

$$M = M_t(\theta) = F_t(\theta)R = p_s Ph \sum_{i=1}^{N}(2i - \theta/\pi)h(\tau_i - \tau_{i+1})R \tag{5-49}$$

自转力矩为

$$M_z(\theta) = \frac{1}{2}F_t(\theta)R = \frac{1}{2}p_s Ph \sum_{i=1}^{N}(2i - \theta/\pi)h(\tau_i - \tau_{i+1})R \tag{5-50}$$

自转力矩迫使动盘围绕曲柄销中心沿动盘回转方向自转,为了防止转子自转,压缩机中需要设置防自转机构。

4. 轴向力

计算气体轴向力时,假定恒定气体压力的作用区达到壁厚的中心线。于是,中心腔气体压力的作用面积按式(5-5)及 $\alpha = 0$ 求得

$$S = \frac{1}{3}r^2\left\{\left(\frac{5\pi}{2} - \theta\right)^3 - \left(\frac{3\pi}{2} - \theta\right)^3\right\} + (-S_2 + 2S_4) \qquad 0 \leqslant \theta < \theta^* \tag{5-51}$$

当 $\theta^* \leqslant \theta \leqslant 2\pi$ 时,由于所研究的中心腔①已与其外侧的压缩腔②连通,所以只要将式(5-51)转动2π 便得气体压力作用面积

$$S = \frac{1}{3}r^2\left\{\left(\frac{9\pi}{2} - \theta\right)^3 - \left(\frac{7\pi}{2} - \theta\right)^3\right\} + (-S_2 + 2S_4) \qquad \theta^* \leqslant \theta < 2\pi \tag{5-52}$$

至于压缩腔②内气体压力作用面积可参见图 5-9 得

$$S = S_1 - S_s = \left[\frac{1}{6}r^2\phi^3\right]_{\frac{5\pi}{2}-\theta}^{\frac{9\pi}{2}-\theta} - \left[\frac{1}{6}r^2\phi^3\right]_{\frac{3\pi}{2}-\theta}^{\frac{7\pi}{2}-\theta} = 2\pi^2 r^2(3\pi - \theta) \tag{5-53}$$

对第 i 个压缩腔,可以得到一般式为

$$S_i = 2\pi^2 r^2[(2i-1)\pi - \theta] \qquad 2 \leqslant i \leqslant N \tag{5-54}$$

由此很容易求得气体轴向力 F_a(单位为 N),如果动涡盘的背面为吸气压力 p_s 时

$$F_a(\theta) = [p_1(\theta) - p_{s0}]S_1 + \sum_{i=2}^{N}[p_i(\theta) - p_{s0}]\pi P^2\left(2i - 1 - \frac{\theta}{\pi}\right)$$

$$= \pi P^2 p_s\left[\frac{S_1}{\pi P^2}(\tau_1 - 1) + \sum_{i=2}^{N}\left(2i - 1 - \frac{\theta}{\pi}\right)(\tau_i - 1)\right] \qquad 0 \leqslant \theta < \theta^* \tag{5-55}$$

$$P_a(\theta) = \pi P^2 p_{s0}\left[\frac{S_1}{\pi P^2}(\tau_1 - 1) + \sum_{i=3}^{N}\left(2i - 1 - \frac{\theta}{\pi}\right)(\tau_i - 1)\right] \qquad \theta^* \leqslant \theta < 2\pi \tag{5-56}$$

由图 5-22 可见动涡旋盘上还作用有倾覆力矩 M_0,可按以下步骤计算。首先求出曲柄销轴承支反力 F_b 在切向和径向的分力为

$$\begin{aligned} F_{bt} &= F_t \\ F_{br} &= F_c - F_r \end{aligned} \tag{5-57}$$

那么绕 r 轴和 t 轴的力矩分别为

$$M_{or} = F_{bt}h_r + F_t h_p + F_a \frac{R}{2}$$

$$M_{ot} = F_{br}h_r - F_r h_p \tag{5-58}$$

式中：R 为曲轴回转半径；h_r 为轴承反作用力至动涡旋盘质心 O_{om} 的距离；h_p 为切向力和径向力至 O_{om} 的距离。总的倾覆力矩 M_o 为

$$M_o = \sqrt{M_{or}^2 + M_{ot}^2} \tag{5-59}$$

从以上的分析和计算可知，涡旋压缩机中动涡旋盘上作用有较大的轴向力，它有使动涡旋脱离静涡盘而轴向移动的趋势，同时动涡旋盘上还作用有倾覆力矩，可能使动涡盘发生倾斜运动，破坏其运转稳定性，故必须进行可靠的平衡。目前平衡轴向力及倾覆力矩的方法有以下几种。

（1）在动盘背面安装推力轴承。这种方法适用于涡旋顶端加装端面密封的涡旋压缩机，例如汽车空调涡旋压缩机，因为这种压缩机容易拆开来更换磨损件。

（2）在动盘背面加装机械弹簧。这种方法虽然能自动补偿磨损，但工况发生变化时不能随之改变弹簧力，故轴向力的平衡不能保持最佳状态。

（3）在动涡盘背面旋以油压力。这一方法可使摩擦损失最小，但随着工况的变化，背面流体的压力很难保持在适当范围内。故同使用弹簧一样，背压难以自行调整。

（4）采用背压自调可控推力机构。其构造是在动涡盘底板外周留有几十微米的间隙，使其处于机架与静涡盘之间，这样在旋转涡旋体的背面形成一个背压腔（或中压腔），通过动涡盘上开的小孔导入中压气体，利用这种中间压力将动涡盘压在静涡盘上。图 5-24 示出这种机构的原理示意图。采用这种机构可使涡旋体顶部的间隙在很小范围内，不受公差及安装力矩的影响，并且能随着运转压力的变化正确地由中间压力来调整对固定涡旋体的压力，能在较宽的压力范围内减少机械损失。它还可以保持起动、停止时压缩机构的稳定性，当有液体制冷剂、油等不可压缩流体进入气缸，负荷突然增大时，涡旋体即可分开，从而防止了液击现象出现。

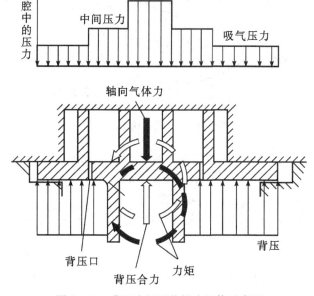

图 5-24　背压自调可控推力机构示意图

5.5.2　旋转惯性力、惯性力矩及其平衡

当涡旋压缩机的动涡盘跟随曲拐轴围绕主轴公转时,将产生旋转惯性力及力矩,为了减少机器的振动,必须考虑惯性力及其力矩的平衡。旋转惯性力可以通过设计平衡块完全平衡;当采用十字滑环防自转结构时,十字滑环的往复惯性力无法平衡,故应尽量减轻其重量。

当动涡旋盘的质心与曲拐轴心重合时,从动力学的角度可以将涡旋盘的运动看做质点绕主轴中心的圆周运动;而当两心不重合时,则首先应将动盘的质心静平衡到曲拐轴的中心。以下将先介绍圆渐开线型线的质心及其静平衡,再介绍整机旋转惯性力和旋转惯性力矩的平衡。

1. 旋转惯性力及其平衡

为了用平衡重平衡旋转惯性力,要求整个动涡旋盘质心应在基圆(曲柄销)中心上,而由涡圈渐开线形状知,涡旋壁质心不在基圆中心,偏离基圆中心的距离为 R_m,故首先需要把涡旋壁质心移至基圆中心,为此需在基圆中心另一边加上或基圆中心同一边挖去一块平衡质量 m_2,并称这种平衡为一次平衡。如图 5-25 所示,一次平衡质量 m_2 为

$$m_2 = m_1 \frac{R_m}{R_{1m}} \tag{5-60}$$

式中:m_1 为涡旋壁的质量;R_{1m} 为一次平衡重质心到基圆中心的距离;m_2 为一次平衡需要减去的质量。

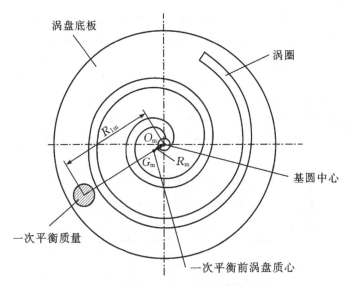

图 5-25　一次平衡示意图

加装了一次平衡重之后便可以求得动涡盘的总质量 m,即

$$m = m_1 - m_2 + m_3 + m_4 \tag{5-61}$$

式中:m_3 为动涡盘底板质量;m_4 为动涡盘轴承质量。

由此可求得动涡盘的旋转惯性力(此处旋转惯性力是动涡盘几部分惯性力的和,即后面方程中的 $F_1 + F_2 + F_3 + F_4$)

$$F_1 = m R_{1m} \omega^2 \tag{5-62}$$

于是在动涡盘旋转惯性力指向的相反方向上加平衡重即可平衡,这种平衡称之为二次平衡。

2.旋转惯性力矩及其平衡

前已述及,动涡盘的总质量 m 由几部分组成,而涡旋压缩机受结构上的限制,这几部分旋转质量惯性力不可能作用在一条直线上(图 5 - 26)。因此,用一个总平衡重产生的旋转惯性力也无法同时完全平衡惯性力和惯性力矩。故二次平衡中为使旋转惯性力和力矩全部被平衡,需要设置两个平衡重,如图 5 - 26 所示。如果假设两个平衡重的质量分别为 m_{b1} 及 m_{b2},它们的回转半径分别为 r_{b1} 和 r_{b2},则动涡盘几部分以及两块平衡重产生的旋转惯性力分别有:动涡盘齿产生的旋转惯性力 F_1;动涡盘底板产生的旋转惯性力 F_2;一次平衡质量产生的旋转惯性力 F_3;动盘轴承质量产生的旋转惯性力 F_4;曲柄销产生的旋转惯性力 F_q;两个平衡重产生的旋转惯性力分别为 F_{Ib1} 和 F_{Ib2}。则由图 5 - 26 可知,它们应满足下述两个条件

$$F_{Ib1} = F_{Ib2} + F_1 + F_2 + F_3 + F_4 \tag{5-63}$$

式(5 - 63)可以写为:

$$m_{b1} r_{b1} \omega^2 = m_{b2} r_{b2} \omega^2 + m_1 \rho \omega^2 + (m_2 + m_3) \rho \omega^2 + m_4 \rho \omega^2 + m_q \rho \omega^2$$

式中:m_q 为曲柄销质量。

$$F_{Ib1} L_{b1} + F_{Ib2} L_{b2} = F_1 L_1 + (F_2 + F_3) L_2 + F_4 L_4 + F_q L_q \tag{5-64}$$

式(5 - 64)可以写为

$$m_{b1} r_{b1} \omega^2 L_{b1} + m_{b2} r_{b2} \omega^2 L_{b2} = m_1 \rho \omega^2 L_1 + (m_2 + m_3) \rho \omega^2 L_2 + m_4 \rho \omega^2 L_4 + m_q \rho \omega^2 L_q$$

联立式(5 - 63)和式(5 - 64)可求得两个平衡重的质量 m_{b1} 和 m_{b2}。

$$m_{b1} = \frac{\rho [m_1(L_1 - L_{b1}) + (m_2 + m_3)(L_2 - L_{b1}) + m_4(L_4 - L_{b1}) + m_q(L_q - L_{b1})]}{r_{b1}(L_{b1} + L_{b2})} \tag{5-65}$$

$$m_{b2} = \frac{m_{b1} r_{b2}}{r_{b1}} + \frac{\rho(m_1 + m_2 + m_3 + m_4)}{r_{b1}} \tag{5-66}$$

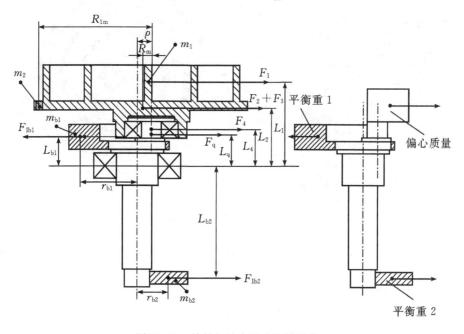

图 5 - 26　旋转惯性力及力矩的平衡

5.6　密封机构

涡旋压缩机的泄漏间隙较长,因此防止泄漏显得更为重要。

5.6.1　泄漏通道

图 5 - 27 示出涡旋压缩机中的泄漏通道,包括由轴向间隙引起的径向泄漏通道和由径向间隙引起的周向泄漏通道。

由渐开线的几何性质可求得当回转角为 θ 时,最里面压缩腔的轴向密封线长度(取涡旋壁的中心线计算)为

$$L'_1 = 2\int_{\pi+\frac{\pi}{2}-\theta}^{2\pi+\frac{\pi}{2}-\theta} r\phi\,\mathrm{d}\phi = r\left(2\pi+\frac{\pi}{2}-\theta\right)^2 - r\left(\pi+\frac{\pi}{2}-\theta\right)^2 = P(2\pi-\theta) \tag{5-67}$$

径向密封长度为

$$L''_1 = 2h \tag{5-68}$$

总的密封线长度为

$$L_1 = L'_1 + L''_1 = P(2\pi-\theta) + 2h \tag{5-69}$$

那么从中心数到第 i 个压缩室的密封线总长为

$$L_i = P(2i\pi-\theta) + 2h \qquad (i = 1,2,3,\cdots,N) \tag{5-70}$$

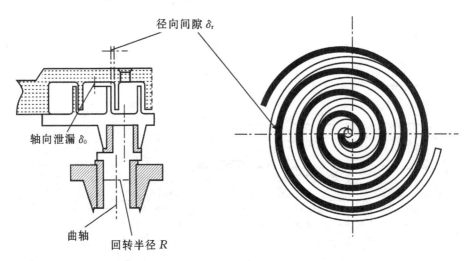

图 5 - 27　涡旋压缩机的泄漏通道

由以上分析知道,涡旋压缩机的轴向间隙将产生较大泄漏通道,因而轴向间隙较为重要。

5.6.2　密封机构

气体泄漏的密封措施主要包括:①减小泄漏通道的面积;②提高经过通道的气体黏度;③提高泄漏通道的阻力系数。后两种方法常用的有加入适量润滑油、在结构允许时采用节流密封等,这些方法在其它章节有介绍,此处不再述及。本章将就涡旋压缩机特有的柔性密封机构简要论述其工作原理和结构。

1. 轴向密封机构

理想的轴向密封机构是保持涡旋体的齿顶面与对应的涡盘底面接触,同时具有较小的相互接触力。换句话说,评价轴向密封机构的好坏,一是看运转过程是否始终保持接触,二是看接触力哪种较小。这样既能使泄漏面积为"0",又能使机械摩擦功耗较少。

目前采用的轴向密封机构主要有静盘浮动型(图 5-28)、动盘浮动型和在齿顶加密封元件等机构。如图 5-29 所示的齿顶加密封元件是在涡旋齿顶开槽,槽内嵌入整体或多片组合的密封条来消除轴向间隙实现密封,这方面以三电公司的车用涡旋压缩机为代表。值得指出的是,安装密封元件的槽道通常是用端面铣刀加工的,槽道长而且小,难于保证加工精度且铣刀也比较容易损坏。

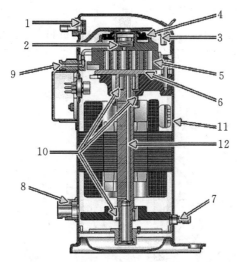

1—排气管;2—排气孔;3—排气腔;4—排气止回阀;5—静盘;6—动盘;7—放油孔;
8—油视镜;9—吸气孔;10—曲柄销轴、主轴承、副轴承;11—机壳;12—主轴
图 5-28　具有轴向和径向柔性的全封闭涡旋压缩机示意图

动盘浮动型轴向密封机构就是在动盘背面施加一个气体力或弹簧力或油的压力,使其在运转过程中始终贴向静涡盘而保证轴向间隙处的密封,使动盘获得轴向密封力。如图 5-29 所示,将由工作腔一侧气体压力产生的轴向作用力定义为轴向气体力 F_{ag};将作用在动涡盘背面的力定义为轴向背力 F_{ab},该力可以由气体压力(背压腔结构)或机械作用产生。

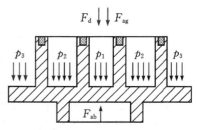

图 5-29　轴向力平衡示意图

将轴向气体力与轴向背力产生的合力定义为轴向力 F_a。

$$F_a = F_{ag} - F_{ab}$$

轴向力为正值时,该力有使动涡盘与静涡盘产生轴向分离的倾向,使轴向密封失效,一般情况是保证轴向力为负值,使动涡盘获得轴向密封力。动盘浮动型就是通过设计让动盘获得一定轴向背力,使轴向力变为密封力,即所谓的轴向力平衡。当轴向力就是密封力时,动涡盘与静涡盘实现了轴向密封,此时密封面会对动涡盘产生一个反作用力,即轴向密封反力 F_d,显然 $F_d = -F_a$,这样作用在动涡盘轴线方向的合力为 0,动涡盘保持动态平衡。

该分析方法同样也适用于静盘浮动型结构。

2.径向密封机构

径向密封用以防止气体的周向泄漏。一般地说径向密封是借两个涡旋体的径向接触来实现的。用单圆曲柄轴要达到好的径向密封,则要求极高的加工精度。曲柄径向间隙值决定了涡旋体间的接触情况,当间隙值较小时,两涡旋体间的相互接触使摩擦损失为主,泄漏损失次之。因此其间存在着一个最佳的曲柄径向间隙,使泄漏损失与摩擦损失之和为最小。

为了克服单圆曲柄轴径向密封要求高精度加工与装配的缺点,又发展了一种偏心套轴式径向密封,它形成一个可变半径的曲轴机构。如图 5-30 所示,利用动涡盘的离心力将动涡盘的侧壁推向静涡盘的侧壁,实现径向密封。密封力也依赖于十字滑环的惯性力,但除高速运转外影响较小。此外,由于偏心套的安装方式不同,径向密封只通过气体压力或气体压力同离心力的合力得到。采用偏心轴套密封机构能抵消一部分因机械加工和组装而产生的间隙误差,便于安装调节,同时偏心轴套与密封面形状相似,在磨损情况下,能自行补偿,因而能比较经济的实现高效率密封。

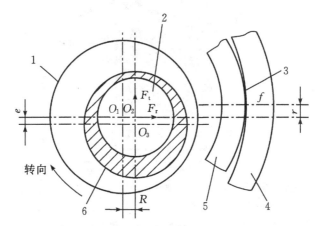

1—曲轴;2—曲柄销;3—径向间隙;4—静涡旋;5—动涡旋;6—偏心套筒

图 5-30 偏心套轴密封机构

5.7 防自转机构

动涡盘绕静涡盘中心作公转运动,即绕日运动,但它不能绕自身轴线自转作行星运动。因此从主轴的回转运动到动涡盘的平面圆周运动需要配置合适的运动机构,即防自转机构以实现运动的转化和功率的传递。防自转机构的形式较多,下面只介绍几种典型的机构。

1.十字滑环机构

图 5-31 示出整体式及组装式十字滑环机构,是目前全封闭涡旋压缩机中最常用的结构型式。它是在一个圆环上、下两面分别作两个互相垂直的键,嵌入动涡旋背面键槽和轴承支座(或静盘)键槽内起连接作用。在曲轴回转时,旋转涡旋盘进行偏心回转运动,十字滑环随之在导向槽内作往复直线运动,由于动涡盘嵌在十字滑环的键上,故动涡盘也相对于十字滑环作往复直线运动,两个往复直线运动叠加的结果,使动涡旋盘产生圆周轨迹运动。十字滑环在机架滑槽中作往复加速运动,因而存在惯性力,并引起振动,所以应尽量减小滑环的质量,以降低惯性力。

十字滑环的缺点是滑块与滑槽之间为滑动摩擦,滑块的磨损比较严重。其优点是具有自动调心功能,可消除轴心偏移,机构构造简单,制造容易,装配方便。

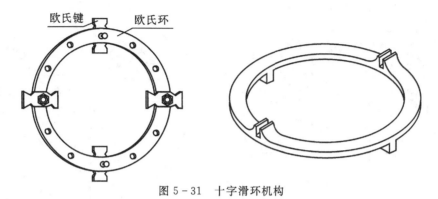

图 5-31　十字滑环机构

2.平行四连杆类机构

如果从机构学角度来分析球形联轴节、柱(直)销与孔组合联轴节机构以及钢球与环槽组合联轴节机构,它们的工作原理相同,都是根据平行四连杆机构的原理来工作的,如图 5-32 所示。动涡盘的运动规律与连杆 2 的运动规律一致,连杆 1 和连杆 3 的长度与涡旋压缩机的一对涡盘的偏心距相同,也即主轴曲柄销的偏心距。连杆 1 相当于驱动主轴,和电机相连,从动杆 3 随主轴一起运动,且不论运动到何位置,二者的瞬时角速度相等。

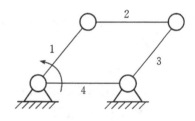

图 5-32　平行四连杆

图 5-33 是球形联轴节防自转机构的工作原理图。图中 O_H 是固定孔板的中心,O 是可动孔板的中心,OO_H 即是偏心距。任意位置时,B_i 是固定孔板上圆孔的中心,A_i 是可动孔板上圆孔的中心,B_iA_i 的中心 C_i 则是钢球的中心。为了保证正确啮合,$A_iB_i = OO_H = \rho$,同样 $OA_i = O_HB_i$,因此,四边形 $OO_HB_iA_i$ 是一个平行四边形。

图 5-34 是柱(直)销与孔组合联轴节防自转机构的工作原理图。图中 O_H 是机架上所有孔的中心位置所在定位圆的中心,O 是动盘上所有销的中心位置所在定位圆的中心,OO_H 即是偏心距。同样,四边形 $OO_HB_iA_i$ 是一个平行四边形。

图 5-35 是钢球与环槽组合联轴节防自转机构工作原理图。图中,O_H 是机架上环槽的中心定位圆的中心,O 是动盘上钢球的中心位置所在定位圆的中心,OO_H 即是偏心距。同样,四边形 $OO_HB_iA_i$ 是一个平行四边形。

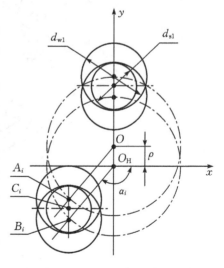

图 5-33　球形联轴节机构工作原理图

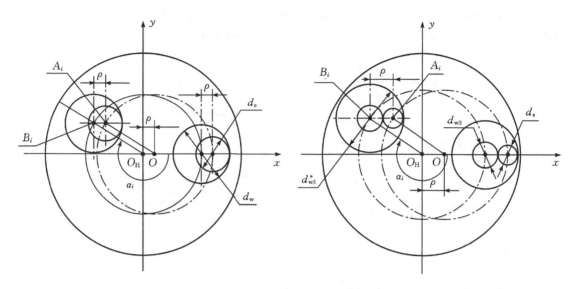

图 5-34　柱（直）销与孔组合联轴节机构工作原理图　　图 5-35　钢球与环槽组合联轴节防自转机构工作原理图

3. 滚珠滑环机构

图 5-36 示出滚珠滑环的结构。滚珠滑环兼作涡旋转子的推力轴承，因此，它既承受轴向力，又使涡旋转子在轨道上运动。

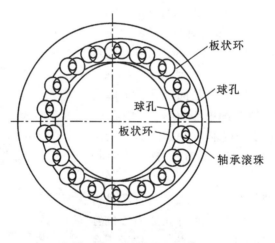

图 5-36　滚珠滑环机构

5.8　典型应用

由于涡旋压缩机加工精度要求高，零部件少，适宜大批量的生产方式，故在家用和商用空调领域首先得到大批量工业化生产和应用，其次在相近制冷行业也得到工业化应用。近年来随着其设计和制造技术的不断完善，其应用领域也在不断扩大，已涉及空气压缩机、液体泵、真空泵及膨胀机等。以下将简要介绍其在空调、制冷和空气压缩领域的应用。

1. 空调压缩机

涡旋式空调压缩机为全封闭结构,结构外形及剖视示意图如图 5-37 所示。其单机功率在 1.0~25 匹(1 匹=0.735 kW)范围,制冷工质可以是 R22、R407C、R410A 等,除此之外,还可将两机或多机并联运行以达到较大制冷量的目的。

全封闭涡旋空调压缩机结构外形及剖视示意图如图 5-37 所示。

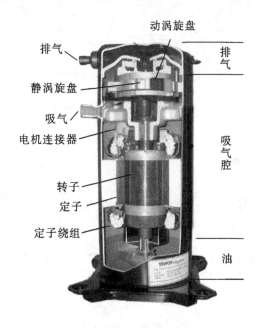

图 5-37　全封闭涡旋空调压缩机示意图

除了变转速调节、多级并联调节方法外,近年来兴起的针对涡旋压缩机特有的一种容量调节方法,称为"数码涡旋"。所谓的数码涡旋,主要指其制冷量可以按照所需量进行调节,主要包括压缩机 0%载荷的卸载状态和 100%载荷的加载状态的获得和控制这两种状态的系统。

所谓数码涡旋压缩机就是 0%载荷和 100%载荷两工位调节的涡旋压缩机,其结构如图 5-38所示,它建立在浮动静盘涡旋压缩机结构的基础上,主要由调节腔、提升活塞、节流孔、电磁阀及联通管组成。调节腔通过节流孔(ϕ0.6 mm)与排气腔联通,提升活塞与静涡盘连接,调节腔由管路和电磁阀与进气管路连接。当电磁阀接通时,调节腔的压力降低,提升活塞在高压气体力的作用下带着静涡盘向上运动,使得动静涡盘分开(1 mm),这样压缩机虽在运转但不会压缩气体,无气体排出(图 5-39);当电磁阀关闭,调节腔压力与排气腔压力相同,提升活塞两边受力使其相同,静盘在弹簧力和气体力的共同作用下与动盘贴合,正常工作(图 5-39)。

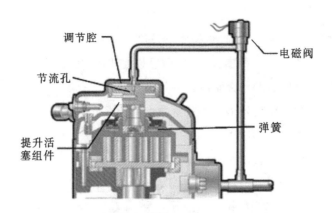

图 5-38   数码涡旋压缩机的机构简图

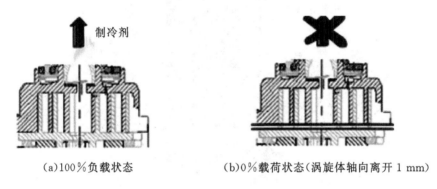

(a)100％负载状态 （b)0％载荷状态(涡旋体轴向离开 1 mm)

图 5-39   数码涡旋的两种状态

2.制冷压缩机

制冷压缩机压力比大,与空调压缩机的不同在于排气温度较高,一般采用加大润滑油或喷射制冷工质的方法进行内冷却。目前适用工质有 R22、R404A/R507 和 R134a,功率在 2～15 匹。

3.汽车空调压缩机

由于电动汽车空调压缩机要求重量轻、能效高、振动小、噪音低、变转速性能好,涡旋压缩机相比于其它类型的压缩机有其独特的优点。目前,涡旋压缩机是电动汽车空调压缩机的首选。随着电动汽车市场的逐步发展,电动汽车空调涡旋压缩机的市场需求也越来越大。代表性产品有日本电装(DENSO)的 SCA06C(达路·特锐)、日本三电(SANDEN)的 TRS090(本田飞渡)、日本三菱(Mitsubishi Electric)的 MSC90C(哈飞赛马)、南京奥特佳的 WXH 系列产品(天津一汽轿车)。

与家用空调压缩机类似,电动汽车空调压缩机直接由电机驱动,压缩机均采用全封闭的形式,配置直流或交流电机。根据压缩机是否带控制器,可将其分为分体机和一体机。目前使用的制冷机多为 R134a、R407C 和 R1234yf 等。电动汽车空调压缩机主要运用于电动大巴、电动乘用车以及采用蓄电池供电的卡车空调等,压缩机单机制冷量为 2.5～8.0 kW。为适应不同的环境工况,提供稳定的制冷(热)量,多采用变频电机,压缩机工作转速一般为 1000～9000 r/min,瞬时最高转速达 12000 r/min。

图 5-40 为某一型号的电动汽车空调用涡旋压缩机,该压缩机采用全封闭式,其涡盘和驱动电机均置于封闭的壳体内,整体为卧式布置。进气口设置在壳体右端,压缩机运行时,壳体大部分空间处于低压进气状态;排气口设置在壳体左侧,左侧高压腔与右侧低压腔由一道 O 形圈(24)来密封。对于该压缩机,偏心轴(45)直接与电机转子(3)连接,并在电机转子(3)两侧设置两个滚动轴承(27)来支撑。偏心轴(45)与偏心轴套(26)连接,然后再与动涡盘轴承(17)配合,压缩机运行时,由于离心力的作用,构成了涡旋盘的径向间隙补偿。在动涡盘(14)底部,采用了球形联轴节防自转机构,由此来承受动涡盘的自转力矩和倾覆力矩。对于电动汽车空调涡旋压缩机的防自转机构,除了采用以上的球形联轴节防自转机构外,还有采用十字滑环、销柱等结构。其中前两种,由于结构的特点,适合于转速较低的工况,目前对于转速较高的工况(大于 4500 r/min),均采用销柱形式的防自转机构。

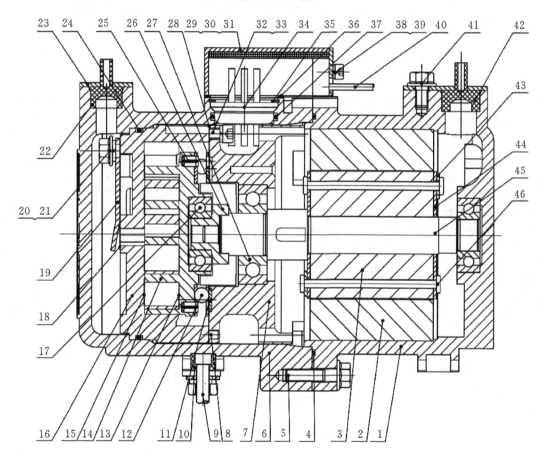

1—电机壳体;2—定子;3—转子;4—O 形圈;5—螺栓;6—压缩机壳体;7—连接器;8—销;9—热电偶;10—热电偶垫;11—支撑环;12—钢球;13—动盘耐磨片;14—动涡盘;15—静盘耐磨片;16—静盘;17—轴承;18—阀片;19—升程限制器;20—螺栓;21—弹垫;22—排气塞;23—压板;24—O 形圈;25—销;26—偏心轴套;27—轴承;28—调整垫;29—电源插线盖;30—螺钉;31—弹垫;32—螺钉;33—弹垫;34—接线柱;35—弹性挡圈;36—胶垫;37—O 形圈;38—螺钉;39—弹垫;40—电源线;41—螺栓;42—吸气塞;43—平衡重;44—盖板;45—偏心轴;46—铆钉

图 5-40　某电动汽车空调压缩机结构示意图

4. 空气压缩机

涡旋压缩机应用于空气压缩机,由于其压力比较高,且空气会产生较多的压缩热,因而技术难度较空调压缩机大。目前空气压缩机的应用包括无油涡旋空气压缩机和喷油涡旋空气压缩机,单机排气量一般在 1 m³/min 以内,排气压力在 1.0 MPa 以下。图5-41为无油涡旋空气压缩机外形图。

采用喷油技术时,涡旋空气压缩机的系统与其它喷油压缩机的系统相同,只是在喷油位置选取上要考虑到从吸气口到排气口经过路程较其它压缩机长,因而搅动油会消耗更多的功,可以采用逐步多点喷射方案。涡旋式压缩机应用于空气压缩机的显著特点仍然是噪声低。

图 5-41　无油涡旋压缩机外形图

5. 其它

随着时间的推移,涡旋压缩机的应用领域正在不断扩大。目前已有工作在用于 4 K 环境的氦气低温制冷涡旋压缩机。由于高压缩热,采用了内部喷油技术,然后油气分离。表 5-1、表 5-2 给出了氦制冷的压缩机典型参数。

表 5-1　低温制冷用涡旋压缩机规格参数

规格型号	ZC60C1G - TF5/TFD	ZC40C1G - TF5/TFD
压缩机类型	全封闭式	
制冷剂	氦(R - 704)	
润滑油型号	PAG(UCON LB 300X)	
油充注量(oz)	最高:30;最低:64	
电机转速	50 Hz 和 60 Hz	
质量(kg)	40	
高度(mm)	490.1	
宽度(mm)	外壳:184.8;底部:240.7	
电力提供(Volts)TF5	200/220@50Hz 220/230@60Hz	
TFD	460@60Hz 380/420@50Hz	
运行压力(PSIA)	排气:93~342;吸气:29~129	
排气量(cc/rev)	93	63
以下是83.9PSIG的吸气压力,250.3PSIG 的排气压力下的性能,转速为 60 Hz/50 Hz		
氦体积流量(m³/h)(标准状态下)	106/88.3	69/57.5
能效比(kW·(m³·h⁻¹)⁻¹)(标准状态下)	16.8/17	15.7/16
润滑油油注入流量(LPM)	7.5/6.25	3.8/3.16
电机额定功率(kW)	6.3/5.17	4.4/3.6

注:1 oz＝49.759 mL,1 cc＝1 mL。

表 5 - 2　氦制冷机典型工作参数

参数	极限值	
	ZC60C1G - TF5/TFD	ZC40C1G - TF5/TFD
最高排气温度(℉)	185	
油位	最高:1/2SG;最低:1/4SGMin	
冷却油流量(G/min)	1.4~1.6	1~1.5
最小氦流量(lbs/h)/(m³/h)/(SCFM)	38/96/56	27/68/40
功率(W)	6400/7800	4800/5100
分离器一中的最高油位(ml/h)	150~160	
分离器二中的最高油位(ml/h)	2.5~3	
最大允许倾斜角度(°)	±10	
冷却器入口油温(℉)	144~176	130~145
冷却器出口最高油温(℉)	106	90
冷却器入口氦温度(℉)	150~180	135~150
冷却器出口氦温度(℉)	85	75
环境温度(℉)	94~96	
最大噪声水平(dB(A))60Hz	71	68
50Hz	68	67

注:(1) 1℉=1℃×1.8+32。

(2) 1 G/min=3.785 L/min。

(3) 1 lbs=0.4536 kg。

(4) SCFM:standard cubic foot per minute。

(5) 1 SCFM=28.311 L/min。

(6) $\dfrac{t_F}{℉}=\dfrac{9}{5}\dfrac{T}{K}-459.67$。

第6章　罗茨鼓风机与齿式压缩机

6.1　罗茨鼓风机

罗茨鼓风机由美国人 Francis Roots 和 Philander Roots 兄弟俩于 1854 年发明,它属于回转容积式压缩机。由于其排气压力一般低于 0.2 MPa,处于鼓风机的范围,故一般称为罗茨鼓风机。罗茨鼓风机起初只用于正压鼓风,后来发展到真空领域,演化出罗茨真空泵(负压罗茨鼓风机)。作为罗茨真空泵使用时,其真空度可达$-0.01\sim-0.08$ MPa。

罗茨鼓风机与罗茨真空泵都在大气压附近工作,工作特性及结构设计上并无本质差别,故一般将罗茨真空泵纳入罗茨鼓风机的范畴进行讨论,统称为罗茨鼓风机。需要区分时,分别称之为罗茨鼓风机与罗茨真空泵或负压罗茨鼓风机。

6.1.1　工作原理及特点

罗茨鼓风机属于容积式鼓风机。

罗茨鼓风机的基本结构如图 6-1 所示。截面形状类似跑道的柱状机壳 1 与两侧墙板包容成一个气缸,机壳上设置有吸气口和排气口。一对形状相同、彼此"啮合"的转子(叶轮)4,将吸气口与排气口相互隔开。两转子通过同步齿轮 3 传动,以等速反向旋转。转子按照图示方向旋转时,低压侧气体通过吸气口逐渐被吸入,并封闭在基元容积 V_0 内,然后通过排气口排出到高压侧。在基元容积与排气口连通的一瞬间,排气侧高压气体向基元容积内回流均压实现气体的压缩。主轴每回转一周,齿数为 2 的两叶鼓风机排出 $4V_0$ 的气体容积,齿数为 3 的三叶鼓风机排出 $6V_0$ 的气体容积。转子连续旋转,气体便按图中箭头所示方向从低压侧输送到高压侧。

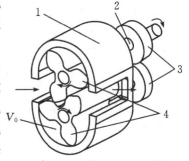

1—机壳;2—主轴;3—同步齿轮;
4—叶轮

图 6-1　罗茨鼓风机基本结构

两转子之间、转子与墙板之间以及转子与机壳之间,均保持一定的间隙,以避免力、热变形及加工误差引起转子之间或转子与腔体之间的接触,保证鼓风机的正常运转。

罗茨鼓风机具有如下特点。

(1)强制输气,具有相对稳定的工作特性。

罗茨鼓风机是容积式鼓风机,具有强制输气特征,流量几乎不受排气压力的影响(由于内部泄漏的缘故,流量随排气压力的增加略有下降)。在小流量区域,不会像离心压缩机那样发生喘振现象,具有相对稳定的工作特性。

(2)无内压缩过程,导致效率低,排气温度高,气流脉动与噪声严重。

　　当转子顶部越过排气口边沿时(图 6-1),未发生任何容积变化(因此也未发生内压缩)的封闭容积 V_s 便与排气腔连通,排气腔高压气体回流到工作腔 V_s 内,使工作腔内气体压力瞬时升高至排气压力,继而与回流气体一起排出。理论上,罗茨鼓风机的压力升高过程是瞬间完成的,其压缩过程可看作等容过程。如图 6-2 所示,其 p-V 图是一个矩形,不同于一般容积式压缩机的多方压缩过程。

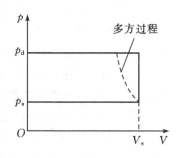

图 6-2　罗茨鼓风机的等容压缩

　　由于没有内压缩过程,在同样压力比下,罗茨鼓风机的等熵效率比具有内压缩的其它各种容积式压缩机要低,排气温度要高。正是由于效率低、排气温度高等不利因素,罗茨鼓风机的单级压力比受到限制,一般不超过 2.0。效率低、排气温度高及单级压力比低,是罗茨鼓风机的突出缺点,它们皆因无内压缩引起。

　　罗茨鼓风机周期性的吸、排气本身会产生气流脉动与噪声,而其等容压缩过程特有的高压气体回流现象,会在排气腔及排气管内进一步产生脉动与噪声,这使得罗茨鼓风机的气流脉动与噪声比相同功率及转速下的其它压缩机严重得多,这是罗茨鼓风机的又一突出缺点。

　　(3)成本低,可靠性高,寿命长。

　　罗茨鼓风机零部件少,转子和机体加工都很方便,加工成本低,而且少的零部件数也便于维修。由于没有不平衡惯性力,转子可以高速旋转而保持机器平稳运转,振动小。由于转子之间以及转子与气缸之间没有接触,除了同步齿轮、轴承及轴封外,罗茨鼓风机内没有其它摩擦磨损件,因此其机械效率高,运行可靠性高,寿命长。

　　(4)可实现无油压缩,允许所输送介质含有微量粉末、颗粒或液滴。

　　罗茨鼓风机转子依靠同步齿轮驱动,转子本身不接触,因此不需要润滑。这样,就可以避免被输送气体与润滑油接触,保持气体洁净。但是,齿轮及轴承仍然需要油来润滑,这些润滑油有可能进入到工作腔。因此,在对输送气体洁净程度有较高要求时,需要采取好的密封措施,防止齿轮箱和轴承箱内的润滑油进入工作腔。

　　罗茨鼓风机依靠很小的间隙“密封”气体,只要气体中颗粒的最大几何尺寸小于风机气腔内最小间隙的一半,含尘量小于 100 mg·m^{-3},罗茨鼓风机就能够正常运转,并能获得正常的寿命。含尘量增大,会加速气腔内间隙的增加,从而缩短鼓风机的寿命。含尘量过大,会造成灰尘颗粒在气腔内的堆积和转子卡滞,使转子不能正常运转。

　　值得指出的是,正是由于这种“间隙密封”方式,加上腔内无油,使得罗茨鼓风机的气体泄漏相当严重,容积效率和绝热效率都很低,进一步限制了罗茨鼓风机单级压力比的提高。

6.1.2　应用现状及发展趋势

1.应用现状

　　作为一种典型的气体增压与输送机械,罗茨鼓风机在其特定压力区域内具有广泛的适用性。其流量通常为 1~250 m³/min,最小的达到 0.25 m³/min,最大可达 800 m³/min,单级工作压力为 -0.05~0.12 MPa;双级串联时,鼓风机正压可达 0.2 MPa,真空泵负压可达 -0.08 MPa。采取逆流冷却措施时,单级正压可达 0.16 MPa,负压可达 -0.08 MPa。

　　罗茨鼓风机大多作空气鼓风机使用,其用途遍布建材、电力、冶炼、石油化工、矿山、食品、水产养殖和污水处理等许多领域。例如，在冶金行业中的窑炉鼓风是罗茨鼓风机的一个典型应用。水泥生料从立窑顶部加入，助燃空气由窑的下部送入，物料在窑中靠自重垂直下落，烧成的熟料由窑的下部卸出，产生的烟气由窑的上部排出。

自20世纪90年代初，罗茨鼓风机在污水曝气处理（特别是深水池）中应用逐渐增多。鼓风机为水体中的好氧菌提供充分的溶解氧，为搅动曝气池中的混合液提供动力。罗茨鼓风机常用于造纸、印染、电镀、石油化工、发酵酿造等工业废水及城市生活污水的曝气处理。

除用于曝气外，罗茨鼓风机在污水处理中还有一个重要应用，就是用于机械蒸汽再压缩（Mechanical Vapor Recompression，MVR）系统的水蒸气增压。MVR技术是一项高效环保的节能技术，广泛应用于溶液的蒸发工艺过程中，在污水处理行业具有广阔的应用前景。

由于罗茨鼓风机能够实现无油压缩，在医药、食品等部门，罗茨鼓风机通常用作各种低压气、力输送系统的气源机械。

采用气密性好的密封装置时，也可用来输送空气之外的气体，如氢气、氧气、一氧化碳、二氧化碳、硫化氢、二氧化硫、沼气、乙炔、煤气等。其中，用于氢气压缩的罗茨鼓风机在燃料电池汽车上表现出良好的应用前景，在日本丰田2014年推出的燃料电池汽车Mirai中，用于氢气循环及内部加湿的氢循环泵就是无油罗茨鼓风机。

在真空应用方面，罗茨鼓风机（真空泵）用于真空包装就是一个典型实例。将食品置于柔性包装袋内，在袋子开口处设置抽气口，利用真空泵抽出袋内的空气，然后用热封器将袋口密封，即完成真空包装。由于排除了袋内大部分空气，并能控制其中的水分，因此真空包装对食品防潮、防霉、防氧化均有良好的效果。

1867年，罗茨鼓风机开始在工业方面（首先是在冶炼方面）得到应用。1951年，我国开始制造罗茨鼓风机。20世纪70年代，长沙鼓风机厂研制出D系列空冷鼓风机和SD系列水冷鼓风机，国产罗茨鼓风机开始形成系列。80年代初，长沙鼓风机厂、上海鼓风机厂、天津鼓风机厂、武汉鼓风机厂等单位联合设计出L系列罗茨鼓风机。1987年，国内从日本引进罗茨鼓风机（真空泵）设计制造技术。20世纪90年代以后，罗茨鼓风机技术开发活动更趋活跃。国内先后开发出三叶罗茨鼓风机、水下鼓风机、单级高压鼓风机和单级干式高负压真空泵等多个系列，以适应国民经济对罗茨鼓风机需求不断增加的趋势。

2. 发展趋势

罗茨鼓风机的发展趋势，主要表现在进一步提高效率、降低噪声及扩大应用范围方面。

（1）提高效率。

提高效率最简单的途径是提高其工作转速，减少内部回流在理论流量中的占比，从而提高其容积效率。

提高效率还可以通过优化转子型线，改善转子啮合间隙的密封效果来实现。此外，提高鼓风机的制造精度，改善转子间隙的均匀程度，从而减少气体泄漏，也可以提高鼓风机效率。

提高效率最有潜力的措施是研究开发具有内压缩的转子齿形，在保持罗茨鼓风机结构简单、可靠性高等优势的同时，通过内压缩大幅度提高其效率。本章后面将要介绍的齿式压缩机即属于此类。

（2）降低噪声。

重点是进行低噪声技术开发，如采用预进气结构、设计制造扭叶转子等，都可以减小气流脉动，降低气体动力性噪声。设计进、排气消声器，增加隔声罩等，都能对噪声进行有效控制。

此外,提高同步齿轮制造精度、两侧墙板轴承孔的加工和装配精度,也可一定程度减小振动及机械性噪声。

(3)扩大应用范围。

加强密封技术与材料技术的应用研究,改进产品的密封性、耐磨性、耐腐蚀性、阻燃防爆性等,以满足各种易燃、易爆、有毒、含尘及腐蚀性气体的输送要求。针对高温、高压或高负压等特殊要求,研发相应产品,以此扩大罗茨鼓风机的应用范围,向其它类型鼓风机和真空泵的使用领域渗透。近几年来 MVR 系统水蒸气增压鼓风机、燃料电池汽车中的氢循环泵、航天员水循环系统等都涉及到特殊性能要求罗茨鼓风机的开发,反映了罗茨鼓风机通过新材料、新工艺、新结构等多方面的创新,不断扩大其应用范围。

6.1.3　转子型线

罗茨鼓风机两个转子的型线互为共扼曲线。罗茨鼓风机的工作原理要求一对转子在任何瞬时,至少存在着一条连续的接触线,以阻止排气腔的高压气体向低压吸气腔回流。对直叶转子,这条接触线反映在端面就是一个接触点。故对直叶罗茨转子型线的基本要求:任何瞬时,两转子间至少存在一个啮合点。除此之外,要求型线对应的面积利用系数尽可能大;转子具有良好的平衡,振动小,噪声低;转子有足够的强度和刚度;型线易于高精度加工等。

罗茨鼓风机两个转子的齿数(又称叶数)一般相同。过去两叶罗茨转子最为常见,20 世纪90 年代末,三叶罗茨转子因其噪声低、便于采取逆流冷却措施而逐渐流行,四叶以上的罗茨转子极为少见。

罗茨转子有直叶及扭叶之分,采用螺旋扭叶转子的主要目的是降低气流脉动与噪声,还能实现一定程度的内压缩,提高效率,但是其加工不便,且齿形上不如螺杆压缩机转子齿形效率高,故目前很难见到扭叶罗茨。对直叶罗茨鼓风机,只需研究其端面齿形(型线)就足以了解其工作特性。

最有代表性的罗茨转子型线有三种,即渐开线-销齿圆弧形、摆线形、圆弧形。其中,摆线型转子型线因面积利用系数低而较少应用,圆弧型转子型线的齿顶密封性能差,其容积效率相对低一些。相比之下,渐开线-销齿圆弧型转子型线由于其密封性能好、加工方便,在罗茨鼓风机中应用较广。

1. 渐开线-销齿圆弧形转子型线

渐开线-销齿圆弧形转子型线的构成如图 6-3 所示。型线由三部分曲线组成:齿根 AB 段为圆心 O_1 位于节圆上、半径为 R_c 的销齿圆弧,该圆弧位于节圆内,其中心角 AO_1B 等于 $\dfrac{\pi}{2}-\alpha_t$(α_t 为渐开线的节圆压力角);齿顶 CD 段为圆心 O_2 位于节圆上、半径为 R_c 的销齿圆弧,该圆弧位于节圆外;BC 段为与圆弧 AB、圆弧 CD 同时光滑连接的一段渐开线,根据渐开线生成原理及光滑连接要求,渐开线的基圆应同时与 O_2C 及 O_1B 的延长线相切。

渐开线的节圆压力角 α_t 为

$$\alpha_t = \arccos \frac{r_0}{R_t} \tag{6-1}$$

根据图中几何关系,渐开线 BC 啮合线长度的一半 O_1B 应等于销齿圆弧半径 R_c

$$R_c = \frac{\pi}{2z}r_0 \tag{6-2}$$

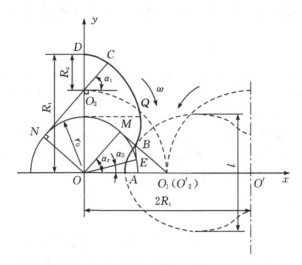

图 6-3　渐开线-销齿圆弧型转子型线

同渐开线齿轮类似,渐开线-销齿圆弧转子型线的生成是有一定条件的。根据渐开线啮合特性,渐开线的啮合点 B 总是位于节点到基圆的切线 O_1M 上,当啮合点 B 越过切线 O_1M 与基圆的切点 M 时,将产生干涉,无法在两个转子上生成相互啮合的渐开线,故要求 $|O_1B| \leqslant |O_1M|$,即 $R_c \leqslant r_0 \tan\alpha_t$,化简为 $\tan\alpha_t \geqslant \dfrac{\pi}{2z}$,即 $\alpha_t \geqslant 38.146°$,相当于 $R_2/R_t \leqslant 1.6177$,即要求转子外径与中心距之比满足 $D/A \leqslant 1.6177$。

齿根圆弧 AB 段的方程为

$$\begin{cases} x = R_t - R_c\cos\varphi \\ y = R_c\sin\varphi \end{cases} \qquad \varphi \in \left[0, \dfrac{\pi}{2} - \alpha_t\right] \qquad (6-3)$$

渐开线 BC 段的方程为

$$\begin{cases} x = r_0[\cos\varphi + (\varphi - \alpha_0)\sin\varphi] \\ y = r_0[\sin\varphi - (\varphi - \alpha_0)\cos\varphi] \end{cases} \qquad \varphi \in \left[\alpha_t, \alpha_t + \dfrac{\pi}{2}\right] \qquad (6-4)$$

式中:α_0 为渐开线在基圆上起始点 E 的矢径与 x 轴夹角,可根据 B 点的渐开线展角推导得出

$$\alpha_0 = \frac{\pi}{2z} - (\tan\alpha_t - \alpha_t) \qquad (6-5)$$

齿顶圆弧 CD 段的方程为

$$\begin{cases} x = R_c\cos\varphi \\ y = R_t + R_c\sin\varphi \end{cases} \qquad \varphi \in \left[\alpha_t, \dfrac{\pi}{2}\right] \qquad (6-6)$$

2.摆线形转子型线

这种型线由光滑连接的两段摆线组成,如图 6-4 所示。节圆以外的齿顶 AB 段是半径为 R_c 的滚圆在节圆外滚动而生成的外摆线。节圆以内的齿根 BC 段是半径为 R_c 的滚圆在节圆内滚动而生成的内摆线。显然,$\angle AOB = \dfrac{\pi}{2z}$。考虑到摆线形成点从 B 移动到 A 的过程中,滚圆滚过的弧长为 πR_c,切点在节圆上移动的弧长为 $\dfrac{2\pi}{4z}R_t$,两段弧长应该相等,得到 $R_c = \dfrac{R_t}{2z}$。

AB 段的型线方程为

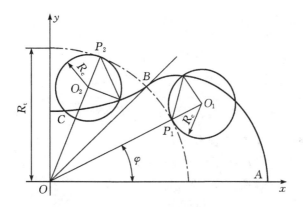

图 6-4　摆线型转子型线

$$\begin{cases} x = R_c[(2z+1)\cos\varphi + \cos(2z+1)\varphi] \\ y = R_c[(2z+1)\sin\varphi + \sin(2z+1)\varphi] \end{cases} \quad \varphi \in [0, \frac{\pi}{2z}] \quad (6-7)$$

BC 段的型线方程为

$$\begin{cases} x = R_c[(2z-1)\cos\varphi - \cos(2z-1)\varphi] \\ y = R_c[(2z-1)\sin\varphi + \sin(2z-1)\varphi] \end{cases} \quad \varphi \in [\frac{\pi}{2z}, \frac{\pi}{z}] \quad (6-8)$$

3. 圆弧形转子型线

　　圆弧形转子型线的构成如图 6-5 所示。节圆半径 R_t 为两转子中心距的一半。型线由两部分曲线构成，即位于节圆外的齿顶，位于节圆内的齿根。齿顶是圆心在转子长轴上的一段圆弧，其半径为 R_c。齿顶和节圆的交点 M 与转子中心的连线 OM，与转子对称线成 $\frac{\pi}{2z}$ 角。齿根是另一转子齿顶的共轭线。

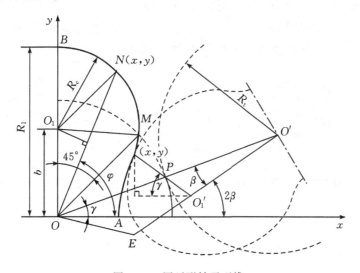

图 6-5　圆弧形转子型线

　　齿顶圆弧 MB 段的方程为

$$\begin{cases} x = \rho\cos\varphi \\ y = \rho\sin\varphi \\ \rho = b\sin\varphi + \sqrt{R_c^2 - b^2\cos^2\varphi} \end{cases} \quad \varphi \in \left[\frac{\pi}{2z}, \frac{\pi}{z}\right] \qquad (6-9)$$

式中:齿顶圆弧半径 R_c 与 R_t、b 构成 $\triangle OMO_1$ 的三条边,故

$$R_c = \sqrt{R_t^2 + b^2 - 2R_t b\cos\frac{\pi}{2z}} \qquad (6-10)$$

齿根圆弧共轭曲线 AM 段的方程为

$$\begin{cases} x = 2R_t\cos\beta - b\cos2\beta - R_c\cos\gamma \\ y = 2R_t\sin\beta - b\sin2\beta + R_c\sin\gamma \\ \gamma = \arctan\dfrac{b\sin2\beta - R_t\sin\beta}{R_t\cos\beta - b\cos2\beta} \end{cases} \quad \beta \in \left[0, \frac{\pi}{2z}\right] \qquad (6-11)$$

4. 修正的三叶罗茨渐开线-销齿圆弧型线

上述三种型线是罗茨鼓风机转子最具代表性的型线,以这三种型线为基础,能衍生出一些性能更加优良的罗茨转子型线。

20 世纪 90 年代末,三叶罗茨逐渐流行,当时在应用上述渐开线-销齿圆弧型线时就存在困难:在不改变 A/D 的前提下,直接将渐开线-销齿圆弧型线应用于三叶罗茨会出现干涉问题。为此,提出了修正的三叶罗茨渐开线-销齿圆弧型线。该型线对渐开线基元半径进行修正,避免传统渐开线型线中对 A/D 的限制,提高面积利用系数,改善了齿顶密封,而且减少销齿圆弧瞬时啮合造成的强烈气流噪声。该型线同时适用于两叶、三叶罗茨鼓风机。对采用该型线的三叶罗茨鼓风机进行性能测试,结果表明:同传统渐开线罗茨鼓风机相比,其容积效率提高达 10%,噪声降低达 4 dB(A)。

修正的三叶罗茨渐开线-销齿圆弧型线如图 6-6 所示,型线组成及其参数方程如下(根据叶型的对称性,只列出一个转子上的一半型线段)。

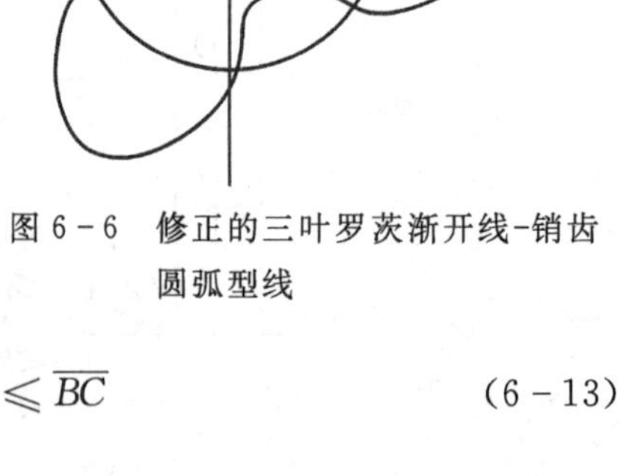

AB 采用对滚圆弧,以保证转子的齿顶密封,其参数方程为

$$\begin{cases} x = \dfrac{D}{2}\cos t \\ y = \dfrac{D}{2}\sin t \end{cases} \quad 0 \leqslant t \leqslant \theta_1 \qquad (6-12)$$

式中:θ_1 可取 $2°\sim4°$。

BC 是连接渐开线 CD 与圆弧 AB 的直线段,其参数方程如下

图 6-6　修正的三叶罗茨渐开线-销齿圆弧型线

$$\begin{cases} x = x_B + t\cos\theta_2 \\ y = y_B + t\sin\theta_2 \end{cases} \quad 0 \leqslant t \leqslant \overline{BC} \qquad (6-13)$$

$$\theta_2 = \pi - \arctan\left(\frac{y_B - y_C}{x_B - x_C}\right) \qquad (6-14)$$

$$\overline{BC} = \sqrt{(x_B - x_C)^2 + (y_B - y_C)^2} \qquad (6-15)$$

式中:(x_B, y_B) 为 B 点坐标,由方程(6-12)计算得到;(x_C, y_C) 为 C 点坐标,由下述渐开线方程

计算得到。

CD 是一段渐开线,其参数方程如下

$$\begin{cases} x = x'\cos(\dfrac{\pi}{2z} + \mathrm{inv}\alpha_\mathrm{t}) - y'\sin(\dfrac{\pi}{2z} + \mathrm{inv}\alpha_\mathrm{t}) \\ y = x'\sin(\dfrac{\pi}{2z} + \mathrm{inv}\alpha_\mathrm{t}) + y'\cos(\dfrac{\pi}{2z} + \mathrm{inv}\alpha_\mathrm{t}) \end{cases} \tag{6-16}$$

$$\begin{cases} x' = r_0\cos t + r_0 t\sin t \\ y' = -r_0\sin t + r_0 t\cos t \end{cases} \qquad t_\mathrm{e} \leqslant t \leqslant t_\mathrm{b} \tag{6-17}$$

式中：α_t 为节圆压力角，$\alpha_\mathrm{t} = \arccos\dfrac{r_0}{R_\mathrm{t}}$；$r_0$ 为渐开线的基圆半径，$r_0 = \dfrac{z}{\pi}(D-A)\xi,\xi$ 在 $0.85\sim$ 0.95 之间,这是与传统渐开线形转子型线不同的重要之处；t_e 为渐开线终点 C 对应的参数， $t_\mathrm{e} = \mathrm{inv}\alpha_\mathrm{e} + \alpha_\mathrm{e}$；$t_\mathrm{b}$ 为渐开线起点 D 对应的参数，$t_\mathrm{b} = \mathrm{inv}\alpha_\mathrm{b} + \alpha_\mathrm{b}$；$\alpha_\mathrm{b}$ 及 α_e 计算如下

$$\cos\alpha_\mathrm{b} = \frac{1}{\sqrt{1 + \left(\tan\alpha_\mathrm{t} - \dfrac{\pi}{2z}\right)^2}} \tag{6-18}$$

$$\cos\alpha_\mathrm{e} = \frac{1}{\sqrt{1 + \left(\tan\alpha_\mathrm{t} + \dfrac{\pi}{2z}\right)^2}} \tag{6-19}$$

DE 是与渐开线 CD 及圆弧 EF 相连的直线段,且 DE 与 EF 相切,其参数方程如下

$$\begin{cases} x = x_E + t\cos(\dfrac{\pi}{z} - \theta_3 + \theta_4 - \dfrac{\pi}{2}) \\ y = y_E + t\sin(\dfrac{\pi}{z} - \theta_3 + \theta_4 - \dfrac{\pi}{2}) \end{cases} \tag{6-20}$$

$$\begin{cases} x_E = x_P + r_1\cos\left[\pi + (\dfrac{\pi}{z} - \theta_3) + \theta_4\right] \\ y_E = y_P + r_1\sin\left[\pi + (\dfrac{\pi}{z} - \theta_3) + \theta_4\right] \end{cases} \tag{6-21}$$

$$\begin{cases} x_P = \left[r_1 + (A - \dfrac{D}{2})\right]\cos(\dfrac{\pi}{z} - \theta_3) \\ y_P = \left[r_1 + (A - \dfrac{D}{2})\right]\sin(\dfrac{\pi}{z} - \theta_3) \end{cases} \tag{6-22}$$

$$\theta_4 = \pi - \left[\frac{\pi}{z} - \theta - \arctan\frac{y_D - y_P}{x_F - x_P} + \arccos\frac{r_1}{\sqrt{(x_P - x_D)^2 + (y_P - y_D)^2 - r_1^2}}\right] \tag{6-23}$$

式中：(x_D, y_D) 为渐开线起点 D 的坐标,由方程(6-16)、(6-17)计算得到。

EF 是与圆弧 FG 及直线段 DE 均相切的圆弧,其参数方程如下

$$\begin{cases} x = x_P + r_1\cos t \\ y = y_P + r_1\sin t \end{cases} \qquad t_E \leqslant t \leqslant t_F \tag{6-24}$$

式中：t_E 为 E 点对应的参数，$t_E = \pi + (\dfrac{\pi}{z} - \theta_3) + \theta_4$；$t_F$ 为 F 点对应的参数，$t_F = \pi + (\dfrac{\pi}{z} - \theta_3)$；$r_1$ 在设计中作为已知参数给出。

FG 为对滚圆弧,其参数方程如下

$$\begin{cases} x = (A - \dfrac{D}{2})\cos(\dfrac{\pi}{z} - t) \\ y = (A - \dfrac{D}{2})\sin(\dfrac{\pi}{z} - t) \end{cases} \quad \theta_3 \leqslant t \leqslant 0 \quad (6-25)$$

式中:θ_3 在设计中作为已知参数给出。

6.1.4　热力性能计算

1.容积流量及容积效率

罗茨鼓风机转子旋转一周,其齿顶圆上一点扫过的面积为

$$S = \frac{\pi}{4}D^2 \quad (6-26)$$

转子横截面积 S' 与面积 S 之差为

$$\Delta S = S - S' \quad (6-27)$$

式中:S' 可借助转子离散坐标通过如下数值方法求得(一些 CAD 软件能直接给出封闭曲线包围的面积)

$$S' = \sum_{i=1}^{n} \frac{1}{2}(x_i y_{i+1} - x_{i+1} y_i) \quad (6-28)$$

定义转子型线的面积利用系数为

$$c = \frac{\Delta S}{S} \quad (6-29)$$

对于齿数为 z,转子长度为 l 的罗茨鼓风机,其基元容积 V_0 可以表示为

$$V_0 = c \frac{\pi D^2}{4z} l \quad (6-30)$$

不考虑泄漏等实际因素影响,鼓风机在单位时间内输送的进口状态下的气体容积,称为理论容积流量。齿数为 z 的鼓风机,每转的排量为

$$V = 2zV_0 = c \frac{\pi D^2}{2} l \quad (6-31)$$

对于转速为 n(相应的齿顶圆周速度为 u)的罗茨鼓风机,其理论容积流量为

$$q_{V,\text{th}} = c \frac{\pi D^2}{2} ln = 30cDlu \quad (6-32)$$

常用容积效率来表示罗茨鼓风机的实际容积流量

$$q_V = q_{V,\text{th}} \eta_V \quad (6-33)$$

现代罗茨鼓风机的容积效率一般在 $0.7 \sim 0.9$ 的范围内。

影响容积效率的主要因素包括以下几种。

(1)内泄漏损失。在进、排气压差的作用下,部分排气腔内高压气体通过转子间隙泄漏到进气腔。

(2)外泄漏损失。在机壳内、外压差的作用下,气体通过轴端间隙,从鼓风机排气腔往外面泄漏,或者从大气往真空泵内部泄漏。

(3)内泄漏的加热作用。压缩升温后的气体泄漏到进气腔内,对吸入的气体有一定的加热作用,使其比容增大,质量流量下降。

(4)机件传热。在气体压缩热的作用下,转子和机壳的温度都会升高,吸入的气体与之接

触时也会升温,吸入的质量流量下降。

(5)气体压力损失。气体流动时存在一定的压力损失,这些损失也会导致吸入的气体质量流量下降。

上述容积效率影响因素中,前两项直接影响实际流量大小,后三项为实际流量的间接影响因素。在流量计算或测量过程中,很难将上述各种因素的影响区别开来。

图 6-7 所示为某罗茨鼓风机的容积效率随压力比和转速的变化规律。从图中可以看出,在转速一定的情况下,流量随升压(或压力比)增大而略有减小,这是由于泄漏流量随升压提高而增大的缘故;在升压一定的条件下,流量随转速提高而增大,不同转速下的流量曲线近似平行,这是由于理论流量与转速成正比,而泄漏的气体流量与转速关系不大的缘故。

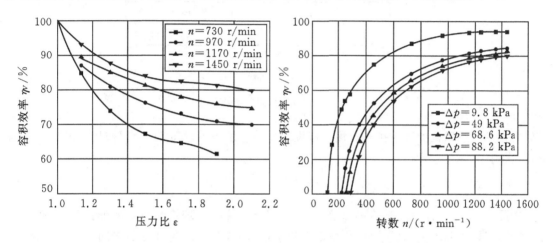

图 6-7　某罗茨鼓风机的容积效率曲线

2.轴功率及绝热效率

根据图 6-2 所示 p-V 图,可计算罗茨鼓风机基元容积 V_0 等容压缩时的理论功为

$$W = (p_d - p_s)V_0 \tag{6-34}$$

罗茨鼓风机的理论功率为

$$P_{th} = 2z\frac{n}{60}W \tag{6-35}$$

罗茨鼓风机的轴功率包括三部分:压缩气体的理论功率 P_{th},吸、排气流动损失及泄漏、传热损失 P_c,克服同步齿轮、轴承及轴封等摩擦阻力的机械损失 P_m,即

$$P_s = P_{th} + P_c + P_m \tag{6-36}$$

一般压缩机的内压缩功接近于等熵绝热压缩功。尽管罗茨鼓风机内压缩过程是等容压缩,为了反映罗茨鼓风机热力过程的完善程度,特别是便于同其它压缩机比较,也采用绝热效率评价罗茨鼓风机热力性能。

如图 6-8 所示,罗茨鼓风机的绝热效率随着压力比的增大而下降。其中,大型罗茨鼓风机因其容积效率较高,机械损失功率在轴功率中所占的比例也小(特别是在升压较大时,机械效率很高),所以绝热效率比中、小机型的高,一般在 60% 以上,高的可达 80% 左右。

3.排气温度

定容压缩结束之后,可近似认为气体从排气口等压、等温排出。因此,将定容积压缩终温

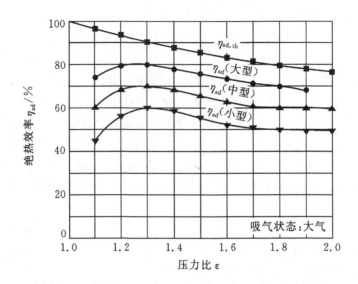

图 6-8　罗茨鼓风机的绝热效率

近似看作罗茨鼓风机的理论排气温度。假设气体等容压缩消耗的功,全部被用于增加气体的焓,可得到

$$T_d = (\frac{k-1}{k}\frac{\varepsilon-1}{\eta_V} + 1)T_s \tag{6-37}$$

实际上,由于气体会通过机体散热,实际排气温度往往比理论计算值要低。升压(或压力比)越高,气体温升越高,鼓风机向周围散热越多,实测排气温度与理论值之间的偏差也越大,如图 6-9 所示。实际排气温度可用下式估算

$$T'_d = T_d - (5 \sim 20)℃ \tag{6-38}$$

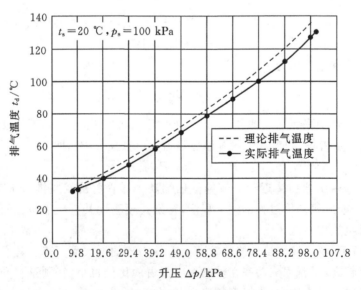

图 6-9　空冷罗茨鼓风机的排气温度

6.1.5　结构设计

1. 主要结构参数的选取

(1) 中心距与直径比值 A/D。

两转子间的中心距 A 与转子最大直径 D 的比值 A/D 是影响齿形、面积利用系数、转子刚度、转子啮合性能的重要参数。

比值 A/D 变大，面积利用系数 c 会减小，这是不利的一面。但另一方面，A/D 变大，导致节圆压力角 α_t 变大，基圆半径 r_0 变小，所得到的齿形较肥胖，从结构上有助于提高转子的刚度。当 A/D 取最大值 $(A/D)_{max}$ 时，齿形两侧的渐开线在最远处相交于节点，因而转子齿形不存在齿顶(谷)圆弧，即 $R_c = 0$。

反之，若比值 A/D 变小，则 α_t 减小，r_0 变大，因而得到较为瘦的齿形，但面积利用系数较大。当 A/D 过小时，还会发生两转子渐开线部分齿形彼此干涉。

如图 6-10 所示，比值 A/D 越大，渐开线啮合终(始)点 K_2 距离节点 p 越近。当 $A/D = 1$ 时，圆弧 $R_c = 0$，此时 K_2 与 P 点重合。比值 A/D 越小，则 K_2 点距 P 越远，距 F 点越近。A/D 减小到最小值 $(A/D)_{min}$ 时，K_2 点与 F 点重合。当 $A/D < (A/D)_{min}$ 时，渐开线终点附近的一段不能与另一转子渐开线始点附近的一段啮合，即发生所谓"齿形干涉"的现象，据此可求取 $(A/D)_{min}$。

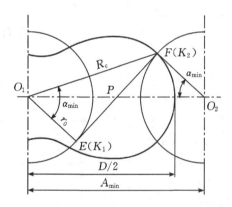

图 6-10　渐开线齿形干涉时的极限位置

$A/D = (A/D)_{min}$ 时，渐开线终点啮合位置在基圆 r_0 圆周上，节圆压力角达到最小 $\alpha_t = \alpha_{min}$。为了保证任何瞬时渐开线啮合不会中断，要求啮合线 K_1K_2 对应的渐开线展角为 $\dfrac{\pi}{z}$，即 $K_1K_2 = 2r_0 \tan\alpha_{min} = r_0 \dfrac{\pi}{z}$，从而有

$$\tan\alpha_{min} = \frac{\pi}{2z} \qquad\qquad (6-39)$$

考虑到 $K_1K_2 = 2R_c$，$D = 2(R_t + R_c) = 2r_0\left(\dfrac{1}{\cos\alpha_{min}} + \dfrac{\pi}{2z}\right)$，$A = 2R_t = 2r_0\dfrac{1}{\cos\alpha_{min}}$，得

$$\left(\frac{A}{D}\right)_{\min} = \frac{1}{1 + \dfrac{\pi}{2z}\cos\alpha_{\min}} \qquad (6-40)$$

从式(6-39)、式(6-40)看出,比值$(A/D)_{\min}$仅与齿数z有关,计算结果列于表6-1中。

表 6-1　计算结果

齿数 z	节圆最小压力角 $\alpha_{\min}$	比值$\left(\dfrac{A}{D}\right)_{\min}$
2	38°09′	0.618
3	27°38′	0.683
4	21°26′	0.733

对$z=2$的两叶罗茨转子,参照表中的$(A/D)_{\min}$数值,一般取$A/D=\dfrac{2}{3}$,但该中心距用于三叶罗茨时,则满足不了$(A/D)_{\min}$的要求,这就是转子型线设计中提出修正渐开线的原因所在。

(2)圆周速度u。

罗茨鼓风机外径D处的圆周速度u大小取决于转子材料、整机重量、尺寸、噪声的要求,如何选取还受到原动机及传动方式影响。

对铸铁转子,圆周速度的一般范围为$u=(15\sim30)\mathrm{m\cdot s^{-1}}$,也可参考图6-11,在上、下限之间选取。

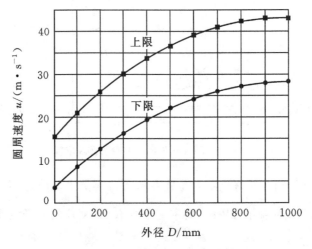

图 6-11　铸铁罗茨转子圆周速度范围

(3)泄漏间隙δ。

间隙是影响经济性与可靠性的重要因素。从经济性方面考虑,为降低泄漏、提高效率,各泄漏间隙越小越好。从可靠性来讲,所取的静态间隙应保证在任何工况下动态间隙均不得为零,即不发生转子之间或转子与机体之间的碰撞擦伤。

实际采用的间隙必须顾及热膨胀、承受载荷时的变形、同步齿轮和轴承的游隙以及加工和安装等因素,它很难用简单的计算方法精确确定,应用有限元方法进行转子变形分析可以获得更加合理的间隙设计。

对铸铁转子,常取转子之间的啮合间隙 δ_1 与定位端端面间隙 δ_3、δ_4 相等,其范围为

$$\delta_1 = \delta_3 = \delta_4 = \delta = (0.0008 \sim 0.0016)D \tag{6-41}$$

非定位端端面间隙应稍大,以适应转子与机壳长度方向热膨胀量差异对端面间隙减小的现象。

风叶外圆与气缸内圆间隙常取

$$\delta_2 = \frac{1}{2}\delta = (0.0004 \sim 0.0008)D \tag{6-42}$$

同步齿轮的啮合间隙约为转子啮合间隙的 1/3。

(4)长径比 $\dfrac{l}{D}$。

由式(6-32)及式(6-33),可确定转子外径

$$D = \sqrt{\frac{q_V}{30u\dfrac{l}{D}c\eta_V}} \tag{6-43}$$

大的长径比 $\dfrac{l}{D}$ 使得转子径向尺寸较小,相应可使轴承、同步齿轮等零部件的尺寸、重量都较小,但是由于轴及轴承较细以及轴承跨距增加,使轴的强度及刚度变差。

长径比还是影响间隙泄漏量的一个主要因素。用式(6-41)、式(6-42)给出的 δ 计算罗茨鼓风机泄漏面积,得到

$$S = 2\delta D\left[\frac{l}{D} + \left(1 + \frac{A}{D} - \frac{2d}{D}\right)\right] \tag{6-44}$$

又由式(6-43),近似认为其余参数不变时,D 与 $\left(\dfrac{l}{D}\right)^{-1/2}$ 成正比,即

$$D = \lambda\left(\frac{l}{D}\right)^{-1/2}$$

式中:λ 为比例常数。

将其代入式(6-44)中,得

$$S = 2\delta\lambda\left(\frac{l}{D}\right)^{-1/2}\left[\frac{l}{D} + \left(1 + \frac{A}{D} - \frac{2d}{D}\right)\right]$$

为求得相应于最小总泄漏面积 S_{min} 的比值 $\dfrac{l}{D}$,只要令 $\dfrac{\mathrm{d}S}{\mathrm{d}\left(\dfrac{l}{D}\right)} = 0$

解得

$$\frac{l}{D} = 1 + \frac{A}{D} - \frac{2d}{D} \tag{6-45}$$

可见,最佳比值 $\dfrac{l}{D}$ 取决于比值 $\dfrac{A}{D}$ 及 $\dfrac{d}{D}$。

对于标准齿形($z=2$,$\dfrac{A}{D}=\dfrac{2}{3}$),可计算 $\cos\alpha_t = 0.6366$,再从结构上考虑,近似取转子端部轴径 $d \approx r_0$,则得

$$\frac{d}{D} = \frac{r_0}{D} = \frac{1}{\dfrac{2}{\cos\alpha_t} + \dfrac{\pi}{z}} \approx 0.212$$

将 $\dfrac{A}{D} = \dfrac{2}{3}$ 及 $\dfrac{d}{D} = 0.212$ 代入式(6-45)，得标准齿形的最佳长径比 $\dfrac{l}{D} = 1.25$。

2. 低噪声结构设计

噪声是罗茨鼓风机较为突出的问题。除了周期性吸、排气带来气流脉动与噪声，罗茨鼓风机等容压缩过程中的高压气体回流也会导致剧烈的气流脉动及噪声。为了有效降低罗茨鼓风机的噪声，需要设法降低气体回流引起的气流脉动。采取扭叶转子、异形排气口、预进气、逆流冷却等结构和措施，都能一定程度降低罗茨鼓风机噪声。

(1) 扭叶转子。

如图 6-12 所示，设长度为 l 的转子前、后两端面的相对扭转角为 τ_0，距离前端面为 x 的截面相对前端面的扭转角 τ 为

$$\tau = \frac{x}{l}\tau_0 \tag{6-46}$$

对齿数为 z 的直叶转子，其周期为 $\dfrac{\pi}{z}$，设其在转角 θ 时的瞬时理论流量为 $q_0(\theta)$，则一个周期内的平均值 $\overline{q_0}$ 为

$$\overline{q_0} = \frac{z}{\pi}\int_0^{\pi/z} q_0(\theta)\mathrm{d}\theta \tag{6-47}$$

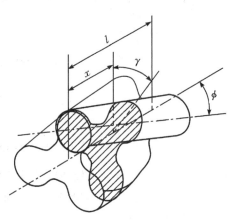

图 6-12　扭叶转子

对扭叶转子，可将转子轴向长度上的微分段看作直叶。当转子前端面处于转角 θ 时，距离前端面为 x、长度为 $\mathrm{d}x$ 微分段的瞬时理论流量为

$$\mathrm{d}q(\theta,x) = \frac{q_0(\tau)}{\tau_0}\mathrm{d}\tau \tag{6-48}$$

因此，沿整个转子长度的理论流量为

$$q(\theta) = \int_{x=0}^{l} \mathrm{d}q(\theta,x) = \frac{1}{\tau_0}\int_0^{\tau_0} q_0(\theta)\mathrm{d}\theta \tag{6-49}$$

当 $\tau_0 = \dfrac{\pi}{z}$ 时，扭叶鼓风机瞬时理论流量与直叶的平均值相同，为定值，即 $q(\theta) = \overline{q_0}$，其不均匀度为零；若视内泄漏为匀速流动，则进气流量亦为定值，其不均匀度也为零。由此可见，扭叶有延缓回流过程、降低排气脉动的特点。扭叶鼓风机排气流量的脉动幅度比直叶鼓风机的小得多。

对三叶转子而言，扭转角为 $\dfrac{\pi}{3}$ 在结构上很容易实现，只要机壳包容角不小于 180° 即可满足需要。但如果两叶转子采用 $\dfrac{\pi}{2}$ 的扭转角，则机壳包容角必须大于 270°，这在结构上不可能实现。

(2) 螺旋形排气口。

如图 6-13 所示，直叶罗茨转子顶端直线从 A 点转过角度 β，构成以 $\triangle AEF$ 表示的排气口。从空间角度看，斜边 AB（或 CD）为环绕在圆柱面（即机壳内圆表面）上的螺旋线。如果将机壳内圆表面展成平面，AE 将成为平面 $\triangle AEF$ 的一条直边。

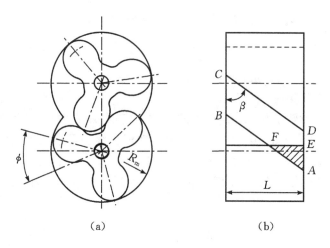

（a）　　　　　　　　　（b）

图 6-13　螺旋形排气口

在展成的平面 △AEF 中,设 ∠EAF＝β,则可写出

$$\begin{cases} \overline{AE} = R_{\mathrm{m}}\varphi \\ \overline{EF} = R_{\mathrm{m}}\varphi\tan\beta \end{cases} \tag{6-50}$$

直线 EF、螺旋线 AF 及弧线 AE 构成曲面三角形 △AFE,其面积为

$$S_1 = \frac{1}{2}(R_{\mathrm{m}}\varphi)^2\tan\beta \tag{6-51}$$

当 $\beta = \dfrac{\pi}{2}$ 时,螺旋口变成矩形口。此时,转子顶端直线 EF 与排气口边缘线 AB 平行。沿机壳内圆分布的矩形 ABEF 面积为

$$S_2 = R_{\mathrm{m}}l\varphi \tag{6-52}$$

对相同的开启角 φ,螺旋形排气口与矩形排气口面积之比为

$$\frac{S_1}{S_2} = \frac{R_{\mathrm{m}}\varphi\tan\beta}{2l} \tag{6-53}$$

采用螺旋形排气口的某罗茨鼓风机排气口面积变化规律如图 6-14 所示。从图 6-14(a)中可以看出,螺旋形排气口沿轴向由零渐变至最大,比矩形排气口的开启要平缓得多。随着螺

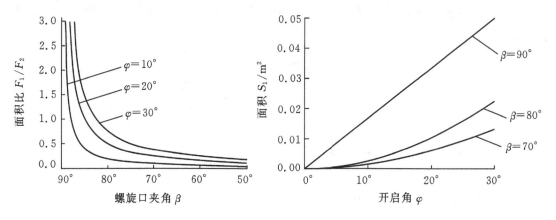

图 6-14　螺旋形排气口面积变化曲线

旋口夹角 β 的增大,其面积变化速度加快,最快就是 $\beta=90°$(即矩形排气口)的情形。图 6-14(b)表明,对特定的开启角 φ 而言,面积比 $\frac{S_1}{S_2}$ 随夹角 β 变化。在 $\beta=80°\sim90°$ 时, $\frac{S_1}{S_2}$ 变化很大;当 $\beta<80°$,其变化渐趋平缓。实际应用中,一般取 $\beta=70°\sim80°$。

(3)渐扩缝隙预进气结构。

如图 6-15 所示,设转子与机壳进气侧的间隙为定值,用 δ 表示,转子与机壳排气侧的间隙为渐扩缝隙,是开启角 φ 的函数,用 $b(\varphi)$ 表示。在渐扩缝隙开启之前,基元容积 V_0 的气体处于进气压力 p_s 作用之下。当开启角为 φ 时,由于排气口高压气体的流入,基元容积内部压力由 p_s 上升为 p_d,同时有气体通过间隙 δ 向进气口泄漏。当 $\varphi=\varphi_b$ 时,压力 p 正好与排气压力 p_d 达到平衡。

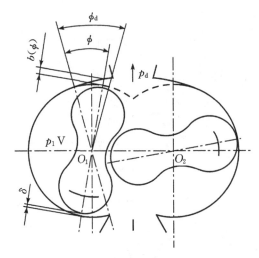

图 6-15　渐扩缝隙预进气结构

(4)逆流冷却。

逆流冷却是以低温气体作为预进气使用的一种冷却方式,同时也是一种降噪设计。通常将冷却气体的压力设定为与排气压力相等。如图 6-16(a)所示,在此位置,上转子与机壳围成的吸气容积逐渐扩大;如图 6-16(b)所示,在此位置,冷却气体开始流入基元容积 V_0;如图 6-16(c)所示,在此位置,冷却气体继续向 V_0 流入,使其内部压力逐步升高;如图 6-16(d)所

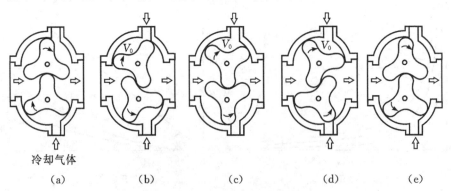

冷却气体

(a)　　　　　(b)　　　　　(c)　　　　　(d)　　　　　(e)

图 6-16　逆流冷却原理

示,在此位置,V_0中的压力已经接近排气压力;如图 6-16(e)所示,在此位置,V_0与排气口连通,气体以等压状态排出。由于冷却气体的引入,气体的压缩终温得以降低,同时也减小了排气口的回流冲击强度,降低鼓风机的噪声。

　　3.典型罗茨鼓风机结构

　　(1)主机。

　　典型的罗茨鼓风机主机如图 6-17 所示,主要由机壳、墙板、转子、油箱、气体密封部件、轴承背面润滑剂密封部件、轴承、齿轮等零部件组成。

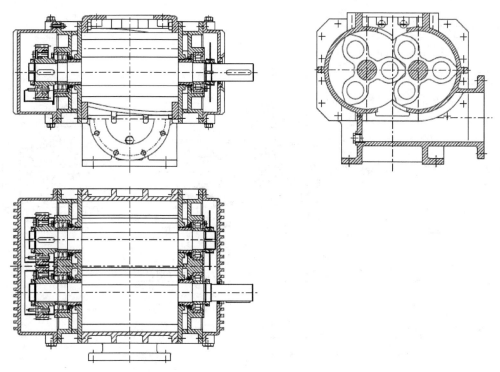

图 6-17　典型罗茨鼓风机主机结构

　　机壳、转子与两端墙板一起构成工作腔。机壳上设有吸、排气口,其布置方式可以是上进气与下排气、上进气与侧排气、左进气与右排气等多种形式,以适应不同的机组设计和管路布置。

　　转子的叶轮部分安装在压缩腔内,轴部分穿过墙板孔后进入油箱,主动轴还要伸出驱端油箱,以安装传动件(皮带轮或联轴器)。转子可以设计成整体结构(叶轮与轴整体铸造),也可以做成分体结构(叶轮与轴分别加工,然后组装在一起)。

　　气体密封部件安装在轴和侧墙板孔内,用以减少气腔内高压气体向外泄漏。根据不同的介质和工程要求,选用不同的密封结构。典型的密封结构包括甩油环密封、骨架油封、涨圈密封、机械密封等。其中,甩油环密封内外套之间设计很小间隙,允许压缩腔内少量高压气体漏出,排向大气。因其结构简单,成本低,无需定期更换密封件,得到广泛应用,特别是在压缩输送空气的场合。

　　润滑油密封部件安装在轴承与气体密封件之间,用以防止润滑轴承的润滑油、润滑脂泄漏到压缩腔而污染压缩气体。一般采用骨架油封、挡油环等。

罗茨鼓风机的轴承均采用滚动轴承,一端具有轴向定位作用,另一端能轴向伸缩,以适应轴向热膨胀。

齿轮用以传递扭矩,同时用来保证两叶轮之间正确的啮合位置。

油箱用以盛装润滑油或润滑脂。油箱上设注油、放油、油位显示等部件。

(2)机组。

罗茨鼓风机作为设备,除主机以外,需要配置必要的辅助部件组成机组,才能安全、稳定的运行,包括驱动装置、传动装置、底座、进气过滤消声器、泄压阀、止回阀、隔声罩、冷却器等,如图6-18所示。

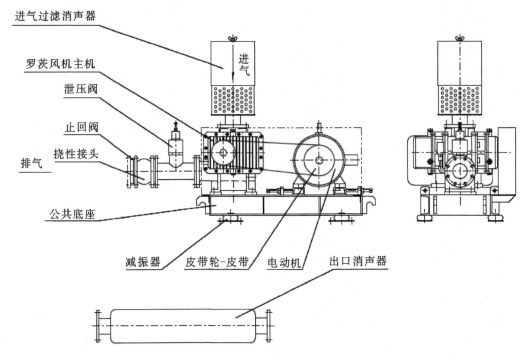

图6-18　罗茨鼓风机机组基本配置

罗茨鼓风机一般选用异步电动机作为其驱动装置,传动装置一般选用皮带轮或联轴器,两者均需配有防护罩。罗茨鼓风机的主机、电动机、传动装置及防护罩统一安装在底座上,有助于简化工程现场基础设计及设备安装工作量。为减少罗茨鼓风机运行中振动对地基的不利影响,常常在底座和地基间装设减振器。

进气过滤器用来过滤所输送介质中固体颗粒,降低颗粒粒度和含量。消声器用于降低鼓风机吸、排气口的气动噪声,可采用阻式、抗式、阻抗复合式结构。

泄压阀(安全阀)用来防止鼓风机超过压力范围运行。正压鼓风机将泄压阀安装在排气管路的旁通支路上,当风机排气压力高于其额定值,泄压阀开启,部分排气从泄压阀直接排向大气,对不允许排放到大气的介质则返回到低压管路,避免鼓风机在过高排气压力下运行。负压鼓风机将泄压阀安装在进气管路的旁通支路上,进气真空度高于其额定值,泄压阀开启,大气或高压管路内气体从泄压阀进入鼓风机,从而降低进气真空度,避免鼓风机在过低吸气压力下运行。

　　罗茨鼓风机停机时,系统高压气体倒流而使鼓风机转子反转,导致鼓风机两转子碰撞,引起管网失控,发生故障。在排气管路安装止回阀,能防止罗茨鼓风机停机时的转子反转,还能防止系统灰尘倒流而堵塞间隙。

　　罗茨鼓风机运行时噪音严重,采用隔声罩将主机、电机罩在隔声罩内,能显著降低机组噪声。

　　由于没有内压缩,罗茨鼓风机即使在低压力比时也会有较高的排气温度,因此,排气一般需要经过冷却器降温,特别是对双级串联机组,中间冷却器更是必不可少的。

6.2　齿式压缩机

　　齿式压缩机包括单齿、双齿和三齿转子压缩机,它早在 20 世纪 30 年代就在潜艇排水中得到应用,70 年代出现干式单级、双级单齿转子压缩机,80 年代发展出干式真空泵(也称爪式真空泵)。

6.2.1　工作原理及特点

　　以单齿转子压缩机为例,说明其工作原理。

　　单齿转子压缩机由一对相互啮合的直单齿转子、一对同步齿轮、一个"∞"字形气缸体及气缸体两端的端板、齿轮箱、轴承箱等组成。转子在旋转过程中相互啮合,形成工作腔容积的周期性变化,从而实现气体的压缩。同步齿轮用于传递动力,并保证转子的相互啮合。单齿转子压缩机没有吸、排气阀,吸气孔口既可以径向布置在气缸体上,也可以轴向布置在端板上,排气孔口则只能轴向布置在端板上。

　　单齿转子压缩机的工作过程如图 6 - 19 所示。图中,吸气孔口径向布置在气缸体上,环形排气孔口轴向布置在端板上,阴影部分代表工作腔,转子 1 绕逆时针旋转,转子 2 绕顺时针旋转。图 6 - 19(a)中工作腔同吸气孔口脱离,随着转角的增加,工作腔容积逐渐减小,压缩过程开始;(b)中工作腔同排气孔口相通,排气过程开始,排气过程中,工作腔的容积仍在不断减

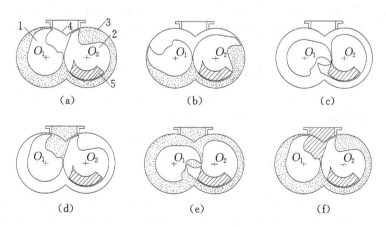

1—转子 1;2—转子 2;3—气缸体;4—吸气孔口;5—排气孔口

图 6 - 19　单齿转子压缩机的工作过程

小;(c)中工作腔脱离排气孔口,排气过程结束,此时,工作腔容积也减小到零;(d)中随着转子的进一步旋转,新的工作腔形成,并同吸气孔口相通,吸气过程开始;(e)中工作腔容积达到最大值,吸气过程结束;(f)中最大工作腔容积被分隔成两部分,一部分从(a)中的压缩过程开始往下继续循环,另一部分从(d)中的吸气过程开始往下继续循环。

从上述工作过程分析中可以看出:单齿转子压缩机每转过 4π 角度才完成一个由吸气、压缩及排气组成的工作循环,但它每转过 2π 角度就完成一次吸气和排气。图中的吸气孔口是径向布置在气缸体上的,对于吸气孔口轴向布置在端板上的结构形式,其工作原理完全相同。

齿式转子压缩机具有如下主要特点。

(1)转子的旋转啮合运动,形成工作腔容积的周期性变化,从而实现气体的压缩。通过吸、排气孔口的合理设计,单齿转子压缩机可以实现完全内压缩。

(2)没有吸、排气阀等易损件,为可靠运行提供有利条件,但对排气孔口的设计提出了严格要求,而且,它对变压力工况下运行的适应能力差。

(3)工作腔采用间隙密封,因而避免了接触密封引起的摩擦损失,同时也简化了结构设计。但间隙密封带来的问题是气体泄漏量大,难以达到较高压力。

(4)通过对转子型线的合理设计,理论上可以实现无吸、排气封闭容积。

值得指出的是,单齿转子压缩机两个转子都存在不同程度的偏心,因此,在转子结构设计时必须采取措施实现旋转惯性力的平衡。但双齿、三齿是完全平衡的,只要保证一定动平衡精度,不需要其它平衡措施。

6.2.2　典型应用

1.用于鼓风及气力输送

齿式压缩机具有内压缩过程,同等容压缩的罗茨鼓风机相比,耗能少,排气温度低,单级压力比高。同时,齿式压缩机保持了罗茨鼓风机结构简单、加工方便、运行可靠等一系列优点。所以,同罗茨鼓风机类似,在鼓风或气力输送等这些低压、大流量应用场合,齿式压缩机具有广泛的应用。用于鼓风及气力输送的齿式压缩机典型参数范围:排气压力 p_d = $0.02\sim0.15$ MPa(表压),容积流量 Q = $1\sim100$ m³/min,转速 n = $1000\sim3000$ r/min。实践证明,排气压力较高时,齿式压缩机比罗茨鼓风机节能,压力太低时(表压小于 0.05 MPa),其能耗略高于罗茨鼓风机。

国内对齿式压缩机的研究及产品开发始于 20 世纪 90 年代初,由西安交通大学同企业合作开发的齿式压缩机系列产品(图 6 - 20),用于鼓风或气力输送,其单级升压为 $0.02\sim0.2$ MPa,容积流量能覆盖 $1\sim60$ m³/min 的范围。

2.用于低压无油压缩机

用于低压无油压缩机时,齿式压缩机在某些参数范围内具有一定的竞争优势。由于摩擦很小,无油齿式压缩机在热力性能及可靠性上均优于无油滑片压缩机;在加工难度及制造成本上,齿式压缩机比螺杆压缩机更具有竞争优势。所以,在低压、小流量且无油的各种应用场合,齿式压缩机能够拥有部分市场。低压无油齿式压缩机典型的参数范围:单级排气压力 $0.1\sim0.25$ MPa(表压),两级排气压力 $0.4\sim0.8$ MPa(表压),容积流量 $2\sim20$ m³/min,转速 $3000\sim6000$ r/min。在上述参数范围内,齿式压缩机的比功率比无油活塞式压缩机高 $10\%\sim15\%$。

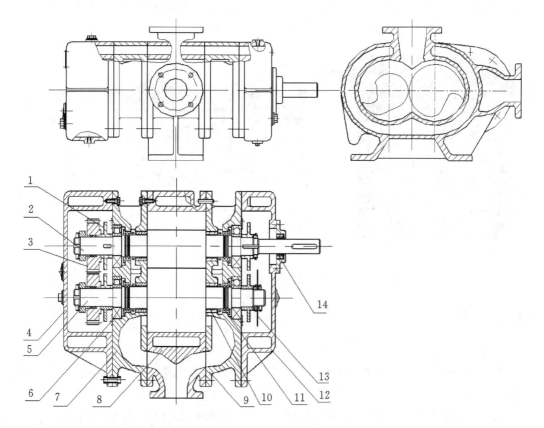

1—平衡块；2—主动转子；3—同步齿轮；4—齿轮箱；5—从动转子；6—轴承；7—左端板；
8—气缸体；9—右端板；10—气封；11—油封；12—轴承箱；13—甩油环；14—轴封

图 6-20　水冷齿式转子压缩机结构

图 6-21 为 Rietschle Thomas 公司生产的单级齿式压缩机，该压缩机能实现无油压缩，采用独特的悬臂结构，使得安装、拆卸非常方便。

图 6-21　单级无油齿式压缩机

阿特拉斯·科普柯(Atlas Copco)公司早在 20 世纪 80 年代就有批量生产的无油齿式压缩机(图 6 - 22),作为无油螺杆压缩机在小流量范围的补充。

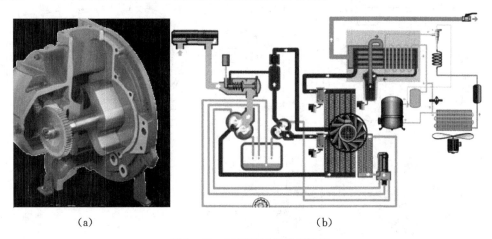

(a)　　　　　　　　　　　　　　　(b)

图 6 - 22　双级无油齿式压缩机

6.2.3　转子型线设计

1.型线设计要求

齿式压缩机转子型线可以有许多种形式,所有这些型线必须满足一定的要求。这些要求包括以下几项。

(1)实现气体的完全内压缩。这项要求包含三个方面的具体内容。首先,两个转子能够正确啮合,不存在干涉、根切现象。一般说来,利用共轭啮合理论设计出来的齿式压缩机转子型线,只要型线参数在两类界限点范围以内,此条件是能满足的。其次,通过转子的相互啮合,能形成工作腔容积的周期性变化。罗茨鼓风机一对转子虽然相互啮合,却没有改变工作腔的容积,因此,其压力的升高并不是靠气体容积的减少,而是靠高压气体回流,导致其热力性能很差。最后,型线应保证开设吸、排气孔口的位置,使压缩机具有完全内压缩过程。

(2)具有良好的密封性能。密封性能好的齿式压缩机转子型线主要体现在转子与气缸壁之间采用"线接触"密封,避免采用"点接触"密封,如图 6 - 23 所示;此外,转子与转子之间的密封位置存在较大的相对移动速度。

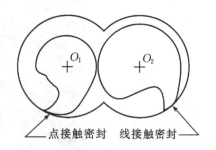

点接触密封　　线接触密封

图 6 - 23　型线的密封性能

(3)具有足够大的吸、排气孔口面积。齿式压缩机在低压下的热力性能不如无内压缩的罗茨鼓风机,其根本原因在于其排气孔口面积偏小,从而导致排气阻力过大。排气孔口面积的大小,同型线的关系十分密切。图 6 - 24 中的两种转子型线,在转子中心距及气缸直径相同的情况下,图(a)中的排气孔口面积比图(b)中的大 1 倍以上。

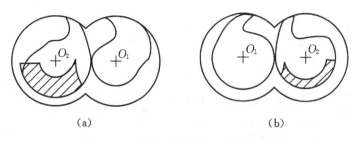

(a)　　　　　　　　　　　　(b)

图 6-24　型线对排气孔口面积的影响

（4）具有良好的加工工艺性。对齿式压缩机转子而言，加工工艺性体现在两个方面。第一，尽量避免尖点，因为尖点不便于加工及装配，而且运行时极易磨损。所有齿式转子型线毫无例外地存在尖点，加工尖点时常常用小圆弧过渡，这样会使尖点的啮合遭到破坏，为此，在尖点修正的同时，也要对与尖点共轭的点啮合摆线进行相应的修正。第二，转子的偏心质量不能太大，否则，通过挖孔去重的方法不足以平衡转子的旋转惯性力，而必须通过配平衡重的办法解决转子的偏心问题，这将使结构设计复杂化。

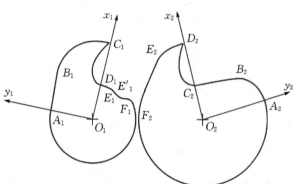

图 6-25　单齿转子型线设计实例

2.型线设计实例

图 6-25 所示的齿式压缩机转子型线为目前国内产品所采用。这种型线具有较大的排气孔口面积，密封性能较好，理论上没有吸、排气封闭容积，两个转子的偏心量都不大，是一种较为理想的型线。该型线的参数方程如表 6-2 所示。

表 6-2　一种齿式转子型线的参数方程

A_1B_1	$\begin{cases} x_1 = r_1\cos 2\psi + t\sin 2\psi \\ y_1 = r_1\sin 2\psi - t\cos 2\psi \\ 0 \leqslant t \leqslant r_t\sin\psi \end{cases}$	A_2B_2	$\begin{cases} x_2 = -r_1\cos 2(t+\psi) - t_0\sin 2(t+\psi) + 2r_1\cos t \\ y_2 = -r_1\sin 2(t+\psi) - t_0\cos 2(t+\psi) - 2r_1\sin t \\ t_0 = r_t\sin(t+2\psi) \qquad -2\psi \leqslant t \leqslant -\psi \end{cases}$
B_1C_1	$\begin{cases} x_1 = -r\cos 2t - r_t\sin t\sin 2t + 2r_t\cos t \\ y_1 = -r\sin 2t - r_t\sin t\sin 2t - 2r_t\sin t \\ -\psi \leqslant t \leqslant 0 \end{cases}$	B_2C_2	$\begin{cases} x_2 = r \\ y_2 = t \\ r_t\sin\psi \leqslant t \leqslant 0 \end{cases}$
C_1	$\begin{cases} x_1 = R \\ y_1 = 0 \end{cases}$	C_2D_2	$\begin{cases} x_2 = -R\cos 2t + 2r_1\cos t \\ y_2 = R\sin 2t - 2r_1\sin t \end{cases} \qquad 0 \leqslant t \leqslant -\gamma$

C_1D_1	$\begin{cases} x_1 = -R\cos 2t + 2r_t\cos t \\ y_1 = R\sin 2t - 2r_t\sin t \end{cases} \quad \gamma \leqslant t \leqslant 0$	D_2	$\begin{cases} x_2 = R \\ y_2 = 0 \end{cases}$
D_1E_1	$\begin{cases} x_1 = r\cos t \\ y_1 = r\sin t \end{cases} \quad 0 \leqslant t \leqslant -\beta$	D_2E_2	$\begin{cases} x_2 = R\cos t \\ y_2 = R\sin t \end{cases} \quad 0 \leqslant t \leqslant -\alpha$
E_1E_1'	$\begin{cases} x_1 = (r+r_{01})\cos\beta - r_{01}\cos(\beta-t) \\ y_1 = (r+r_{01})\sin\beta + r_{01}\sin(\beta-t) \end{cases}$ $0 \leqslant t \leqslant \arccos\left(\dfrac{r_{01}}{r+r_{01}}\right)$ $E_1'F_1$ $\begin{cases} x_1 = (r-r_{02})\cos(\theta+\delta_2) + r_{01}\sin(\theta+t) \\ y_1 = (r-r_{02})\sin(\theta+\delta_2) + r_{01}\cos(\theta+t) \end{cases}$ $0 \leqslant t \leqslant \dfrac{\pi}{2} + \delta_2$	E_2F_2	$\begin{cases} x_2 = r_2\cos\theta + t\sin\theta \\ y_2 = r_2\sin\theta + t\cos\theta \end{cases}$ $\sqrt{R^2-r_2^2} \leqslant t \leqslant 0$
F_1A_1	$\begin{cases} x_1 = r_1\cos t \\ y_1 = r_1\sin t \end{cases} \quad 2\pi - (\theta+\delta_2) \leqslant t \leqslant 2\psi$	F_2A_2	$\begin{cases} x_2 = r_2\cos t \\ y_2 = r_2\sin t \end{cases} \quad 2\pi - \theta \leqslant t \leqslant 2\psi$
$R = \xi r_t \qquad r = 2r_t - R \qquad r_2 = \zeta r_t \qquad r_1 = 2r_t - r_2 \qquad \gamma = \arccos\dfrac{r_t}{R} \qquad \theta = \alpha + \arccos\dfrac{r_2}{R}$ $\psi = \arccos\dfrac{r_1+r}{2r_t} \qquad \delta_2 = \arcsin\dfrac{r_{02}}{r_1-r_{02}} \qquad \beta = \theta - \arcsin\dfrac{r_{01}}{r_{01}+r} \qquad$ 其中，r_t、α、ξ、ζ、r_{01}、r_{02} 已知。			

6.2.4　热力性能

1.容积流量

理论容积流量 q_{th} 为

$$q_{th} = A_{max}ln \quad (\text{m}^3/\text{min}) \tag{6-54}$$

式中：l 是转子工作段长度；n 是转速；A_{max} 是压缩起始位置工作腔的截面积，即图 6 - 22(a)所示阴影面积。

对于图 6 - 27 所示的齿式转子型线，A_{max} 的计算如下

$$A_{max} = \sum_{i=1}^{8} A_i \tag{6-55}$$

式中：$A_1 = \gamma R^2 + 2\gamma r_t^2 - 3Rr_t\sin\gamma$；$A_2 = 0.5\psi_1 R^2 - 0.5r^2\tan\psi_1$；$A_3 = 0.5\psi_2 R^2 - \psi r_1^2 + 3.5r_t r_1\sin\psi - 1.5\psi r_t^2 - 0.75r_t^2\sin 2\psi$；$A_4 = 0.5(2\pi - \gamma - \theta_s - 2\psi)(R^2 - r_2^2)$；$A_5 = 0.5\psi_1 R^2 - \psi r^2 + 3.5r_t r\sin\psi - 1.5\psi r_t^2 - 0.75r_t^2\sin 2\psi$；$A_6 = 0.5\psi_2 R^2 - 0.5r_1^2\tan\psi_2$；$A_7 = 0.5(2\pi - \gamma - \theta_s - 2\psi)(R^2 - r_1^2)$；$A_8 = r_t R\sin\gamma - 0.5\gamma(r_1^2 + r_2^2)$；$\psi_1 = \arctan\dfrac{r_t\sin\psi}{r}$；$\psi_2 = \arctan\dfrac{r_t\sin\psi}{r_1}$。

实际容积流量 q 为

$$q = q_{th}\eta_V \tag{6-56}$$

式中：η_V 为容积效率，一般取 $0.7 \sim 0.95$。影响 η_V 的主要因素是气体的泄漏，气体通过齿顶间

隙、啮合间隙及端面间隙的泄漏都属于外泄漏。排气压力越高,泄漏压差越大,泄漏量越大。所以,齿式转子压缩机用于低压鼓风时,η_V 取上限;用于无油压缩机时,η_V 取下限。

2.功率

对于理想气体,绝热功率 P_{ad} 可用下列公式计算

$$P_{ad} = \frac{k}{k-1} \frac{q_{th}}{60} p_s \left[\left(\frac{p_d}{p_s} \right)^{\frac{k-1}{k}} - 1 \right] \times 10^{-3} \tag{6-57}$$

式中:k 为气体的等熵指数;p_s 为名义吸气压力;p_d 为名义排气压力。

对于实际气体,需要利用合适的实际气体状态方程及等熵过程方程导出 P_{ad} 的计算式。

指示功率 P_i 可近似计算为

$$P_i = \frac{m}{m-1} \frac{q_{th}}{60} p_s \left[\left(\xi \frac{p_d}{p_s} \right)^{\frac{m-1}{m}} - 1 \right] \times 10^{-3} (\text{kW}) \tag{6-58}$$

式中:ξ 是考虑吸、排气阻力损失而对压力比作的修正系数,齿式转子压缩机的排气孔口面积偏小,其排气阻力损失较大,ξ 一般取 $1.15 \sim 1.20$;m 为压缩过程指数,由于泄漏及吸气加热的影响,m 比绝热指数 k 要高。

相应地,指示效率 η_i 可表示为

$$\eta_i = \frac{P_{ad}}{P_i} \tag{6-59}$$

轴功率 P_s 可表示为

$$P_s = \frac{P_i}{\eta_m} = \frac{P_{ad}}{\eta_m \eta_i} \tag{6-60}$$

式中:η_m 为机械效率。齿式转子压缩机的机械损失除了同步齿轮、轴承的摩擦、搅油损失外,还包括甩油环、气封、油封等引起的损失,其机械效率 η_m 一般在 $0.90 \sim 0.94$ 之间。

相应地,绝热效率 η_{ad} 可表示为

$$\eta_{ad} = \eta_i \eta_m \tag{6-61}$$

3.排气温度

$$T_d = T_s \left(\xi \frac{p_d}{p_s} \right)^{\frac{m-1}{m}} \tag{6-62}$$

式中:T_d 为排气温度;T_s 为吸气温度;ξ、m 的含义及取值与式(6-58)中相同。但对于水冷齿式转子压缩机,m 的取值应接近绝热指数 k。

6.2.5　吸、排气孔口设计

1.吸气孔口

理论上,形成如图 6-26(a)所示的封闭工作腔时,气体就可以被压缩,据此可确定吸气孔口的位置,该位置以压缩起始角 φ_s 表示。实际设计时,为了增加吸气孔口通流面积,常常将压缩起始位置推迟,即使 φ_s 增大,如图 6-26(b)所示。

2.排气孔口

排气孔口的起始位置按内、外压力比相等的原则设计,但考虑到齿式转子压缩机的排气流速偏大,为了减小过压缩损失,实际设计时应使排气起始位置提前,即内压力比略低于外压力比

$$\left(\frac{V_0}{V_d}\right)^m = \xi \frac{p_d}{p_s} \tag{6-63}$$

式中：V_0 为压缩开始时工作腔的容积，$V_0 = A_{max} l$；m 为压缩过程指数，可近似取为气体的绝热指数；ξ 为考虑提前排气的修正系数，一般取 $0.75 \sim 0.85$，转子相对长度 λ 越大，转速 n 越高，ξ 越小；V_d 为排气开始时工作腔的容积，设排气起始位置转角为 φ_d，则

$$V_d = A_{max} - \frac{1}{2}(\varphi_d - \varphi_s)(2R^2 - r_1^2 - r_2^2) \tag{6-64}$$

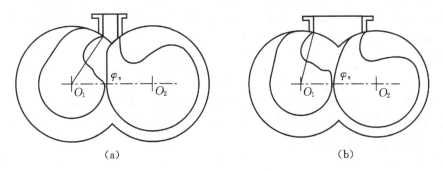

图 6-26　吸气孔口的设计

对于给定的外压力比 $\varepsilon = \dfrac{p_d}{p_s}$，根据式（6-63）及式（6-64）可求出 V_d 的大小，而根据与 V_d 对应的转子转角 φ_d 就可确定排气孔口的起始边，其位置用该起始边顺旋转方向与连心线的夹角 φ_{ds} 表示。应该注意的是，转角 φ_d 与排气起始位置角 φ_{ds} 并非同一概念，它们之间存在如下关系

$$\varphi_{ds} = \varphi_d + (\psi_1 + \psi_2) \tag{6-65}$$

理论上，排气过程应在工作腔容积最小时结束，据此可确定排气孔口的终止边就在两个转子的连心线上，相应夹角 $\varphi_{de} = 360°$。环形排气孔口的内、外环半径值的确定原则：在吸气及压缩阶段，整个排气孔口必须被转子遮盖，而不能与工作腔相通。根据这个原则确定出来的排气孔口轮廓形状如图 6-27 所示。实际设计时，考虑到排气孔口边界处存在着气体泄漏，为了增加泄漏流动阻力，常常将内、外环半径分别增加、减小 $3 \sim 5$ mm。

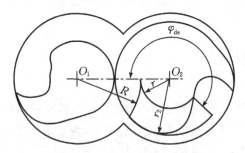

图 6-27　排气孔口的设计

第7章 滑片压缩机

滑片压缩机(又称旋叶压缩机或旋片压缩机)是一种典型的回转压缩机,广泛应用于各种中小型空气压缩装置、小型制冷空调装置和汽车空调系统中。其应用领域包括石油和天然气生产、油气回收、废水处理、化工和食品工业、煤层气、页岩气、轨道交通、工业制冷等。除作为压缩机使用外,滑片式机械还包括滑片式真空泵和滑片膨胀机等。

7.1 工作原理及特点

7.1.1 工作原理

如图 7-1 所示,滑片压缩机主要由机体(又称为气缸)、转子及滑片组成。转子偏心配置在气缸内,其上开有若干径向凹槽,在凹槽中装有能自由滑动的滑片。

由于转子在气缸内偏心配置,气缸内壁与转子外表面间构成一个月牙形空间。转子旋转时,滑片受离心力的作用从凹槽(称为滑槽)中甩出,其端部紧贴在机体内圆壁面上,月牙形的空间被滑片分隔成若干扇形的工作腔,也称为基元容积。

在转子旋转一周之内,每一基元容积将由最小值逐渐变大,直到最大值;再由最大值逐渐变小,变到最小值。随着转子的连续旋转,基元容积遵循上述规律周而复始地变化。

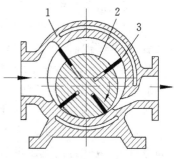

1—机体;2—转子;3—滑片

图 7-1 滑片压缩机的结构

基元容积逐渐增大时,与吸气孔口相通,开始吸入气体,直到基元容积达到最大值,组成该基元容积的后一滑片(相对于旋转方向)越过吸气孔口的上边缘时吸气终止,之后,基元容积开始缩小,气体被压缩。当组成该基元容积的前一滑片达到排气孔口的上边缘时,基元容积开始和排气孔口相通,则压缩过程结束,排气过程开始。基元容积继续回转,当基元容积的后一滑片越过排气孔口的下边缘时,排气终止,之后,基元容积达最小值。随着转子继续旋转,基元容积又开始增大。由此,余留在该最小容积中的压缩气体膨胀。当基元容积的前一滑片达到吸气孔口的下边缘后,该正在扩大的基元容积又和吸气孔口相通,重新开始吸入气体。如果滑片数为 z,则在转子每旋转一周之中,依次有 z 个基元容积分别进行吸气—压缩—排气—膨胀过程。

7.1.2 特点

与其它压缩机相比,滑片压缩机具有以下优点。

(1)结构简单,零部件少,加工与装配容易实现,维修方便。

（2）无偏心旋转的零部件,动力平衡性能好。在高转速运动时振动和噪声小。

（3）压缩机启动时,滑片逐步伸出滑槽,启动转矩缓慢上升,启动冲击小。

（4）结构紧凑、体积小、重量轻,便于狭窄空间安装。

（5）压缩机中多个基元同时工作,气流脉动小、不需安装大的储气罐。

滑片压缩机的主要缺点是滑片与转子、滑片与气缸之间有较大的摩擦磨损,影响其使用寿命和效率。随着近年来技术的不断发展,滑片压缩机的寿命和效率都已有大幅提高,喷油滑片空气压缩机和旋叶汽车空调压缩机已获广泛的工业应用。

7.1.3　主要种类

按滑片与转子、气缸之间的不同润滑方式(主要取决于滑片材料),滑片压缩机主要分为以下三类。

（1）滴油滑片压缩机。此类压缩机采用钢质滑片,气缸中滴油润滑(通常采用注油器或油杯向气缸内注入少量的润滑油),注入气缸中的少量润滑油随压缩气体带走,不进行分离回收。此类机器是早期的传统结构形式,因滑片与气缸、转子之间的摩擦阻力较大以及滑片、气缸的磨损较快而逐渐被淘汰。

（2）喷油滑片压缩机。此类压缩机采用酚醛树脂纤维层压板或合金铸铁、铝合金滑片,气缸中喷油润滑(兼作冷却、密封)。喷入气缸的润滑油与压缩的气体混合,油气混合物在排出管道之后经油气分离器将油分离出来,并通过油冷却器及油过滤器后再喷入气缸,如此循环使用。此类机器是20世纪50年代后期发展起来的,因降低了滑片与气缸、转子之间的摩擦以及较好地解决了滑片的寿命问题而被广泛采用,成为当代滑片压缩机的典型系统和结构形式,但这类滑片压缩机必须附带一套润滑油循环系统(油泵、滤油器、油冷却器、油气分离器等)。

（3）无油滑片压缩机。滑片采用填充石墨及填充有机合成材料(如聚四氟乙烯、PEEK)等自润滑材料,故气缸内无需再添加任何润滑剂。这类机器可获得洁净的气体,但由于泄漏相对喷油机器高,效率相对较低,一般采用低压比设计,在食品、制药以及颗粒、粉尘物料的气力输送等方面有广泛的应用。

按气缸的形状,滑片压缩机可以分为单工作腔、双工作腔以及贯穿滑片压缩机三类。

单工作腔滑片压缩机的结构是滑片压缩机的基本结构型式,如图7-1所示。转子每回转一周,一个基元容积完成一次吸、排气过程。双工作腔滑片压缩机,也称旋叶式压缩机,是20世纪70年代后开发出来的新型压缩机,其结构如图7-2所示,气缸的形状类似椭圆,工作腔对称布置,每个基元在转子一转中完成两次吸气和两次排气过程,因而结构更加紧凑,且作用在转子上的径向气体力基本可以平衡,轴承的径向载荷小。旋叶式压缩机主要用于汽车空调系统中,常用的排量范围为80～150 cm³/r。为获得较大的内压比及适应变工况下高效运行的要求,一般需设置排气阀。贯穿滑片压缩机的结构如图7-3所示,转子上的滑片槽是

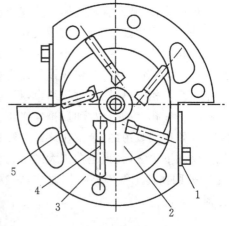

1—排气阀;2—转子;
3—气缸;4—滑片;5—吸气口
图7-2　旋叶式压缩机

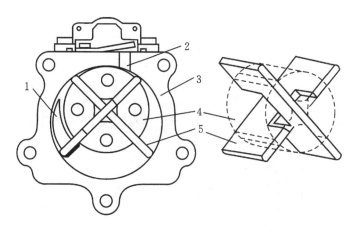

1—吸气口；2—排气口；3—气缸；4—转子；5—滑片

图 7-3　贯穿滑片压缩机

贯通的，整体滑片放在通槽中，气缸型线是根据滑片运动机理生成的曲线（面）。贯穿滑片压缩机早期主要用于房间空调和轿车空调系统中。

　　滑片压缩机多为单级或两级，三级以上的很少。作为空气动力用压缩机时，滑片压缩机的常用气量范围为 $1\sim20$ m³/min，转速一般在 $1000\sim3000$ r/min。其中喷油机器单级压力比可达 $8\sim10$，无油润滑机器的单级压力比一般不超过 2.5。旋叶汽车空调压缩机一般额定制冷量为 $3000\sim5000$ W，额定转速为 $1800\sim2000$ r/min，最高转速可达 7000 r/min。滑片式机械也用于真空领域，产生低真空。

7.2　工作过程

7.2.1　容积流量

　　滑片压缩机的一个工作腔是由相邻两滑片、转子的外表面、气缸的内表面以及气缸两侧的端盖所围成的容积，也称为基元容积。图 7-4 为垂直于滑片压缩机转子轴线的横截面图，图中画出了一个基元面积 A_φ。转子回转中心为 O_1，半径为 r；气缸中心为 O，半径为 R。转子中心 O_1 偏离气缸中心 O 的距离为 e，称为偏心距。偏心距 e 与气缸半径 R 的比值 $\varepsilon=e/R$，称为相对偏心。相邻两滑片之间的夹角为 β，若已知转子上的滑片数为 z，则 $\beta=2\pi/z$。

　　为了研究滑片压缩机的工作情况，需要研究基元容积随转子转角位置的变化规律。这一变化规律相应于横截面，即为两相邻滑片、转子外圆线与气缸内圆线围成的基元面积随转角的位置变化规律。

　　我们以基元面积 A_φ 的中心线 O_1B 表示该基元面积的位置，设 $O_1B=\rho$，ρ 与连心线 O_1O 的夹角为 φ。当 ρ 与 O_1O 重合时，$A_\varphi=A_{max}$，该位置定为基元容积的起始位置（即 $\varphi=0$）。随着转子继续做回转运动，A_φ 从 A_{max} 逐渐变小，当 $\varphi=\pi-\beta/2$ 时，组成基元容积的前一滑片（顺旋转方向为前）转至转子与气缸的接触线位置。随着转子继续回转，前一滑片滑过接触线，接触线与后一滑片组成基元容积，该基元容积随着转子的继续回转而减小，直至 $\varphi=\pi+\beta/2$ 时，基元容积为 0。

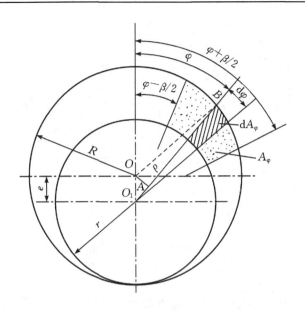

图 7-4　基元面积的尺寸关系

　　类似地有,当 $\varphi = -\pi - \beta/2$ 到 0 时,基元容积 A_φ 由零开始逐渐增大,当 $\varphi = 0$ 时达到最大值 $A_\varphi = A_{\max}$。基元容积从开始形成,到完全消失,需要回转的角度为 $2\pi + \beta$。

　　下面我们来寻求基元面积 A_φ 随转角 φ 变化的计算公式。在基元面积 A_φ 中取一微元面积 $\mathrm{d}A_\varphi$,则

$$\mathrm{d}A_\varphi = \frac{1}{2}\rho^2 \mathrm{d}\varphi - \frac{1}{2}r^2 \mathrm{d}\varphi \tag{7-1}$$

积分上式的关键在于找出向径 ρ 与转角 φ 的函数关系。

　　从气缸中心 O 做向径 ρ 的垂线交向径 ρ 于 A 点,则

$$\rho = O_1 A + AB \tag{7-2}$$

$$O_1 A = O_1 O \cos\varphi = e\cos\varphi \tag{7-3}$$

$$AB = (OB^2 - OA^2)^{1/2}$$

因 $OB = R$,$OA = e\sin\varphi$,则 $AB = (R^2 - e^2\sin^2\varphi)^{1/2} = R(1 - \varepsilon^2\sin^2\varphi)^{1/2}$。

　　将以上二项式用级数展开,因为滑片压缩机实际采用的相对偏心 $\varepsilon < 0.2$,故略去 ε 的高次项,只取前两项,产生的误差不超过万分之二,即

$$AB = R\left(1 - \frac{1}{2}\varepsilon^2\sin^2\varphi\right) \tag{7-4}$$

　　将式(7-3)、式(7-4)代入式(7-2),则

$$\rho = R\left(1 + \varepsilon\cos\varphi - \frac{1}{2}\varepsilon^2\sin^2\varphi\right) \tag{7-5}$$

　　将式(7-5)带入式(7-1),略去 ε 的高次项并进行积分,即可得到基元容积随转角变化的计算式。

　　当 $-\pi - \dfrac{\beta}{2} \leqslant \varphi < -\pi + \dfrac{\beta}{2}$ 时,

$$A_\varphi = \frac{1}{2}\int_{-\pi}^{\varphi+\beta/2} \rho^2 \mathrm{d}\varphi - \frac{1}{2}(R-e)^2\left(\varphi + \frac{\beta}{2} + \pi\right)$$

$$= R^2\varepsilon\left[\sin\left(\varphi+\frac{\beta}{2}\right)+\frac{1}{8}\varepsilon\sin(2\varphi+\beta)+\left(1-\frac{\varepsilon}{4}\right)\left(\varphi+\frac{\beta}{2}+\pi\right)\right] \tag{7-6}$$

当 $-\pi+\dfrac{\beta}{2}\leqslant\varphi<\pi-\dfrac{\beta}{2}$ 时，

$$A_\varphi=\frac{1}{2}\int_{\varphi-\beta/2}^{\varphi+\beta/2}\rho^2\,\mathrm{d}\varphi-\frac{1}{2}(R-e)^2\beta$$

$$= R^2\varepsilon\left(2\cos\varphi\sin\frac{\beta}{2}+\frac{1}{4}\varepsilon\cos2\varphi\sin\beta-\frac{1}{4}\varepsilon\beta+\beta\right) \tag{7-7}$$

当 $\pi-\dfrac{\beta}{2}\leqslant\varphi<\pi+\dfrac{\beta}{2}$ 时，

$$A_\varphi=\frac{1}{2}\int_{\varphi-\beta/2}^{\pi}\rho^2\,\mathrm{d}\varphi-\frac{1}{2}(R-e)^2\left(\pi-\varphi+\frac{\beta}{2}\right)$$

$$= R^2\varepsilon\left[-\sin\left(\varphi-\frac{\beta}{2}\right)-\frac{\varepsilon}{8}\sin(2\varphi-\beta)+\left(1-\frac{\varepsilon}{4}\right)\left(\pi-\varphi+\frac{\beta}{2}\right)\right] \tag{7-8}$$

当 $\varphi=0$ 时，基元面积最大。最大值为

$$A_{\max}=R^2\varepsilon\left(2\sin\frac{\beta}{2}+\frac{1}{4}\varepsilon\sin\beta-\frac{1}{4}\varepsilon\beta+\beta\right) \tag{7-9}$$

基元面积乘以转子有效长度即得到滑片压缩机的基元容积。理论基元容积随转子转角变化的规律曲线如图 7-5 所示。

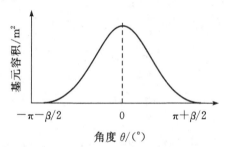

图 7-5　理论基元容积变化曲线

因滑片有一定厚度，要占据一定的空间，因此实际基元面积应有所减少。图 7-6 示出了滑片在任意位置所占据的面积（注意图中的转角 φ_v 为滑片的转角，与图 7-4 中的转角 φ 相差 $\beta/2$）。

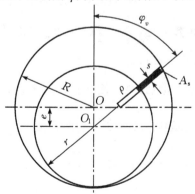

图 7-6　滑片面积的计算用图

设滑片厚度为 s,令

$$\sigma = \frac{s}{R} \qquad (7-10)$$

式中:σ 称为滑片的相对厚度。

滑片在转角 φ_v 时所占据的面积为

$$A_s = s(\rho - r)$$

将式(7-5)及式(7-10)代入上式得

$$A_s = R^2 \varepsilon \sigma \left(1 + \cos \varphi_v - \frac{1}{2} \varepsilon \sin^2 \varphi_v \right) \qquad (7-11)$$

在最大基元面积位置,一个基元中滑片所占据的面积为

$$A_{so} = R^2 \varepsilon \sigma \left(1 + \cos \frac{\beta}{2} - \frac{1}{2} \varepsilon \sin^2 \frac{\beta}{2} \right)$$

当滑片数 $z \geqslant 4$ 时,略去上式括号中最后一项所得的 A_{so} 的最大误差不超过 3%,即

$$A_{so} = R^2 \varepsilon \sigma \left(1 + \cos \frac{\beta}{2} \right) \qquad (7-12)$$

滑片式压缩机的理论容积流量(m^3/min)为

$$V_t = (A_{max} - A_{so}) l z n$$

式中:l 为转子的有效长度,m;n 为转子的转速,r/min。

将式(7-9)、式(7-12)代入上式得

$$V_t = z \varepsilon \left[\left(2\sin \frac{\beta}{2} + \frac{1}{2}\varepsilon\sin\beta - \frac{1}{2}\varepsilon\beta + \beta \right) - \sigma \left(1 + \cos \frac{\beta}{2} \right) \right] R^2 l \cdot n \qquad (7-13)$$

或

$$V_t = cR^2 l \cdot n \qquad (7-14)$$

式中

$$c = z \varepsilon \left[\left(2\sin \frac{\pi}{z} + \frac{1}{2}\varepsilon\sin\frac{2\pi}{z} - \frac{\varepsilon\pi}{z} + \frac{2\pi}{z} \right) - \sigma \left(1 + \cos \frac{\pi}{z} \right) \right] \qquad (7-15)$$

c 称为面积利用系数,它表示气缸面积的有效利用程度,只与滑片数 z、相对偏心 ε、滑片相对厚度 s 有关,即

$$c = f(\varepsilon, z, \sigma)$$

由于 $\frac{\partial c}{\partial \varepsilon} > 0$,可知面积利用系数 c 是 ε 的单调增函数,即相对偏心 ε 的增加,使面积利用系数 c 增加,总是有益于气缸面积的有效利用的。

由于 $\frac{\partial c}{\partial \sigma} < 0$,可知滑片相对厚度增加,总是使面积利用系数 c 下降。

滑片数 z 对面积利用系数的影响比较复杂。当滑片数较少时,$\frac{\partial c}{\partial z} > 0$,即增加滑片数 z 可使面积利用系数 c 增加;当 z 增加到某一数值附近,$\frac{\partial c}{\partial z} \approx 0$,即获得最大面积利用系数。若滑片数 z 继续增加,面积利用系数反而降低,这是由于滑片本身厚度占据空间,即式(7-15)方括号内第二项表征的滑片厚度的影响。如果不考虑滑片的厚度,对于实际采用的相对偏心值 $\varepsilon = 0.09 \sim 0.18$(上限适用于排气量大、重量、尺寸要求小的场合、低压比压缩机或真空泵;无油机

器宜用下限),可认为比值 c/ε 主要与滑片数 z 有关。在此情况下,由 ε 可能产生的最大误差不超过 0.6%。该比值 c/ε 随着滑片数增加而增加,且当滑片数 $z>12$ 后,$c/\varepsilon\approx4\pi$,面积利用系数趋向一恒值,不再随 z 而变。也就是说,c/ε-z 曲线以 $c/\varepsilon\approx4\pi$ 为渐近值。

式(7-13)为滑片压缩机的理论容积流量,实际容积流量还需要考虑排出封闭容积内气体的膨胀、吸气压力损失、吸气加热以及泄漏等的影响。滑片压缩机的实际容积流量与理论容积流量之比为容积效率。泄漏及排气封闭容积的膨胀是影响滑片压缩机容积效率的主要因素。滑片压缩机的容积效率 η_V 一般可取为 $0.7\sim0.9$,下限适用于低压无油压缩机。滑片压缩机的实际容积流量为

$$V = cR^2 \ln\eta_V \tag{7-16}$$

以下分别对影响滑片压缩机实际容积流量的因素进行讨论。

1. 封闭容积内气体的膨胀 V_e

基元容积与排气口脱开后,理论上,余留在该容积 $V_{\min}$ 内的高压气体(压力 p_d、温度 T_d)成为封闭容积。随着转子回转,该容积继续减小,容积内的压力升高。但实际上,转子和气缸并不接触,两者之间存在一条间隙带。高压气体通过该间隙带与处于吸气压力(压力 p_s)的基元相通,并膨胀至吸气压力。假设膨胀过程为绝热过程,理想气体膨胀后的容积为

$$V_e = V_{\min}\left(\frac{p_d}{p_0}\right)^{1/k} \tag{7-17}$$

2. 泄漏 V_1

滑片压缩机中的外泄漏主要发生在转子与气缸的端面间隙中,以及转子与气缸的最小间隙带处。

转子端面处的泄漏量取决于端面处的压力分布以及端面处的间隙大小。近似计算时,可取低压侧的压力为吸气压力 p_s,高压侧的压力为吸、排气平均压力

$$p_g = \frac{1}{2}(p_s + p_d)$$

两端面的泄漏面积为

$$A_1 = (2R - d)\delta \tag{7-18}$$

式中:R 为气缸半径,m;d 为转子有效长度端面处的轴颈直径,m;δ 为转子与气缸两端面的总间隙,m。

除了端面间隙处的泄漏外,转子与气缸之间的间隙带处也存在泄漏。间隙带将两滑片之间的容积分隔为两部分,一部分处于排气腔,一部分处于吸气腔,处于排气压力的气体通过该间隙带直接泄漏至吸气压力。

另外,滑片压缩机中相邻基元容积之间的气体还可以通过滑片和滑槽之间的间隙泄漏。当泄漏至吸气腔时属于外泄漏,否则为内泄漏。对喷油滑片压缩机,由于滑槽中油膜的存在,该处的泄漏可忽略不计。

3. 吸气压力损失

通过吸气口,气体压力由 p_0 降至 p_s。压力损失的大小与流道的面积、流体的流速等有关。无确切资料时,可认为 $p_s\approx p_0$。

4. 吸气加热损失

气体通过吸气口时,由于转子、气缸壁面等的加热,也会引起容积效率的降低。吸气加热

损失与工况、冷却条件等相关。

7.2.2 任意转角下基元容积内气体的压力

根据滑片压缩机的工作原理可知,从基元容积开始形成到转子的转角 $\varphi=0$ 时,基元容积达到最大值。假设不考虑压缩机的吸气阻力损失,则此段工作过程中基元容积内气体的压力为进气压力,即

$$p_\varphi = p_s (\varphi \leqslant 0) \tag{7-19}$$

当转子继续回转,基元容积减小,其内的气体压力升高,开始压缩过程。假设气体压缩过程按理想气体的多方过程进行,则

$$p_\varphi V_\varphi^m = p_s V_{max}^m$$
$$\frac{p_\varphi}{p_s} = \left(\frac{V_{max}}{V_\varphi}\right)^m = \left(\frac{A_{max}}{A_\varphi}\right)^m \tag{7-20}$$

式中：p_s 为基元容积的吸入压力；V_{max} 为最大基元容积；p_φ 为转角 φ 时,基元容积内的气体压力；V_φ 为转角 φ 时的基元容积值。

把式(7-6)~式(7-9)代入式(7-20)即可得到压缩过程不同转角 φ 时基元容积内气体的压力与吸气压力的比(不考虑滑片厚度)。

当 $0 < \varphi \leqslant \pi - \dfrac{\beta}{2}$ 时,

$$\frac{p_\varphi}{p_s} = \left(\frac{2\sin\dfrac{\beta}{2} + \dfrac{1}{2}\varepsilon\sin\beta - \dfrac{1}{2}\varepsilon\beta + \beta}{2\sin\dfrac{\beta}{2}\cos\varphi + \dfrac{1}{2}\varepsilon\sin\beta\cos 2\varphi - \dfrac{1}{2}\varepsilon\beta + \beta}\right)^m \tag{7-21}$$

当 $\varphi > \pi - \dfrac{\beta}{2}$ 时,

$$\frac{p_\varphi}{p_s} = \left(\frac{4\varepsilon\sin\dfrac{\beta}{2} + \varepsilon^2\sin\beta - \varepsilon^2\beta + 2\varepsilon\beta}{\pi - \varphi + \dfrac{\beta}{2} - 2\varepsilon\sin\left(\varphi - \dfrac{\beta}{2}\right) - \dfrac{1}{2}\varepsilon^2\sin(2\varphi - \beta) - (1-\varepsilon)^2\left(\pi - \varphi + \dfrac{\beta}{2}\right)}\right)^m \tag{7-22}$$

当转子回转至基元容积与排气孔口相通位置时,基元中的气体压力为排气压力 p_d,即

$$p_\varphi = p_d \qquad (\varphi \geqslant \varphi_d) \tag{7-23}$$

式中：φ_d 为排气孔口开始角(见图7-8)。

根据式(7-19)~式(7-23),可得到基元容积处于不同转角位置 φ 时,相应位置的基元容积内气体压力,即可得到 $\dfrac{p_\varphi}{p_s}$-φ 曲线。

图7-7绘出了压缩过程时基元容积内气体压力升高比 p_φ/p_s 与转子转角 φ 的关系(图中,假定多方压缩指数 m 为1.4)。从图中可看出,当转角较小时,基元容积内气体压力变化不大;当转角大于某一角度(例如 $\varphi > 50°$)以后,气体压力才有明显升高,而且升高的速率随转角 φ 的增加而迅速增加。实际滑片式压缩机中,压缩终了转角 φ_d 通常大于 $70°$,因此,排出孔口上边缘位置 A(见图7-8)的微小偏差,将导致气体内压缩终了压力有很大的偏差,这一点对高压力比的级尤为突出。

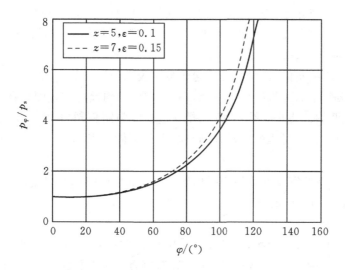

图 7-7 基元容积内气体压力与转角的关系

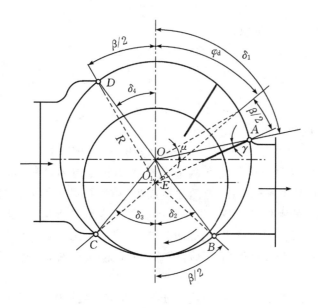

图 7-8 吸、排气孔口的位置

在设计新机器时,由所需达到的内压缩终了压力求相应的排气孔口开始的边缘位置,原则上可按式(7-21)、式(7-22)根据给定条件解出相应的转角 φ_d。可通过计算机迭代求解,也可画出 $\dfrac{p_\varphi}{p_s} - \varphi$ 曲线,根据内压缩终了压力找到转角 φ_d。

7.2.3 吸、排气孔口设计

滑片压缩机可以不设置气阀,基元容积中气体的吸入和排出完全取决于孔口的位置。当旋转的基元容积与吸气孔口相通时,如同往复压缩机的吸气阀被打开,基元容积开始吸入气体;基元容积与吸气孔口断开之时,如同吸气阀关闭,吸气终止。之后基元容积既不与吸气孔口相通,也不与排气孔口相通,因其容积的缩小而使气体的压力得以提高。一旦此基元容积与排气孔口相通,如同往复压缩机的排气阀被打开,压缩后的气体被排至排气管道;基元容积与排气孔口断开,如同排气阀关闭,排气终止。

由此可见,滑片压缩机的吸、排气孔口起着控制吸气与排气的作用,而且是强制性的,即无论工况如何变化(吸气压力与排气压力变化),基元容积一到预定位置即与吸、排气孔口接通或断开,吸、排气相应开始或终止。孔口对吸、排气过程的强制控制(借助于其位置的配置)与往复压缩机自动阀对吸、排气过程的自动控制有极大的不同。因此,合理配置滑片压缩机吸、排气孔口具有重要意义。

图 7-8 中,我们须确定排气孔口边缘位置 A、B 及吸气孔口边缘位置 C、D,它们分别以气缸中心 O 的中心角 δ_1、δ_2、δ_3、δ_4 表示。

1. 吸、排气孔口的角位置

前述求得的 φ_d 角是转子的转角,即以转子中心 O_1 为中心,以 O_1O 为起边度量的。为便于加工孔口,应将孔口边缘(见图 7-8 中点 A)位置,转换为以气缸中心 O 为中心的角度 δ_1 来度量。

由 $\triangle OO_1A$(图 7-8)可知

$$\delta_1 = \varphi_d + \beta/2 + \gamma \tag{7-24}$$

γ 角求法如下:由 O 作 O_1A 的垂线得

$$\sin\gamma = \frac{OE}{OA} = \frac{e\sin(\varphi_d + \beta/2)}{R}$$

即

$$\sin\gamma = \varepsilon\sin(\varphi_d + \beta/2) \tag{7-25}$$

排气孔口边缘 A 的位置角 δ_1 为

$$\delta_1 = \varphi_d + \beta/2 + \arcsin[\varepsilon\sin(\varphi_d + \beta/2)] \tag{7-26}$$

排气终止的边缘点 B 所对应的角度 δ_2 应综合考虑排气封闭容积和密封弧长度的影响。当 δ_2 取值小时,排气封闭容积也减小,但随之造成吸、排气孔口之间的密封弧段 BC 缩短,不利于密封。为保证一定的密封弧长条件下尽量减小封闭容积的影响,可以在气缸一侧端面接近转子与气缸密封线位置铣削一浅槽,也称卸荷槽,它将原封闭容积内的气体与排气腔连通。当所在基元容积的后滑片转过排气角 δ_2 后,随着滑片的继续回转,基元容积中的气体通过该卸荷槽流入排气孔口。

排气孔口边缘 B 的位置角 δ_2 主要取决于所要求的密封弧长度,通常可以参考下式设计

$$R\delta_2 \approx r\beta/2 \tag{7-27}$$

式中:R 为气缸内圆半径;r 为转子外圆半径。

$$\delta_2 = (1-\varepsilon)\beta/2 \tag{7-28}$$

吸气孔口开始边缘 C 的位置角 δ_3 需要综合考虑密封和吸气孔口流速的影响。应保证一定的吸气孔口面积以避免大的吸气阻力损失,同时还应维持吸气孔口与排气孔口之间具有一定的密封弧长度,因此通常 δ_2 与 δ_3 角之和在下列范围内

$$\delta_2 + \delta_3 = \beta \sim 2.5\beta \tag{7-29}$$

但一般 δ_3 角不应超过 $90°$,否则将使吸入过程的转角过小,明显增加吸气损失。

为了改善吸气孔口与排气孔口之间的密封,可在气缸内壁距转子中心较近的区域按转子半径 r 凹进一段(图 7-9(a))。这样,转子外圆与气缸内圆不是相切,而是在整个一段圆弧上

相接触(实际上保持相等的间隙),可以大大减少气体沿转子与气缸径向间隙从排气口向吸气口的泄漏,减少排出封闭容积及其气体膨胀的影响。

滑片经过气缸不同半径 R、r 的圆弧交点后,将按图 7－9(a)中虚线所示的轨迹运动。通常可以在大小圆弧之间加一段过渡曲线,保证气缸内壁型线一阶导数的连续性,减少对滑片的冲击。

应注意,ξ 角不应过大,或者说,转子与气缸吻合的那一段圆弧不应太长,通常小于(0.55～0.65)r,以免气体通过这段圆弧的间隙时产生强烈的噪声。

实际机器中,也可按图 7－9(b)的方法来获得气缸内孔凹进的圆弧段。凹进圆弧的中心 O' 介于 O 与 O_1 之间,圆弧半径 R' 的大小也介于 R 与 r 之间,即 $r<R'<R$,这样滑片在气缸不同圆弧交点处的冲击和磨损趋于缓和。

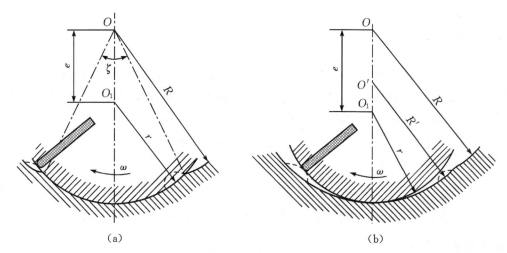

(a)　　　　　　　　　　　　　　　　(b)

图 7－9　改善吸、排气孔口间密封的气缸凹槽

吸气孔口的吸气终了边缘位置 D 应这样考虑:应使吸气终了时,基元容积处于最大值位置,以保证基元容积最大限度地充气。此时,组成基元容积的后一滑片刚刚覆盖住吸气孔口的边缘 D。相应的角度为 δ_4,可由下列关系求得

$$\delta_4 R \approx \frac{\beta}{2}(R+e)$$

则

$$\delta_4 = (1+\varepsilon)\beta/2 \qquad\qquad (7-30)$$

2. 吸、排气孔口的宽度

前面我们仅给出了吸、排气孔口在气缸圆周方向的位置,由角度 δ_1、δ_2、δ_3、δ_4 表示。

吸排气口沿轴向的宽度应根据孔口的允许流速而定,通过孔口的允许流速 c 一般取 15～30 m/s。

沿轴向安排吸、排气孔口时,最好使吸气孔口与排气孔口分别做成若干保持一定距离的槽道,且使吸气孔口和排气孔口沿轴向相互错开,这样可减少滑片经过孔口时的弯曲,也使滑片长度方向的磨损均匀。

孔口边缘均应倒圆,以减少气体流经孔口的损失。

7.3　滑片运动及受力计算

滑片压缩机的关键零件是滑片,这里我们对它的运动及受力情况予以分析,然后进行强度计算。

7.3.1　运动分析

压缩机运转时,滑片在转子槽中相对于转子作变速直线运动,而转子相对于气缸作匀角速旋转运动。因此,滑片相对于气缸的运动是转子相对气缸运动(牵连运动)和滑片相对转子槽运动(相对运动)的复合运动。

1.运动速度

滑片的绝对运动速度 w 为

$$w = w_e + w_r \tag{7-31}$$

式中: w_e 为牵连速度,为角速度 ω 与牵连向径 r_e 之积, w_e 方向垂直于牵连向径,顺 ω 的转向; w_r 为相对速度,为滑片端部向径对时间的变化率,方向沿转子槽,指向中心为"+"。

根据上式,滑片端点 A(见图 7-10)的速度为

$$w_A = w_{Ae} + w_{Ar}$$

端点 A 的牵连速度

$$w_{Ae} = \omega\rho = \omega R\left(1 + \varepsilon\cos\varphi_v - \frac{1}{2}\varepsilon^2\sin^2\varphi_v\right) \tag{7-32}$$

其方向与 ρ 垂直。注意:为区别于基元容积的角度,滑片所在位置的转角以 φ_v 表示,其与基元容积的位置角 φ 相差 $\frac{\beta}{2}$。

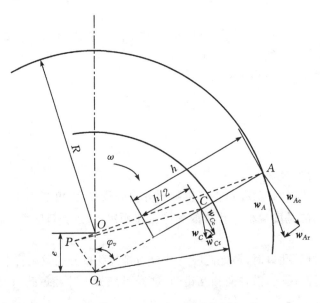

图 7-10　滑片运动的速度分析

端点 A 的相对速度

$$w_{Ar} = \frac{d\rho}{dt}$$

其方向沿转子槽。

将式(7-5)对 t 求导,并考虑规定的正向,则

$$w_{Ar} = R\omega\left(\varepsilon\sin\varphi_v + \frac{\varepsilon^2}{2}\sin 2\varphi_v\right) \tag{7-33}$$

滑片 A 点的绝对速度为

$$w_A = \sqrt{w_{Ae}^2 + w_{Ar}^2} \tag{7-34}$$

其方向垂直气缸半径 OA,顺 ω 转向。

滑片质心 C 点的速度为

$$w_C = w_{Ce} + w_{Cr}$$

质心 C 点的牵连速度为

$$w_{Ce} = \omega\overline{O_1C} = \omega\left(\rho - \frac{h}{2}\right)$$

即

$$w_{Ce} = \omega\left[R\left(1 + \varepsilon\cos\varphi_v - \frac{1}{2}\varepsilon^2\sin^2\varphi_v\right) - \frac{h}{2}\right] \tag{7-35}$$

式中:h 为滑片高度。

由于滑片上各点的相对速度大小、方向都是相同的,即

$$w_{Cr} = w_{Ar} = R\omega\left(\varepsilon\sin\varphi_v + \frac{\varepsilon^2}{2}\sin 2\varphi_v\right)$$

质心 C 点的绝对速度

$$w_C = \sqrt{w_{Ce}^2 + w_{Cr}^2}$$

其方向可由与转子槽方向的夹角 θ 而定

$$\theta = \operatorname{arccot}\frac{w_{Ce}}{w_{Cr}}$$

应用理论力学求平面运动刚体上点的速度的瞬心法,来解决以上问题显得更为方便,特别是在求滑片速度的方向时。

假设滑片延伸到转子中心 O_1(图 7-10),由于该点的牵连速度为零,该点的绝对速度即等于相对速度,$w_{O_1} = w_{O_{1r}}$,即 O_1 点绝对速度也必须沿转子槽,因此速度瞬心必在过 O_1 点引出的 O_1A 的垂线上。此外,我们已知端点 A 的绝对速度方向应垂直于气缸半径 OA 的方向,即速度瞬心必在 AO 线上。故过 O_1 点的 O_1A 的垂线与 AO 延长线的交点 p 就是速度瞬心,滑片上任意一点 M 的绝对速度方向必垂直于 pM,例如质心 C 点的绝对速度 w_c 的方向必垂直于 pC。

2. 运动加速度

由理论力学知,刚体作平面复合运动时的绝对加速度(图 7-11)为

$$a = a_e + a_r + a_c \tag{7-36}$$

式中:a_e 为牵连加速度,即因牵连运动产生的向心加速度,$a_e = \omega^2 r_e$,方向沿转子槽并指向转子中心 O_1;a_r 为相对速度变化引起的相对加速度,$a_r = \frac{d\omega_r}{dt} = \frac{d^2\rho}{dt^2}$,方向沿转子槽,指向 O_1 为"+";

a_c 为科氏加速度, $a_c = 2\boldsymbol{\omega} \times \boldsymbol{\omega}_r$。

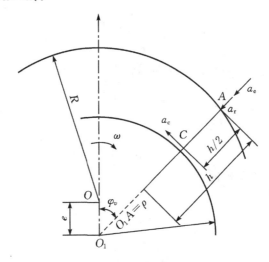

图 7-11　滑片运动的加速度

滑片质心 C 的牵连加速度

$$a_{Ce} = \omega^2 \left(\rho - \frac{h}{2} \right)$$

则

$$a_{Ce} = \omega^2 \left[R \left(1 + \varepsilon \cos \varphi_v - \frac{1}{2} \varepsilon^2 \sin^2 \varphi_v \right) - \frac{h}{2} \right] \qquad (7-37)$$

对式(7-33)求导后,得相对加速度为

$$a_{Cr} = \omega^2 R (\varepsilon \cos \varphi_v + \varepsilon^2 \cos 2\varphi_v) \qquad (7-38)$$

因矢量 w 垂直于 w_r,故科氏加速度: $a_{Cc} = 2\omega w_r \sin \dfrac{\pi}{2}$

将式(7-33)代入,则

$$a_{Cc} = 2R\omega^2 \left(\varepsilon \sin \varphi_v + \frac{\varepsilon^2}{2} \sin 2\varphi_v \right) \qquad (7-39)$$

其方向垂直滑片,并按 $\boldsymbol{\omega}$ 与 w_r 的矢量积决定其指向。

　　滑片的牵连加速度和相对加速度的方向都沿转子的滑槽,而科氏加速度方向则是垂直于滑槽方向的。由科氏加速度引起的惯性力使得滑片压向滑槽的一侧,引起滑片侧面的摩擦磨损。

7.3.2　受力分析

1.滑片受力分析

把运动的滑片作为脱离体,它上面作用以下三种类型的力。

(1)主动力。

主动力包括由于运动加速度而产生的惯性力及不同的气体压力作用于滑片两侧产生的气体力 F_p,这里忽略滑片的自重。

根据达朗贝尔原理,可根据上述牵连加速度 $\boldsymbol{a}_e$、相对加速度 $\boldsymbol{a}_r$、科氏加速度 $\boldsymbol{a}_c$ 的大小和方向分别确定相应的惯性力 $\boldsymbol{F}_e$、$\boldsymbol{F}_r$、$\boldsymbol{F}_c$ 的大小和方向。设一个滑片的质量为 m（单位为 kg），由式 (7-37)～式(7-39) 得

$$F_e = m\omega^2 R\left(1 + \varepsilon\cos\varphi_v - \frac{\varepsilon^2}{2}\sin^2\varphi_v - \frac{h}{2R}\right) \tag{7-40}$$

$$F_r = m\omega^2 R(\varepsilon\cos\varphi_v + \varepsilon^2\cos 2\varphi_v) \tag{7-41}$$

$$F_c = 2m\omega^2 R\left(\varepsilon\sin\varphi_v + \frac{\varepsilon^2}{2}\sin 2\varphi_v\right) \tag{7-42}$$

其方向分别与各自加速度的方向相反。

（2）支反力。

支反力即滑片支承处的反作用力，包括气缸对滑片端部的支反力 F_3 及转子槽对滑片的支反力 F_1 及 F_2，支反力的方向垂直于支承面，即在支承面的法向。所以，F_3 应通过气缸中心 O，F_1 和 F_2 应垂直转子槽。

（3）摩擦力。

滑片端部相对气缸运动产生摩擦力 $\mu_c F_3$（μ_c 为滑片相对气缸的摩擦系数），垂直正压力 F_3 的方向，阻碍滑片运动；滑片侧面相对转子槽运动产生摩擦力 $\mu_r(F_1 + F_2)$（μ_r 为滑片相对转子槽的摩擦系数），方向沿转子槽，且与滑片运动方向相反。

在以上三种力中，主动力为已知力，支反力和摩擦力为未知力，如图 7-12 所示。未知量为 F_1、F_2 和 F_3。以滑槽方向为 x 轴，垂直于滑槽方向为 y 轴，可分别建立受力平衡方程以及力矩平衡方程进行求解

$$\begin{cases} F_1 h - F_2(\rho - r) \pm F_c \dfrac{h}{2} + F_p \dfrac{\rho - r}{2} = 0 \\[2mm] \pm \mu_r(F_1 + F_2) - F_3\cos\gamma \pm \mu_c F_3\sin\gamma + F_e + F_r = 0 \\[2mm] F_p + F_1 - F_2 \pm F_3\sin\gamma \pm \mu_c F_3\cos\gamma \pm F_c = 0 \end{cases} \tag{7-43}$$

式中：上面一组符号适用于 $\varphi = 0 \sim \pi$，下面一组符号适用于 $\varphi = \pi \sim 2\pi$；γ 为从滑片端部引出的气缸半径与转子向径之间的夹角，由下式计算

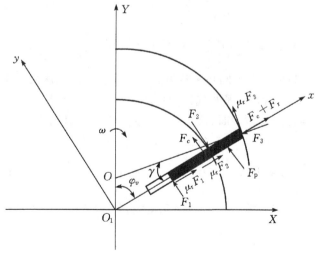

图 7-12   滑片受力分析

$$\sin\gamma = \varepsilon\sin\varphi_v \tag{7-44}$$

式中：μ_c 为滑片与气缸之间的摩擦系数；μ_r 为滑片与转子之间的摩擦系数；v 为相应的摩擦角 $v = \arctan\mu_c$。

μ_c、μ_r 值取决于摩擦副的材料、表面加工质量、润滑状况及相对速度等因素，一般数据列于表 7-1 中。

表 7-1　滑片处摩擦系数

滑片材料及润滑状况	钢制滑片	铸铁滑片	酚醛树脂纤维层压板滑片（喷油）	石墨滑片（无油）
μ_c、μ_r	0.12～0.15	0.06～0.10	0.08～0.12	0.18～0.22

2. 转子受力分析

把转子单独作为研究对象（不包含滑片），转子上主要受到气体力、滑片作用在滑槽上的支反力和摩擦力以及转子自重的作用。图 7-13 画出了转子上其中一个基元容积上的气体力以及一个转子槽上的作用力。

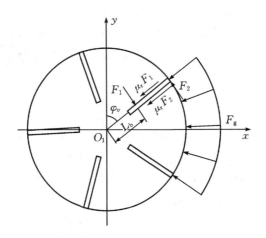

图 7-13　转子受力简图

式(7-19)～(7-23)给出了不同基元转角 φ 时基元容积内的压力。假设转子上有 Z 个滑槽，则形成了 $Z+1$ 个基元容积（转子与气缸的接触线将相邻两滑片之间的容积分隔为两个）。当所研究的基元容积在转角 φ 位置时，该基元容积内的气体作用在转子上的作用力为

$$F_g(\varphi) = R\theta_\varphi l \cdot p(\varphi) \tag{7-45}$$

式中：$p(\varphi)$ 为基元容积位于转角 φ 时的压力；θ_φ 为基元容积所夹的转子中心角；当 $-\pi-\dfrac{\beta}{2}\leqslant\varphi<-\pi+\dfrac{\beta}{2}$ 时，$\theta_\varphi=\varphi+\pi+\dfrac{\beta}{2}$；当 $-\pi+\dfrac{\beta}{2}\leqslant\varphi\leqslant\pi-\dfrac{\beta}{2}$ 时，$\theta_\varphi=\beta$；当 $\pi-\dfrac{\beta}{2}<\varphi\leqslant\pi+\dfrac{\beta}{2}$ 时，$\theta_\varphi=\pi+\dfrac{\beta}{2}-\varphi$。

作用在转子上的总气体力为各基元容积上的气体力在 x 轴和 y 轴投影的代数和

$$\begin{cases} F_{gx} = -\sum_{i=1}^{Z+1} F_g(\varphi_i) \sin \varphi_i \\ F_{gy} = -\sum_{i=1}^{Z+1} F_g(\varphi_i) \cos \varphi_i \end{cases} \tag{7-46}$$

作用在转子上的力除了气体力外,还有滑片作用在转子滑槽上的支反力及摩擦力。它们与式(7-43)所求解的力为一对作用力与反作用力。当所研究的基元容积位于转角 φ 时,则构成基元容积的前一滑片转角位置为 $\varphi + \dfrac{\beta}{2}$,后一滑片转角位置为 $\varphi - \dfrac{\beta}{2}$。以后一滑片所处位置为例,令 $\varphi_v = \varphi - \dfrac{\beta}{2}$,作用在转子该滑槽上的力可以表示为

$$\begin{cases} F_{sx}(\varphi_v) = [F_1(\varphi_v) - F_2(\varphi_v)] \cdot \cos \varphi_v - \mu_r[F_1(\varphi_v) + F_2(\varphi_v)] \sin \varphi_v \\ F_{sy}(\varphi_v) = -[F_1(\varphi_v) - F_2(\varphi_v)] \cdot \sin \varphi_v - \mu_r[F_1(\varphi_v) + F_2(\varphi_v)] \cos \varphi_v \end{cases} \tag{7-47}$$

式中:$F_1(\varphi_v)$、$F_2(\varphi_v)$ 分别为滑片在位置角 φ_v 时受到的滑槽底部和滑槽口的支反力,由式(7-43)进行求解。

转子所受到的总的滑片支反力和摩擦力为各个滑槽支反力和摩擦力在 x 轴和 y 轴上投影的代数和

$$\begin{cases} F_{sx} = \sum_{i=1}^{Z} F_{sx}(\varphi_{vi}) \\ F_{sy} = \sum_{i=1}^{Z} F_{sy}(\varphi_{vi}) \end{cases} \tag{7-48}$$

转子上所作用的合力,即为气体力、转子滑槽上支反力和摩擦力,以及转子自重的总和,该合力即构成轴承的载荷。

转子上作用的力矩包括电机的驱动力矩以及转子上作用的阻力矩。由于气体力的作用点通过转子的中心,不构成阻力矩。滑片对转子上滑槽的摩擦力与转子中心的距离很小,力矩可忽略不计。主要是滑片作用在转子滑槽的支反力对转子产生阻力矩,该阻力矩可用下式进行计算

$$M_d = \sum_{i=1}^{Z} F_1(\varphi_{vi}) \cdot L_b + F_2(\varphi_{vi}) \cdot (r - L_b) \tag{7-49}$$

式中:L_b 为转子回转中心到滑片底部的距离,是转角 φ_v 的函数。

7.4　功率与效率

7.4.1　功率

滑片压缩机的轴功率 P_s 由指示功率 P_i 及机械摩擦功率 P_m 组成

$$P_s = P_i + P_m \tag{7-50}$$

1.指示功率

对于空气滑片压缩机,指示功率(单位为 kW)可按下式求取

$$P_i = (1.03 \sim 1.05) \frac{V_t}{60} \left\{ \frac{m}{m-1} p_s \left[\left(\frac{p_i}{p_s} \right)^{\frac{m-1}{m}} - 1 \right] + \left(\frac{p_i}{p_s} \right)^{-\frac{1}{m}} (p_d - p_i) \right\} \times 10^{-3} \tag{7-51}$$

式中：m 为气体的压缩过程多方指数；p_s、p_i、p_d 为分别为吸气压力、内压缩终了压力及排气压力，Pa；V_t 为压缩机的理论排气量，m^3/min。

式中大括号内的后一项是考虑内压缩压力与排气压力（背压力）不相等（$p_i \neq p_d$）时产生的附加功率损失。如果内压缩压力与背压相等（$p_i = p_d$），则此项为零。

系数（$1.03 \sim 1.05$）是考虑吸、排气压力损失所引起的功率增加。

一般对喷油机器来说，如采用 $m = k$ 代入式（7-51），则计算的指示功率较能与实际相符。

对制冷空调用滑片压缩机，则可借助工质的压焓图（或温熵图），根据等熵过程线得到压缩过程的焓差，根据实际流量及焓差计算得到压缩机的指示功率。

2. 机械摩擦功率

机械摩擦功率 P_m 由以下几部分组成：滑片顶部与气缸的摩擦功率 P_{tv} 和滑片侧面与转子槽的摩擦功率 P_{sv} 以及轴承摩擦功率 P_b 和端面机械密封摩擦功率 P_e，即

$$P_m = P_{tv} + P_{sv} + P_b + P_e \tag{7-52}$$

滑片压缩机的机械摩擦损失较大，可以通过选用低摩擦系数、低密度的滑片材料，采用喷油润滑，选用能改善机械摩擦的结构参数或结构形式（如斜置滑片或卸荷环结构）等，降低滑片压缩机的机械摩擦功耗。

下面分别研究各机械摩擦功率的计算。

一个滑片在转子旋转一周之中，产生的滑片顶部与气缸的机械摩擦功为

$$W_{tv} = \int_{-\pi}^{\pi} \mu_c F_3 \rho d\varphi_v \tag{7-53}$$

将 F_3、ρ 代入上式，积分后，即解出 W_{tV}。

z 个滑片与气缸间总的机械摩擦功率（单位为 kW）为

$$P_{tv} = \frac{n}{60} z W_{tv} \times 10^{-3} \tag{7-54}$$

一个滑片在转子旋转一周之中，滑片两侧面与转子槽的机械摩擦功（考虑到 $d\rho = e\sin\varphi_v d\varphi_v$）为

$$W_{sv} = \int_{-\pi}^{\pi} \mu_r (F_1 + F_2) e\sin\varphi_v d\varphi_v \tag{7-55}$$

将 F_1、F_2 的表达式（7-44）代入上式，即可解出 W_{sv}。

z 个滑片侧面与滑槽间总的机械摩擦功率（单位为 kW）为

$$P_{sv} = \frac{n}{60} z W_{sv} \times 10^{-3} \tag{7-56}$$

3. 轴承机械摩擦功率

前面已求得转子上的作用力，包括气体力、滑片对转子槽的作用力以及转子的自重（包括滑片、机械密封旋转部分、半联轴节等）。由此可根据转子的受力计算得到轴承上的总支反力 F_b。

轴承机械摩擦功率（单位为 kW）为

$$P_b = \mu_b F_b \frac{\pi d n}{60} \times 10^{-3} \tag{7-57}$$

式中：μ_b 为轴承摩擦系数；d 为轴承处轴径，m；n 为转子转速，$r \cdot min^{-1}$；F_b 为轴承总支反力，N。

4. 端面机械密封摩擦功率

端面机械密封的机械摩擦功率（单位为 kW）为

$$P_e = z_m \mu_s F' \frac{\pi \overline{d} n}{60} \times 10^{-3} \tag{7-58}$$

式中：z_m 为密封环数；μ_s 为机械密封动环与静环之间的摩擦系数；$\overline{d}$ 为动环与静环接触面的平均直径，$\overline{d} = \dfrac{d_1 + d_2}{2}$（$d_1$ 为接触面内径，d_2 为接触面外径），m；F' 为作用于动环与静环接触表面上的力，为弹簧力 F_s 与密封流体力 F_f 之和，即 $F' = F_s + F_f = F_s + \pi \left(\dfrac{d_2^2}{4} - \dfrac{d_1^2}{4} \right) p$，$p$ 为密封流体的压力，Pa。

7.4.2　效率

评价整个滑片压缩机能量利用的完善程度，用全绝热效率（包括热力、机械诸方面的损失）

$$\eta_{ad} = \frac{P_{ad}}{P_s} \tag{7-59}$$

式中：P_s 为压缩机的轴功率，kW，由式（7-50）表示；P_{ad} 为理想气体的绝热压缩功率，kW，用下式计算 $P_{ad} = \dfrac{V}{60} \dfrac{k}{k-1} p_0 \left[\left(\dfrac{p_d}{p_0} \right)^{\frac{k-1}{k}} - 1 \right] \times 10^{-3}$；$V$ 为实际排气量，m³/min；p_0 为吸气压力，Pa。

评价滑片压缩机热力过程的完善程度，用绝热指示效率表示

$$\eta_i = \frac{P_{ad}}{P_i} \tag{7-60}$$

式中：P_i 为滑片压缩机的指示功率（可按式（7-51）求取）。

评价滑片压缩机机械摩擦损失的相对大小，用机械效率表示

$$\eta_m = 1 - \frac{P_m}{P_s} = \frac{P_i}{P_s} \tag{7-61}$$

式中：P_m 为滑片压缩机的机械摩擦功率损失，以式（7-52）表示。

7.5　结构要点及典型结构

本节就滑片压缩机结构设计中的某些特殊问题作简要叙述。

7.5.1　滑片材料及滑片参数选取

滑片材料主要取决于其润滑方式。

对喷油润滑，滑片材料可采用合成树脂等复合材料，如酚醛树脂层压板，也可用钢、铝等金属材料。允许滑片顶端圆周速度为 $u \leqslant 15 \sim 20$ m/s。在一些小型压缩机及制冷压缩机中，常采用球磨铸铁或铝合金作为滑片材料，允许的圆周速度要比以上数值低一些。

在滴油润滑时，常用精制热轧或冷轧合金钢板作滑片材料，这类滑片允许的圆周速度为 $u = 12 \sim 13$ m/s。

无油润滑的滑片材料一般采用具有自润滑性能的石墨或合成材料，石墨相对于一些有机自润滑材料，有导热性能好和线膨胀系数较小的优点。常在石墨中浸渍树脂、巴氏合金、铜、铅等填充材料，以提高机械性能及耐磨性。无油润滑的滑片宜用较小的圆周速度，一般取 $u \leqslant 8 \sim 10$ m/s。与滑片相配合的气缸内圆及端盖壁面应具有较低的粗糙度和较高的硬度，常作氮

化或镀铬处理,还兼有防锈作用。

各种材料滑片的相对厚度范围是

$$\sigma = s/R = 0.02 \sim 0.10$$

小的数值用于钢质滑片,大的数值用于其它材料的滑片。

滑片绝对厚度的范围:

(1)钢滑片:$s = 0.8 \sim 3$ mm;

(2)其它材料滑片:$s = 4 \sim 10$ mm。

滑片的高度 d 应保证滑片伸出转子槽的部分达最大时,转子槽中仍有适当的滑片高度。如果留在转子槽中的这部分滑片高度过小,则将会使滑片在转子槽中失去导向,致使发生卡住或侧面异常磨损的现象。

当滑片处于 $\varphi_v = 0$ 时,滑片伸出转子槽达最大值,为偏心 e 的两倍,此时应保证留在转子槽中的滑片高度为 $e \sim 2e$,即滑片高度应为

$$h = (3 \sim 4)e$$

比值　　　　　　　　　　　$e/h = 1/4 \sim 1/3$

转子的槽深　　　　　　　$h' = h + (0.5 \sim 1.0)$ mm

所加裕量是保证在 $\varphi_v = \pi$ 时滑片全部缩进槽中,且留有一定的热膨胀间隙。

转子的滑片槽两侧面要求较高的精度,常以精铣保证,两侧面的粗糙度 Ra 一般不大于 $3.2 \mu m$。

下面来看滑片长度 L 的选择。

滑片压缩机的外泄漏主要发生在转子与气缸的两端面间隙中,因此在容积流量一定的前提下,增加滑片长度 L 对降低外泄漏是有益的。此外,长度 L 适当大一些,还能适当降低滑片相对气缸的滑动速度,以利降低机械摩擦损失。故在转子刚度允许的条件下,取用较长的滑片长度 L 是有利的。

通常采用滑片长度与气缸半径的比值的范围为

$$L/R = 3.0 \sim 6.0$$

对低压级或无油滑片压缩机,通常采用较大的 L/R 值。

在系列化产品或多级压缩机中,有时为了减少气缸和转子直径的尺寸规格,往往借滑片长度(亦即气缸长度)L 来达到不同的容积流量。对于某些大流量压缩机,也有采用一个滑槽中沿气缸轴向插入多个滑片的结构,以减小单个滑片的长度,提高滑片刚度。但 L 过长时转子刚度降低,也会带来滑片与滑片之间的摩擦和泄漏等问题。

滑片数 z 的选取应考虑机械摩擦损失(随 z 增加而增大)及泄漏(随 z 增加而减小)这两个相互矛盾的因素,并考虑滑片的材质。一般滑片数可取:

(1)钢滑片:$z = 20 \sim 30$;

(2)其它材料滑片:$z = 2 \sim 8$。当 $z = 2$ 时,为保证所需的内压缩需设置排气阀。

7.5.2　斜置滑片

前面所讲的滑片压缩机的转子槽一般是径向配置的,即转槽通过转子中心。但是也有斜置滑片结构,即转子槽不沿转子径向,而是按一定方向偏离某一角度。

滑片斜置的主要目的是尽量减少滑片顶部摩擦力对滑片沿转子槽运动的阻碍,从而改善滑片在转子槽中的运动状况。

让我们来分析径向滑片的情况,如图 7-14 所示,在滑片处于 $\varphi = 0 \sim \pi$ 的范围内,气缸作用于滑片顶部 A 的正压力 F_3 应通过气缸中心 O,阻碍运动的摩擦力 μF_3 垂直于 F_3,因而气缸对滑片顶部的全支反力 F_R(力 F_3 与 μF_3 的合力)与气缸半径 OA 成 ν 角,与转子向径 O_1A 成 $(\nu + \gamma)$ 角。这里,ν 为摩擦角,$\tan \nu = \mu_c$(μ_c 为滑片与气缸的摩擦系数);γ 是气缸半径与转子半径之间的夹角,它是随滑片转角位置而变的角度。在 $\varphi = 0, \pi$ 时,$\gamma = 0$;$\varphi = \pi/2$ 左右,$\gamma = \gamma_{max}$。在滑片处于 $\varphi = \pi \sim 2\pi$ 范围内,气缸对滑片顶部的全支反力 F_R 与转子向径 O_1B 成 $(\nu - \gamma)$ 角。

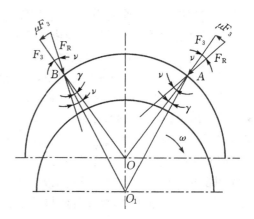

图 7-14　径向滑片顶部的摩擦力

由此可见,在垂直于滑片运动方向,作用有一大小变化的横向力 $F_R \sin(\nu \pm \gamma)$,此力使转子槽对滑片侧面的作用力增大,导致滑片侧面与转子槽机械摩擦损失增加,同时加剧滑片侧面和转子槽的磨损,严重的甚至造成滑片在转子槽中卡住或折断的事故。

为便于说明问题,我们暂且不考虑转子偏心的影响。如图 7-15 所示,由于摩擦力 $\mu_c F$ 的影响,气缸对滑片的全支反力 F_R 偏离滑片运动方向 ν 角。如果我们将转子上的滑片槽开成与径向成 $\psi = \nu$ 角,则全支反力 F_R 完全与转子上斜置滑片槽的方向一致,摩擦力对滑片运动及侧面磨损的影响将不复存在。

滑片斜置方向必须正确,否则效果将适得其反。斜置方向应使转子槽与支反力 F_R 的方向一致,即以滑片顶点 A 为中心,顺 ω 转向偏离转子向径 ψ 角。

斜置角度

$$\psi = \nu = \arctan \mu_c \qquad (7-62)$$

通常摩擦系数的范围:$\mu_c = 0.10 \sim 0.20$,因此得到相应的斜置角 $\psi = 6° \sim 11°$。

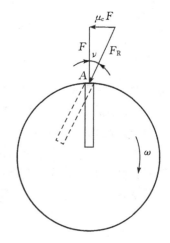

图 7-15　斜置滑片

滑片斜置时,可增加转子槽的深度,相应增加滑片在转子槽中的长度,对滑片的导向有利,可以减少滑片卡在转子槽中的危险性。但是,斜置滑片增加了滑片在转子槽的外伸长度,使滑片的弯曲强度和刚度有所下降。

事实上,由于气缸与转子偏心的存在;机器制造质量及润滑油分布不均匀,滑片沿缸壁的摩擦系数不为定值,斜置滑片的方向在机器运转中不可能始终与支反力 F_R 的方向一致,但无论如何,在相当程度上改善了径向滑片受摩擦力影响较大的缺点。

滑片斜置会影响基元容积的大小。当滑片斜置角 $\varphi=10°$,相对偏心 $\varepsilon=0.1,0.15$ 时,由滑片偏置引起的基元容积的变化值不超过 3‰。因此,可以近似地认为滑片斜置时的容积变化规律与径向配置时相同(即忽略滑片偏置的影响),上面给出的计算内压缩及孔口的公式完全适用于斜置滑片结构。

7.5.3　卸荷与减磨结构

滑片压缩机的滑片受离心力的作用,压向气缸内壁,引起滑片与气缸之间的磨损。这一情况在滑片材料密度较大及滑片圆周速度较高时更为突出。为了解决这一矛盾,在滑片压缩机发展过程中出现了许多卸荷与减磨结构。

在一种具有卸荷环的滑片压缩机中,在气缸的两端配置能在其中自由旋转的环,该环称为卸荷环。图 7-16 表示卸荷环、滑片、气缸之间的相互关系。卸荷环的内径比气缸内径略小,滑片受离心力甩出时,紧贴在卸荷环内壁。这样,滑片的离心力被卸荷环承受,而滑片与气缸壁面不相接触,避免了气缸内壁的磨损。但在无卸荷环的轴向长度上,滑片顶部与气缸壁面之间形成间隙,气体经这一缝隙从较高压力的基元容积向较低压力的基元容积泄漏。采用卸荷环结构,虽然滑片作用在卸荷环内圆上的比压仍很大,但由于卸荷环在气缸内可以转动,因此滑片与卸荷环之间的相对运动速度很小,故卸荷环与滑片之间的机械摩擦损失以及带来的磨损都相应减小。

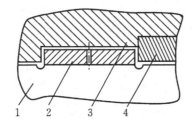

1—滑片;2—卸荷环;3—气缸;4—端套

图 7-16　卸荷环、滑片及气缸间的相互位置关系

很明显,滑片和卸荷环之间的相对运动取决于它们之间的比压和摩擦系数。滑片与卸荷环之间的比压越大(滑片质量大或圆周速度高)或摩擦系数越大,则其相对运动速度越小,机械摩擦损失及磨损亦越小。

卸荷环除有置于气缸内圆两端的形式(图 7-17(a))外,也有置于气缸有效长度以外两端轴向长度上的缸外式卸荷结构,如图 7-17(b)所示,此时的卸荷与减磨作用更佳,但带来了滑片形状较为复杂、两端凸出部分难加工的缺陷。

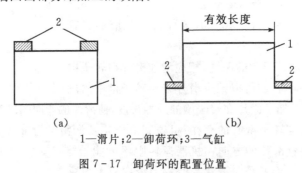

1—滑片;2—卸荷环;3—气缸

图 7-17　卸荷环的配置位置

除缸外式卸荷环结构外,还有一种滚道式卸荷结构,其基本出发点是变滑片、卸荷环、气缸体之间的滑动摩擦为滑片小轴承与滚道之间的滚动摩擦,从而使机械摩擦损失进一步降低。图 7 - 18 为这种结构的滑片示意图。在靠滑片根部处穿过一根芯轴,在芯轴两端各安置一个小滚动轴承或轴套。转子旋转时,滑片受离心力作用,使小轴承外圆贴于与气缸内圆表面等距的端盖滚道,控调制造公差,使滑片顶部与气缸内圆保持很小的间隙而不接触。这样,滑片顶部与气缸之间原来存在的滑动摩擦运动就转变为滑片端部小轴承绕滑片芯轴的转动及其沿滚道的滚动,从而降低了机械摩擦损失。

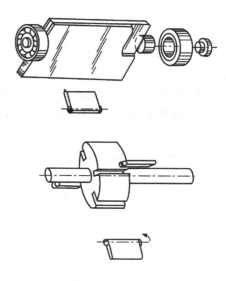

在小型压缩机中还出现了一种“滚缸式”卸荷结构,即用一个滚动轴承内圈的内圆作为气缸内圆。在压缩机运转时,滑片紧贴于该轴承内圈的内圆,不动或作不大的相对运动,而该轴承内圈又相对于外圈作转

图 7 - 18　滚道式滑片结构

动。因而,该滚动轴承具有卸荷环的作用。这种结构形式简单、可靠、卸荷效果好。该卸荷轴承不仅可以是滚动轴承,也可以是滑动轴承。须注意,滚缸式卸荷结构的滑片压缩机的吸、排气口只能开设在气缸两端面(通常的结构是开在气缸圆周),孔口气体流速偏高。

以上卸荷结构在原理上都可以实现减小滑片与气缸之间摩擦损失的目的,但由于结构相对复杂,应用较少。

7.5.4　典型应用

1. 空气压缩机

滑片式空气压缩机具有可靠性高、噪音低、耗材少、运行成本低的特点,在中、小排量动力用空气压缩机中有所应用。

滑片空气压缩机系统由主机、控制柜、电动机、冷却器、底座等构成,整体结构简单、紧凑,管路极少。通过模组化嵌入技术,将空气过滤器、吸气调节器、温控旁通阀、油过滤器、油气分离器、95% 的管路等都可以集成在主机内,使整机结构简单、可靠。

2. 汽车空调压缩机

汽车空调用滑片压缩机有 2~4 个滑片的单工作腔压缩机(图 7 - 19)以及 4~5 个滑片的双工作腔压缩机(图 7 - 2)。

普通的汽车空调滑片压缩机应用开启式结构,通过皮带输入动力,靠电磁离合器进行启闭控制。为了既适应汽车空调体积小、重量轻的要求,又能保证滑片的受力状况良好,单、双工作腔压缩机转子上开设的滑片槽,均朝着旋转方向倾斜一定角度,特别是单工作腔压缩机一般采用较大的倾角。为了提高变工况适应能力,滑片式汽车空调压缩机均装有簧片式排气阀。通常沿气缸轴向开设 3~5 个排气孔,排气阀片为“指”状的簧片,覆盖各个气孔。

3.其它滑片式机械

（1）滑片式压缩-膨胀机。

一种旋转滑片空气制冷机的核心部件为滑片压缩-膨胀机。图7-20是这种滑片压缩-膨胀机的原理图。其基本构造与双工作腔滑片压缩机相同，圆形转子同心地安装在椭圆形气缸内腔中，形成的两个工作腔一边作压缩机，另一边作膨胀机。滑片把工作腔分成若干个工作基元，当原动机带动转子按图示方向转动时，处于压缩机中的基元容积不断缩小，从而把吸入的室外空气提升压力后，送入中间冷却器中并冷却到室温；处于膨胀机中的基元，其容积不断扩大，从而把中间冷却器送来的高压空气膨胀为低压、低温的空气，送入用冷场合。为了提高压缩和膨胀过程的效率，气体在吸入口处均喷入一定量的雾化水。该机中压缩机与膨胀机共用转子，结构紧凑，膨胀功得到有效利用。

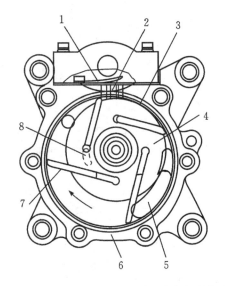

1—排气阀；2—排气孔；3—转子与气缸的切点；
4—转子；5—吸气孔；6—气缸；7—滑片；8—油孔

图7-19　滑片式汽车空调压缩机

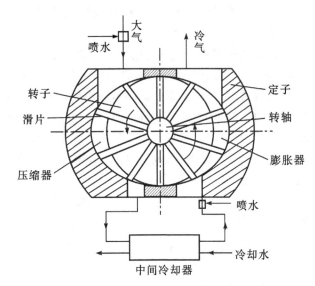

图7-20　滑片压缩-膨胀机

该种滑片压缩-膨胀一体机的结构，也可应用在跨临界二氧化碳制冷循环中。CO_2作为一种天然制冷工质，其实际应用受到了越来越普遍的重视。研究表明，在跨临界二氧化碳制冷循环中用膨胀机来代替膨胀阀，以减小节流过程的熵增并回收部分膨胀功，可以有效提高整个制冷系统的COP。而双工作腔的滑片压缩机一边作为压缩机、一边作为膨胀机的结构非常紧凑，因而在CO_2跨临界制冷循环中也有较好的应用前景。

（2）旋片真空泵。

旋片真空泵简称旋片泵，是一种油封式机械真空泵，工作原理与滑片压缩机相仿，只不过其吸气压力低于大气压，而排气压力等于大气压。其工作压力范围为$1.01 \times 10^5 \sim 1.33 \times 10^{-2}$ Pa，属于低真空泵。它可以单独使用，也可以作为其它高真空泵或超高真空泵的前级泵。旋片泵多为中、小型泵，有单级和双级两种。一般多做成双级的，以获得较高的真空度。旋片泵绝大多数是单工作腔结构，常用两个径向滑片，也有用三个斜置滑片的结构。

图 7-21 是旋片泵的结构图,其基本结构与单工作腔滑片压缩机相同。转子上的旋片槽通过转子中心贯通,背部夹有弹簧的两个旋片装于其中,转子旋转时,靠离心力和弹簧力使旋片顶端与泵腔的内壁保持接触。泵体上方设有油箱,用油来密封排气阀,经阀排出的气体,穿过油箱内的油层排至大气中。该泵为双级泵,高真空级与低真空级通过气道连通。气道上设有辅助排气阀,当第一级排气压力高于大气压时,推开辅助排气阀排气,使通道内压力永远不高于大气压。

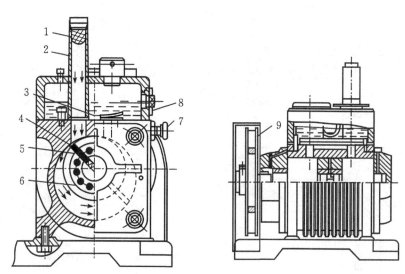

1—滤网;2—进气管;3—排气阀片;4—旋片(滑片);5—弹簧;
6—转子;7—放油螺塞;8—油标;9—带轮

图 7-21 2X 型旋片真空泵

旋片泵可以抽除密封容器中的干燥气体,若附有气镇装置,则可以抽除一定量的可凝性气体。气镇又称掺气,是防止蒸汽凝结从而避免油污染的有效方法。它是将一股经过控制的气流(通常是室温、干燥的空气),经气镇孔进入处于压缩过程的气腔内,与被抽蒸汽相混,形成蒸汽与空气的混合物,来保证把此混合物压缩到排气压力时,蒸汽不发生凝结,从而使蒸汽与空气一起被排至泵外。

7.6 旋叶式汽车空调压缩机简介

汽车空调系统对压缩机的安装尺寸有严格要求,双工作腔滑片式压缩机(也称为旋叶式压缩机)以其结构紧凑、重量轻、启动力矩小等特点,应用在中、小排量汽车用空调系统中。

7.6.1 结构简介

旋叶式汽车空调压缩机打开壳体后的机芯部件结构如图 7-22 所示,由气缸、转子、滑片、前后滑动轴承、油分离器、前后端盖等构成。压缩机转子通过电磁离合器与皮带轮连接。气缸上设置有排气阀,以适应汽车空调变工况的要求。制冷剂气体从轴向吸气孔口进入工作腔,经压缩后通过排气阀排出气缸。汽车空调压缩机中气体的含油量较高,油气混合物中的油通过油分离器进行粗分后再进一步通过滤网分离,气体通过滤网后排出压缩机。旋叶式压缩机与普通滑片压缩机的区别是,气缸为类似椭圆形,转子与气缸同心布置,形成对称的工作腔。随着转子的回转,基元容积一转之中完成两次吸、排气过程,在气缸型线短轴两侧开设两组相错180°的吸、排气孔口。

以下分别从气缸型线、容积流量计算以及受力分析等角度对旋叶式压缩机进行介绍。

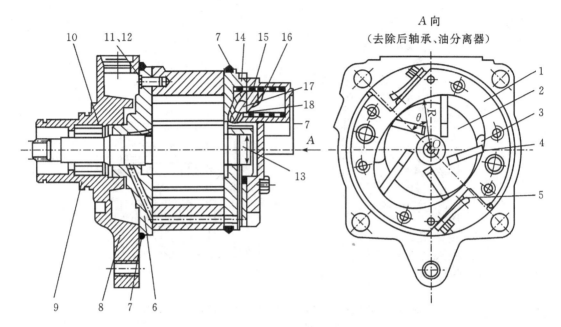

1—气缸;2—转子;3—吸气孔口;4—滑片;5—排气阀;6—前轴承;7—O形圈;8—前端盖;9—轴封;10—挡圈;11、12—定位销;13—转子轴;14—后轴承;15—油分离器;16—滤网;17—单向阀钢球;18—单向阀弹簧

图 7-22　旋叶式汽车空调压缩机机芯部件图

7.6.2　气缸型线

如图 7-22 所示,旋叶式压缩机的气缸形状类似椭圆。原理上,能够形成基元容积变化的光滑连续曲线都可以作为气缸型线,如椭圆、抛物线、三角函数曲线、幂函数曲线或几种曲线的组合等。气缸型线的特征不仅决定了滑片的运动规律、基元容积及气体压力的变化规律,也影响滑片的受力以及压缩机的摩擦耗功等。

目前普遍应用的是形如下式的三角函数气缸型线

$$\rho(\varphi) = r + E\sin^2\varphi \qquad\qquad (7-63)$$

式中:$\rho(\varphi)$为转角为 φ 时气缸的向径,即转角为 φ 时,由气缸中心到气缸壁的距离。以气缸短轴作为转角 φ 的起点;r 为转子的半径,也等于气缸短半轴长度;E 为气缸升程,即气缸长半轴 R 与短半轴 r 之差。

考虑减小通过转子与气缸间最小间隙处泄漏的需要,可以采用 7.2.3 节中类似的方法,在气缸型线短轴处采用一段密封圆弧,为保证气缸型线的光滑连续,在圆弧型线与式(7-63)所表达的三角函数型线间采用导数连续的过渡曲线连接。

7.6.3 容积流量

以滑片径向放置的情况为例进行分析(见图 7-23)。滑片斜置对容积流量的影响很小。

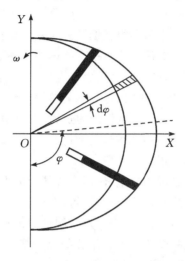

图 7-23 旋叶式压缩机基元面积示意图

与普通滑片式压缩机类似,在基元容积上取微元然后积分即可得到基元面积随转角的变化关系。以气缸短轴位置作为基元容积转角 φ 的起始位置,当 $\varphi=\pi/2$ 时,基元容积达最大值,为

$$A_{\varphi,\max}=\int_{\pi/2-\beta/2}^{\pi/2+\beta/2}\frac{1}{2}(\rho^2-r^2)\mathrm{d}\varphi-\sigma r(\rho-r) \tag{7-64}$$

对采用式(7-63)的气缸型线,

$$A_{\varphi,\max}=\left(\frac{1}{2}Er+\frac{3}{16}E^2\right)\beta+\left(\frac{1}{2}Er+\frac{E^2}{4}\right)\sin\beta+\frac{E^2}{32}\sin2\beta-\sigma Er\cos^2(\beta/2) \tag{7-65}$$

式中:σ 为滑片厚度与转子半径之比,称为滑片相对厚度,一般取 $0.06\sim0.1$。

因为转子回转一周,基元容积两次进行吸、排气过程。压缩机的容积流量可表示为

$$V_{\mathrm{h}}=2ZLnA_{\varphi,\max}$$
$$=ZLnr^2\left[\left(e+\frac{3}{8}e^2\right)\beta+\left(e+\frac{e^2}{2}\right)\sin\beta+\frac{e^2}{16}\sin2\beta-2\sigma e\cos^2(\beta/2)\right] \tag{7-66}$$

式中:$e=E/r$,称为气缸型线的相对升程,一般取值为 $0.25\sim0.35$。

令 $C=Z\left[\left(e+\frac{3}{8}e^2\right)\beta+\left(e+\frac{e^2}{2}\right)\sin\beta+\frac{e^2}{16}\sin2\beta-2\sigma e\cos^2(\beta/2)\right]$ 称为面积利用系数,则可得到与式(7-14)类似的通式

$$V_{\mathrm{h}}=Cr^2Ln=C\lambda r^3n \tag{7-67}$$

式中:λ 为转子相对长度,$\lambda=L/r$。

7.6.4　受力特性分析

旋叶式压缩机中,滑片的受力分析与普通滑片式压缩机类似,受到气体力、惯性力、摩擦力以及支反力等,可参见公式(7－40)～(7－45)进行推导。前面的受力分析中,没有考虑滑片顶部和底部所受的气体力,认为两个作用力相互抵消。实际上,由于滑片两侧的瞬时气体压力不同,两个力不能相互抵消。特别是滑片底部所在滑槽内的气体压力,对旋叶式压缩机的可靠运行具有重要影响。通常我们把滑槽内的气体压力称为滑片的背压。在旋叶式压缩机设计中,要确保滑片在设计转速以及滑槽内背压的作用下,能够保持贴合在气缸壁面上,也即气缸对滑片的顶部作用力大于零。同时,也要避免该作用力过大,加剧滑片顶部的摩擦磨损。为减小滑槽内气体压力波动对滑片顶部作用力的影响,通常把若干个滑槽腔相连通,通入一定压力的气体,使各滑片所受滑槽内的气体力相同。

旋叶式压缩机中,由于工作腔对称分布,作用在转子上的力幅值和变化幅度都较小。特别当滑片数为偶数时,理论上当滑片斜置角为 0 时,可使转子上作用的径向气体力合力为零;但理论研究表明,滑片数为奇数时,转子上作用力矩的波动幅值较偶数滑片时小。

相较于普通滑片压缩机,旋叶式压缩机工作腔的容积变化更剧烈,滑片的受力相对恶劣,而转子上作用的径向气体力能够平衡一部分,使轴承受力更小。

第8章 滚动活塞压缩机

滚动活塞压缩机又称滚动转子压缩机,其历史十分悠久,早在20世纪初就开始生产和使用。但与往复活塞压缩机相比,当时的滚动活塞压缩机并无明显的竞争力。直到20世纪60年代,随着精密加工技术的迅速发展,滚动活塞压缩机的技术日臻完善;特别是到了70年代以后,滚动活塞压缩机发展迅速,广泛用于房间空调及小型商用制冷设备中。

8.1 工作原理及特点

图8-1为滚动活塞压缩机的工作原理简图。在气缸1内配置滑环(转子)2。当偏心轴主轴绕旋转中心 O(与气缸中心重合)转动时,滑环贴在气缸内表面(实际上往往留有很小的间隙)滑动。由此,滑环外表面与气缸内表面之间构成一个月牙形空间,其位置随转子的转角而变化。滑片4靠弹簧6(有的同时作用有气压或油压)压紧在转子外表面上做往复运动。

气缸内圆、滑环外圆、滑片以及转子与气缸切线(点)构成滚动活塞压缩机的基元容(面)积。基元面积的位置与大小随切点位置而变,而切点又随转子作旋转运动。所以,基元面积的大小是转子转角 θ 的函数。

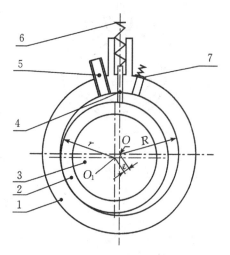

1—气缸;2—滑环;3—偏心轴;4—滑片;
5—吸气孔口;6—弹簧;7—排气阀

图8-1 滚动活塞压缩机工作原理简图

滚动活塞压缩机的工作过程如图8-2所示。滚动转子在偏心轴的驱动下在气缸内表面逆时针滚动,转子与气缸内表面、滑片形成月牙形空间。工作容积(图中的阴影部分)随着转子角度的增大而增加(a)→(d),最后形成封闭的月牙形工作腔(d),完成一次吸气过程,此时,主轴转过360°。当主轴继续旋转,工作容积缩小,气体受到压缩,即图(e);最后,当腔室中的气体压力高于排气阀腔的压力时,排气阀开启,内部的压缩气体向外排气,(见图(f)),并直至排气结束。压缩排气过程主轴也转过360°。这样,一个工作腔完成一次吸气-压缩-排气过程,主轴需转过720°。从图(e)、(f)可以看出滑片将工作容积分割为两个工作腔,右侧的工作腔进行压缩排气时,左侧的工作腔同时吸气,右侧工作腔排气结束时,左侧工作腔完成吸气过程,并重复上述过程,如此周而复始。因此,滚动活塞压缩机在每一转中都完成一次吸气与排气过程,其吸气过程几乎是连续的。

由图8-3,令切点 T(或气缸与转子连心线 OO_1)在滑片中心的位置为转角始点 $\theta=0$。分析 θ 从 $0 \sim 4\pi$ 一个工作周期内,基元容积内压力变化。

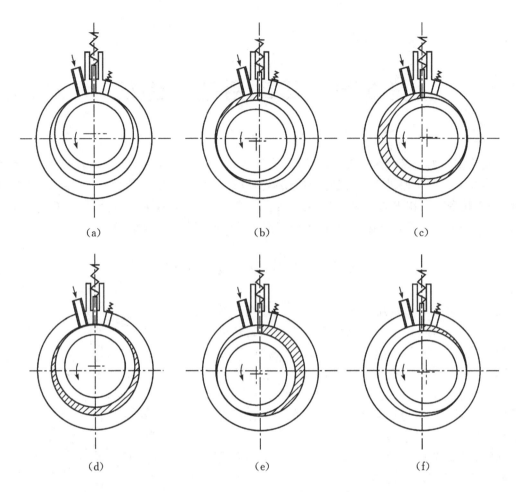

图 8-2　滚动活塞压缩机工作原理示意图

在 $\theta=0\sim\alpha$ 的范围内,基元容积扩大而不与任何孔口相通,该容积称为吸气封闭容积,此容积内的气体膨胀,有可能达到比进气压力更低压力。

当 $\theta=\alpha$ 时,基元容积与吸气孔口相通,压力为进气压力;之后在 $\theta=\alpha\sim2\pi$ 的范围内,基元面积与吸气孔口相通,基元面积不断扩大,不断从吸气孔口吸入新鲜气体,其内气体压力与吸气腔压力相同。在转角 $\theta=2\pi$(切点 T 到达滑片中心位置),基元面积达最大值,其值为气缸内圆面积与转子外圆面积之差。

自转子转过第二转($\theta>2\pi$),最大基元面积内气体因基元面积缩小又部分地倒流回吸气腔,且在切点 T 越过吸气孔口前边缘点 $A(\theta=2\pi+\beta)$ 以后,基元面积与吸气孔口脱开,其内气体因基元面积的缩小而受到压缩。转子继续转动,基元面积内的气体压力升高,当

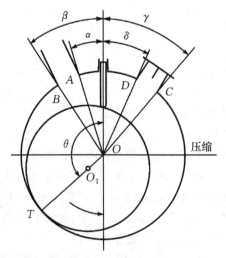

图 8-3　工作过程图

切点 T 达到 $\theta=2\beta+\theta_d$ 时,其压力已稍高于排气孔口气体压力,当其压差足以克服排气阀阻力时,内压缩过程结束、排气阀开始打开,故压缩过程的转角为 $\theta=(2\pi+\beta)\sim(2\pi+\theta_d)$。

转角 $\theta=(2\pi+\theta_d)\sim(4\pi-\gamma)$ 为排气过程,缩小的基元面积在排气阀开启的状态下,将压缩气体推向排气腔。一旦切点 T 达到排气孔口边缘 $B(\theta=4\pi-\gamma)$ 时,排气过程结束,此时相应的容积为余隙容积。该基元面积(处于排气压力)与其后的基元面积(处于吸气压力)经排气孔口相互连通,该基元面积内的压缩气体压力迅速降低,使排气阀关闭,排气过程结束。

当余隙容积与低压基元容积连通时,余隙容积内高压气体(排气压力 p_d)膨胀至吸气压力 p_s,使吸入的新鲜气体减少,且此高压气体膨胀但不对转子做功,因而滚动活塞压缩机的余隙容积既影响排气量,且其膨胀功又不能回收,这是与其它压缩机所不同的。

当切点 T 到达排气孔前边缘 D 点时($\theta=4\pi-\delta$),形成排气封闭容积。在 $\theta=4\pi-\delta\sim4\pi$ 的转角范围,排气封闭容积内的气体再度受到压缩,理论上其压力要达到无穷大,既要消耗功,又会损坏零件。实际上可通过设置泄压通道,降低排气封闭容积内压力。

特征角 β、γ,对压缩机的性能有影响。β 角的大小直接影响排气量的大小,它的存在使达到最大基元面积($\theta=2\pi$)后,基元面积在与吸气孔口相连通的情况下再次缩小($\theta=2\pi\sim(2\pi+\beta)$),使最大基元面积中吸足的气体又返回至吸气管道中去。角 γ 表示余隙容积的大小,亦是越小越好。总之,β、γ 角都应尽可能小,在考虑结构的前提下,β 与 γ 可分别由吸、排气孔口的气体通流速度的大小而定,它们影响到流经孔口的能量损失及排气阀的安装。

我们将基元面(容)积随转角的变化曲线以及基元容积内气体压力随转角的变化曲线绘于图 8-4 中。

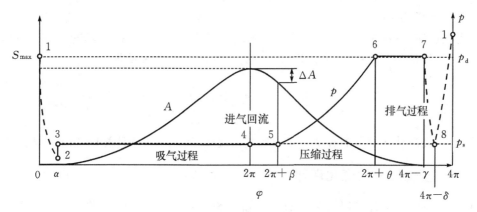

图 8-4　基元面积-转角及气体压力-转角曲线

由上述滚动活塞压缩机的工作原理,可以看出它有如下主要特点。

(1)结构简单,零部件少,一般用于制冷的滚动活塞压缩机比往复活塞压缩机零件少 1/3,体积小 40%～50%,重量轻 1/2。

(2)针对一个工作腔来说,气体的吸入、压缩和排出是在偏心轴转动两周中才完成的。但在滚动活塞及滑板两侧的工作腔中,吸气、压缩及排气过程是同时进行的,因此,对整个压缩机而言,偏心轴每转中仍然完成一个工作循环。这样不仅运转平稳,而且使气体在吸气孔口及排气阀中的流速也比较低,约比往复活塞压缩机低一半。

(3)仅滑片有较小的往复惯性力,旋转惯性力可从结构设计中完全平衡,因此这种机器振动小、运转平稳。

(4)在滑片与滑片槽、滑片顶部与滑环、滑环与曲轴颈之间有相对运动,加之有油润滑,故摩擦损失小、可靠性较高。由于这些部位必须有油润滑,故该机型不易设计成无油的,且滚动活塞式压缩机必须有排气阀,也不宜沿用其它无气阀回转压缩机所采用的大量喷油系统。

(5)滚动活塞压缩机大部分零件的几何形状都是圆形或平面,便于利用高效率的加工机床和组织流水线生产,因而可以做到产量大、成本低。

(6)滑片弹簧受力较严重,应仔细设计并保证其疲劳强度;套圈与气缸内圆处的间隙及端面间隙应严格保证,否则压缩机的可靠性及效率会显著降低。

为了使机器平稳可靠地运行,滚动活塞压缩机内部有相对运动的零件之间,必须有一定的间隙。但间隙过大必然导致内部泄漏增加,使机器的性能下降。所以,对压缩机内部的间隙必须进行严格控制,致使滚动活塞压缩机的加工、安装要求高,检修也不太方便,这正是过去在加工、安装条件落后的情况下,滚动活塞压缩机未能普遍应用的主要原因。

滚动活塞压缩机小型化进程中,由于优化了结构、冷却与润滑系统,在家用空调机中,滚动活塞压缩机有很大的优势。当前,滚动活塞压缩机的研究已相当深入,主要包括以下几个方面:

(1)工作过程模拟的数学模型进一步完善;

(2)为适应空调器变负荷工况,压缩机采用变频器驱动方式;

(3)过去一向用于家用空调器的滚动活塞压缩机,正在朝着大排量方向发展,逐步进入多联机、小型商用空调机组;与系统优化相适应,在低环境温度的制热机组中通过多级压缩机与补气增焓相结合,提高制热量和效率;

(4)进一步降低噪声;

(5)高效可靠、体积小、重量轻。通过优化设计和采用新材料、新工艺进一步开发体积更小,重量更轻,价格更低,适合环境保护要求的新一代滚动活塞压缩机。

8.2 工作过程

本节将研究滚动活塞压缩机基元容积的变化规律、容积流量的计算以及内压缩过程等。

8.2.1 基元容积的变化规律

如图 8-3 所示,滑片与切点 T 把整个气缸工作容积(行程容积)分隔为吸气基元容积与压缩、排气基元容积。不考虑滑片的厚度,气缸的行程容积(月牙形空间)V_{tol} 为

$$V_{tol} = \pi l(R^2 - r^2) = \pi R^2 l\varepsilon(2-\varepsilon) \qquad (8-1)$$

式中:R 为气缸半径;r 为滑环外圆半径;ε 为偏心率,$\varepsilon = \dfrac{e}{R} = \dfrac{(R-r)}{R}$,$e$ 为偏心轴的偏心距,$e = OO_1$;l 为转子长度。

图 8-5 中,吸气基元容积为 $V_s = A_s l$。式中,A_s 是曲边 $\triangle ABT$ 的面积,可通过积分得出

$$A_s = \int_0^\theta dA_s = \int_0^\theta \frac{1}{2}R^2 d\varphi - \int_0^\theta \frac{1}{2}\rho^2 d\varphi \qquad (8-2)$$

式中:$\rho = OC$。由几何关系可得到

$$\rho = e\cos\varphi + \sqrt{r^2 - e^2\sin^2\varphi}$$

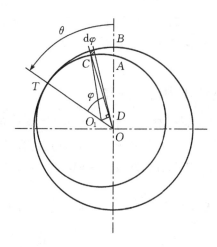

图 8-5　基元容积变化规律

令 $\mu=\dfrac{e}{r}$（通常的结构 $\mu<0.25$），则上式为

$$\rho=r\mu\cos\varphi+r\sqrt{1-\mu^2\sin^2\varphi}$$

将根号用二项式定理展开,略去展开式中 μ 的高次项（因 μ 很小,略去高次项后的误差很小）,得到

$$\rho=r\left(1+\mu\cos\varphi-\frac{1}{2}\mu^2\sin^2\varphi\right) \tag{8-3}$$

令 $\varepsilon=\dfrac{e}{R}$,则

$$r=R-e=R(1-\varepsilon)$$

故

$$\mu=\frac{e}{R}=\frac{\varepsilon}{1-\varepsilon} \tag{8-4}$$

将 ρ 平方后并略去 μ 的高次项,并将上式代入式（8-3）,得

$$\rho^2=R^2\left[(1-\varepsilon)^2+2\varepsilon(1-\varepsilon)\cos\varphi+\varepsilon^2\cos2\varphi\right] \tag{8-5}$$

将式（8-5）代入式（8-2）积分得

$$A_s=\frac{1}{2}R^2\varepsilon(2-\varepsilon)\theta-R^2\varepsilon\left[(1-\varepsilon)\sin\theta+\frac{1}{4}\varepsilon\sin2\theta\right]$$

在转角为 θ 时的吸气基元容积为

$$V_s=\frac{1}{2}R^2l\varepsilon(2-\varepsilon)\theta-R^2l\varepsilon\left[(1-\varepsilon)\sin\theta+\frac{1}{4}\varepsilon\sin2\theta\right] \tag{8-6}$$

因此,压缩、排气基元容积为:$V_c=V_{tol}-V_s$。

把式（8-1）和式（8-6）代入上式,得到

$$V_c=R^2l\varepsilon(2-\varepsilon)(\pi-\theta/2)+R^2l\varepsilon\left[(1-\varepsilon)\sin\theta+\frac{1}{4}\varepsilon\sin2\theta\right] \tag{8-7}$$

从式（8-6）、式（8-7）以及图 8-4 可以看出,在 $\theta=0$、2π 附近,V_s、V_c 的变化相当平缓。例如,当 θ 从 $0°$ 变化至 $30°$ 或从 $330°$ 变化至 $360°$ 时,V_s、V_c 的变化仅 1% 左右;当 θ 从 $0°$ 变化至

60°或从 300°变化至 360°时，V_s、V_c 的变化也不过 4% 左右。因此在图 8 - 3 中，当取影响吸气回流的角度 β 及影响余隙容积膨胀角度 γ 小于 35°时，对吸气回流（β 角）、余隙容积（γ 角）的影响均不大。

8.2.2　基元容积内气体压力变化规律

基元容积内气体的压力变化应将其基元容积作为开口热力学系统，考虑传热、泄漏等因素，结合滚动活塞压缩机和特有的 $V(\theta)$ 关系求出。此与其它容积式压缩机过程模拟相同；可根据各工作过程的多方指数和工作腔容积的变化规律求出。简化计算将基元容积内的压力变化情况做如下简化：

(1)由于滚动活塞压缩机无气阀，可以近似认为进气腔内的压力等于进气管路中的气体压力 p_s；

(2)排气压力近似认为是恒定值，其大小等于名义排气压力与排气压力损失之和；

(3)压缩过程指数为定值 n，膨胀过程指数为定值 m。

因此，基元容积内的压力变化可表示为

$$p = p_s，0 \leqslant \theta \leqslant 2\pi + \beta \tag{8-8}$$

$$p = p_s\left(\frac{V_{cs}}{V_\varphi}\right)^n，2\pi + \beta \leqslant \theta \leqslant 2\pi + \theta_d \tag{8-9}$$

式中：V_{cs} 为吸气结束、压缩刚开始时的基元容积值；V_q 为转角为 θ 时的基元容积值，由式（8 - 6）求取；θ_d 为压缩结束角，令压力等于排气压力即可求得。当 $2\pi + \theta_d \leqslant \theta \leqslant 4\pi - \gamma$ 时

$$p = p_d(1 + \delta_d) \tag{8-10}$$

式中：δ_d 为相对排气压力损失。当 $\theta > 4\pi - \gamma$ 后压缩腔与进气腔连通，压缩腔内压力降低为进气压力（图 8 - 4）。

8.2.3　容积流量计算

滚动活塞压缩机的理论容积流量为

$$V_T = V_{tol}n = \pi R^2 len(2 - \varepsilon) \tag{8-11}$$

实际容积流量为

$$V = V_{tol}n\eta_V = \pi R^2 len(2 - \varepsilon)\eta_V$$

令 $\lambda = \dfrac{l}{R}$，则上式可以写为

$$V = \pi\lambda R^3 \varepsilon n(2 - \varepsilon)\eta_V \tag{8-12}$$

与往复式压缩机类似，影响滚动活塞压缩机容积效率的主要因素有余隙容积、流动压力损失、进气加热损失及泄漏损失。除此以外，吸气回流过程也会影响容积效率。一般，滚动转子式压缩机的容积效率值约在 0.7~0.9 范围内，空调器用的滚动转子式压缩机可达 0.9 以上。

8.2.4　功率及效率

滚动活塞压缩机的功率及效率计算，可以参照往复活塞式压缩机或其它回转压缩机进行。以下仅列出部分表达式。

1.绝热指示功率

根据热力学第一定律，忽略工质进出系统时的动能和位能的微小变化量时，开口系统稳定

流动的能量方程为

$$q = \Delta h + W_t$$

即从外界吸收的热量,一部分用于提高工质的焓值,一部分用来对外做功。假设压缩气体与外界没有热交换,则实际循环的压缩功可用压缩过程终了与起始时的工质焓差来计算,即

$$W_{ad} = h_d - h_s$$

　　绝热指示功率的计算式为

$$P_{ad} = \frac{n}{60} m_0 (h_d - h_s) \tag{8-13}$$

式中:m_0 为每转输送的气体质量。

　　2. 轴功率及机械效率

$$P_s = \frac{P_i}{\eta_m} \tag{8-14}$$

式中:η_m 为机械效率。滚动活塞压缩机的摩擦副较多,但这些摩擦面间存在着油膜或部分油膜,同时滑环的自转减轻了它与相邻零件间的摩擦磨损,因而其摩擦损失比往复活塞压缩机要小,机械效率比往复活塞压缩机高。机械摩擦损失主要取决于油和制冷工质混合物的黏性,即与混合物的含量、温度有关,此损失难以定量计算。对中温全封闭滚动活塞压缩机,取 $\eta_m = 0.70 \sim 0.85$。高转速、小制冷量压缩机 η_m 取小值,反之则取大值。

　　3. 电功率及电效率

　　对于封闭式滚动活塞压缩机,电功率为

$$P_{el} = \frac{P_i}{\eta_m \eta_{mo}} = \frac{P_s}{\eta_{mo}} \tag{8-15}$$

式中:η_{mo} 为电动机效率。内置电机在名义工况下工作时,通常 $\eta_{mo} = 0.60 \sim 0.95$。

8.3　动力计算

8.3.1　滑片的运动规律及受力分析

　　如图 8-6 所示,视滑片为刚体,则其任何一点的运动即可代表滑片的运动。今不考虑滑

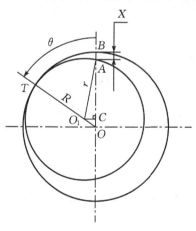

图 8-6　滑片运动规律

片厚度仅研究滑片端部 A 点的运动情况。当滚动活塞压缩机工作时,套圈中心 O_1 绕气缸中心 O 旋转(偏心 $OO_1 = e$),滑片端点 A 与套圈中心 O_1 的距离为 $O_1A = r$,点 A 的运动轨迹是沿滑片的往复直线运动。所以,滑片端点 A 的运动相当于以 $OO_1 = e$ 为曲柄半径、$O_1A = r$ 为连杆长度的活塞销(十字头销)的往复运动。令滑片与气缸内圆(半径为 R)交点 B 为滑片端部位移始点,即

$$x = R - OA = R - (e\cos\theta + \sqrt{r^2 - e^2\sin^2\theta}) \tag{8-16}$$

将上式根号用二项式定理展开,化简可得

$$x = R\varepsilon\left(1 - \cos\theta + \frac{1}{2}\frac{\varepsilon}{1-\varepsilon}\sin^2\theta\right) \tag{8-17}$$

对式(8-17)求对时间 t 的一阶和二阶导数,并考虑 $\dfrac{\mathrm{d}\theta}{\mathrm{d}t} = \omega$,即得滑片运动的速度和加速度为

$$c = \frac{\mathrm{d}x}{\mathrm{d}t} = R\varepsilon\omega\left(\sin\theta + \frac{1}{2}\frac{\varepsilon}{1-\varepsilon}\sin2\theta\right) \tag{8-18}$$

$$a = \frac{\mathrm{d}c}{\mathrm{d}t} = R\varepsilon\omega^2\left(\cos\theta + \frac{1}{2}\frac{\varepsilon}{1-\varepsilon}\cos2\theta\right) \tag{8-19}$$

图 8-7 示出了作用在滑片上所有的力,分别为与滚动活塞间的接触力 F_n 及 F_t,与滑片槽间的接触力 F_{R1}、F_{R2} 及 F_{Rt1}、F_{Rt2},滑片弹簧的弹力 F_k,滑片的惯性力 F_{Iv},以及作用在滑片周围的气体或润滑油压力所造成的力等。

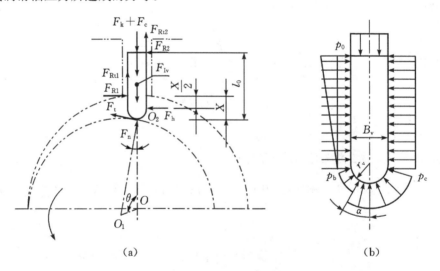

图 8-7　滑片受力分析图

假设滑板与滑板槽间隙内的压力呈线性分布,则作用在滑片周围的压力如图 8-7(b)所示。滑板两端承受的压差力为

$$F_c = l\left[B_v p_0 - p_b\left(\frac{B_v}{2} - r_v\sin\alpha\right) - p_c\left(\frac{B_v}{2} + r_v\sin\alpha\right)\right] \tag{8-20}$$

式中:B_v 为滑片宽度;r_v 为滑片端部圆弧半径;p_0 为滑片背部承受的压力,通常与压缩机壳体内的压力相等;p_b、p_c 分别为吸气腔、压缩腔内的压力;α 为滑片端部圆弧圆心与滚动活塞圆心的

连心线同滑片中心线间的夹角,如图 8 - 7(b)所示,$\alpha = \arcsin\left(\dfrac{e\sin\theta}{r+r_\mathrm{v}}\right)$。

滑片伸到气缸内部分承受的压差力为

$$F_\mathrm{h} = lx(p_\mathrm{c} - p_\mathrm{b}) \tag{8-21}$$

为简化计算,近似认为滑板两侧间隙内的压力自然抵消,F_c 作用线在滑片中线上。

滑片的惯性力:$F_{I_\mathrm{v}} = -m_\mathrm{v}a$。式中:$m_\mathrm{v}$ 为滑片质量;a 为滑片运动的加速度,表达式为 (8 - 19)。

滑片上作用的弹簧力(单位为 N)为

$$F_\mathrm{k} = K(x_0 - |x|) \tag{8-22}$$

式中:K 为弹簧刚度,N/mm;x_0 为 $\theta = 0$ 时的弹簧预压缩量,mm。

根据库仑定律,各处摩擦力与相应接触力的关系可以表达为

$$\begin{cases} F_\mathrm{t} = \mu_\mathrm{v}F_\mathrm{n} \\ F_{\mathrm{Rt}1} = \mu_\mathrm{s}F_{\mathrm{R}1} \\ F_{\mathrm{Rt}2} = \mu_\mathrm{s}F_{\mathrm{R}2} \end{cases} \tag{8-23}$$

式中:m_v 为滑片与滚动活塞间的摩擦系数;m_s 为滑片与滑槽间的摩擦系数。

滑片上的未知力 $F_{\mathrm{R}1}$、$F_{\mathrm{R}2}$、F_n 可以通过求解滑片上的力平衡方程及力矩平衡方程得到,即

$$\begin{cases} F_{\mathrm{Rt}1} + F_{\mathrm{Rt}2} - F_{I\mathrm{v}} - F_\mathrm{k} - F_\mathrm{c} + F_\mathrm{n}\cos\alpha + F_\mathrm{t}\sin\alpha = 0 \\ F_{\mathrm{R}1} - F_\mathrm{h} - F_{\mathrm{R}2} + F_\mathrm{n}\sin\alpha - F_\mathrm{t}\cos\alpha = 0 \\ (F_{\mathrm{Rt}2} - F_{\mathrm{Rt}1})\dfrac{B_\mathrm{v}}{2} + F_\mathrm{h}\left(\dfrac{x}{2} - \Delta r_\mathrm{v}\right) + F_{\mathrm{R}2}(l_0 - \Delta r_\mathrm{v}) - F_{\mathrm{R}1}(x - \Delta r_\mathrm{v}) - (F_\mathrm{n}\cos\alpha + F_\mathrm{t}\sin\alpha)r_\mathrm{v}\sin\alpha = 0 \end{cases} \tag{8-24}$$

式中:$\Delta r_\mathrm{v} = r_\mathrm{v}(1 - \cos\alpha)$。

8.3.2　滚动活塞的运动规律及受力分析

作用在滚动活塞上的力及力矩如图 8 - 8 所示。它们是滚动活塞的旋转惯性力 $F_{I\mathrm{p}}$、气体力 F_g、与滑片间的接触力 F_n 和 F_t。滚动活塞与周围零件间都有油膜润滑,因此滚动活塞运动时,其周围零件通过油膜对滚动活塞产生黏性摩擦力矩,这些力矩有与偏心轮之间的力矩 M_c,与气体端盖之间的力矩 M_b,与气缸内壁间的力矩 M_a。

滚动活塞的旋转惯性力为

$$F_{I\mathrm{p}} = m_\mathrm{p}e\omega^2 \tag{8-25}$$

式中:m_p 为滚动活塞的质量。

任意转角为 θ 时,作用在滚动活塞上的气体压力分布如图 8 - 9 所示,其合力 F_g 垂直 AB 弦,通过滚动活塞中心,由图中关系得

$$F_\mathrm{g} = 2rl(p_\mathrm{c} - p_\mathrm{b})\sin\dfrac{(\theta + \alpha)}{2} \tag{8-26}$$

气体力 F_g 与滑片中心线的夹角为

$$\theta' = \dfrac{\theta - \alpha}{2} \tag{8-27}$$

作用在滚动活塞上所有力的合力为 F,F 的作用方向如图 8 - 8 所示,作用线通过滚动活塞的中心。F 在图示方向的分力 F_θ 及 F_r 为

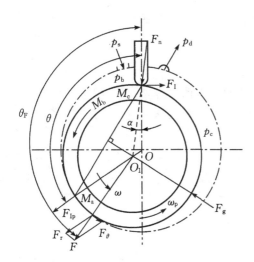

图 8-8　滚动活塞受力分析图

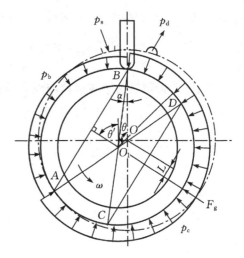

图 8-9　作用在滚动活塞上的气体力

$$F_r = F_g \cos \frac{\theta + \alpha}{2} - F_n \cos(\theta + \alpha) - F_t \sin(\theta + \alpha) + F_{Ip} \tag{8-28}$$

$$F_\theta = - F_g \sin \frac{\theta + \alpha}{2} + F_n \sin(\theta + \alpha) - F_t \cos(\theta + \alpha) \tag{8-29}$$

合力 F 的大小与方向为

$$F = \sqrt{F_\theta^2 + F_r^2} \tag{8-30}$$

$$\theta_f = \theta + \arctan\left(\frac{F_\theta}{F_r}\right) \tag{8-31}$$

根据润滑理论,各处油膜的黏性摩擦力矩为

$$M_b = \frac{\pi \eta (r^4 - r_1^4) \omega_p}{\delta_2} \tag{8-32}$$

$$M_a = \frac{a_F r^2 \eta l}{\delta_4} (r \omega_p + R \omega) \tag{8-33}$$

$$M_c = \frac{2 \pi \eta (\omega - \omega_p) R_e^3 l_e}{\delta_e} \tag{8-34}$$

式中:η 为润滑油的动力黏度,g/cm·s;r_1 为滚动活塞内半径,m;ω_p 为滚动活塞的角速度,rad/s;a_F 为油膜弧角,rad;R_e 为偏心轮半径,m;l_e 为偏心轮长度,m;δ_2 为滚动活塞与气缸端盖间的间隙,m;δ_4 为油膜的平均厚度,m;δ_e 为滚动活塞与偏心轮之间的间隙,m。

滚动活塞的运动微分方程为

$$I_{po} \omega_p = r F_t - M_a - M_b + M_c \tag{8-35}$$

式中:I_{po} 为滚动活塞的转动惯量。

用数值积分求解上式,可得出 ω_p 的变化规律。求解出的滚动活塞外表面任意点沿气缸内表面的运动轨迹如图 8-10 所示。从图中可以看出,其轨迹近似一条摆线。滚动活塞的自转

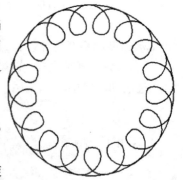

图 8-10　滚动活塞的运动轨迹

速度不是常量,而是沿气缸内表面以正反方向(朝转子旋转方向运动为"正",反之为"负")交替滚动,并且绕其中心线缓慢地向前运动。滚动活塞相对运动的角速度很小,只有偏心轴旋转角速度的百分之几。滚动活塞运动规律的实测结果也证明了这点。

8.3.3　偏心轮轴的运动规律及受力分析

如图 8-11 所示,作用在滚动活塞上的气体力 F_g 及滑板作用在滚动活塞上的法向力 F_n 通过滚动活塞传递到偏心轮上,此外还有偏心轮本身的旋转惯性力 F_{Ie}。作用在偏心轮上的黏性摩擦力矩为偏心轮与滚动活塞间的力矩 M_c 和偏心轴两端轴承的力矩 M_j。

旋转惯性力 F_{Ie} 为

$$F_{Ie} = m_e e \omega^2 \tag{8-36}$$

式中:m_e 为偏心轮的质量。

$$M_j = \frac{2\pi\eta r_j^3 l_j \omega}{\delta_j} \tag{8-37}$$

式中:r_j 为轴承的半径;l_j 为轴承的长度;δ_j 为轴承的间隙。

偏心轮轴的运动微分方程为

$$I_{eo}\dot{\omega} = M_m + eF_n\sin(\theta+\alpha) - eF_g\sin\frac{\theta+\alpha}{2} - M_c - M_j \tag{8-38}$$

式中:$\dot{\omega}$ 为角加速度;I_{eo} 为偏心轮轴的转动惯量;M_m 为偏心轮轴的驱动力矩。

对上式进行数值求解,可求出 ω 的变化情况。作用在偏心轮上所有力的合力,构成偏心轮轴两端轴承的载荷,可参考滚动活塞合力的合成方法进行求解。

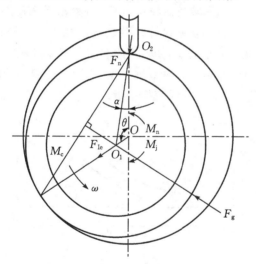

图 8-11　偏心轮轴受力分析

8.3.4　阻力矩

气体力 F_g 产生的阻力矩 M_g(图 8-9)为

$$M_g = eF_g\sin\frac{\theta+\alpha}{2} \tag{8-39}$$

滑片作用在滚动活塞上的接触力 F_n 形成的阻力矩 M_n（图 8 - 11）为

$$M_n = - eF_n \sin(\theta + \alpha) \tag{8-40}$$

式中的负号意味着 F_n 在偏心轮轴前半转中产生驱动力矩，后半转中产生阻力矩。

所以压缩机的总阻力矩为

$$M_z = M_g + M_n + M_c + M_j \tag{8-41}$$

阻力矩也可以通过效率来求得。将气体阻力矩 F_g 随转角的变化曲线示于图 8 - 12 中。将曲线下的面积积分，即为转子转动一周之中所耗的指示功为

$$W_i = \int_0^{2\pi} M_g \mathrm{d}\theta \tag{8-42}$$

指示功率为

$$P_i = \frac{n}{60} W_i$$

假设压缩机的机械摩擦阻力矩 M_f 为定值，不随转角 θ 变化，则机械摩擦功率为 $P_f = \frac{\pi n M_f}{30}$。且知：$P_f = \left(\frac{1}{\eta_m} - 1\right) P_i$，$\eta_m$ 为机械效率，则

摩擦阻力矩为

$$M_f = \left(\frac{1}{\eta_m} - 1\right) \frac{30}{\pi n} P_i \tag{8-43}$$

压缩机的总阻力矩为

$$M_z = M_g + M_f \tag{8-44}$$

从图 8 - 12 中的转子阻力矩-转角曲线可以看出，滚动活塞压缩机的总阻力矩的波动很大，这会影响到电机的效率。因此，实际设计时总是设法减少转子旋转的不均匀度。一方面，可以增加转子的惯性矩来减少力矩波动，如半封闭和全封闭制冷压缩机，压缩机的转子与电动机的转子做为一体；另一方面，也可以设置双缸结构，令两缸的偏心轮轴错开的相位为 π，则两个缸的阻力矩叠加，会使得总阻力矩曲线变得平缓。

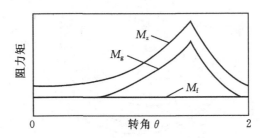

图 8 - 12　转子的阻力矩-转角曲线

8.3.5　惯性力的平衡

常用单缸和双缸滚动活塞压缩机结构如图 8 - 13 所示，其运动部件包括做旋转运动的轴系部分（包括曲轴、滑环和电机转子）和往复运动的滑片及弹簧。在运转时，由于曲拐轴颈和滑环的质心与主轴的旋转中心不重合，产生旋转惯性力 F_{Ir}，滑片及弹簧产生往复惯性力。

单缸结构往复惯性力与单列活塞式压缩机中的往复惯性力类似无法平衡。由于其量值较小,压缩机结构上一般不予考虑。对于双缸结构,当两个缸的结构参数相同时,往复惯性力完全平衡,只产生微小的力矩。

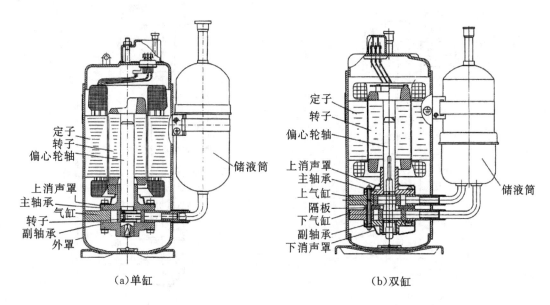

图 8-13　单缸和双缸滚动活塞压缩机结构图

单转子结构旋转惯性力简图如图 8-14(a)所示。方法是在压缩机转子的一侧另加平衡质量 m_1,为了使旋转惯性力与惯性力矩都平衡,在电机的一端尚需加平衡质量 m_2(图8-14)。

若角速度为 ω 的压缩机转子的不平衡质量为 m_0,其回转半径为 r_0,则其旋转惯性力为

$$F_{\mathrm{Ir}} = m_0 r_0 \omega^2$$

平衡质量 m_1(回转半径 r_1)、m_2(回转半径 r_2)所产生的旋转惯性力分别为

$$F_{\mathrm{I1}} = m_1 r_1 \omega^2$$

$$F_{\mathrm{I2}} = m_2 r_2 \omega^2$$

整个转轴既要满足静平衡条件,又要满足动平衡条件,即

$$\begin{cases} F_{\mathrm{I1}} = F_{\mathrm{Ir}} + F_{\mathrm{I2}} \\ F_{\mathrm{Ir}} l_1 = F_{\mathrm{I2}} l_2 \end{cases}$$

将 F_{Ir}、F_{I1}、F_{I}的表达式代入上式,即可算出所需配置的平衡质量 m_1、m_2的大小

$$\begin{cases} m_2 = m_0 \dfrac{r_0}{r_2} \dfrac{l_1}{l_2} \\ m_1 = m_0 \dfrac{r_0}{r_1} \left(1 + \dfrac{l_1}{l_2}\right) \end{cases} \tag{8-45}$$

双转子压缩机旋转惯性力示意图如图 8-14(b)所示,其平衡质量计算过程同上。

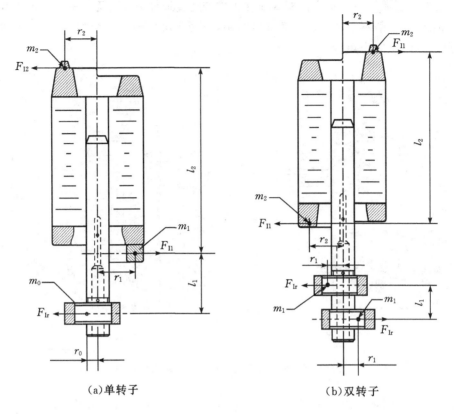

（a）单转子　　　　　　　（b）双转子

图 8-14　旋转惯性力示意图

第9章　其它形式的回转压缩机

随着容积式压缩机的不断发展,涌现出了多种形式的回转压缩机,本章将就其中几种压缩机做以介绍。

9.1　摆动转子压缩机

摆动转子压缩机与滚动活塞压缩机在结构上有很大的相似之处,随着新型制冷剂的广泛使用,摆动转子压缩机因具有承受更大压差的优势,而越来越被广泛使用。另外,摆动转子的运动机构,也可作为膨胀机使用。

9.1.1　工作原理

摆动转子压缩机与滚动活塞压缩机的主要区别:滚动活塞中,滚动转子和滑块是两个独立的零件,滑块在气缸槽里面靠其背部的弹簧或者其它作用力将其压在滚动活塞表面;而摆动转子压缩机的摆杆(滑块)和滚环做成整体,摆杆在圆柱槽里做摆动和上下滑动运动,将其称为摆动转子。

如图9-1所示,压缩机气缸内的摆动转子由滚环和摆杆组成,滚环套在偏心轮上,摆杆在导轨中上下滑动并随导轨左右摆动。摆动转子将气缸与滚环之间的月牙形空间分成 A、B 两个气腔,摆杆两侧的气缸体上分别配置有进气口和排气口,吸气腔 A 与进气口相通,排气口与排气腔 B 相通。当偏心轮轴逆时针匀速转动时,滚环沿着气缸内壁面滚动,气腔 A 的容积不

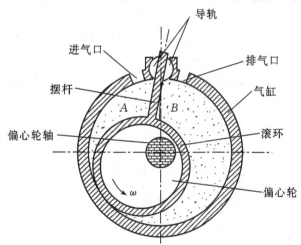

图9-1　摆动转子部分结构示意图

断增大,压力降低,气体不断被吸入。与此同时气腔 B 的容积不断缩小,气体被压缩,压力不断升高,当压力到达设定值时,排气阀被打开,开始排气。当滚环运动到气缸内表面的上止点时,气腔 A 容积达到最大值,而此时,气腔 B 的容积为零,排气结束。当偏心轮轴继续转动时,滚环转过吸气口的瞬间,原气腔 A 的容积就转变成为新的气腔 B 开始压缩,同时,新的气腔 A 再次出现,且不断增大吸入气体。气缸内的两个气腔同时工作,一个腔吸气,另一个腔压缩或者排气,偏心轮每转一周完成一个工作循环。

1. 气缸工作容积变化规律

根据图 9-2 所示的摆动转子压缩机的尺寸几何关系,可以看出摆杆把整个气缸的工作容积分割成吸气容积 V_s 和压缩、排气容积 V_c。

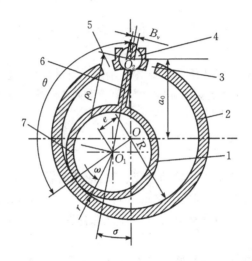

1—摆动转子;2—气缸壁;3—排气口;4—导轨;5—进气口;6—摆杆;7—偏心轮轴
图 9-2　摆动转子压缩机的基元腔体尺寸关系

气缸形成的总容积可表示为

$$V_{tol} = \pi l(R^2 - r^2) = \pi R^2 l\varepsilon(2 - \varepsilon) \tag{9-1}$$

式中:l 为转子的长度,m;R 为气缸的内径,m;r 为滚环的外径,m;e 为偏心距,$e = R - r$,m;ε 为相对偏心距,$\varepsilon = (R - r)/R$。

摆动转子压缩机转动任意角度时,滚环中心 O_1 与导轨中心 O_2 的距离为

$$\rho_0 = \sqrt{e^2 + a_0^2 - 2ea_0\cos\theta} \tag{9-2}$$

式中:a_0 为气缸与导轨之间的中心距;θ 为气缸中心与导轨中心连心线 OO_2 和气缸中心与摆动转子中心连心线 OO_1 之间的夹角。

连心线 O_1O_2 从起始点连心线 OO_2 摆过的角度 σ 为

$$\sigma = \arcsin\left(\frac{e\sin\theta}{\rho_0}\right) \tag{9-3}$$

导轨的实际结构如图 9-3 所示,由图中的几何关系可得

$$h_g = \sqrt{r_g^2 - \left(\frac{B_v}{2}\right)^2} \tag{9-4}$$

式中:r_g 为导轨的半径,m;B_v 为摆杆的厚度,m。

吸气腔容积 V_s 的计算,可以气缸和导轨连心线 OO_2 为起始点,气缸和滚环中心连心线 OO_1 表示摆动转子和汽缸内壁的接触位置,对连心线 OO_1 从起始点逆时针转动 θ 进行积分,如图9-4所示,考虑摆杆摆动角度和自身体积占据的吸气基元容积后,即可得出吸气基元的容积。

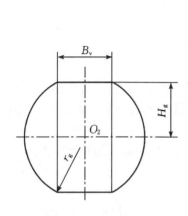

图 9-3　导轨尺寸关系

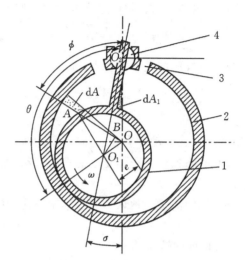

1—摆动转子;2—气缸;3—排气口;4—导轨

图 9-4　第一部分基元尺寸关系图

在任意转角 θ 时,图9-4中阴影微元面积为 $\mathrm{d}A$、$\mathrm{d}A_1$,由数学关系有

$$\mathrm{d}A = \frac{1}{2}(R^2 - \rho^2)\mathrm{d}\phi \tag{9-5}$$

$$\mathrm{d}A_1 = \frac{1}{2}(\rho_0 - r)^2\mathrm{d}\sigma - \frac{1}{2}h_g{}^2\mathrm{d}\sigma \tag{9-6}$$

式中:ρ 为矢量径 OA 的长度,m。

由几何关系可以得到

$$\rho = OB + BA = (R - r)\cos(\theta - \phi) + \sqrt{r^2 - (R - r)^2\sin^2(\theta - \phi)} \tag{9-7}$$

令 $a = \dfrac{r}{R}$,则

$$\rho = R\left[(1 - a)\cos(\theta - \phi) + \sqrt{(1 - a)^2\cos^2(\theta - \phi) + 2a - 1}\right] \tag{9-8}$$

在任意转角 θ,气缸内表面、滚环外表面和气缸中心与导轨中心连心线 OO_2 之间的截面积和摆杆摆过 σ 角所占据压缩腔的面积分别为

$$A = \int_0^\theta \mathrm{d}A = \frac{1}{2}\int_0^\theta (R^2 - \rho^2)\mathrm{d}\phi \tag{9-9}$$

$$A_1 = \frac{1}{2}\sigma\left[(\rho_0 - r)^2 - h_g{}^2\right] \tag{9-10}$$

当不考虑摆杆的存在时,将上式积分可得

$$V_s = \frac{1}{2}lR^2 f(\theta) - \frac{1}{2}l\sigma\left[(\rho_0 - r)^2 - h_g{}^2\right] \tag{9-11}$$

其中

$$f(\theta) = (1-a^2)\theta - \frac{(1-a)^2}{2}\sin2\theta - a^2\arcsin\left[\left(\frac{1}{a}-1\right)\sin\theta\right] -$$
$$a(1-a)\sin\theta\sqrt{1-\left(\frac{1}{a}-1\right)^2\sin^2\theta} \tag{9-12}$$

当考虑摆杆自身体积所占据的基元容积时,则任意转角的吸气腔基元容积为

$$V_s = \frac{1}{2}lR^2 f(\theta) - \frac{1}{2}l\sigma\left[(\rho_0-r)^2 - h_g{}^2\right] - \frac{1}{2}l\left(\rho_0-r-h_g\right)B_v \tag{9-13}$$

因此,压缩或排气腔的基元容积 V_c 为

$$V_c = V_{tol} - V_s - \left(\rho_0 - r - h_g\right)B_v l \tag{9-14}$$

2.运动分析

摆动转子压缩机的运动件有偏心轴轮、摆动转子和导轨。偏心轴轮作旋转运动;导轨绕导轨中心作来回的摆动;摆动转子作复杂的平面运动,摆杆端跟随导轨一起摆动,滚环端跟随偏心轴轮一起转动。

为了简化分析计算,近似地认为偏心轴轮作均匀的旋转运动,则转动的角速度为

$$\omega = n\pi/30 \tag{9-15}$$

式中:n 为输入力矩轴的转速,r/min。

如图 9-5 所示,记偏心轮转动的角速度为 ω、角加速度为 β(当近似地把偏心轮转动的角速度看为恒定值时,其值为零),则滚环中心 A 处的线速度为

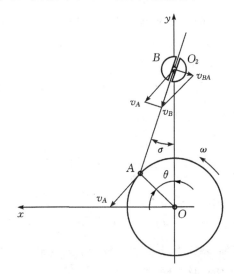

图 9-5　摆动转子压缩机速度合成示意图

$$v_A = \omega e \tag{9-16}$$

v_A 的方向垂直于 OO_1 并指向 ω。摆动转子作复杂的平面运动,O_1、B 均为摆动转子上的点,以 O_1 为基点,则点 B 的速度为

$$v_B = v_A + v_{BA} \tag{9-17}$$

其中,V_B 的方向沿着摆杆,V_{AB} 的方向垂直于摆杆,于是 B 点的速度合成如图 9-6 所示,则有

$$v_B = e\omega\sin(\theta + \sigma) \tag{9-18}$$

$$v_{BA} = e\omega\cos(\theta + \sigma) \tag{9-19}$$

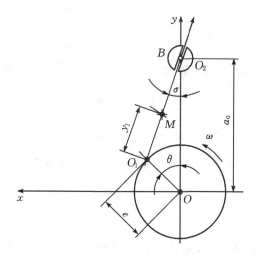

图 9 - 6　摆动转子压缩机的运动分析

因此,摆动转子的角速度为

$$\omega_b = \frac{v_{BA}}{\rho_0} = \frac{e\omega(\theta + \sigma)}{\rho_0} \tag{9-20}$$

摆动转子的质心位置 M 的确定,如图 9 - 6 所示,摆杆的质心位置距滚环的质心 O_1 的距离为 l,则摆动转子的质心 M 距滚环质心位置 O_1 位置 y_1 为

$$y_1 = \frac{m_b l}{m_b + m_g} \tag{9-21}$$

式中:m_b 为摆杆的质量,kg;m_g 为滚环的质量,kg。

由上图分析可得,导轨的摆动角速度为

$$\omega_d = \frac{\mathrm{d}\sigma}{\mathrm{d}t} = \frac{\mathrm{d}\left(\arcsin(e\sin\theta/\rho_0)\right)}{\mathrm{d}t} = e\omega \frac{a_0\cos\theta - e}{e^2 + a_0{}^2 - 2ea_0\cos\theta} \tag{9-22}$$

导轨的摆动角加速度为

$$\beta_d = \frac{\mathrm{d}^2\sigma}{\mathrm{d}t} = \frac{\mathrm{d}\omega_d}{\mathrm{d}t} = -e\omega^2 \frac{a_0\left(a_0^2 - e^2\right)\sin\theta}{\left(e^2 + a_0^2 - 2e\cos\theta\right)^2} \tag{9-23}$$

建立如图 9 - 6 所示的坐标系,摆动转子质心 M 在该坐标系中的坐标为

$$x_M = x_{O_1} - y_1\sin\sigma = e\sin\theta - y_1\sin\sigma \tag{9-24}$$

$$y_M = y_{O_1} + y_1\cos\sigma = e\cos\theta + y_1\cos\sigma \tag{9-25}$$

上式两边分别对时间求导,可得到质心 M 的速度在 x 和 y 方向上的分量分别为

$$v_M^x = \frac{\mathrm{d}x_M}{\mathrm{d}t} = e\omega\cos\theta - y_1\omega_d\cos\sigma \tag{9-26}$$

$$v_M^y = \frac{\mathrm{d}y_M}{\mathrm{d}t} = -e\omega\sin\theta - y_1\omega_d\sin\sigma \tag{9-27}$$

式中

$$\sin\sigma = \frac{e\sin\theta}{\sqrt{e^2 + a^2 - 2ea\cos\theta}} \tag{9-28}$$

$$\cos\sigma = \frac{e\cos\theta - a}{\sqrt{e^2 + a^2 - 2ea\cos\theta}} \tag{9-29}$$

同理,可得摆动转子的质心处 M 的加速度在 x 和 y 方向上的分量分别为

$$a_M^x = \frac{\mathrm{d}^2 x_M}{\mathrm{d}t^2} = -e\omega^2\sin\theta - y_1\left(\beta_\mathrm{d}\cos\sigma - \omega_\mathrm{d}^2\sin\sigma\right) \tag{9-30}$$

$$a_M^y = \frac{\mathrm{d}^2 y_M}{\mathrm{d}t^2} = -e\omega^2\cos\theta - y_1\left(\beta_\mathrm{d}\sin\sigma - \omega_\mathrm{d}^2\cos\sigma\right) \tag{9-31}$$

按照速度、加速度合成定理,可求得摆动转子质心处的速度和加速度。

9.1.2　受力分析

1.惯性力

摆动转子压缩机的运动构件有偏心轴轮、摆动转子和导轨。导轨摆动产生的惯性力相对较小,可以忽略。偏心轴轮产生的旋转惯性力计算较为简单,采用下面式子计算

$$F_{\mathrm{Ip}} = m_\mathrm{p}e\omega^2 \tag{9-32}$$

式中:m_p 为偏心轮轴的质量,kg。

计算摆动转子的惯性力时,将摆杆和滚环产生的惯性力分开来计算。如图 9-7 所示,为了便于简化分析计算,摆杆的质心为 B,其质量为 m_b,将摆杆的质量转化为两部分,一部分 $m_{\mathrm{b}1}$ 分到滚环的中心 O_1 上,另一部分 $m_{\mathrm{b}2}$ 分到摆杆的顶端 C 上。质量转化的原则是保持系统的动力学上的等效性,转化时可以根据总质量在转化前后保持不变和摆杆质心位置转化前后保持不变的两条原则,得出

$$m_\mathrm{b} = m_{\mathrm{b}1} + m_{\mathrm{b}2} \tag{9-33}$$

$$m_{\mathrm{b}1}l_a = m_{\mathrm{b}2}l_\mathrm{b} \tag{9-34}$$

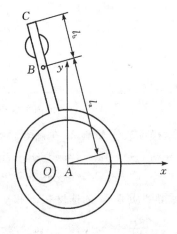

图 9-7　摆动转子质量转化示意图

所以,摆杆在滚环中心 O_1 上的分质量 m_{b1} 产生的旋转惯性力为

$$F_{Ib} = \frac{l_b m_b e \omega^2}{l_b + l_a} \tag{9-35}$$

滚环的惯性力为

$$F_{Ig} = m_g e \omega^2 \tag{9-36}$$

式中:m_g 为滚环的质量,kg。

2.导轨的受力

导轨作为运动件,如图 9-8 所示,其受到的力主要有气缸对它产生的约束力,可将其简化为分别在水平方向和垂直方向的两个力(即 F_x 和 F_y)以及因为摩擦产生的摩擦力矩 M_{f1};摆杆与导轨接触并产生相对滑动,其上作用力有压力 F_{r1}、F_{r2},摩擦力 F_{f1}、F_{f2};自身重力 G_1;导轨只围绕其圆心进行摆动,因此其在水平方向和垂直方向的合力为零。

取 x 轴的负半轴为正方向,水平方向上的合力为

$$F_{f1} \sin\sigma + F_{f2} \sin\sigma + F_{r2} \cos\sigma - F_{r1} \cos\sigma - F_x = 0 \tag{9-37}$$

取 y 轴的负方向为正方向,垂直方向上的合力为

$$F_{f2} \cos\sigma + F_{f1} \cos\sigma + F_{r1} \sin\sigma - F_{r2} \sin\sigma - F_y = 0 \tag{9-38}$$

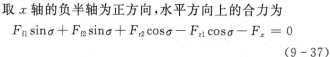

图 9-8　导轨受力示意图

导轨的动量矩方程为

$$F_{r2} H_g + F_{r1} H_g + F_{f2} \frac{B_v}{2} - F_{f1} \frac{B_v}{2} - M_{f1} = \frac{1}{2} m \beta_d r_g^2 \tag{9-39}$$

$$F_{f2} = F_{r2} \mu \tag{9-40}$$

$$F_{f1} = F_{r1} \mu \tag{9-41}$$

$$M_f = \frac{\alpha_f r_g^2 \upsilon l}{\delta_f} r_g \omega_d \tag{9-42}$$

式中:α_f 为导轨和气缸之间的油膜弧度,rad;δ_f 为导轨和气缸之间的油膜厚度,m;υ 为润滑油的动力黏度,Pa·s;μ 为导轨与摆杆接触面的摩擦系数。

3.摆动转子的受力

作用于摆动转子的力和力矩如图 9-9 所示,其主要有气体力 F_{g1}、F_{g2},摆杆与导轨之间的摩擦力 F_{f1}、F_{f2} 和支持力 F_{r1}、F_{r2},偏心轮对摆动转子的作用力 F 分解为沿着惯性力方向上的 F_n 和垂直惯性力方向上的 F_t,非惯性力系下自身旋转产生的旋转惯性力 F_{Ib}。摆动转子与周围零件之间都有一定的间隙,采取油膜润滑,因此摆动转子运动时,其周围零件通过油膜对摆动转子产生黏性摩擦力矩,这些力矩有与偏心轮之间的力矩 M_c、与气缸端盖之间的力矩 M_b、与汽缸内壁之间的力矩 M_g。

根据润滑理论,滚环与气缸端盖之间的黏性摩擦力矩为

$$M_b = \frac{\pi \upsilon (r^4 - r_1^4) \omega_b}{\delta_g} \tag{9-43}$$

式中:ω_b 为滚环的角速度,rad/s;δ_g 为摆动转子和气缸端盖之间的间隙,m;r_1 为滚环的内半径,m。

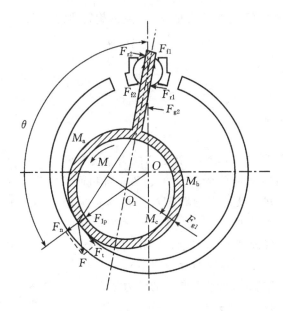

图 9 - 9　摆动转子力和力矩示意图

为了减小摆动转子滚环和汽缸内壁之间的摩擦损失,将摆动转子和气缸之间留有一定的间隙,所以摆动转子与气缸之间的摩擦力 F_t 是由间隙内的油膜剪切摩擦引起的,因此摩擦力可由下式计算

$$f_3 = \tau A_f = \tau b l \tag{9-44}$$

$$\tau = \upsilon \frac{\mathrm{d}u}{\mathrm{d}r} \approx \upsilon \frac{r\omega_b + R\omega}{\delta} \tag{9-45}$$

式中:τ 为由于相对运动而产生的剪切摩擦,N/m^2;b 为滚环与气缸在间隙内相邻的长度,m。因此滚环和汽缸内壁的摩擦力矩为

$$M_g = f_3 \times r = \frac{\alpha_f R r \upsilon l}{\delta_q} \left(r\omega_b + R\omega \right) \tag{9-46}$$

式中:α_f 为导轨和气缸之间的油膜弧度,rad;δ_q 为导轨和气缸之间的油膜厚度,m。

滚环和偏心轴轮之间的摩擦力矩由于其载荷大小、方向都不断变化,所以计算起来比较复杂,为了简化计算,近似地假设滚环和偏心轮之间的间隙内存在均匀油膜,则根据润滑理论可得滚环和偏心轮之间的摩擦力矩为

$$M_c = \frac{2\pi\upsilon\left(\omega - \omega_b\right)R_e^3 l_e}{\delta_e} \tag{9-47}$$

式中:R_e 为偏心轮半径,m;l_e 为偏心轮长度,m;δ_e 为偏心轮与滚环之间的间隙,m。
由图中分析可得出

$$F_{g1} = 2lr\sin\left(\frac{\theta+\sigma}{2}\right)(p_e - p_s) \tag{9-48}$$

$$F_{g2} = l(\rho_0 - r - h_g)(p_e - p_s) \tag{9-49}$$

式中:p_e 为压缩或者排气腔内气体压力;p_s 为进气腔内气体的压力。力 F_{g1} 的方向垂直于滚环与汽缸内壁接触点和摆杆与滚环接触点两者之间的连线,并指向圆心;力 F_{g2} 的方向为垂直于

摆杆。导轨对摆杆的作用力有摩擦力 F_{f1}、F_{f2} 和支反力 F_{r1}、F_{r2}。

作用在摆动转子上的所有力可以分解到沿 OO_1 法向惯性力上和垂直 OO_1 的切向惯性力上。摆动转子绕气缸中心 O 作变速转动,其运动微分方程如下。

法向惯性力方向上

$$F_{g1}\cos\frac{\theta+\sigma}{2} + (F_{g2} + F_{r1} - F_{r2})\sin(\theta+\sigma) - (F_{f1} + F_{f2})\cos(\theta+\sigma) + F_n + F'_{Ip} = 0$$

$$(9-50)$$

切向惯性力方向上

$$-F_{g1}\sin\frac{\theta+\sigma}{2} - (F_{g2} + F_{r1} - F_{r2})\cos(\theta+\sigma) - (F_{f1} + F_{f2})\sin(\theta+\sigma) + F_1 - f_3 - me\dot{\omega} = 0$$

$$(9-51)$$

于是,合力 F 的大小与方向为

$$F = \sqrt{F_n^2 + F_t^2} \tag{9-52}$$

$$\theta_F = \theta + \arctan\left(\frac{F_n}{F_r}\right) \tag{9-53}$$

式中：F'_{Ip} 为考虑摆杆后的摆动转子惯性力,$F'_{Ip} = F_{Ib} + F_{Ig}$；$m$ 为考虑摆杆后的摆动转子等效质量,$m = m_g + \dfrac{l_b}{l_a + l_b}m_b$；$\dot{\omega}$ 为考虑压缩机实际工作过程中的振动影响时,偏心轮不作匀速转动时的角加速度,rad/s^2,当近似地认为偏心轮匀速转动时,其值为零。

摆动转子相对于偏心轴轮作旋转运动,其运动的微分方程为

$$I_b\beta_b = M_c - M_g - M_b + F_{g2}\frac{\rho_0 + r - h_g}{2} + F_{r1}(\rho_0 - h_g) - F_{r2}(\rho_0 + h_g) \tag{9-54}$$

式中：I_b 为摆动转子的转动惯量,$I_b = \dfrac{1}{2}m(r^2 + r_1^2)$。

4.偏心轮轴的受力分析

如图 9-10 所示,偏心轮轴与套在其外表面的滚环和两端的轴承接触。摆动转子对偏心轮轴的作用力 F' 可以分解为沿着惯性力方向上的 F'_n 和垂直惯性力方向上的 F'_t,旋转惯性力 F_{Ip} 的方向与向心加速度的方向相反。作用在这两个方向上所有的力的合力,最终构成偏心轮轴两端轴承上的负荷。

在实际工作过程中,偏心轮绕中心 O 转动的角速度 ω 不再是均匀的,而是有一定的角加速度 $\dot{\omega}$,转轴不通过其质心,垂直偏心轮轴的界面上的运动微分方程如下。

沿着 OO_1 的惯性力方向

$$F_L^n = F'_n - F_{Ip} \tag{9-55}$$

沿着惯性力的切线方向

$$F_L^t = F'_t + m_p e\dot{\omega} \tag{9-56}$$

因此,合力 F_L 为

$$F_L = \sqrt{F_n'^2 + F_t'^2} \tag{9-57}$$

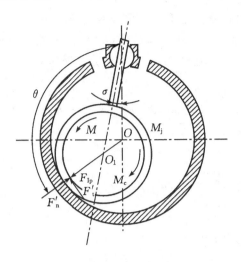

图 9-10 偏心轮受力分析示意图

作用在偏心轮轴上的摩擦力矩为偏心轮轴与滚环之间的摩擦力矩 M_c 和偏心轮轴与两端轴承之间的摩擦力矩 M_j，其中 M_j 为

$$M_j = \frac{2\pi \upsilon r_m^3 l_m \omega}{c_m} \tag{9-58}$$

式中：r_m 为轴承的半径，m；l_m 为轴承的长度，m；c_m 为轴承的间隙，m。

在实际分析压缩机的振动时，ω 的波动不能忽略，这时偏心轮轴其绕气缸中心轴转动的运动方程为

$$M - M_j - eF_t' - M_c = M_p e \dot{\omega} \tag{9-59}$$

式中：M 为偏心轴轮的驱动力矩，N·m。

为了简化计算，常常忽略压缩机的振动，即视偏心轮轴绕气缸中心匀速转动，则偏心轮轴两端轴承负荷为 F_L，压缩机的总阻力矩为

$$M_z = M_j + M_c + eF_t' \tag{9-60}$$

9.1.3 典型结构

图 9-11 为房间空调器用立式单缸摆动转子压缩机，其上部为内置电动机，下部为压缩机。压缩机部分主要由气缸，主、辅轴承，排气阀，消声器，偏心轴轮，摆动转子，导轨等组成。由于无气阀，吸气管直接插入气缸体上的吸气口中。

房间空调器用压缩机一般采用全封闭结构，结构上采用 b 型式无气阀的摆动转子压缩机，其上部为内置电机，下部为压缩机，这种布置占地面积小，受力状况较好，润滑容易实现。主要的零件包括壳体、偏心轮轴、上端盖、导轨、下端盖、气缸、摆动转子、电机定子和转子等。壳体上焊接有吸气管及排气管，吸气管通过壳体直接插入气缸上的吸气孔口中。偏心轮轴下面开有轴向油道，轴向油道内装有吸油片，壳体的底部有油池，压缩机机体部分埋于油中。

摆动转子压缩机中，摆杆和滚环做成一体后，期间的润滑及磨损问题已不存在，配聚脂类或聚醇类油的 HFC 制冷剂比较适合这种机器使用。日本大金公司从 1994 年开始生产配有这类制冷剂的压缩机，与相同容量的滚动活塞压缩机相比，该类压缩机可实现较高的效率。

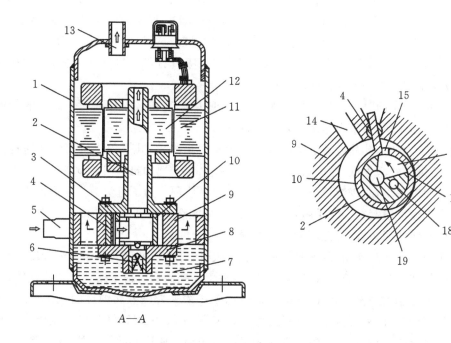

A—A

1—壳体；2—偏心轮轴；3—主轴承；4—导轨；5—进气管；6—吸油片；7—油池；8—下端盖；
9—气缸；10—摆动转子；11—电机定子；12—电机转子；13—排气管；14—吸气孔口；15—
排气孔口；16—排气腔；17—回油槽；18—通油孔；19—排气孔

图 9-11　房间空调器用立式单缸无气阀摆动转子压缩机

9.2　液环压缩机

9.2.1　工作原理及特点

　　液环压缩机是一种高速回转的低压压缩机，以旋转液环作液体活塞，抽吸或压送气体，当密封液体为水时，亦称水环压缩机；用作真空泵时，习惯上称为水环真空泵。

　　其工作原理如图 9-12 所示，叶轮偏心地配置在气缸内，并在气缸内引进一定量的液体。叶轮（转子）旋转且达到一定转速时，由于离心力的作用，液体被甩出，形成一个贴在气缸内表面的液环。液环的上部分内表面恰好与叶轮轮毂相切，液环的下部分内表面刚好与叶片顶端接触（实际上叶片在液环内有一定的插入深

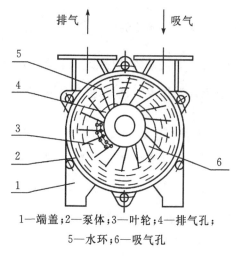

1—端盖；2—泵体；3—叶轮；4—排气孔；
5—水环；6—吸气孔

图 9-12　液环压缩机工作原理

度）。此时,叶轮的轮毂与水环之间形成一个月牙形空间,此空间被叶片分成若干容积不等的小室（基元容积）。叶轮旋转时,右侧半圈的基元容积逐渐扩大,左侧半圈的基元容积逐渐缩小。相应的在缸体两侧的端盖上开设镰刀形的吸、排气口。这样,叶轮旋转一周,每个基元容积扩大、缩小一次,并与吸气、排气口各连通一次,实现吸气、压缩、排气和可能存在的膨胀过程。因此,液环压缩机是一种容积式压缩机。

随着气体的排出,同时也夹带一部分液体排出,所以必须在吸入口补充一定量的新液体,使液环保持恒定的体积,并带走热量,起到冷却作用。

液环压缩机工作时,叶片搅动液体而造成的能量损失很大,几乎等于压缩气体所耗的功。因此,液环压缩机的效率很低,等温效率仅为0.30～0.45,大型的机器可达0.48～0.52。一般真空泵消耗的功率较小,所以液环压缩机常作为真空泵使用。为了避免液力损失过大,一般叶轮外缘最大圆周速度限制在14～16 m/s以内,并尽可能选用黏度较小的液体。在结构上,也可采用带有可旋转的壳体,以降低流体的动力损失。

由于液体的充分冷却作用,压缩气体终了温度很低。所以,液环式压缩机适合压缩在高温下易于分解的气体,如乙炔、硫化碳、硫化氢等,也适于压缩高温时易于聚合的一些气体。由于压缩介质不与气缸直接接触,所以,它也特别适用于压缩具有强烈腐蚀性的气体,如氢气等。此时,可选用一种与被压缩气体不起作用的液体作密封液,如压缩氯气时用浓硫酸作密封液。液环压缩机气缸无需润滑,可作为特殊用途的无润滑压缩机使用。除此之外,此种型式压缩机的结构简单,制造、操作方便,易损零件少,排气脉动和噪声均较小,缺点是效率低。

液环压缩机的排气量范围一般为0.1～100 m³/min,最高排气压力可达2 MPa（多级压缩）,转数为250～3500 r/min。

9.2.2　排气量

若不考虑液环压缩机的泄漏损失,其理论排气量（单位为 m³/min）为

$$q_t = \left(r_2^2 - r_1^2\right)\frac{60\mu b_\circ\omega}{2} = \pi n r_2^2 \mu b_\circ\left(1-\gamma^2\right) \tag{9-61}$$

式中：r_1、r_2 为工作轮的内、外半径,m；$\gamma=\dfrac{r_1}{r_2}$,为工作轮内、外半径比；$b_\circ$ 为工作轮宽度,m；μ 为工作轮叶片结构系数,如铸造工作轮的 μ 为0.65～0.85；$\omega=\dfrac{\pi n}{30}$ 为工作轮角速度,rad/s。

计及泄漏损失时,实际排气量 q_V 为

$$q_V = \eta_V q_t \tag{9-62}$$

式中：η_V 为容积效率,通常为0.4～0.7。

压缩机轴功率按理想气体、等温压缩进行计算,虑及等温效率后得

$$P_s = 1.666\frac{p_s q_V}{\eta_{is}}\ln\left(\frac{p_d}{p_s}\right)\times10^{-5} \tag{9-63}$$

式中：p_s、p_d 为气体的吸气压力和压缩终了压力,Pa；q_V 为实际排气量,m³/min；η_{is} 为等温效率,通常为0.25～0.15。

应该指出,液环压缩机的等温效率等于压缩机内效率、机械效率、容积效率和流体动力效率之积,而后面两个效率较低,限制了液环压缩机总等温效率的提高及其应用范围。

液环压缩机的排气量的主要决定因素是压缩机本身的设计结构参数,而影响液环压缩机排气量的因素主要有以下几点。

1.压缩机圆盘的腐蚀情况

当液环压缩机长期工作于具有腐蚀性的工作液下,例如二氧化硫等,会造成压缩机中圆盘的腐蚀较为严重,当腐蚀严重时就会使得压缩机的排气量出现明显的下降。

2.压缩机工作液体的品质

工作液体品质良好时,更能适应相应液环压缩机的工作流程,使得腐蚀速度减慢,对压缩机的破坏性小,相应对排气量的影响也将减小。

3.工作液体的循环量

若工作液体循环量过大,会导致吸气空间减小而使得排气量下降,由于排气口有大量工作液被迫压出,还会导致电动机电流升高;如果工作液循环量过小,活塞行程减小,使气体压缩不完全,也使得排气量下降,此时电动机电流减小,因此要控制好工作液体的循环量,减小对排气量的影响。

4.压缩机入口管路阻力的影响

当液环压缩机入口压力和出口压力比例不合适时,将会造成管路压降过大,入口管路压力小时也会使得阻力过大,导致排气量无法达到所需值,应调节相应部件的尺寸,控制好入口流速以及入口压力,减小入口管路阻力以提高排气量。

9.2.3　分类

1.按叶轮个数分

单级泵:泵中只有一个叶轮,为最基本、最常用的结构型式。

两级泵:由两个叶轮在一根轴上串联而成,一般次级叶轮与首级叶轮外径相同,宽度减小一半。它比单级泵具有更高真空度(即极限真空度小)或排气压力。

2.按吸、排气状态分

液环真空泵:泵进口处于真空状态,出口处于大气压状态的液环泵。主要用于真空引水(脱酸、脱气)、真空回潮等。单级泵极限真空度≤50 kPa,两级泵≤3.9 kPa。

液环压缩机:泵进口处于大气压状态,出口处于有压状态的液环泵。主要用于化工行业氢气、氯气、氯乙烯气等介质的压送。单级泵排出压力可达0.3 MPa,两级泵可达0.6 MPa。

3.按作用方式分

单作用:叶轮与泵体呈单偏心,叶轮旋转一周,进行一次吸、排气。该方式结构简单,制造容易,吸、排气口面积较大,压缩段较长,作真空泵时,可获得较高的效率及极限真空。同时,因泵体内壁为圆柱形,光滑无突变,运行时液环不易产生涡流及汽蚀,特别适用于液环有腐蚀性场合。但泵转子径向受力不对称,不适宜作压力大于0.1 MPa的压缩机。

双作用:叶轮与泵体呈双偏心,叶轮旋转一周,进行两次吸、排气。双作用又可分为径向、轴向吸、排气两种,此方式结构较复杂,制造要求稍严。泵体基圆与两偏心圆交接处为突变点,液环沿壁面运动时,在该点附近产生旋涡,不但局部损失大,效率低,而且因旋涡产生的汽蚀,致使在液环有腐蚀性时,易产生汽蚀、腐蚀、冲刷联合作用,对泵体及叶轮破坏较快。其转子径向力可自动平衡,与单作用型式相比,更适合用于气量较大的场合。

4.按吸入方式分

单吸:从叶轮一侧吸、排气,结构简单,只适合于小气量泵。

双吸:从叶轮两侧同时吸、排气,结构复杂,适合于中、大气量泵。

9.2.4 典型结构

图9-13所示是2BEK型水环压缩机(真空泵)结构,由两个偏心半圆内腔构成的近似椭圆体(水平方向为短轴,竖直方向为长轴),中部有一圆环形隔板,把壳体分为前后两个部分。壳体两侧有吸、排气口,吸、排气口各在壳体上横向分开两条气道,分别与固定在壳体两端的侧盖上的气体分配器串通起来。叶片前弯,使工作液体速度大,静压小,以获得较大的速度能,促使形成椭圆形的液环。叶轮的长度几乎等于直径,中部有一隔板,把叶轮分为两部分,每部分的中心有圆柱形空心,装配时与气体分配器吻合在一起。两个侧盖固定于壳体两侧。各有一吸气窗口和一排气窗口,通过侧盖内部的通道与气体分配器串通。侧盖与气体分配器紧密结合在一起。两个轴承固定在两个侧盖上,内各装一个单列向心球轴承,黄油润滑。轴承体内外侧装有轴承压盖共四个。轴封由填料、填料环及填料压盖组成,也可设计成机械密封。

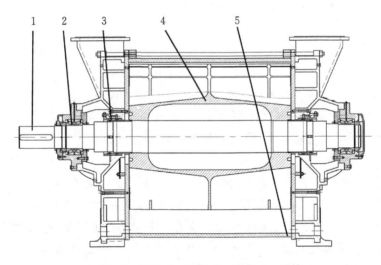

1—轴;2—轴承;3—填料;4—叶轮;5—泵体

图9-13 2BEK型水环压缩机结构图

9.3　同步回转压缩机

9.3.1　结构特点及工作原理

同步回转压缩机与传统具有固定气缸的滚动转子压缩机和滑片式压缩机相比较,其最大特点在于实现了转子和气缸"同步"旋转,最大限度地降低了二者之间的相对运动速度,从而减少了摩擦与磨损,使其具有更为优良的机械性能与可靠性。

如图 9-14 所示,同步回转压缩机主要由转子、滑板和转缸三个基本部件构成。转子与转缸偏心布置,并可分别绕自身的轴心旋转,在压缩机运转过程中转子外圆柱面和转缸的内圆柱面始终在一固定位置保持相切,滑板矩形端嵌入到转子上的滑板槽内,而圆头端则与转缸通过一圆形关节铰接。转子与转缸之间所围成的月牙形空腔即构成了压缩机的工作腔,而滑板则将其分割为吸气腔和排气腔(或压缩腔),其中吸气腔与开设在转缸径向方向的吸气孔口连通,排气腔(或压缩腔)则与开设在转子径向方向的排气孔口连通,排气孔口与转子内部的排气通道相通以便气体从转子轴向排出,并且在排气孔口处设置了排气阀。

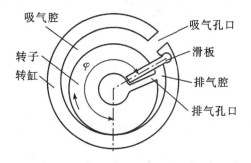

图 9-14　同步回转压缩机基本机构示意图

如图 9-15 所示,同步回转压缩机运行时,转子绕其轴心旋转(设转子转向为顺时针),转子带动滑板做平面运动,滑板进一步驱动转缸绕其轴心顺时针旋转。由于转子、滑板和转缸的运动,使得滑板左侧的吸气腔容积不断增加,工作气体从吸气孔口进入,实现压缩机的吸气过程;同时滑板右侧的排气腔(或压缩腔)容积则不断减小,从而实现压缩机的压缩与排气过程。设滑板中心线过转子和转缸切点时为转子的起始位置,即转子转角 $\varphi=0$。若以滑板单侧基元容积作为考察对象,压缩机一个工作循环的周期为 4π,而每一个工作循环可具体分为以下 6 个阶段。

余隙容积膨胀过程($0<\varphi\leqslant\varphi_{s1}$):$\varphi_{s1}$ 为吸气起始特征角,由吸气孔口的尺寸决定。如图 9-15(a)和(b)所示,从 $\varphi=0$ 开始,随着转子转动气缸工作容积逐渐增加,但此时吸气孔口并没有与吸气腔连通,吸气过程并未开始,该转子转角范围是腔内残余气体膨胀的阶段。

吸气过程($\varphi_{s1}<\varphi\leqslant2\pi$):如图 9-15(b)和(c)所示,当转子旋转到 $\varphi=\varphi_{s1}$ 时,吸气孔口与工作容积连通,随着吸气腔容积逐渐增加,吸气过程持续进行,直到 $\varphi=2\pi$ 时,吸气容积达到最大,吸气过程结束。

吸气倒流过程($2\pi<\varphi\leqslant2\pi+\varphi_{s2}$):$\varphi_{s2}$ 为吸气倒流结束特征角,由吸气孔口尺寸决定。如图

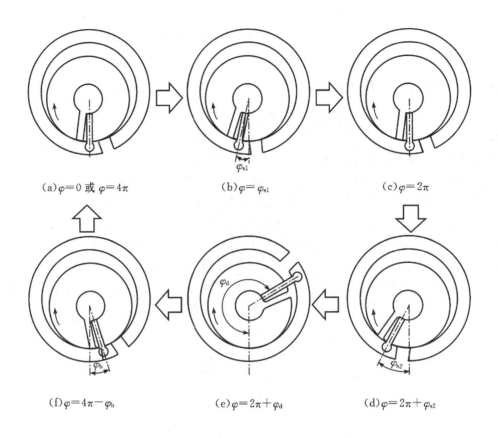

(a)$\varphi=0$ 或 $\varphi=4\pi$　　　　　(b)$\varphi=\varphi_{s1}$　　　　　(c)$\varphi=2\pi$

(f)$\varphi=4\pi-\varphi_b$　　　　　(e)$\varphi=2\pi+\varphi_d$　　　　　(d)$\varphi=2\pi+\varphi_{s2}$

图 9 – 15　同步回转压缩机工作循环

9 – 15(c)和(d)所示,当 $\varphi=2\pi$ 时,吸气腔容积达到最大,随着转子旋转,工作容积逐渐减小,但此时吸气孔口仍然与工作容积连通,此阶段为已经进入工作容积的气体再次经吸气孔口倒流的过程。

　　压缩过程($2\pi+\varphi_{s2}<\varphi\leqslant2\pi+\varphi_d$):如图 9 – 15(d)和(e)所示,当 $\varphi=2\pi+\varphi_{s2}$ 时,工作容积与吸气孔口断开,随着压缩腔容积的不断减小,压缩过程持续进行,压缩腔内的气体压力持续升高,直到 $\varphi=2\pi+\varphi_d$ 时排气阀打开,压缩过程结束。

　　排气过程($2\pi+\varphi_d<\varphi\leqslant4\pi-\varphi_b$):$\varphi_b$ 为排气结束特征角,由排气孔口尺寸决定。如图9 – 15(e)和(f)所示,当排气阀打开后,随着排气腔容积不断减小,缸内气体通过排气阀持续排出,直到 $\varphi=2\pi-\varphi_b$ 时,此次循环的排气腔与新形成的吸气腔连通,排气阀关闭,排气过程结束。

　　回流过程($4\pi-\varphi_b<\varphi\leqslant4\pi$):如前所述,当 $\varphi=2\pi-\varphi_b$ 时,排气腔与下一个工作循环的吸气腔连通,如图 9 – 15(f)和(a)所示,此时当前工作容积的高压气体则通过排气孔口间隙流入新形成的吸气腔与其内部的低压气体混合参与下一个工作循环,此过程被称为回流过程。直到 $\varphi=4\pi$ 时,回流过程结束,同时针对当前基元容积的工作循环结束。

　　对于单一基元容积,转子需要旋转两周才能完成一个工作循环,但是通过以上分析可以发现,滑板两侧基元容积也就是当前与下一个工作循环所对应的排气过程与吸气过程是同时进行的,在此情况下即可以认为同步回转压缩机在 2π 转角内完成一个工作循环。

9.3.2　结构设计与受力计算

1.工作腔几何特性与基本结构参数

图 9-16 为同步回转压缩机的工作腔几何模型示意图,O_1 和 O_2 分别为转子和转缸的中心,O_3 为滑板圆头中心,R_{ro} 为转子半径,R_{cy} 为转缸半径,转缸半径和转子半径之差定义为偏心距 e。滑板与滑板槽中心线在转子径向方向上,滑板中心线 O_1O_3 与转缸内圆和转子外圆的交点分别为 A 和 B,根据滑板、转子和转缸之间的几何关系,A 到转子圆心 O_1 的距离与转子转角之间的关系可表示为

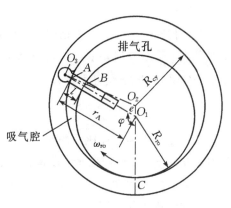

图 9-16　工作腔几何模型

$$r_A(\varphi) = \sqrt{R_{cy}^2 - e^2\sin^2\varphi} - e\cos\varphi \quad (9-64)$$

若忽略滑板的厚度,在任意转子转角处,滑板左侧的吸气腔截面积为

$$A(\varphi) = \frac{1}{2}\int_0^\varphi \left[r_A^2(\varphi) - R_{ro}^2 \right] d\varphi$$

$$= \frac{1}{4}R_{cy}^2 \left[\varepsilon^2\sin 2\varphi - 2\varepsilon\sin\varphi \sqrt{1 - \varepsilon^2\sin^2\varphi} - 2\arcsin(\varepsilon\sin\varphi) - 2\varepsilon(2-\varepsilon)\varphi \right]$$

$$(9-65)$$

令

$$f(\varphi) = \varepsilon^2\sin 2\varphi - 2\varepsilon\sin\varphi \sqrt{1 - \varepsilon^2\sin^2\varphi} - 2\arcsin(\varepsilon\sin\varphi) - 2\varepsilon(2-\varepsilon)\varphi \quad (9-66)$$

则

$$A(\varphi) = \frac{1}{4}R_{cy}^2 f(\varphi) \quad (9-67)$$

如果不考虑滑板厚度的影响,则任意转子转角 φ 时吸气腔的容积为

$$V_s(\varphi) = A(\varphi)H = \frac{1}{4}HR_{cy}^2 f(\varphi) \quad (9-68)$$

式中:H 为转子轴向高度,m。

当 $\varphi = 2\pi$ 时,吸气容积达到最大,此时吸气容积值即为压缩机的理论行程容积,可表示为

$$V_{th} = \pi\left(R_{cy}^2 - R_{ro}^2\right)H \quad (9-69)$$

显然,上式所示的压缩机理论行程容积为吸气腔容积和排气腔容积之和,在任意转角时的排气腔容积即可由式(9-69)和式(9-68)之差求得。与此同时,可计算压缩机的理论容积流量为

$$q_{th} = nV_{th} \quad (9-70)$$

式中:n 为压缩机转速,r/min。

在给定压缩机理论容积流量和转速的情况下,同步回转压缩机的几何参数由两个结构参数决定:相对偏心距和长径比。其中,相对偏心距定义为偏心距与转缸半径的比值,即

$$\varepsilon = \frac{e}{R_{cy}} \quad (9-71)$$

长径比定义为转子轴向高度与转缸半径的比值

$$\chi = \frac{H}{R_{cy}} \qquad (9-72)$$

在进行同步回转压缩机结构设计时,往往是先选定以上两个基本结构参数,然后再通过计算确定各个基本几何参数以及具体的结构设计方案。在给定理论行程容积的情况下,根据 ε 和 χ 的定义,转缸半径可表示为

$$R_{cy} = \left[\frac{V_{th}}{\pi\chi(2\varepsilon - \varepsilon^2)} \right]^{1/3} \qquad (9-73)$$

相对偏心距和长径比的选取,需要根据结构优化计算结果来确定,一般相对偏心距的取值范围为 0.05~0.18,长径比的取值范围为 0.8~2。

2. 运动机构的动力学分析

同步回转压缩机中的主要运动部件有滑板、转子和转缸。其中转子在主轴的驱动下可认为做定转速旋转运动,滑板做刚体的平面运动,转缸则做变转速旋转运动。这里主要讨论以上三个部件的运动和受力,并分析压缩机的总阻力矩和轴承载荷的计算。

(1)滑板的运动分析。

在同步回转压缩机的运动机构中,滑板的角色至关重要,它除了对腔内流体做功外,还起到了在转子和转缸之间传递力和力矩的作用。

如图 9-17 所示,为研究滑板的运动特性,首先过转子中心 O_1 建立定直角坐标系 O_1XY;然后再以 O_1 为原点,滑板中心线为 X 轴建立随转子一起旋转的动坐标系 $O_1X_1Y_1$。根据刚体的平面复合运动原理,滑板相对于动坐标系 $O_1X_1Y_1$ 的往复运动即为相对运动,而动坐标系 $O_1X_1Y_1$ 相对于定坐标系 O_1XY 的旋转运动则为牵连运动。

根据点的速度合成定理,滑板上任意一点的绝对速度即为该点的相对速度与牵连速度的矢量和,滑板质心 G 的运动速度为

$$\boldsymbol{v}_{va} = \boldsymbol{v}_{va,e} + \boldsymbol{v}_{va,r} \qquad (9-74)$$

式中:$\boldsymbol{v}_{va}$ 为绝对速度矢量;$\boldsymbol{v}_{va,e}$ 为牵连速度矢量;$\boldsymbol{v}_{va,r}$ 为相对速度矢量。

如图 9-17 所示,由于滑板在动坐标系 $O_1X_1Y_1$ 的运动为沿 X_1 轴的直线运动,因此滑板上任一点的相对速度垂直于该点的牵连速度,相对速度的方向沿 X_1 轴正方向,牵连速度的方向则沿 Y_1 轴的负方向。

根据几何关系,滑板质心 G 在动坐标系 $O_1X_1Y_1$ 中的相对运动方程可表示为

$$\begin{cases} x_1 = r_G(\varphi) = \sqrt{(R_{cy} + R_{va})^2 - e^2\sin^2\varphi} - e\cos\varphi - L/2 \\ y_1 = 0 \end{cases} \qquad (9-75)$$

式中:L 为滑板矩形段长度,m;$r_G(\varphi)$ 为滑板质心牵连半径,m;R_{va} 为滑板圆头半径,m。

考虑到 $\varphi = \omega_{ro}t$,滑板相对运动速度大小可表示为

$$\boldsymbol{v}_{va,r} = \frac{dr_G(\varphi)}{dt} = \frac{dr_G(\varphi)}{d\varphi}\frac{d\varphi}{dt} = \omega_{ro}e\sin\varphi\left[1 - \frac{e\cos\varphi}{\sqrt{(R_{cy} + R_{va})^2 - e^2\sin^2\varphi}}\right] \qquad (9-76)$$

滑板上任一点的牵连速度的大小为转子角速度与该点牵连半径的乘积,因此滑板质心 G 的牵连速度的大小可表示为

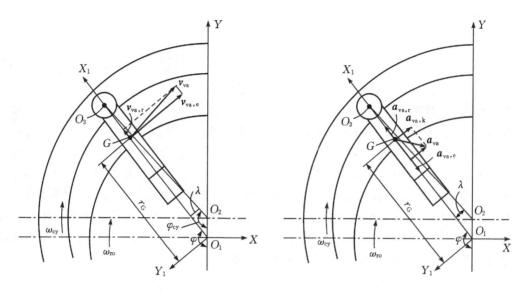

图 9-17 滑板速度和加速度示意图

$$v_{\mathrm{va,e}} = \omega_{\mathrm{ro}} r_G(\varphi) = \omega_{\mathrm{ro}} \left[\sqrt{\left(R_{\mathrm{cy}} + R_{\mathrm{va}} \right)^2 - e^2 \sin^2\varphi} - e\cos\varphi - L/2 \right] \qquad (9-77)$$

根据平面复合运动点的加速度合成定理,滑板上任意一点的绝对加速度等于牵连加速度、相对加速度和科氏加速度三者的矢量和,即

$$a_{\mathrm{va}} = a_{\mathrm{va,e}} + a_{\mathrm{va,r}} + a_{\mathrm{va,k}} \qquad (9-78)$$

式中:a_{va} 为绝对加速度矢量;$a_{\mathrm{va,e}}$ 为牵连加速度矢量;$a_{\mathrm{va,r}}$ 为相对加速度矢量;$a_{\mathrm{va,k}}$ 为科氏加速度矢量。

如图 9-17 所示,滑板质心 G 的牵连加速度即为动坐标绕 O_1 旋转的向心加速度,其方向沿 X_1 轴并指向坐标原点 O_1,大小可表示为

$$a_{\mathrm{va,e}} = \omega_{\mathrm{ro}}^2 r_G(\varphi) = \omega_{\mathrm{ro}}^2 \left[\sqrt{\left(R_{\mathrm{cy}} + R_{\mathrm{va}} \right)^2 - e^2 \sin^2\varphi} - e\cos\varphi - L/2 \right] \qquad (9-79)$$

滑板质心的相对加速度方向与相对速度方向相同,大小为

$$a_{\mathrm{va,r}} = \frac{\mathrm{d}^2 r_G(\varphi)}{\mathrm{d}t^2} \omega_{\mathrm{ro}}^2 \left[\sqrt{\left(R_{\mathrm{cy}} + R_{\mathrm{va}} \right)^2 - e^2 \sin^2\varphi} - e\cos\varphi \right] \times$$
$$\left[1 + \frac{2\sin^2\lambda}{\cos^2\lambda} - \frac{\sqrt{\left(R_{\mathrm{cy}} + R_{\mathrm{va}} \right)^2 - e^2 \sin^2\varphi} - e\cos\varphi}{\left(R_{\mathrm{cy}} + R_{\mathrm{va}} \right)\cos^3\lambda} \right] \qquad (9-80)$$

式中:λ 为滑板摆动角,是转子转角的函数,可由下式来计算

$$\lambda = \arcsin\left(\frac{e}{R_{\mathrm{cy}} + R_{\mathrm{va}}} \sin\varphi \right) \qquad (9-81)$$

如图 9-17 所示,科氏加速度的方向为 $v_{\mathrm{va,r}}$ 矢量顺着转子角速度旋向转过 90° 的方向,其

大小为

$$a_{\mathrm{va,k}} = 2\omega_{\mathrm{ro}} r_{\mathrm{va,r}} = 2\omega_{\mathrm{ro}}^2 e\sin\varphi\left[1 - \frac{e\cos\varphi}{\sqrt{\left(R_{\mathrm{cy}} + R_{\mathrm{va}}\right)^2 - e^2\sin^2\varphi}}\right] \tag{9-82}$$

（2）滑板的受力分析。

如图 9-18 所示，在同步回转压缩机工作过程中，作用在滑板上的外力可认为是滑板质心所在运动平面内的一个平面力系。若忽略滑板重力，滑板所受的力和力矩主要有转缸对滑板圆头的约束力、滑板槽约束力、滑板槽对滑板侧面的摩擦力、工作腔压差作用力以及缸体端盖对滑板端面的摩擦力和滑板圆头所受的摩擦阻力矩。由于滑板圆头相对于转缸的摆动速度和滑板与缸体端盖的相对速度均较低，这两处对滑板所产生的摩擦阻力与阻力矩相对于其它作用在滑板上的力非常小，因此在受力分析时，滑板圆头所受的摩擦阻力矩和缸体端盖对滑板端面的摩擦力忽略不计。下面对各作用力逐个进行分析。

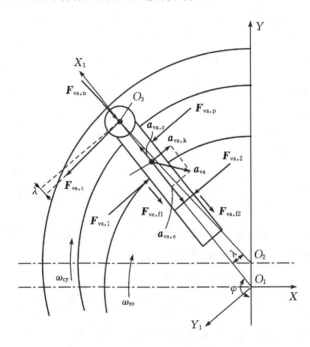

图 9-18　滑板受力示意图

①滑板槽约束力。

如图 9-18 所示，在机构运行过程中，滑板由转子驱动，转子上的滑板槽对滑板侧面存在两个约束力，一个作用在滑板槽沿与滑板侧面的接触线上，即 $F_{\mathrm{va,1}}$；另一个则作用在滑板底棱上，即 $F_{\mathrm{va,2}}$。滑板槽对滑板的两个约束力的方向均垂直于滑板中心线，它们的大小均未知，需要通过滑板运动微分方程求得。

②滑板槽摩擦力。

如图 9-18 所示，滑板侧面与滑板槽之间存在相对运动，滑板槽对滑板的摩擦力阻碍滑板的运动，其方向与滑板相对于转子的滑动速度方向相反；由于滑板与滑板槽之间作用力较大，

此处的摩擦可按照边界摩擦来处理。根据边界摩擦理论,摩擦力的大小可表示为

$$F_{va,f1} = f_{va} \left| F_{va,1} \right| \tag{9-83}$$

$$F_{va,f2} = f_{va} \left| F_{va,2} \right| \tag{9-84}$$

式中:f_{va} 为摩擦系数,其大小由润滑条件及滑板材料决定,一般取 0.1～0.15。

③转缸对滑板圆头的约束力。

转缸由滑板驱动,滑板对转缸存在一个驱动力,其反力即为转缸对滑板的约束力。如图 9-18 所示,鉴于转缸约束力的方向较难确定,可将其分解到转缸径向与切向两个方向上,即 $F_{va,n}$ 和 $F_{va,t}$,显然 $F_{va,n}$ 与滑板中心线的夹角即为滑板摆动角。转缸径向约束力 $F_{va,n}$ 是一个未知力;由于转缸作变转速的旋转运动,切向约束力 $F_{va,t}$ 的反力即是使转缸变速转动的主动力,即

$$F_{va,t} = -F_{cy,t} \tag{9-85}$$

式中:$F_{cy,t}$ 可根据转缸的运动微分方程求得。

④工作腔压差作用力。

如图 9-18 所示,滑板将工作腔分割为吸入腔和排出腔,由于两腔内流体的压力不同,因此在滑板侧面产生了一个由压力差引起的作用力,其方向垂直于滑板侧面,大小可根据下式来计算

$$F_{va,p} = lH \left(p_d - p_s \right) \tag{9-86}$$

式中:l 为滑板伸入工作腔的长度。

由于滑板相对于转子仅作往复运动,而转子的运动为匀速转动,由此应用质心运动定理和相对于质心的动量矩定理可以得到滑板的运动微分方程为

$$\begin{cases} m_{va} \dfrac{d^2 \boldsymbol{r}_G}{dt^2} = m_{va} \boldsymbol{a}_{va,G} = \sum \boldsymbol{F}_{va} \\ \sum M_G (\boldsymbol{F}_{va}) = 0 \end{cases} \tag{9-87}$$

式中:m_{va} 为滑板质量,kg;$\boldsymbol{r}_G$ 为滑板质心在定坐标系 $O_1 XY$ 中的位置矢径;$\boldsymbol{F}_{va}$ 为作用在滑板质心平面内的外力矢量;M_G 为作用在滑板上的力对质心的力矩,N·m。

参照前面滑板质心的加速度计算模型,将滑板质心加速度分解到 X_1 和 Y_1 方向上,根据各作用力之间的几何关系和式(9-87),可以列出以下方程组

$$\begin{cases} m_{va} a_{va,e} - m_{va} a_{va,r} = F_{va,n} \cos\lambda + F_{va,t} \sin\lambda + F_{va,f1} + F_{va,f2} \\ m_{va} a_{va,k} = F_{va,n} \sin\lambda - F_{va,t} \cos\lambda + F_{va,1} - F_{va,2} - F_{va,p} \\ (L + R_{va})(F_{va,n} \sin\lambda - F_{va,t} \cos\lambda) + (L + R_{va} - 2l)F_{va,1} + (L + R_{va})F_{va,2} - \\ (L + R_{va} - l)F_{va,p} - bF_{va,f1} + bF_{va,f2} = 0 \end{cases} \tag{9-88}$$

式中:L 为滑板矩形段长度,m;b 为滑板厚度,m;上式中 $F_{va,n}$、$F_{va,1}$、$F_{va,2}$、$F_{va,f1}$、$F_{va,f2}$ 为未知力,求解这 5 个未知力还需加上滑板槽摩擦力计算式以构成封闭方程组。由于摩擦力 $F_{va,f1}$ 和 $F_{va,f2}$ 始终与滑板相对于滑板槽的速度方向相反,因此在前一半旋转周期内,$F_{va,f1}$ 和 $F_{va,f2}$ 的符号为正,而在后一半旋转周期内则为负。经过整理,可将以上封闭线性方程组写成矩阵-向量的形式为

$$\boldsymbol{Ax} = \boldsymbol{b} \tag{9-89}$$

式中

$$A = \begin{bmatrix} \cos\lambda & 0 & 0 & 1 & 1 \\ \sin\lambda & 1 & -1 & 0 & 0 \\ (L+R_{va})\sin\lambda & L+R_{va}-2l & L & -b & b \\ 0 & Cf_{va} & 0 & -1 & 0 \\ 0 & 0 & Cf_{va} & 0 & -1 \end{bmatrix} \qquad (9-90)$$

$$x = \begin{bmatrix} F_{va,n} & F_{va,1} & F_{va,2} & F_{va,f1} & F_{va,f2} \end{bmatrix}^T \qquad (9-91)$$

$$b = \begin{bmatrix} m_{va}a_{va,e} - m_{va}a_{va,r} - F_{va,t}\sin\lambda \\ m_{va}a_{va,k} + F_{va,t}\cos\lambda + F_{va,p} \\ (L+R_{va})F_{va,t}\cos\lambda + (L+R_{va}-l)F_{va,p} \\ 0 \\ 0 \end{bmatrix} \qquad (9-92)$$

式中：C 为摩擦力符号系数，当 $0 \leqslant \varphi \leqslant \pi$ 时，$C=1$；当 $\pi < \varphi \leqslant 2\pi$ 时，$C=-1$。

(3)转缸运动分析。

根据转子与转缸之间的几何关系与驱动顺序，当转子匀速旋转时，转缸则作变角速度旋转运动。如图 9-18 所示，转缸转角与转子转角之间的关系为

$$\varphi_{cy} = \varphi - \lambda \qquad (9-93)$$

由此，转缸的瞬时角速度可表示为

$$\omega_{cy} = \frac{d\varphi_{cy}}{dt} = \frac{d(\varphi-\lambda)}{dt} = \omega_{ro}\left[1 - \frac{e\cos\varphi}{\sqrt{(R_{cy}+R_{va})^2 - e^2\sin^2\varphi}}\right] \qquad (9-94)$$

转缸的角加速度则为

$$\alpha_{cy} = \frac{d^2\varphi_{cy}}{dt^2} = \omega_{ro}^2\frac{d}{d\varphi}\left[1 - \frac{e\cos\varphi}{\sqrt{(R_{cy}+R_{va})^2 - e^2\sin^2\varphi}}\right] \qquad (9-95)$$

(4)转缸受力分析。

根据前面的滑板受力分析，滑板圆头对转缸存在一个驱动力，其反力即为转缸对滑板圆头的约束力。如图 9-19 所示，将该力分解到转缸的径向与切向方向，切向分力 $F_{cy,t}$ 是一个未知力，需根据转缸转动微分方程求得；径向分力 $F_{cy,n}$ 的大小可表示为

$$F_{cy,n} = -F_{va,n} \qquad (9-96)$$

如图 9-19 所示，由于吸入腔与排出腔内压力不同，在转缸内壁上形成一个压差作用力，其方向垂直于滑板圆头中心 O_3 与啮合点 C 之间的连线，大小为

$$F_{cy,p} = 2HR_{cy}(p_d - p_s)\sin\frac{\varphi_{cy}}{2} \qquad (9-97)$$

此外，由于缸体端盖随转缸一起转动，将转缸与缸体端盖看成一个整体来考虑。转缸还受到摩擦阻力矩的作用，分别为转子外表面对转缸内表面的摩擦力矩、转子端面对缸体端面的摩擦力矩、转缸轴承的摩擦力矩、转缸密封的摩擦力矩。其中，由于转子与转缸之间的相对速度较小，转子与转缸在啮合线处的油膜剪切力较小，因此转子外表面对转缸内表面的摩擦力矩在转缸受力分析时忽略不计。

根据力的平移定理，将作用在转缸上的各力向其旋转中心 O_2 简化，可得到一个径向力 F_{cy} 和一个力矩 M_{cy}，F_{cy} 与缸体轴承支反力平衡，M_{cy} 则使转缸作变速旋转运动。

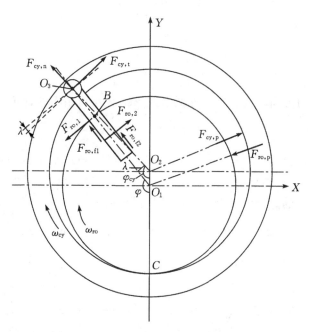

图 9 - 19 转缸与转子运动及受力示意图

径向力在水平和竖直方向的分量以及合成力矩可分别表示为

$$\begin{cases} F_{cy,x} = F_{cy,p}\sin\dfrac{\varphi_{cy}}{2} - F_{cy,n}\sin\varphi_{cy} - F_{cy,t}\cos\varphi_{cy} \\[3mm] F_{cy,y} = F_{cy,p}\cos\dfrac{\varphi_{cy}}{2} - F_{cy,n}\cos\varphi_{cy} + F_{cy,t}\sin\varphi_{cy} \end{cases} \tag{9-98}$$

$$M_{cy} = F_{cy,t}(R_{cy} + R_{va}) - M_{cy,be} - M_{cy,ed} - M_{cy,se} \tag{9-99}$$

式中：$M_{cy,be}$ 为转缸轴承所受的摩擦力矩，N・m；$M_{cy,ed}$ 为缸体端盖所受的摩擦力矩，N・m；$M_{cy,se}$ 为转缸密封的摩擦力矩，N・m。

根据转缸运动分析，转缸在滑板的驱动下绕自身中心作变速旋转运动。应用相对于转缸中心轴的动量矩定理，转缸的转动微分方程可表示为

$$J_{cy}\frac{d^2\varphi_{cy}}{dt^2} = \sum M_{cy} \tag{9-100}$$

式中：J_{cy} 为转缸与缸体端盖对转缸旋转轴的转动惯量，kg・m²。

根据转缸旋转角加速度计算式可以写成

$$J_{cy}\alpha_{cy} = F_{cy,t}(R_{cy} + R_{va}) - M_{cy,be} - M_{cy,ed} - M_{cy,se} \tag{9-101}$$

求解以上方程即可求得切向力 $F_{cy,t}$，将其带入式（9-99）即可求得作用在转缸上的径向力，该力即为转缸轴承的径向载荷。

（5）转子受力及阻力矩分析。

在机构运行时，转子作匀速旋转运动。如图 9-19 所示，转子主要受到滑板对滑板槽的反作用力和摩擦力、工作腔压差作用力以及端面摩擦力矩作用。

滑板对滑板槽的反作用力和摩擦力的方向与前面的滑板所受的滑板槽约束力和摩擦力的方向相反，大小相等，即

$$\begin{cases} F_{\mathrm{ro},1} = -F_{\mathrm{va},1} \\ F_{\mathrm{ro},2} = -F_{\mathrm{va},2} \end{cases} \tag{9-102}$$

$$\begin{cases} F_{\mathrm{ro},\mathrm{f1}} = -F_{\mathrm{va},\mathrm{f1}} \\ F_{\mathrm{ro},\mathrm{f2}} = -F_{\mathrm{va},\mathrm{f2}} \end{cases} \tag{9-103}$$

工作腔压差作用力方向垂直于转子外圆上弦 BC，大小可由下式计算

$$F_{\mathrm{ro},\mathrm{p}} = 2HR_{\mathrm{ro}}(p_{\mathrm{d}} - p_{\mathrm{s}})\sin\frac{\varphi}{2} \tag{9-104}$$

根据力的平移定理，将作用在转子上的各力向其旋转中心 O_1 简化，可得到一个径向力 F_{ro} 和一个力矩 M_{ro}，F_{ro} 与主轴轴承支反力平衡，M_{ro} 即为转子阻力矩，并与主轴驱动力矩平衡。径向力在水平和竖直方向的分量以及合成力矩可分别表示为

$$\begin{cases} F_{\mathrm{ro},x} = (F_{\mathrm{ro},1} - F_{\mathrm{ro},2})\cos\varphi - (F_{\mathrm{ro},\mathrm{f1}} + F_{\mathrm{ro},\mathrm{f2}})\sin\varphi - F_{\mathrm{ro},\mathrm{p}}\sin\dfrac{\varphi}{2} \\ F_{\mathrm{ro},y} = (F_{\mathrm{ro},2} - F_{\mathrm{ro},1})\sin\varphi - (F_{\mathrm{ro},\mathrm{f1}} + F_{\mathrm{ro},\mathrm{f2}})\cos\varphi - F_{\mathrm{ro},\mathrm{p}}\cos\dfrac{\varphi}{2} \end{cases} \tag{9-105}$$

$$M_{\mathrm{ro}} = F_{\mathrm{ro},1}R_{\mathrm{ro}} - F_{\mathrm{ro},2}\left[\sqrt{(R_{\mathrm{cy}} + R_{\mathrm{va}})^2 - e^2\sin^2\varphi} - e\cos\varphi - L\right] + M_{\mathrm{ro},\mathrm{ed}} \tag{9-106}$$

式中：$M_{\mathrm{ro},\mathrm{ed}}$ 为转子端面所受的摩擦力矩，N·m。

式(9-105)所示的径向力即为主轴轴承径向载荷，式(9-106)所示的力矩即为转子阻力矩。压缩机的总阻力矩则为转子阻力矩与主轴轴承摩擦阻力矩和轴封摩擦阻力矩之和

$$M_{\mathrm{r}} = M_{\mathrm{ro}} + M_{\mathrm{sh},\mathrm{be}} + M_{\mathrm{sh},\mathrm{se}} \tag{9-107}$$

式中：$M_{\mathrm{sh},\mathrm{be}}$ 为主轴轴承摩擦力矩，N·m；$M_{\mathrm{sh},\mathrm{se}}$ 为主轴轴封摩擦力矩，N·m。

9.3.3 典型结构示例及应用

如前所述，同步回转压缩机采用旋转的气缸设计，最大限度地降低了气缸与转子之间的摩擦损失，相对于传统具有固定气缸的旋转压缩机，具有更高的机械效率和可靠性。该压缩机在空气动力、制冷领域均有一定的应用前景，此外以其独特的结构设计也可作为多相流体增压装置，运用在油气混输领域。

1. 气体压缩机

当作为气体压缩机时，同步回转压缩机具有两种不同的进、排气布置方式。如图 9-20 (a)所示，对于第一种进、排气方式，将吸气孔口开设在转缸径向方向，同时将排气口开设在转子径向方向上，工作流体从转缸径向进入压缩机工作腔，经过压缩，从排气阀流出，经转子内部的排气通道从轴向排出；如图 9-20(b)所示，对于第二种进、排气方式，则刚好相反，气流经由转子内部轴向通道并通过开设在转子上的吸气孔口进入压缩机工作腔，完成压缩后，再由开设在转缸上的排气孔口和排气阀流出。前一种进、排气布置方式一般用于空气压缩机，而后一种则用于全封闭制冷压缩机。

2. 油气混输泵

同步回转油气混输泵是一种能够对气、液流体混合物进行增压的装置，主要应用于油田开采过程中对油、气混合物直接进行增压输送。如图 9-21 所示，同步回转油气混输泵与前述同步回转压缩机的区别在于移除了排气阀并改变了进气(液)孔口的设置。在同步回转油气混输

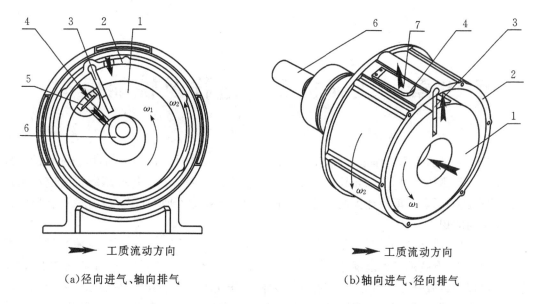

　　　工质流动方向　　　　　　　　　　　　　　工质流动方向

（a）径向进气、轴向排气　　　　　　　　（b）轴向进气、径向排气

1—转子；2—气缸；3—滑板；4—阀片；5—阀座；6—主轴；7—升程限制器

图 9-20　同步回转压缩机的两种进气与排气方式

泵中，由于需要处理从纯液体到纯气体范围内任意含气率的工作流体，在混输泵工作过程中不允许存在高压封闭容积及内压缩过程，为此除去了排气阀并将吸入孔口开设在转缸端盖上，而且吸入孔口截面采用了如图 9-21 所示的曲边多边形，其开闭由转子与转缸端面的相对位置来决定。

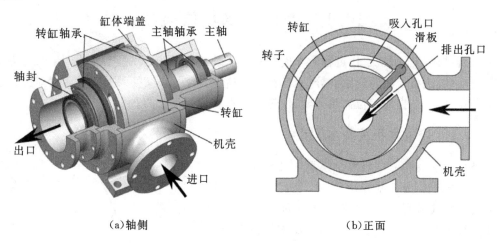

（a）轴侧　　　　　　　　　　　　　　　（b）正面

图 9-21　同步回转混输泵示意图

第 10 章　压缩机工作过程及性能模拟

在回转压缩机的实际工作过程中,压缩机的性能会受到多种因素的影响,用较简单的公式对其性能进行预测计算时,往往导致计算结果产生较大的误差。在现代的压缩机研究和设计开发中,均广泛采用数值模拟计算的方法。目前更是积极探索 CFD 有限元计算软件在压缩机性能研究中的应用。

压缩机工作过程的数值模拟,是以基元容积为研究对象,对其间的吸气、压缩和排气过程进行详细的分析,有效地考虑泄漏、喷油及换热等因素对工作过程的影响,并在此基础上,建立描述这些过程的偏微分方程组。然后利用数值解法,联立求解上述方程,从而求出各过程中基元容积内气体的压力、温度等微观特性,并进而以这些数据为基础,求出压缩机的排气量、轴功率等宏观性能。

通过对压缩机的工作过程进行数学模拟,可以在压缩机的设计阶段,就预测出其性能,并可根据计算结果,调整和优化一些设计参数,从而确保所设计出的机器具有优越的性能,这可大大缩短新产品的开发周期和费用,并能产生显著的经济效益。

同时,本章也简要介绍了目前有限元软件在压缩机工作过程模拟的应用情况。

10.1　工作过程数值模拟

本节所描述的压缩机工作过程数学模型是以压缩机基元容积为控制容积,并以此为切入点,对工作过程进行了较为详细的分析,且补充了喷油、泄漏、热交换及补气等因素对工作过程影响的子模型,并依据两相流体热力学、传热学基本原理而建立的。

10.1.1　控制容积及基本假设

本节所建立的压缩机热力学模型中的控制体以压缩机的基元容积作为控制容积,它通过进气、压缩和排气过程完成对工质的增压,控制体容积随阳转子转角变化的规律如图 10 - 1 所示。又由于压缩机具有进气孔口和排气孔口,因此在原理上,该控制容积可转换为如图 10 - 2 所示的气缸和活塞所组成的压缩体,故而用该控制体可以统一描述进气、压缩和排气的全过程。

由于回转压缩机内部的基元容积几何形状复杂,造成油气混合物在机体内的流动、流型极其复杂,为了能使描述复杂的回转压缩机实际工作过程的数学方程能得到合理而又快速的计算,特做出如下假设。

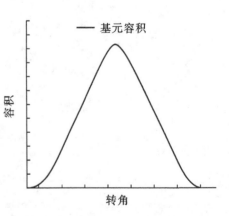

图 10 - 1　控制容积随阳转子转角变化规律

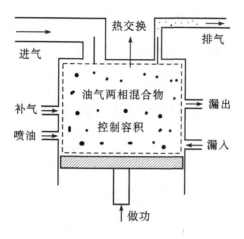

图 10-2　控制容积示意图

（1）进气过程中，控制容积不存在泄漏。只有到进气快结束时，才会有泄漏情况发生。

（2）控制容积内各点的状态参数相同。在相同转角时，各基元容积中气体工质的状态参数相同，且气体和油的压力相同。

（3）制冷工质或者油-制冷工质混合物在流经各通道时是绝热流动。

（4）油相不可压缩，且无相变发生。

10.1.2　基本微分方程组

应用于回转压缩机的热力过程数值模拟的基本方程为质量守恒方程和能量守恒方程，对所研究如图 10-2 所示的控制容积中的两相流体，应用质量守恒方程可以得到

气相（工质）

$$\mathrm{d}m_{\mathrm{g}} = \sum \mathrm{d}m_{\mathrm{g,i}} - \sum \mathrm{d}m_{\mathrm{g,o}} \tag{10-1}$$

液相（油）

$$\mathrm{d}m_{\mathrm{l}} = \sum \mathrm{d}m_{\mathrm{l,i}} - \sum \mathrm{d}m_{\mathrm{l,o}} \tag{10-2}$$

对所研究如图 10-2 所示的控制容积中的两相流体，根据变质量系统热力学原理，应用热力学第一定律，可得如下能量方程

$$\mathrm{d}U = \mathrm{d}E_{\mathrm{i}} - \mathrm{d}E_{\mathrm{o}} + \mathrm{d}W - \mathrm{d}Q \tag{10-3}$$

即

$$\mathrm{d}(mu) = \sum \mathrm{d}m_{\mathrm{i}}h_{\mathrm{i}} - \sum \mathrm{d}m_{\mathrm{o}}h_{\mathrm{o}} + \mathrm{d}W - \mathrm{d}Q \tag{10-4}$$

式中忽略两相流体的动能和宏观势能，且规定外界对控制容积中两相流体做功为正，控制容积中两相流体吸热为正。

将式（10-4）写成以转角为变化率的形式，则有

$$\frac{\mathrm{d}(mu)}{\mathrm{d}\theta} = \sum \frac{\mathrm{d}m_{\mathrm{i}}}{\mathrm{d}\theta}h_{\mathrm{i}} - \sum \frac{\mathrm{d}m_{\mathrm{o}}}{\mathrm{d}\theta}h_{\mathrm{o}} + \frac{\mathrm{d}W}{\mathrm{d}\theta} - \frac{\mathrm{d}Q}{\mathrm{d}\theta} \tag{10-5}$$

1. 对于气相来说

式（10-5）可以变化为

$$\frac{\mathrm{d}(m_{\mathrm{g}}u_{\mathrm{g}})}{\mathrm{d}\theta} = \sum \frac{\mathrm{d}m_{\mathrm{g,i}}}{\mathrm{d}\theta}h_{\mathrm{g,i}} - \sum \frac{\mathrm{d}m_{\mathrm{g,o}}}{\mathrm{d}\theta}h_{\mathrm{g,o}} + \frac{\mathrm{d}W}{\mathrm{d}\theta} - \frac{\mathrm{d}Q_{\mathrm{g}}}{\mathrm{d}\theta} \tag{10-6}$$

由于 $u_{\mathrm{g}} = h_{\mathrm{g}} - p\upsilon_{\mathrm{g}}$，$\upsilon_{\mathrm{g}} = V_{\mathrm{g}}/m_{\mathrm{g}}$，则气相的内能也可以表示为

$$\frac{\mathrm{d}(m_{\mathrm{g}}u_{\mathrm{g}})}{\mathrm{d}\theta} = m_{\mathrm{g}}\frac{\mathrm{d}h_{\mathrm{g}}}{\mathrm{d}\theta} + h_{\mathrm{g}}\frac{\mathrm{d}m_{\mathrm{g}}}{\mathrm{d}\theta} - p\frac{\mathrm{d}V_{\mathrm{g}}}{\mathrm{d}\theta} - V_{\mathrm{g}}\frac{\mathrm{d}p}{\mathrm{d}\theta} \tag{10-7}$$

根据气体热力状态参数的基本关系，由 $h = h(T,\upsilon)$，$p = p(T,\upsilon)$ 得到

$$\frac{\mathrm{d}h_{\mathrm{g}}}{\mathrm{d}\theta} = \left(\frac{\partial h_{\mathrm{g}}}{\partial \upsilon_{\mathrm{g}}}\right)_{T_{\mathrm{g}}}\frac{\mathrm{d}\upsilon_{\mathrm{g}}}{\mathrm{d}\theta} + \left(\frac{\partial h_{\mathrm{g}}}{\partial T_{\mathrm{g}}}\right)_{\upsilon_{\mathrm{g}}}\frac{\mathrm{d}T_{\mathrm{g}}}{\mathrm{d}\theta} \tag{10-8}$$

$$\frac{\mathrm{d}p_{\mathrm{g}}}{\mathrm{d}\theta} = \left(\frac{\partial p_{\mathrm{g}}}{\partial \upsilon_{\mathrm{g}}}\right)_{T_{\mathrm{g}}}\frac{\mathrm{d}\upsilon_{\mathrm{g}}}{\mathrm{d}\theta} + \left(\frac{\partial p_{\mathrm{g}}}{\partial T_{\mathrm{g}}}\right)_{\upsilon_{\mathrm{g}}}\frac{\mathrm{d}T_{\mathrm{g}}}{\mathrm{d}\theta} \tag{10-9}$$

考虑到 $\mathrm{d}W = -p\mathrm{d}V_{\mathrm{g}}$ 和 $h_{\mathrm{g}} = h_{\mathrm{g,o}}$，将式(10-1)、式(10-7)代入式(10-6)，并利用关系式(10-8)、(10-9)，可分别得到控制容积内气相的压力和温度随阳转子转角的变化率关系式为

$$\frac{\mathrm{d}p}{\mathrm{d}\theta} = \frac{\dfrac{1}{\upsilon_{\mathrm{g}}}\left[\left(\dfrac{\partial h_{\mathrm{g}}}{\partial \upsilon_{\mathrm{g}}}\right)_{T_{\mathrm{g}}} - \dfrac{(\partial h_{\mathrm{g}}/\partial T_{\mathrm{g}})_{\upsilon_{\mathrm{g}}}(\partial p/\partial \upsilon_{\mathrm{g}})_{T_{\mathrm{g}}}}{(\partial p/\partial T_{\mathrm{g}})_{\upsilon_{\mathrm{g}}}}\right]\dfrac{\mathrm{d}\upsilon_{\mathrm{g}}}{\mathrm{d}\theta} - \dfrac{1}{\upsilon_{\mathrm{g}}}\left[\sum \dfrac{\mathrm{d}m_{\mathrm{g,j}}}{\mathrm{d}\theta}(h_{\mathrm{g,j}} - h_{\mathrm{g}}) - \dfrac{\mathrm{d}Q_{\mathrm{g}}}{\mathrm{d}\theta}\right]}{1 - \dfrac{1}{\upsilon_{\mathrm{g}}}\dfrac{(\partial h_{\mathrm{g}}/\partial T_{\mathrm{g}})_{\upsilon_{\mathrm{g}}}}{(\partial p/\partial T_{\mathrm{g}})_{\upsilon_{\mathrm{g}}}}}$$

$$\tag{10-10}$$

$$\frac{\mathrm{d}T_{\mathrm{g}}}{\mathrm{d}\theta} = \frac{\left[\dfrac{1}{\upsilon_{\mathrm{g}}}\left(\dfrac{\partial h_{\mathrm{g}}}{\partial \upsilon_{\mathrm{g}}}\right)_{T_{\mathrm{g}}} - \left(\dfrac{\partial p_{\mathrm{g}}}{\partial \upsilon_{\mathrm{g}}}\right)_{T_{\mathrm{g}}}\right]\dfrac{\mathrm{d}\upsilon_{\mathrm{g}}}{\mathrm{d}\theta} - \dfrac{1}{\upsilon_{\mathrm{g}}}\left[\sum \dfrac{\mathrm{d}m_{\mathrm{g,i}}}{\mathrm{d}\theta}(h_{\mathrm{g,i}} - h_{\mathrm{g}}) - \dfrac{\mathrm{d}Q_{\mathrm{g}}}{\mathrm{d}\theta}\right]}{\left(\dfrac{\partial p}{\partial T_{\mathrm{g}}}\right)_{\upsilon_{\mathrm{g}}} - \dfrac{1}{\upsilon_{\mathrm{g}}}\left(\dfrac{\partial h_{\mathrm{g}}}{\partial T_{\mathrm{g}}}\right)_{\upsilon_{\mathrm{g}}}} \tag{10-11}$$

2. 对于液相(油)来说

式(10-5)可以变化为

$$\frac{\mathrm{d}u_{\mathrm{l}}}{\mathrm{d}\theta} = \frac{1}{m_{\mathrm{l}}}\left(h_{\mathrm{l,i}}\sum \frac{\mathrm{d}m_{\mathrm{l,i}}}{\mathrm{d}\theta} - h_{\mathrm{l,o}}\sum \frac{\mathrm{d}m_{\mathrm{l,o}}}{\mathrm{d}\theta} + p\frac{\mathrm{d}V_{\mathrm{l}}}{\mathrm{d}\theta} - \sum \frac{\mathrm{d}Q_{\mathrm{l}}}{\mathrm{d}\theta}\right) \tag{10-12}$$

根据假设 2，在相同转角时，油的压力与气体的压力相同，因此油的压力计算式可由式(10-10)来表示。

考虑到 $h_{\mathrm{l}} = h_{\mathrm{l,o}}$ 和 $h_{\mathrm{l}} = u_{\mathrm{l}} = C_{\mathrm{l}}T_{\mathrm{l}}$，所以油温变化率关系式为

$$\frac{\mathrm{d}T_{\mathrm{l}}}{\mathrm{d}\theta} = \frac{1}{m_{\mathrm{l}}}\left(T_{\mathrm{l,i}}\sum \frac{\mathrm{d}m_{\mathrm{l,i}}}{\mathrm{d}\theta} - T_{\mathrm{l}}\sum \frac{\mathrm{d}m_{\mathrm{l,o}}}{\mathrm{d}\theta} - \frac{1}{C_{\mathrm{l}}}\sum \frac{\mathrm{d}Q_{\mathrm{l}}}{\mathrm{d}\theta}\right) \tag{10-13}$$

当然，如果压缩机的工作腔内不喷油或其它冷却介质时，应考虑为干式压缩机工作过程，因此上述微分方程组的液体项将被忽略。

10.1.3　容积变化方程

在上述基本方程组中，需要知道控制体的容积随转角变化的关系函数，即 $V_{\mathrm{c}} = f(\theta)$，如图 10-1 所示。因此在数值模拟计算过程中，基元容积随转角变化的关系可用图 10-1 所示的变化规律差值得到。

10.1.4　气体状态方程

在基本微分方程组中,式(10－10)和式(10－11)含有许多气体状态参数间的关系式,需要用气体状态方程来描述。对于空气压缩机和一些工艺压缩机,可以采用理想气体的状态方程

$$pv = RT \tag{10－14}$$

当被压缩介质为 N_2、H_2、O_2、CO_2、CH_4 及这些气体的混合物时,一般可采用如下的 R－K 方程

$$p = \frac{RT}{v-b} \frac{a}{T^{0.5}v(v+b)} \tag{10－15}$$

对于制冷压缩机和一些工艺压缩机,被压缩介质的特性与理想气体相差较大,因此无法对基本方程进行简化。实际计算中,应根据具体介质的特性,选用适当的方程,并求出状态参数间的关系后,直接代入基本方程中。当采用氟里昂类制冷剂时,通常可采用如下的 M－H 方程

$$p = \frac{RT}{v-b} + \frac{A_2 + B_2 T + C_2 e^{-kT/T_c}}{(v-b)^2} + \frac{A_3 + B_3 T + C_3 e^{-kT/T_c}}{(v-b)^3} +$$
$$\frac{A_4 + B_4 T + C_4 e^{-kT/T_c}}{(v-b)^4} + \frac{A_5 + B_5 T + C_5 e^{-kT/T_c}}{(v-b)^5} \tag{10－16}$$

根据所压缩的具体气体种类,确定上式中有关的常数和系数后,即可代入基本方程进行计算。

由于气体物性计算软件的高度集成,在压缩机工作过程模拟中,气体的热力学状态参数完全可以调用物性计算软件的结果,而不用专门去编制冗长的程序计算代码。

10.1.5　泄漏模型

回转压缩机采用间隙密封,因此具有较高的可靠性和寿命。但同时由于密封间隙的存在,必然导致密封不严,存在气体泄漏现象,这就限制了压缩机效率的提高。而压缩机泄漏量的计算是压缩机工作工程数学模拟的主要组成部分,直接影响到模拟计算结果的准确性及数学模型的精确度。

由于回转压缩机的种类比较多,本小节中只是描述了通用型的泄漏数学模型。另外对于具体压缩机的泄漏通道不再做细分,只分为狭缝型和孔口型两大类泄漏通道,而且对于干式压缩机和喷油压缩机,我们也分别建立了其对应的泄漏模型。

1.干式压缩机泄漏模型

对于干式压缩机而言,一般都采用喷管模型,其具体的表达式如下。

当 $0 \leqslant \frac{p_2}{p_1} < \left(\frac{2}{k+1}\right)^{\frac{k}{k-1}}$ 时

$$\frac{\mathrm{d}m}{\mathrm{d}\varphi} = \frac{CAp_1}{\omega} \sqrt{\frac{2k}{(k-1)RT_1}\left[\left(\frac{p_2}{p_1}\right)^{\frac{2}{k}} - \left(\frac{p_2}{p_1}\right)^{\frac{k+1}{k}}\right]} \tag{10－17}$$

当 $\left(\frac{2}{k+1}\right)^{\frac{k}{k-1}} \leqslant \frac{p_2}{p_1} \leqslant 1$ 时

$$\frac{\mathrm{d}m}{\mathrm{d}\varphi} = \frac{CAp_1}{\omega} \sqrt{\frac{k}{R(k-1)}\left(\frac{2}{k+1}\right)^{\frac{k+1}{k-1}}} \tag{10－18}$$

式中：p_1 和 p_2 分别为高压区域和低压区域的压力；T_1 为高压区域的气体温度；A 为泄漏面积。另外，泄漏模型中的流量系数 C 是个经验系数，要根据泄漏通道的种类、转速等因素来取定，也可由试验确定。

2.喷油压缩机泄漏模型

对于喷油压缩机而言，采用了如下两种模型供读者参考。

对于喷油压缩机中的微小间隙狭长型泄漏通道，它的泄漏量的计算可按分层两相流处理。这种分层两相流动的质量流量可由下式决定。

泄漏气体质量流量

$$\dot{m}_g = \alpha_{le} A_{le} u_g \rho_g \tag{10-19}$$

泄漏油质量流量

$$\dot{m}_l = (1 - \alpha_{le}) A_{le} u_l \rho_l \tag{10-20}$$

式中，

$$u_g = C \sqrt{2(h_1 - h_2)}$$

$$u_l = \frac{u_g}{S}$$

$$S = 0.4 + 0.6 \left(\frac{\rho_l}{\rho_g} + 0.4 \frac{1-x}{x} \right)^{\frac{1}{2}} \left(1 + 0.4 \frac{1-x}{x} \right)^{\frac{1}{2}}$$

$$\alpha_{le} = \left(1 + \frac{1-x}{x} \frac{\rho_g}{\rho_l} \right)^{-1}$$

式中：α_{le} 代表空泡率；A_{le} 为泄漏间隙横截面积随转角的变化关系；S 为滑移系数；x 为干度；h_1、h_2 分别为泄漏通道两侧的气体焓。

对于类似孔口型的泄漏通道的泄漏量计算，可以把油和制冷剂气体混合物的泄漏看成为均相流体通过孔板的流动，其质量流量可由下列方程决定。

泄漏气体质量流量

$$\dot{m}_g = x\dot{m} \tag{10-21}$$

泄漏油质量流量

$$\dot{m}_l = (1-x)\dot{m} \tag{10-22}$$

式中，

$$\dot{m} = \frac{C\alpha\varepsilon A_{le} \sqrt{2\rho_l \Delta p}}{(1-x)\varphi + x\sqrt{\rho_l/\rho_g}}$$

$$\varphi = 1.48625 - 9.26541\left(\frac{\rho_g}{\rho_l}\right) + 44.6954\left(\frac{\rho_g}{\rho_l}\right)^2 - 60.6150\left(\frac{\rho_g}{\rho_l}\right)^3 - 5.12966\left(\frac{\rho_g}{\rho_l}\right)^4 - 26.5743\left(\frac{\rho_g}{\rho_l}\right)^5$$

式中：C 为修正系数；α 为流量系数；ε 为气体膨胀系数；A_{le} 为泄漏间隙横截面积随转角的变化关系；x 为干度；φ 为考虑气液滑动比的修正系数；Δp 为泄漏通道两侧的压差。

泄漏模型中，油气混合物的干度物性参数由下式决定

$$x = \frac{m_g}{m_g + m_l} \tag{10-23}$$

10.1.6 换热计算模型

由于压缩机的特殊形状，造成了压缩机内部的流动情况十分复杂。因此对压缩机内的换

热简化为如下两个方面,一方面为油气之间的换热,另一方面为气体与机壳之间的换热。合理的计算这二者的换热量,才能更好的完善本文中的数学模型。

由于润滑油喷入到压缩机中冷却气体,而且通常具有油冷却器装置,因此压缩机的排气温度较低,通常低于 100 ℃。因此对于压缩机性能计算来说,油气之间的热交换量是比较重要的一方面。油气之间的热交换主要为对流换热,辐射换热量相对很少,可以不予考虑。

关于对流换热系数,有关文献资料已经做了大量的介绍,本节中采用压缩机研究中的半经验准则式。

气体与油滴之间的努赛尔数为

$$Nu = 2 + 0.6Re^{0.5}Pr^{0.33} \tag{10-24}$$

气体与机壳之间的努赛尔数为

$$Nu = 0.023Re^{0.5} \tag{10-25}$$

1.油气之间的换热量计算

喷入压缩机腔内的润滑油被雾化之后,形成众多的油滴颗粒。气体与这些油滴进行有效的换热,从而降低气体温度,提高压缩机的性能。油气之间换热效果也就体现在这些油滴与气体之间的换热。单个油滴与气体的换热可以由下列方程得到。

油滴与气体的无量纲换热系数——努赛尔数由式(10-24)给出,式中的普朗特数由下式决定

$$Pr = \frac{c_{pg}\mu_g}{\lambda_g} \tag{10-26}$$

式中:c_{pg}、μ_g 和 λ_g 分别为气体的定压比热、动力黏性系数和导热率。

雷诺数由下式决定

$$Re = \frac{\rho_g d_{32}\sqrt{u_g^2 - u_l^2}}{\mu_g} \tag{10-27}$$

式中油滴的直径统一用索特尔平均直径表示,在没有可靠的实验数据之前,通常是根据经验来给定 d_{32} 的值,并认为它为一个常数。借助于 PIV 测试台,对油雾化的情况进行了实验,分析实验结果,可以得到 d_{32} 的取值范围,发现 d_{32} 一般为 0.5~0.8 mm。u_l、u_g 分别为油滴与气体的速度。因此油滴与气体之间的换热系数为

$$\alpha = \frac{Nu\lambda_l}{d_{32}} \tag{10-28}$$

式中:λ_l 为油的导热率。

单个油滴与气体的换热量为

$$q_l = \alpha A_l(T_g - T_l)$$

式中:A_l 为油滴表面积,$A_l = \pi d_{32}^2$。

相应的气体和所有运动油滴间总的换热量可以用下式表示

$$Q_l = \frac{Nu\lambda_l}{d_{32}}(\pi d_{32}^2)\frac{M_l}{(\rho_l \frac{1}{6}\pi d_{32}^2)}(T_g - T_l) \tag{10-29}$$

2.气体与机壳之间的换热量计算

由于气体与机壳之间的换热比较复杂,因此对其做了一定的简化和近似。机壳与气体的无量纲换热系数——努赛尔数由式(10-25)给出,同样雷诺数也可以用式(10-27)计算,因此

其换热系数 α 也可以得到。气体与机壳之间的换热量可以表示为

$$Q_{gw} = \xi \alpha A(T_g - T_w) \tag{10-30}$$

式中：A 代表换热面积；ξ 则用来修正由于换热面积和换热系数的近似而带来的偏差，T_w 为机壳温度。

因此基本微分方程组中气体总的换热量 Q_g 可由下式表示

$$Q_g = Q_l + Q_{gw} \tag{10-31}$$

10.1.7　经济器补气分析

在制冷系统中采用经济器补气方式，在低温工况时可以提高系统制冷（热）量和 COP，达到较好的节能效果，但是对压缩机而言，由于经济器的使用，造成了压缩机由一级压缩转变为准二级压缩，在压缩机的运行过程中增加了补气-混合-压缩过程。

由于增加了中压二次进气，使得带经济器的制冷压缩机热泵系统的流程和压缩机的工作循环的状态变化过程如图 10-3 所示，且使得原制冷压缩机的整个压缩过程可分为以下三个阶段。

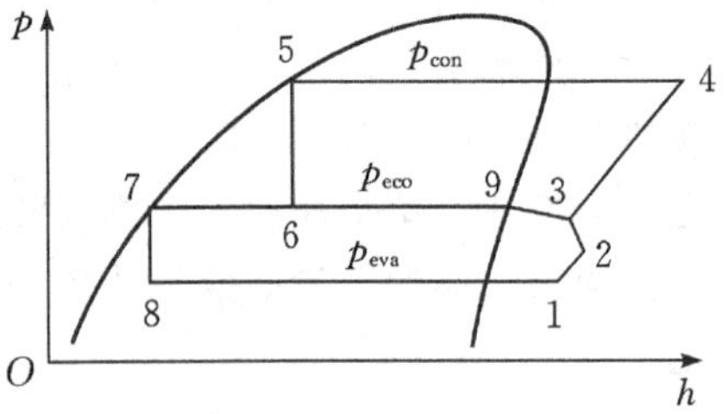

第一阶段（初压缩 1→2）：依靠压缩机基元容积的缩小，使得由蒸发器带来的低压一次进气的制冷剂工质，由状态点 1 纯压缩到状态点 2。

图 10-3　带经济器的制冷压缩机热泵系统流程图

第二阶段（补气、压缩 9、2→3）：由中压补气孔口对基元容积的补气（状态点 9）与该容积内原有气体（状态点 2）混合，并依靠基元容积的缩小，增压至状态点 3。

第三阶段（终压缩 3→4）：依靠压缩机基元容积的缩小，把基元容积内的制冷剂气体由状态点 3 纯压缩到状态点 4。

当二次进气中间压力 p_{eco}（经济器补气压力）确定之后，整个补气过程中进入压缩腔内的气体量应与补气压力 p_{eco} 和压缩腔内气体压力 p 有关。补气孔口打开之后，运用喷管模型可以得到经济器补入压缩腔的气体量的计算

$$\begin{cases} \dot{m}_{eco} = C_{eco} \dfrac{A_{eco}}{\upsilon_{eco}} \sqrt{\dfrac{2\kappa}{\kappa-1} RT_{eco}(\varepsilon^{\frac{2}{\kappa}} - \varepsilon^{\frac{\kappa+1}{\kappa}})} \\[2mm] \varepsilon_{cr} = (\dfrac{2}{\kappa+1})^{\frac{\kappa}{\kappa-1}} \\[2mm] \dfrac{p_{con}}{p_{eco}} \geqslant \varepsilon_{cr} \rightarrow \varepsilon = \dfrac{p_{con}}{p_{eco}} \\[2mm] \dfrac{p_{con}}{p_{eco}} < \varepsilon_{cr} \rightarrow \varepsilon = \varepsilon_{cr} \end{cases} \tag{10-32}$$

式中：C_{eco} 为补气修正系数。有文献表明，修正系数 C_{eco} 与压比之间的关系式为

$$C_{eco} = 0.2866 + 0.24722\varepsilon_{eco} - 0.0391\varepsilon_{eco}^2 \tag{10-33}$$

式中：ε_{eco} 为补气压力与补气开始位置压缩腔内气体压力之间的函数关系，其表达式为

$$\varepsilon_{eco} = \frac{p_{eco}}{p_s(\frac{\upsilon_{sf}}{\upsilon_s})^k}$$

式中：v_{sf} 为补气开始位置压缩机内气体比容；v_s 为吸气比容；p_s 为吸气压力。

该文献计算所得补气量与实验所得补气量比较如图 10 - 4 所示，从图中看出，模型计算结果与实验值吻合较好。

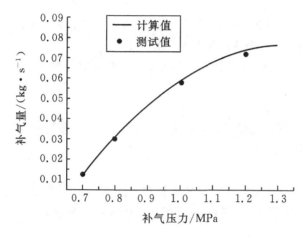

图 10 - 4　补气量比较

10.1.8　喷油量计算

喷油量的计算可以用简单的喷管模型，喷入的油流量可由下式计算

$$\dot{m}_1 = C\alpha A_1 \sqrt{2\rho_1 \Delta p} \tag{10 - 34}$$

式中：α 为流量系数，它的值通过实验来确定，在压缩机中，通过喷油孔口的油的流量系数为 $0.6 \sim 0.8$ 左右；C 为流量修正系数；A_1 为喷油孔口面积随转角变化的关系式。

10.1.9　热力性能参数计算

1. 容积流量及容积效率

回转压缩机的理论容积流量 q_t 只取决于压缩机的几何尺寸和转速，它表征了压缩机单位时间内的理论排气量。

回转压缩机的实际容积流量 q_V 是指折算到吸气状态的实际容积流量，考虑容积效率 η_V，有

$$q_V = \eta_V q_t \tag{10 - 35}$$

如式（10 - 35）所示，压缩机的容积效率 η_V 是实际容积流量与理论容积流量的比值，即

$$\eta_V = \frac{q_V}{q_t} \tag{10 - 36}$$

由上式可以看出，容积效率 η_V 反映了压缩机几何尺寸利用的完善程度。q_t 与 q_V 的差值，对压缩机而言，主要是由于气体的泄漏所致。

2. 功率和效率

回转压缩机的功耗主要有压缩气体所需的指示功和各种摩擦功耗，两者之和被称为轴功率。对于分析压缩机性能来说，一般所指的功率分别为等熵绝热压缩功率、指示功率和轴功率；所指的效率，除上述的容积效率外，还有绝热效率、绝热指示效率。

(1)等熵绝热压缩功率。

如果被压缩的气体可以作为理想气体处理,则压缩机的等熵绝热功率 P_{ad} 可按下式计算

$$P_{ad} = \frac{k}{k-1} p_s q_V \left(\left(\frac{p_d}{p_s}\right)^{\frac{k-1}{k}} - 1 \right)$$ (10-37)

式中:P_{ad} 为压缩机的等熵绝热功率;p_s 为压缩机的吸气压力;p_d 为压缩机的排气压力;k 为被压缩气体的绝热指数;q_V 为压缩机的实际容积流量。

如果被压缩的气体不可作为理想气体处理,则压缩机的等熵绝热功率 P_{ad} 可通过焓差计算,即

$$P_{ad} = M(h_{ds} - h_s)$$ (10-38)

式中:h_s 为吸气状态下的气体比焓;h_{ds} 为排气压力下与吸气状态熵相等的状态下气体比焓;M 为压缩机的实际质量流量。

(2)指示功率。

压缩机指示功率 P_i 是指单位时间内压缩机将工质增压到所需压力时消耗的机械功,其具体的数值可以通过工作工程模拟所得 p-V 指示图的面积积分求得。

(3)轴功率。

压缩机轴功率 P_s 是指压缩气体所需要的指示功和各种摩擦功耗之和。假设已知机械效率 η_m,其定义为压缩机指示功率与轴功率的比值,则轴功率可由下式表示

$$P_s = \frac{P_i}{\eta_m}$$ (10-39)

(4)绝热效率。

等熵绝热压缩所需的功率与压缩机实际轴功率的比值,称为绝热效率 η_{ad}。

$$\eta_{ad} = \frac{P_{ad}}{P_s}$$ (10-40)

压缩机的绝热效率 η_{ad} 反映了压缩机能量利用的完善程度,其数值依机型和工况不同而有明显的差别。

(5)绝热指示效率和机械效率。

为了进一步改善压缩机的性能,常需考察某些特定因素对压缩机的影响,为此,也用其它形式的效率来表示。例如,使用绝热指示效率 η_i 反映压缩机内部工作过程的完善程度。

绝热指示效率 η_i 为等熵绝热压缩所需的理论功率 P_{ad} 与压缩机指示功率 P_i 的比值,即

$$\eta_i = \frac{P_{ad}}{P_i}$$ (10-41)

式中:P_i 为回转压缩机的指示功率,它与机械摩擦损失功率之和即为压缩机轴功率。当压缩机的内、外压比不相等时,绝热指示效率较低,这是因其热力过程不完善所致。

压缩机的绝热指示效率 η_i 与绝热效率 η_{ad} 之间的关系为

$$\eta_{ad} = \eta_i \eta_m$$ (10-42)

10.1.10 方程组求解

由于前面所建立的数学模型包含了几十个方程,而且有许多微分方程,因此必须用数值方法——四步龙格-库塔迭代法求解,可求得双螺杆制冷压缩机中工作腔的制冷剂气体和润滑油的压力、温度和质量随阳转子转角变化的微观特性,并可以得到表征微观性能的 p-V 指示

图,以及压缩机流量、轴功率和压缩机效率等宏观性能特性。热力性能模型计算流程图如图 10-5 所示。

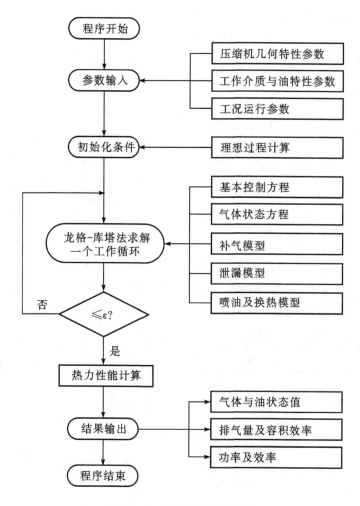

图 10-5　方程组求解流程图

需要指出的是,在该热力学模型中计算泄漏量时,由于要用到该控制容积前一工作腔内的工质温度和压力或者后一工作腔的温度和压力的数值,因此在计算中,先假设压缩机的压缩过程为无泄漏的理论绝热过程,近似地确定前后工作腔内的流体状态参数,然后再进行相关泄漏以及整个流程的计算。当前后两次计算的相对误差大于给定的终止精度 ε 时,以新算的状态参数为初值,再次进行过程计算,直至满足精度要求为止。

10.1.11　结果分析

图 10-6 给出了空气压缩机工作过程数学模拟的典型计算结果。从图 10-6(a)中可以看出,由于在实际过程中存在有多种不同的泄漏通道,在压缩过程的初期,使得实线代表的实际过程线高于虚线代表的无泄漏时的理论过程线。但随着工作容积内气体压力的升高,从工作容积中泄漏出去的气体质量越来越多,从而又使实际过程线与理论过程线越来越接近,并有低

于理论过程线的趋势。另外,从图 10-6(a)中还可以看出,理论排气过程和实际排气过程相差较大,这是因为在实际过程中,排气孔口面积是逐渐扩大的,且存在有流动阻力损失。

图 10-6(b)表示相同内容积比的机器在不同排气压强下工作时的工作过程。从图中可以看出,由于工作容积是和排气孔口逐渐接通的,所以并不发生等容膨胀和等容压缩过程,但仍有明显的附加能量损失。

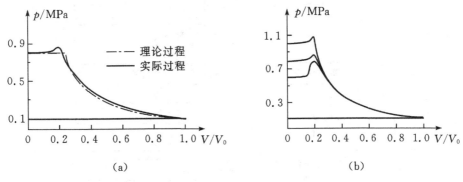

图 10-6　空气压缩机工作过程模拟结果

图 10-7 分别给出了制冷压缩机在 100％负荷、75％负荷和 50％负荷时,压缩机工作过程

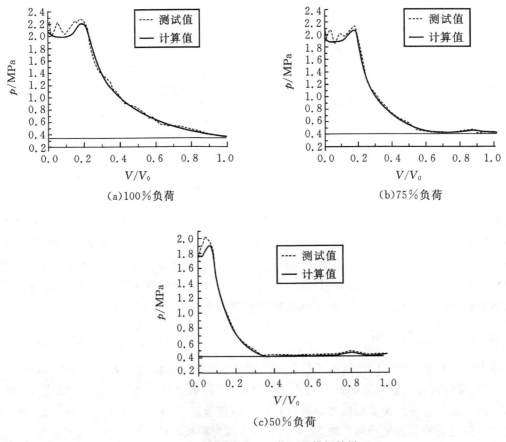

图 10-7　制冷压缩机工作过程模拟结果

的 p - V 指示图的实测和计算比较图。可以看出两者绝大部分的趋势是一致的,在吸气以及压缩过程的吻合较好,只是在排气过程中有一定的误差。这主要是由于在数学模型中没有考虑排气脉动对于排气过程的影响。另外,从图中可以看到,在排气过程接近终了时,工作腔压力都有所升高的现象,这主要是由于在该阶段,排气孔口的面积急剧减少,压缩后的油气混合物不能顺利排气,从而导致压力的突升。

从图 10 - 8 中可以看出,随着经济器补气压力的升高,指示图中的压缩线有了很明显的向上抬升,也就是说工作腔内压力有了明显的上升,这主要是由于经济器对压缩机进行补气,增加了压缩机的质量流量,导致了压力的升高。从图中看出,补气孔口一旦打开,高于压缩腔内气体压力的中压气体就会从经济器中喷进压缩腔内,在极短的时间,局部容积内的压力立即得到提高,随着补气过程的继续,压力开始平衡,这就造成了压缩腔内压力增长速度变缓,如果补气压力过大,还会有轻微的下降。这是工作腔的压缩增压、补气增压、平衡的混合过程,造成了补气过程中压缩腔内压力波动增加,压缩机噪音变大。从图中可以看出,补气过程中压缩腔内的压力不是一个持续增加的过程,而是一个先增后平衡的过程。

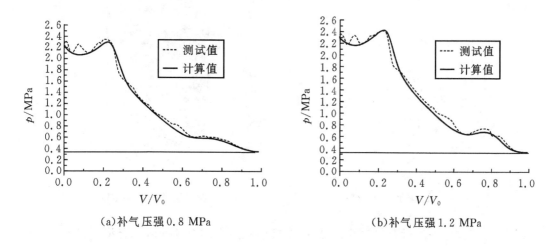

（a）补气压强 0.8 MPa　　　　　　　　　　（b）补气压强 1.2 MPa

图 10 - 8　制冷压缩机补气工作过程模拟结果

10.2　CFD 软件应用简介

CFD 是所有计算流体力学的软件的简称,是专门用来进行流场分析、流场计算、流场预测的软件。通过 CFD 软件,可以分析和显示发生在流场中的现象。在短时间内能预测性能并通过修改各种参数来达到最佳设计效果。CFD 软件结构由前处理、求解器、后处理组成,即前处理,计算和结果数据生成以及后处理。

CFD 软件可求解很多种问题,比如定常流动、非定常流动、层流、紊流、不可压缩流动、可压缩流动、传热、化学反应等。对每一种物理问题的流动特点,都有适合它的数值解法,用户可对显式或隐式差分格式进行选择,以便在计算速度、稳定性和精度等方面达到最佳效果。CFD 软件之间可以方便地进行数值交换,并采用统一的前处理和后处理工具,这就省了工作者在计算机方法、编程、前后处理等方面投入的重复低效的工作。

目前常见的 CFD 软件有：FLUENT、CFX、PHOENICS、STAR‑CD 等，其中 FLUENT 和 CFX 是目前国际上最常用的商用 CFD 软件包，凡是与流体、热传递及化学反应等有关的均可使用。

一般情况下，CFD 仿真过程可分为五个步骤：①建立所研究对象的物理模型，本节中主要指各类压缩机；②建立数学模型，数学模型包括控制方程和边界条件、初始条件。控制方程主要包括质量、动量和能量守恒方程；③结构离散，将模型结构进行离散，其实质是将原来连续的物理空间划分成有限个互不重叠的子区域，并确定每个区域的节点，以此为基础生成计算网格；④方程离散及模型求解；⑤计算结果后处理。

下面对 CFD 软件在双螺杆压缩机及罗茨鼓风机中的应用作简单介绍。

首先，利用三维造型软件 Pro/E 或者 Solidworks 等对双螺杆压缩机或罗茨鼓风机的阴转子、阳转子、机壳进行三维造型，即建立物理模型。图 10‑9 所示为螺杆阳转子三维造型，图 10‑10 所示为罗茨鼓风机物理模型。

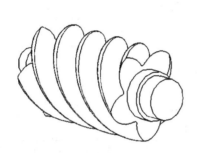

图 10‑9　螺杆转子三维造型

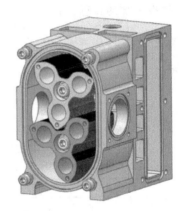

图 10‑10　罗茨鼓风机物理模型

其次，对造型结果进行布尔运算，得到压缩机整机的流体充满的区域造型，将需要计算的内部区域导入到网格划分软件中进行网格划分和网格调整，图 10‑11 和图 10‑12 分别为双

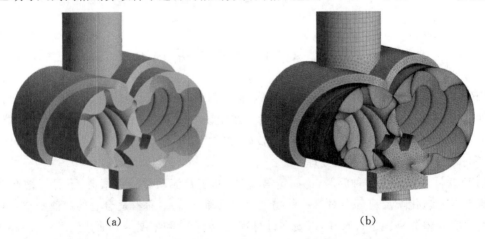

（a）　　　　　　　　　　　　　　（b）

图 10‑11　螺杆压缩机流体域及其网格划分示意图

螺杆压缩机和罗茨鼓风机的计算流体域及网格划分示意图。

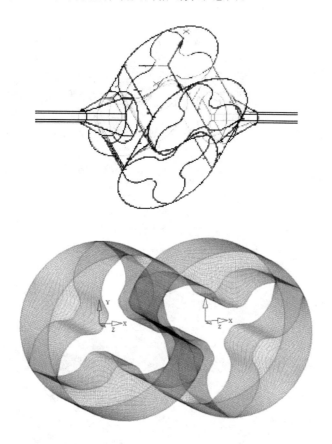

图 10 - 12　罗茨鼓风机流体域及其网格划分示意图

　　然后,选择适当的湍流模型和边界条件对压缩机工作过程进行三维数值模拟计算。模型求解获得各计算节点上的值后,需要通过适当的方法将整个计算域上的结果表示出来。可采用线值图、矢量图、等值线图、流线图、云图等方式表示。最终,在整机内部流场的数值模拟的基础上,对内部的速度场、温度场和压力场做了解析,如图 10 - 13 和 10 - 14 所示。

　　为了能进一步了解压缩机的工作过程,从上述计算中抽取相关计算结果,可以进一步得出工作过程的 p - θ 或者 p - V 曲线,分别如图 10 - 15、图 10 - 16 所示。

　　随着 CFD 软件的应用领域的拓宽,以及其计算性能的提高和网格处理技术的提升,尤其是压缩机相关行业的技术人员在对 CFD 软件的理解加深和操作技巧的掌握,CFD 软件凭借其优良的计算性能和优美的可视化结果显示,必然会被广泛应用于压缩机的研究和开发中,推动压缩机技术的前进和发展。

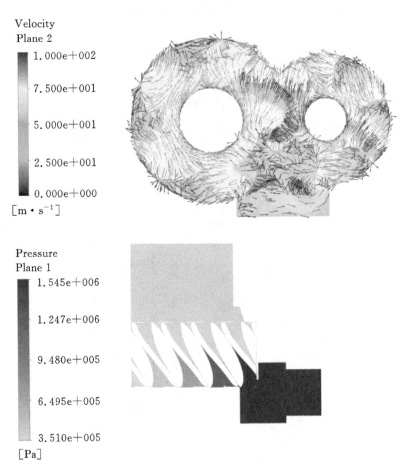

图 10-13　双螺杆压缩机速度、压力分布

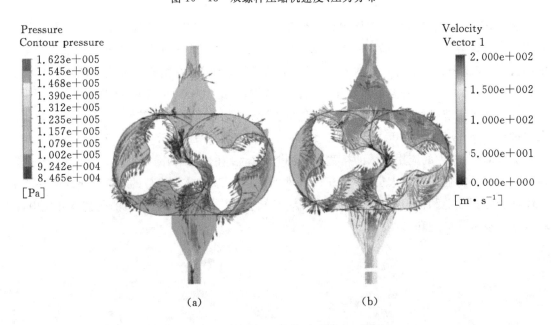

（a）　　　　　　　　　　　　　　　（b）

图 10-14　罗茨鼓风机流体域内压力、速度场

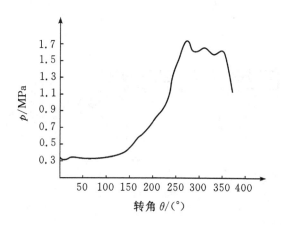

图 10 - 15　双螺杆压缩机 p - θ 曲线

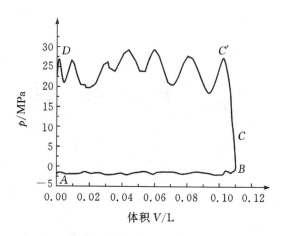

图 10 - 16　罗茨鼓风机的 p - V 图

第11章　回转压缩机的系统

11.1　系统组成

11.1.1　喷油空气压缩机系统装置及部件

喷油回转压缩机相较其它型式的压缩机,具有高压力比、高容积效率、高绝热效率等优越性,其缺点是机组系统复杂。按喷油机组的系统油泵的配置特征,可将喷油压缩机系统分为以下三类。

1.带油泵的喷油压缩机系统

图11-1是喷油回转压缩机带油泵的系统图。

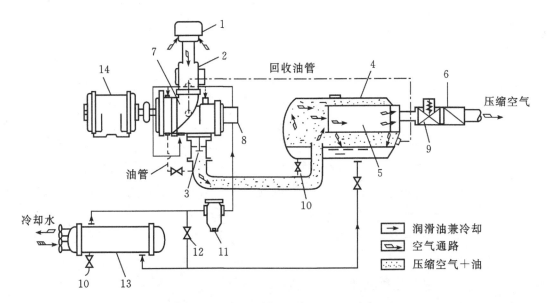

1—滤清器;2—吸气调节阀;3—压缩机的逆止阀;4——次油分离器;5—二次油分离器;
6—压缩机机组的逆止阀;7—压缩机;8—油泵;9—压力保持阀;10—放泄阀;11—油过滤器;
12—油温调节阀;13—油冷却器;14—电动机

图11-1　喷油机器带油泵系统图

空气由滤清器1及吸气调节阀2进入回转压缩机,并在气缸内与喷入的压力油混合后被压缩。压缩后的油气混合物经逆止阀3进入一次油分离器4(它也可作为储气器)粗分离和二次油分离器5精分离。已被分离干净的压缩气体,通过压力保持阀9和逆止阀6供用户使用。

压力保持阀又称最低压力阀,它的作用是使储气器中的气体压力不致于降低到 0.3～0.4 MPa以下。它装在油气分离器的出口,保证很快建立润滑和冷却所需的最低油压。它还具有单向阀的作用,防止压缩机停车时空气倒流。

一次油分离器 4 及二次油分离器 5 在同一壳体中,壳体的下部可储存分离出来的油,并兼作油箱,而上部空间作储气器用。

油分离器下部储油箱中的油,经油冷却器和油过滤器后,进入油泵。油泵出口的压力油分成几路:最主要的一路是喷入工作腔;其余几路分别通向轴承(有时还通向增速齿轮)处作润滑用,通向转子端面轴颈处起轴向密封作用。

油吸取的压缩热,通过一个体积很小的油冷却器,被冷却水或冷风带走。

在油冷却器前后管路上,跨接油温调节阀(旁通阀)。机组正常运转时,油温调节阀处在半开启状态;油温偏高时,为防止油的氧化,该阀关闭,全部油量都经过油冷却器,以适当降低油温;相反,压缩机在启动或严寒冬季运转时,油温低,油的黏度大,油不易雾化,这时,油温调节阀全部开启,使油不经过冷却器直接喷入工作腔。

带油泵的润滑回路既能用于对润滑条件不敏感的滚动轴承压缩机,又特别适用于滑动轴承压缩机。此外,还能避免机器冷态启动时,因喷油量不足、排气温度过高(150～200 ℃),致使油气混合物发生自燃的危险。带油泵的润滑回路的缺点是需要一台油泵,一旦油泵发生故障,就会有使整台机器损坏的危险。

2.无油泵的喷油压缩机系统

目前,多数喷油回转压缩机的润滑油回路中趋向于不设油泵,它是依靠压缩终压和喷油处压力的压差维持回路中油的流动的。因为压缩机的喷油处以及需要润滑处的压力均低于压缩终压,而使用过的润滑油又都流回压缩机的吸气侧,故可不设油泵。

在无油泵的油路系统中,润滑油依靠压缩机的排气压力和喷油处压力的压差,维持在回路中流动。当机器运转时,一次油分离器中的润滑油在压差的作用下,经过温控阀进入油冷却器。再经过油过滤器除去杂质微粒后,大多数的润滑油被喷入压缩机的压缩腔,其余润滑油分别通向轴承、轴封和滑阀等处,起到润滑、密封和驱动调节滑阀等作用。最后,所有的润滑油都随被压缩气体一起排入一次油分离器中,分离出绝大多数的润滑油以便循环使用。在二次油分离器中分离出的少量润滑油,也被引回到压缩机的吸气口等低压处。

无油泵油路系统具有运行可靠、系统简单等优点,并且喷入的油量与压缩机的排气压力成正比。但当压缩机冷态起动时,由于油的黏度大,因而供油量及油的雾化均较差,故通常在一次油分离器前后设置电热器。另外,一般还在二次油分离器的出口装有最小压力阀,使油分离器中的气体压力不致于降低到 0.3～0.4 MPa 以下,并保证很快建立润滑和冷却所需要的最低油压。

无油泵的油路系统适合用于采用滚动轴承的螺杆压缩机,几乎所有喷油螺杆空气压缩机的润滑系统都采用这种油路系统。图 11 - 2 示出 LCY - 177 型喷油螺杆空气压缩机的油路系统。另外在小型螺杆制冷和工艺压缩机中,无油泵的油路系统也得到了广泛的应用。

3.联合使用的油循环系统

目前,在不少机组中联合使用上述两种系统,如图 11 - 3 所示。低压时,由油泵供给足够的油;而在高压运行时,受排气压力的控制,供给更多的油。当机器冷态(或在严寒季节使用)时,油比较黏,由油泵向压缩机强制供油。因为系统中有油泵,所以允许储气分离器完全卸载

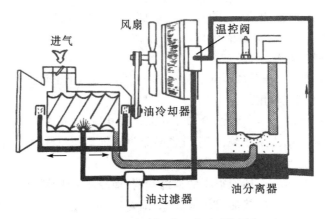

图 11-2　喷油机器无油泵系统图

和放空,大大节省了卸载功率。此外,这种联合循环系统的显著特点是能在各种工况、不同环境温度下运转。

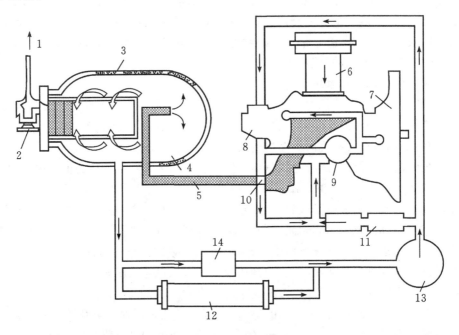

1—压缩空气;2—最低压力阀;3—贮气分离器;4—油;5—排出空气和油;6—进气;
7—压缩机;8—油泵;9—油过滤器;10—逆止阀;11—油控制阀;12—油冷却器;
13—主油过滤器;14—旁道阀

图 11-3　联合使用的油循环系统图

还应该指出,喷油回转压缩机的内冷却是如此有效,以致在运转中要注意避免出现过度冷却。排气温度决不允许低到发生水蒸气将被冷凝的程度,即不得低于气体压缩后水蒸气分压力所对应的饱和温度,它与压力比以及吸入大气中空气的相对湿度有关。在最不利的条件下,也就是 100% 的相对湿度时,从 20 ℃ 的环境温度压缩到 0.7 MPa(G) 时,相应的饱和温度约为 59 ℃。考虑到工况的不稳定,为了保证在这种条件下绝对不出现冷凝水,控制排气温度不得低于 70 ℃。这在设计或者操作喷油回转压缩机时,应充分注意。

由油分离器的二次分离元件分离出来的油,因其数量较少,通常直接引至吸气腔,如图 11-3所示;还有一种回路是将这部分油引至与压缩机同轴的副油泵,经增压后流回油分离器的储油箱部分。

压缩气体流经二次分离器的滤清元件时,流动阻力较大。为了尽可能减少压力损失,气体在其间的流速控制在 0.5 m/s 以下。

11.1.2　无油空气压缩机系统装置及部件

如图 11-4 所示,无油螺杆压缩机的机组系统由下列主要部件组成:电动机、联轴器、增速齿轮、压缩机、润滑油系统、消声器、旁通调节系统,以及冷却水、自动调节和保护系统等。

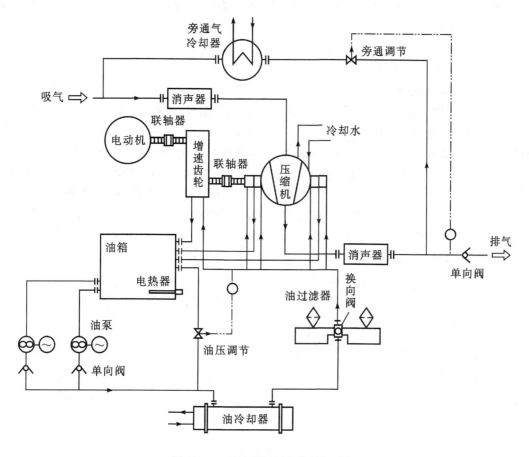

图 11-4　无油螺杆压缩机机组系统

为防止大颗粒的物质进入压缩机,通常在压缩机的吸气消声器前装有吸气过滤器。为防止停机时气体倒流而导致的压缩机反转,机组排气处还应装有单向阀。这种单向阀在压缩机开机时开启,一直到停机时才关闭,故压力损失很小,并且也不存在磨损问题。对工艺流程压缩机,在压缩机的吸气侧有时也装有吸气单向阀。

无油螺杆压缩机的润滑油系统为压缩机的润滑、密封和控制元件提供具有一定压力的润滑油,油箱内的压力一般为1个大气压,向压缩机的供油压力一般为0.2~0.4 MPa,供油油泵通常由单独的电动机驱动。值得指出的是,当压缩机中采用有油润滑的机械密封时,供油压力就需要比密封处的气体压力高,以保证能在密封面上形成润滑油膜。由于供给这种密封的油要起到润滑和冷却两种作用,当压缩机的转速较高时,润滑油流量往往较大,故在有些情况下,较经济的方案是给密封提供另一套独立的润滑系统,这个系统可以运行在合适的压力下,不受主润滑系统的影响。另外,在有些情况下,增速齿轮箱所需的润滑油黏度级别会与压缩机所需的相差较大,这时就需要也给增速齿轮箱配上单独的润滑系统。

当压缩机用于工艺流程等场合时,要求尽量避免压缩机的停机,故通常采用并联的双回路润滑油系统(一开一备),以利油过滤器、油泵等需要维护的部件随时更换与维护,而不影响对机组的正常供油。在美国石油协会标准 API614 中,制定有十分详细的润滑油系统规范,可用于无油螺杆压缩机。不过,复杂的润滑油系统造价往往很高,故只用于一些大型的工艺压缩机等要求十分严格的场合。

11.1.3 典型制冷系统装置

1.典型制冷循环系统

单级蒸汽压缩式制冷系统如图11-5所示。它由压缩机、冷凝器、膨胀阀和蒸发器组成。其工作过程为:压缩机不断地抽吸蒸发器中产生的蒸汽,并将它压缩到冷凝压力,然后送往冷凝器,在冷凝器中冷却并冷凝成液体。制冷剂冷却和冷凝时放出热量传给冷却介质(通常是水或空气)。冷凝后的液体通过膨胀阀或其它节流元件进入蒸发器。制冷剂通过膨胀阀时,压力从冷凝压力降到蒸发压力,部分液体汽化,制冷剂离开膨胀阀时为两相混合物。混合物中的液体在蒸发器中蒸发,从被冷却物体中吸热。蒸发器中产生的蒸气再次进入压缩机,开始下一个循环。

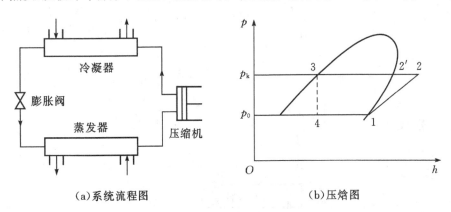

(a)系统流程图   (b)压焓图

图 11 - 5 典型制冷循环系统

在整个循环中,压缩机起着压缩和输送制冷剂蒸气并保持蒸发器中低压力、冷凝器中高压力的作用,是整个系统的心脏;膨胀阀对制冷剂起节流降压作用,并调节进入蒸发器的制冷剂流量;蒸发器是输出冷量的设备,制冷剂在蒸发器中吸收被冷却物体的热量,达到制冷的目的;冷凝器是输出热量的设备,从蒸发器中吸取的热量连同压缩机消耗的功所转化的热量在冷凝器中被冷却介质带走。根据热力学第二定律,压缩机所消耗的功起补偿作用,使制冷剂不断从低温物体中吸热,并向高温物体放热,完成整个制冷循环。

2.带经济器的制冷循环系统

经济器制冷循环系统又称为中间补气循环系统。这种机组系统利用了回转压缩机的吸气、压缩和排气过程处于不同空间位置的特点,在压缩机吸气结束后的某一位置,增开一个补气口,吸入来自经济器的制冷工质蒸气,使进入蒸发器的制冷工质液体具有更低的温度,从而能显著增大机组的制冷量或使热泵能更好适应低温环境工况运行。

实际应用中的经济器制冷循环系统有闪发式和换热器式两种。在图 11-6 所示的闪发式经济器制冷循环系统中,所有来自冷凝器的高压液体,都经过一级节流阀节流后进入经济器中。节流后产生的闪发蒸气通过补气口进入压缩机中,经过节流使温度降低后的液体,则再通过二级节流阀,进入蒸发器中。这种系统具有结构简单、性能较好的特点。但由于制冷工质液体离开经济器时处于饱和状态,连接管道中的压力损失会使部分工质变为蒸气,可能会导致二级节流阀无法正常工作。

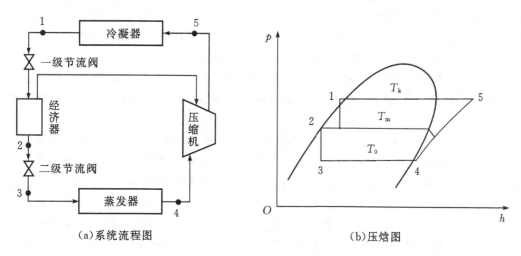

(a)系统流程图　　　　　　　　　(b)压焓图

图 11-6　闪发式经济器制冷循环系统

图 11-7 所示的换热器式经济器制冷循环系统,在实际机组中应用更为广泛。这种系统中的经济器实质上是一个液体过冷器。来自冷凝器高压液体中的一小部分,经辅助节流阀进

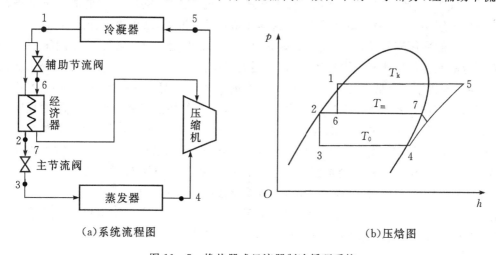

(a)系统流程图　　　　　　　　　(b)压焓图

图 11-7　换热器式经济器制冷循环系统

入经济器,在吸收其余高压液体的热量后蒸发,并经补气口进入压缩机中;大部分的高压液体在经济器中过冷后,经主节流阀进入蒸发器。这种系统克服了闪发式经济器制冷循环系统的缺点,但经济器中有大约 5 ℃的温差,这会使得整个机组系统的效率大约下降 1%～2%。

经济器制冷循环系统的运行效果,相当于一个双级压缩制冷循坏。但与双级压缩制冷循环相比,制冷系统可大大简化。经济器制冷循环系统可以大幅度提高机组的制冷(热)量及制冷(热)系数。显然,吸排气压比越大,补入的气体就越多,对机组性能的改善也就越明显。所以,经济器制冷循环系统首先在蒸发温度较低的场合,得到了广泛的应用。另外,在中大型空调机组中采用这种系统,也能收到明显的节能效果。

3. 喷液制冷循环系统

在喷油回转压缩机的机组系统中,一般都采用常规的冷却器来冷却机组中的润滑油,冷却介质可以是水或空气。但在制冷回转压缩机中,还可以采用另一种冷却方式,即向压缩机内喷入制冷剂液体。制冷剂液体被喷入压缩机后,由于吸收了压缩过程所产生的热量而很快汽化,汽化过程所吸收的汽化潜热,可使油、汽混合物的温度降到所规定的数值。这种冷却方式可使从汽体中分离出的润滑油直接供给压缩机,而不需进一步的冷却。

喷液制冷循环系统的优点:油冷却器及所有相关的阀、冷却介质、流动管道及控制部分均可以省去,从而节省了大量的费用。当然,在这种系统中,原来在油冷却器传走的热量被转移到了冷凝器,因而冷凝器的热负荷将变大。

在喷液制冷循环系统中,喷入的制冷剂液体量由恒温控制阀来调节。这种控制阀通过检测压缩机的排气温度,来调节喷入的制剂液体量,从而使排气温度控制在所设定的数值。在有些工况下,当压缩机的油气混合物离开压缩机时,尚有部分制冷剂液体正在蒸发,所以在允许的条件下,应尽量提高压缩排气温度的设定值,以使喷入压缩腔的制冷剂液体完全蒸发。

制冷剂液体喷入压缩机时的位置,应尽可能安排在压缩过程后期,以减少对压缩机性能的影响。若在吸气结束后立即喷入,则蒸发出的气体压力将接近于吸气压力,在被压缩至排气压力的过程中,消耗的功会相应增加。另一方面,由于制冷系统的冷凝温度及由此决定的压缩机排气压力是随环境温度变化的,因而喷入的制冷剂液体压力也随之而变。在有些工况下,可能出现压缩机的内压比大于外压比的现象,从而影响到制冷剂液体的正常喷入。所以在设计制冷剂喷入位置时,应考虑到这一因素,以保证在最恶劣的工况下,也有足够的制冷剂来进行冷却。在一些系统中,可采用多路供液管线,这样在特定的工况下,就可以选择最合适的一路。

与常规的制冷循环系统相比,喷入液体制冷剂系统的性能会有一定程度的下降。一方面,总会有部分的制冷剂液体和润滑油混合后,泄漏到压缩机的吸气侧,从而减少了压缩机的正常吸气量,导致容积效率降低。另一方面,由于制冷剂液体在压缩过程中蒸发,所产生的蒸气将随正常吸入的气体一起被压缩至排气压力,还会导致功耗的增加。系统性能下降的程度与压缩机的运行工况和所压缩的制冷剂有关。制冷剂在油中的溶解度越大,性能下降越严重。另外,设定的排气温度越低,所需喷入的制冷剂就越多,性能下降也越严重。由于喷入压缩机腔内的液体制冷剂在压缩过程中会蒸发,其汽化潜热相当大,对被压缩气体的冷却作用十分显著,所以喷入的制冷剂液体量不需很大,对制冷系统性能的影响有限。

值得指出的是,在多级压缩制冷系统中,由于喷入了制冷剂,离开压缩机的质量流量将增大,从而使下一级压缩机的容积流量也必须增大一些,这也会对系统的制造成本和运行费用产生较大的影响。

11.2　喷液

11.2.1　喷液对压缩机的影响

一般的回转压缩机中,对压缩气体的冷却是依靠气缸夹层中通入冷却水、中空转子中通入冷却剂(油、水或其它液体)来实现的,这种压缩机通常称为无油回转压缩机或"干式"回转压缩机。

在这种"干式"回转压缩机中,气体流经压缩机的时间非常短暂(一般小于 0.02 s),气体与冷却介质又被金属壁面所隔开,因此二者之间的换热极不充分,可近似地认为气体的压缩过程是绝热的。

在另外一类回转压缩机中,在压缩气体的同时,向工作腔内喷入具有一定压力的液体,液体与压缩气体直接接触,吸收气体的压缩热,这种机器称为喷液回转压缩机。对于空气压缩机,喷入的液体通常是油,故称为喷油回转压缩机;也有喷水或其它液体的,喷水或其它液体时,要考虑转子、机体以及管路的防腐、防锈等问题。制冷压缩机喷入的液体通常是油或者制冷剂液体。

向工作腔喷油的回转压缩机获得了广泛的应用,特别是在移动式空气压缩机以及制冷装置中。喷油技术降低了回转压缩机的加工精度要求,同时对机组的性能、噪声、结构、转速等都产生了有利的影响。喷油技术给回转压缩机开创了新局面,扩大了应用领域。

1.向工作腔喷油的作用

(1)冷却作用:喷入的油呈微滴状,与被压缩的气体混合,极大的换热表面迅速吸收气体的压缩热,冷却了被压缩介质,大大降低了气体的排出温度。

(2)润滑作用:向工作腔喷入的油,总有一部分附着在工作腔的内壁面上,使具有相对运动的构件表面间得以润滑。如在滑片压缩机中,滑片与气缸内圆壁面及滑片与滑片槽之间;在单螺杆压缩机中,星轮凸齿与螺杆齿槽之间;在喷油螺杆压缩机的螺旋齿面之间得以润滑。

(3)密封:喷入的油在工作腔与运动机件表面形成油膜层,减少了气体泄漏通道的实际间隙,从而减少了流经间隙的气体泄漏量。

(4)降噪:工作腔油膜对噪声辐射的阻隔作用,可降低压缩机的噪声。

2.喷油对压缩机的影响

(1)对压缩过程的影响。喷油回转压缩机的喷油量是比较大的,通常每立方米吸入气体要喷入约 8～15 L 油,相当于油与空气的质量比为 10∶1,而容积比约为 1∶100。因此喷入的油并不明显影响压缩机的容积流量以及工作腔容积变化的特性,但是因油的质量流量较大,油的比热容也大,呈微滴状的油表面积极大,油足以迅速吸收气体的压缩热,使其压缩过程接近于等温过程,多方指数 m 在 1.05～1.1 之间。

(2)对转速和驱动方式的影响。由于喷入工作腔的油具有良好的密封作用,使喷油回转压缩机在较低的转速(或圆周速度)下取得最佳的效率,这就有可能与原动机直接连接,或通过增速比不大的增速装置就能得到所需的转数。在喷油螺杆压缩机中,由于向工作腔喷油而取消了同步齿轮,一对螺杆转子齿面同时起着一般同步齿轮的传输动力和控制运动的作用。有时,还可采用由阴螺杆带动阳螺杆的"阴拖阳"增速方式压缩气体。

（3）对压力比的影响。在无油回转压缩机中，因受排气温度的限制，单级压力比通常不超过 4。由于喷入工作腔的油的强烈内冷却作用以及油膜的密封作用，喷油回转压缩机单级压力比可高达 16，而排气温度并不超 120 ℃。因级的压力比允许值取得较高，使压缩机的级数大为减少，通常为 1～2 级，3 级较少。

（4）对主机结构的影响。如上所述，在喷油回转压缩机中可能省去增速齿轮装置；由于油滴的内冷却十分强烈，机体不需要夹层冷却结构，转子中心也不需要冷却油孔，简化了机体和转子的结构；可用简单的油密封代替复杂的轴密封。总之，喷油使回转压缩机的结构大大简化。

图 11－8 中以螺杆压缩机为例，示出了喷油对主机结构的影响。如图可见，喷油机器（图 11－8(b)）省去了压缩腔与轴承之间的密封 D（用简单的油密封 DO 来替代）、增速齿轮 SG 和同步齿轮 TG，其结构非常简单。

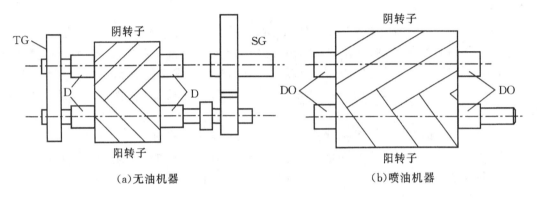

（a）无油机器   （b）喷油机器

图 11－8 喷油对螺杆压缩机主机结构的影响

（5）对机组结构的影响。为了循环使用喷入的油，在系统中增添了油泵（也可不用）、油分离器、油冷却器以及相应的管件等，因此喷油使系统变得复杂了。

应该指出，喷油使回转压缩机失去了"干式"机器的一个优点，既不能用来压缩易燃、易爆或与油相接触不稳定的气体，也不适于用户要求压缩气体十分洁净的场合，但对空气压缩机或制冷压缩机来说却是最佳的选择。

11.2.2 喷液量计算

在喷油回转压缩机中，容积喷油量很小，通常喷入油量与吸入气体的容积比小于 1％，有的研究者指出以 0.24％～1.1％为宜。如以质量比来表示，相当于油、气质量比为 1.5～10。转速较高时，相对泄漏损失小，但扰动油的耗功较大。所以上述小的数值适用于高转速压缩机，大的数值适用于低转速压缩机。

理论上，喷油回转压缩机的排气温度由压缩机的热平衡式决定，由喷油温度、喷油量、进气温度、排气量以及压缩机的轴功率确定。

由能量守恒定律得压缩机的热平衡式为

$$P_s = q_m c_p (T_d - T_{s,g}) + q_{mo} c_{p,o} (T_d - T_{s,o}) \tag{11-1}$$

式中：P_s 为压缩机轴功率，W；q_m 为气体质量流量，kg/s；q_{mo} 为喷油质量流量，kg/s；c_p 为气体的定压比热容，J/(kg·K)；$c_{p,o}$ 为油的定压比热容，J/(kg·K)；$T_{s,g}$ 为气体的进气温度，K；$T_{s,o}$ 为喷油温度，K；T_d 为排气（排油）温度，K。

根据上式,如已知喷油量等参数,可求出排气温度;反之,根据预计的排气温度,可以确定喷油量。

应该指出,上式是在假定不向外界散失热量,以及认为排气与排油温度相等的条件下获得的。实际上,由于存在向外界的散热、油气间的换热温差,以及换热时间极短,必然出现一定的偏差,在具体计算中要参照实测数据予以估计。

回转压缩机的喷油量除与机器的排气量直接有关外,在各台机器之间也还存在着一定的差别。例如,在相同的条件下,如果机体等机件的散热条件较差(如移动式机器由内燃机驱动时),那么由排气量所决定的油的循环量就应提高;对排气量较小的机器,容积效率较低,内部损失相对较高,也要求适当提高油的循环量。总之,对于小型机器、级的压力比较高的机器、机体散热条件恶劣的机器,油的循环量要取较大的数值。

油分离器储油部分的容量,通常取最大循环油量时的一分钟油量。对于小型机器,储油容量可以比上述值更大一些;对于单级压缩的机器,其储油量要比相同排气量的双级机器大40%~50%左右。

喷油机器的压力油从机体上的一条总油管经若干小油孔喷入压缩腔内。要求油粒在压缩腔内分布均匀,且油粒尺寸小。因此,喷油小孔数日常取 5~12 孔,孔径 3~5 mm。油孔可排成一行或两行,如图 11-9 所示。该图表示螺杆压缩机喷油孔的配置方式。

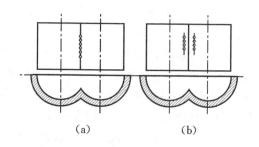

（a）　　　　（b）

图 11-9　喷油小孔的位置及排列

有些机器采用 1~2 个直径较大的油孔(直径5~8 mm)向压缩腔喷油。当然,此时油的雾化程度及油粒的分布不及上述多孔的。

在一些实例结构中,油孔是由特制钻头并借钻模由内腔向外钻制的,并与机体上的总油道相通。

应该指出,喷油孔的位置处在气体压缩的一侧,在基元容积已与吸气孔口脱离,气体即将开始压缩的地点。若喷油孔开设在基元容积仍处于吸气的阶段,喷入的油可能既要加热吸入气体,又要占据吸气空间,使机器的容积效率降低。对于小型、级的压力比高的机器,为了提高容积效率,有时将喷油孔开设在压缩过程的中间阶段。

11.3　润滑油及油气分离

11.3.1　润滑油

1.润滑油的种类及特性

根据回转压缩机种类和应用场合的不同,机组中的润滑油起到不同的作用。在无油回转压缩机中,润滑油主要起着润滑轴承和齿轮的作用,即保持两个部件相对运动时无摩损,并且功耗最小。在喷油螺杆压缩机中,润滑油的作用则包括润滑、密封、冷却、降噪等,而且还要作为控制调节滑阀等元件运动的液压用油。另外,除了在压缩机中起到上述作用外,润滑油本身还必须具有抗化学分解、抗氧化、抗碳化的特性,并且在使用过程中,能长时间地保持原有的黏度、饱和蒸气压、燃点和流动点等主要特性。在回转压缩机中使用的润滑油,主要有矿物油和合成油两种,但有时也使用半合成油。

矿物油使用原油作为其原材料,原油经过蒸馏、溶剂提炼和脱蜡等炼制工艺后,即可得到各种黏度矿物油的"半成品"。在这些半成品中加入各种添加剂,改进其特性后,就得到了各种规格的矿物油。主要的添加剂包括减磨剂、防腐蚀剂、抗水剂、分散剂、抗泡沫剂、抗氧化剂、防锈剂等。值得指出的是,添加剂应根据具体的应用场合选用,例如,空气压缩机用油和制冷压缩机用油中的添加剂是不同的。有些应用场合不允许使用一些特定的添加剂,因为这些添加剂有可能和被压缩气体发生化学反应。

半合成油也使用原油作为原材料,但炼制工艺与矿物油不同。在半合成油的炼制过程中,不采用溶剂提炼的工艺,而改用"氢化裂解"工艺。原油经过蒸馏、氢化裂解和脱蜡等炼制工艺后,再视需要混入前述的一些添加剂,就得到了各种半合成油。与矿物油相比,半合成油的特性更为稳定,能达到更高的黏度。此外,半合成油饱和蒸气压较低,从而不易挥发,可大大减少喷油回转压缩机供气中的含油量。

合成油与矿物油和半合成油的最本质区别在于这种润滑油不是在原油的基础上炼制的。合成油的半成品是不含有任何杂质的纯化学物质,把所选择的各种半成品混合后,即可直接得到具有所要求特性的合成油。如具有合适的黏度,不与所压缩的气体发生化学反应,能保护被润滑的零件表面,对后续工艺和设备无危害等。合成油虽然价格较高,但使用寿命明显增加,并且在许多情况下有更好的润滑性能。另外,在一些特定的应用场合,为了防止润滑油与压缩气体发生化学反应,只能采用合成油。

图 11-10 示出矿物油、半合成油和两种合成油的黏度随温度的变化。图 11-11 示出这几种润滑油的一般适用范围,从图中可看出合成油及半合成油具有更优越的性能。

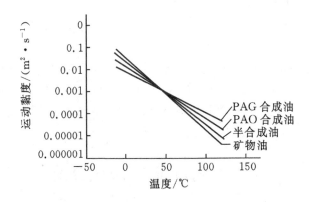

图 11-10　矿物油、半合成油黏度随温度的变化

2.润滑油的选择

显然,不同类型的压缩机和不同的应用场合,对润滑油的要求会有显著的不同。在无油螺杆压缩机中,润滑油始终不与被压缩气体接触,其作用是润滑和冷却轴承、轴封、同步齿轮和增速齿轮等零部件。所以,无油螺杆压缩机中润滑油的选取较为简单,只要在润滑性能、寿命和价格等方面作出权衡即可。通常可选择价格低廉的矿物油,但要求加入抗泡沫剂、防腐剂和减磨剂。在这种应用场合,虽然矿物油已具有足够长的寿命,但也可采用半合成油,使润滑油的

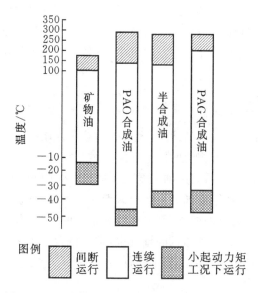

图 11-11　矿物油、半合成油和合成油的适用范围

寿命更长,并具有更好的润滑性能。在无油螺杆压缩机中,因被压缩气体不与油混合,一般不采用价格较高的合成油。

　　在喷油回转压缩机中,润滑油直接与被压缩气体混合。选择时应考虑:①要求润滑油不与被压缩的气体发生化学反应;②被压缩气体在润滑油中的溶解和对润滑油的稀释作用;③由于润滑油经受频繁的加热和冷却过程,要求润滑油能长时间地保持合适的黏度,并具有优越的抗氧化、防锈、防腐蚀等性能。尽管有些矿物油能提供满意的润滑,但矿物油在喷油回转压缩机中的应用受到了限制,比矿物油性能更好的半合成油及合成油在喷油螺杆压缩机中的应用越来越多。

　　在喷油回转压缩机中,由于空气不会与润滑油中的组分发生化学反应,润滑油中的溶解度也很小,所以各种润滑油都可使用。矿物油具有价格低廉的优点,但寿命较短,抗高温性差。半合成油的抗高温性好,和矿物油相比,寿命至少可以提高一倍。合成油的寿命更长,抗高温性更好,但可能与压缩机中的合成橡胶元件发生化学反应,应注意。目前,已有多家回转压缩机制造厂家推出了专用矿物油或合成油,用于其生产的喷油回转空气压缩机。

　　通常情况下,在喷油制冷回转压缩机中,处于排气压力下的润滑油中大约溶解有15%以上的制冷工质。当润滑油被喷入压力较低的工作腔时,溶解度便减少到约5%,因此产生大量的闪发蒸气,导致性能下降。另外,由于制冷工质的溶入,也会使润滑油的黏度大幅下降,直接影响密封效果,使制冷量减少,功率增大,排温升高。因此,要求用于回转制冷压缩机的润滑油在较高温度时黏度适中,且制冷工质的溶解度小。但在低温侧的蒸发器中,又要求润滑油具有低的黏度和流动点。目前回转制冷压缩机中广泛使用的制冷工质是氨和 R22,还有一些机组采用 R134a 及 R407C、R410A 等混合工质。矿物油可用于制冷工质为氨和 R22 的机组系统,但寿命有限。当采用半合成油或合成油时,不仅可使润滑油的寿命延长,还可使机组性能提高约 2%～4%,并在低温工况下,可以从 −45 ℃以下的低温侧很容易地回收。对于采用 R134a 及 R407C、R410A 等制冷工质的机组系统,则多采用半合成油或合成油。

　　喷油螺杆工艺压缩机中的情况更为复杂。尽管矿物油能用于诸如甲烷、氨、碳氧化物、氮气等应用场合,但在被压缩气体为丙烷、丁烷、氯化物等场合下,矿物油的应用因为化学作用而受到了限制。所以,在一些喷油螺杆工艺压缩机中,虽然价格较高,但也只能采用半合成油或合成油。

11.3.2　油气分离器

　　喷油回转压缩机中,在压缩气体的同时,大量的油被喷入压缩机的压缩腔。这些油和被压缩气体形成的油气混合物,在经历相同的压缩和排气过程后,被排到机组的油气分离器中。油气分离器是喷油回转压缩机机组系统中的主要设备之一,为了降低机组排气中的含油量和循环使用机组中的润滑油,必须利用油气分离器把润滑油有效地从气体中分离出来。

　　油气分离的程度随应用场合而变化,例如在低温系统的氨气螺杆压缩机中,必须把几乎所有的油都分离出来,而天然气螺杆压缩机的排气中,则允许含有少量的润滑油。对气体密闭循环的系统,如制冷压缩机,对油气分离的要求较低;但对开式系统,如空气压缩机,则对油气分离的要求较高。

　　1.油气混合物特性

　　在由被压缩气体和润滑油形成的油气混合物中,润滑油以气相和液相两种形式存在。处于气相的润滑油,是由液相的润滑油蒸发所产生的,其数量的多少除取决于油气混合物的温度和压力外,还与润滑油的饱和蒸气压有关。油气混合物的温度越高,则气相的油越多;饱和压力越低,则气相的油越少。气相油的特性与其它气体类似,较难用机械方法予以分离,只能用化学方法清除。

　　显然,降低气相油含量的最有效方法是降低排气温度。但如前所述,在喷油回转空气压缩机中,排气温度不允许低到发生空气中水蒸气将被冷凝的程度。减少气相含油量的另一种方法,是采用饱和蒸气压较低的润滑油,合成油和半合成油往往具有相当低的饱和蒸气压力,所以在改善润滑性能的同时,能有效地降低压缩机排气中的含油量。

　　值得指出的是,在一般运行工况下,油气混合物中处于气相的润滑油很少。这是因为在通常的排气温度下,混合物中的润滑油蒸气的分压力很低;另外,由于润滑油从喷入到分离的时间很短,没有足够的时间达到气相和液相间的平衡状态。

　　处于液相的润滑油占了所有被喷油中的绝大部分。这种液相油滴的尺寸范围分布很广,大部分油滴直径在 $1\sim 50~\mu m$ 的范围内,少部分的油滴可小至与气体分子具有同样的数量级,仅有 $0.01~\mu m$。显然,大油滴和小油滴的性质会有较大的差异。

　　在重力作用下,只要油气混合物的流速不是太快,大的油滴最终都会落到油气分离器的底部。当然,油滴直径越小,其下落过程的时间就越长。对于直径很小的润滑油微粒,却可以长时间悬浮在气体中,无法在自身重力的作用下从气体中被分离出来。

　　2.油气分离方法

　　按分离机理的不同,喷油回转压缩机机组中采用两种不同的油气分离方法:①机械碰撞法,即依靠油滴自身重力的作用,从气体中分离直径较大的油滴。实际测试表明,对于直径大于 $1~\mu m$ 的油滴,都可采用机械碰撞法有效分离。②亲和聚结法,即通过特殊材料制成的元件,使直径在以 $1~\mu m$ 以下的油滴,先聚结为直径更大的油滴,然后再分离出来。

　　采用机械碰撞法进行油气分离时,要在油气混合物的流动方向上设置某种障碍物。当油气混合物与障碍物碰撞后,混合物中的油滴就会聚集在障碍物的表面,并在重力的作用下,落到分离器的底部。值得注意的是,采用机械碰撞法进行油气分离时,油气混合物撞击障碍物时的速度有一定的范围,其最佳数值与被压缩气体和润滑油的密度有关。对于喷油空气压缩机,最佳撞击速度为 3 m/s 左右。当速度太低时,混合物中的油滴会像气体一样,绕着障碍物流动,而不能聚集在障碍物的表面。当速度太高时,聚集在障碍物表面的油滴又会被高速流动的气体吹散,并回到气流中。

采用机械碰撞法进行油气分离时,所设的障碍物可以是分离器的壁面,也可以是专门制造的网状元件,有时也采用两者的组合,即先让油气混合物撞击分离器的壁面,然后再利用网状元件进一步分离。这种网状元件广泛采用不锈钢丝编造,具有制造简单、耐腐蚀、价格低廉等优点。只有在压缩非常特殊的气体时,才考虑用镍、铝、铜等其它金属材料,或聚丙烯、尼龙、绦纶等非金属材料。值得指出的是,这种网状元件具有自清洗功能,长时间运行也不需要清洗或更换。这是因为油气混合物中的灰尘等杂质,将随润滑油一起下落,不会聚集在元件内部。所以,通常可将这种网状元件装在完全焊接的压力容器内,不必留有维护通道。

亲和聚结法主要用于分离直径为 1 μm 以下的油滴,由过滤和聚结两个过程组成。这种分离方法中所采用的元件,实际上是一种多孔过滤材料,在油气混合物流入过滤元件之前,直径大于元件材料孔径的油滴,将在元件的表面被过滤出来。然后,利用过滤材料内部流道形状和大小的改变,可使进入其内部的小直径油滴在惯性力等的作用下,在材料的纤维上聚结成为大直径油滴,并被过滤出来。

很显然,亲和聚结法中过滤元件的孔径将决定分离效果的好坏。如果材料的孔径较大,则许多小直径的油滴将无法被分离出来。然而,也没有必要把材料的孔径做得太小,这主要是因为随着被过滤出来的大油滴在过滤材料上的聚结,元件材料孔径的有效流通面积明显减小,从而可使更小直径的油滴被分离出来。事实上,当分离元件材料的孔径太小时,不但会使流动阻力增加和产生较大的压降,而且会使一部分油在气体压差的作用下,通过分离元件。另外孔径越小,也越容易被进入元件的灰尘等其它杂物所堵塞。

在早期的设计中,曾采用纯羊毛、改性化纤织物以及烧结金属和陶瓷作为亲和聚结法的过滤元件材料。近年来,已普遍采用专门为此用途开发的超细玻璃纤维等材料,取得了除油效果佳、寿命长、压降小的效果。根据所用材料的不同,通常这类过滤元件可使气体中的含油量降至 $(5\sim10)\times10^{-6}$ mg/m³。一些特殊设计的过滤元件,可使气体中的含油量降至 0.01×10^{-6} mg/m³。然而,无论这种过滤元件的结构多么复杂,经其分离后的气体中仍会含有某些润滑油。这是因为机械碰撞法和亲和聚结法,都无法把处于气相的润滑油有效地分离出来。进一步的油气分离需要采用化学方法,通常是利用活性碳元件的吸附作用,清除处于气相的润滑油。经过吸附过程后,气体中的含油量可不高于 0.003×10^{-6} mg/m³,这比普通大气环境中的含油量还要低。

值得指出的是,由于油气混合物通过上述过滤元件时,总伴随着一定的压力下降,故分离出来的润滑油不可能沿来流方向回流,必须通过专门的管路,回流至压缩机的吸气口或处于较低压力的齿间容积中。另外,这种过滤元件不具备自净功能,油气混合物中的灰尘等杂质进入元件后,会滞留其中。所以,在运行过程中,过滤元件的压降将逐渐增大,当压降超限时,就需更换过滤元件。

为了尽可能减少气体流过过滤元件时的压力损失和提高分离效果,气体在其间的流速不能太高。然而,流速越低,所需的过滤材料就越多,过滤元件的成本就越高。合理的压降和流速,与被压缩气体的密度和润滑油的黏度等因素有关。一般通过洁净过滤元件的压降为0.025~0.03 MPa,当此压降增加到0.07~0.1 MPa时,就需更换过滤元件。对于喷油螺杆空气压缩机,气体流过过滤元件时的速度应在0.1 m/s左右。

　　3.油气分离器设计

　　喷油压缩机的机组系统可分为开式和闭式两类。在开式系统中,气体经过压缩机提高压力后,直接被输往使用场所,而不再回到压缩机中。喷油空气压缩机和喷油天然气压缩机的系统都属于此类。在闭式系统中,气体经过压缩机提高压力和在使用场所利用后,又会回流到压缩机中。喷油螺杆制冷压缩机的系统是典型的闭式系统。

　　开式系统和闭式系统中的油气分离器设计有所不同。对开式系统,机组排气中所含的润滑油就是油的消耗,所以其油气分离器都采用机械碰撞法和亲和聚结法的组合形式,以尽量降低润滑油的消耗量。在一些闭式系统中,机组排气中所含的润滑油,可以随着被压缩气体再次回到压缩机中。所以,很多闭式系统中,通常只采用机械碰撞法进行油气分离。不过,当过多的润滑油气体进入使用场所后,可能产生一定的危害,例如制冷机组中的润滑油进入冷凝器和蒸发器后,就会影响这些换热器的传热特性。因此,在闭式系统的油气分离器中,也越来越多地采用机械碰撞法和亲和聚结法的组合形式。在油气分离器中,通常把利用机械碰撞法的分离器称为一次分离器,把利用亲和聚结法的分离器称为二次分离器。

　　图 11-12 示出一种喷油螺杆空气压缩机的油气分离结构。该结构把一次分离器和二次分离器组合成一体,油气混合物进入分离器后,首先撞击分离器中设置的挡板壁面,利用机械碰撞法进行一次分离,一次分离后的油经冷却、过滤后再进入主机循环使用。然后,油气混合物以较低的速度进入过滤元件,利用亲和聚结法进行二次分离。通过过滤元件底部的回油管,可以将过滤元件分离出来的润滑油引出,一般直接喷入压缩机吸气口。值得指出的是,为了使过滤元件便于维护,并使机组中各部件布置方便,把一次分离器和二次分离器分开布置的方案也得到了广泛的应用。

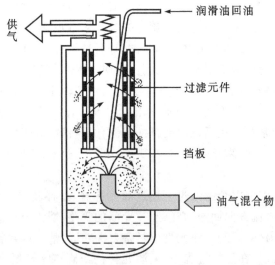

图 11-12　喷油螺杆空气压缩机油气分离器结构

　　图 11-13 示出一种喷油螺杆工艺压缩机的油气分离器结构,该结构也把一次分离器和二次分离器组合为一体,但在其中加装了网状元件。二次分离采用内进外出的形式,并对由过滤元件分离出的润滑油设置了液位显示,确保回油可靠。

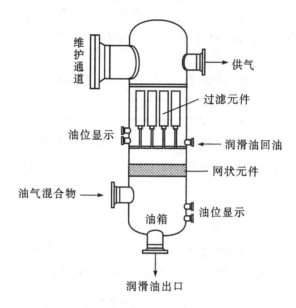

图 11-13　喷油螺杆工艺压缩机油气分离器结构

　　在喷油螺杆制冷压缩机中,油气分离器结构形式有多种。在封闭式机组中,一般仅采用机械碰撞法进行一次分离,不设过滤元件。在开启式机组中,多数机组采用如图 11-14 所示的结构,即仅采用机械碰撞法进行油气分离。但为了减少润滑油对冷凝器和蒸发器换热的影响,已有越来越多的制冷机组采用一次分离和二次分离组合的方式,在利用机械碰撞法进行一次分离后,进一步利用亲和聚结法进行二次分离。

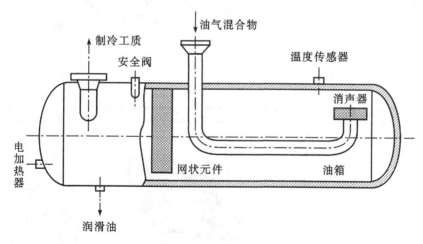

图 11-14　喷油螺杆制冷压缩机油气分离器结构

11.4　物联网在压缩机系统中的应用

物联网将信息化、数字化贯通至产品生命周期中的设计、制造、装配、物流、售后等各个环节，打破了产品设计和制造之间的"鸿沟"，提高了产品的可靠性与成功率，及时反馈用户使用信息，提高品牌服务质量。

工业物联网是物联网在工业领域的应用，是通过工业资源的网络互联、数据互通和系统互操作，实现制造原料的灵活配置、制造过程的按需执行、制造工艺的合理优化和制造环境的快速适应，达到资源的高效利用，从而构建服务驱动型的新工业体系。

在竞争日趋激烈的市场潮流中，不少企业意识到物联网的重要性，从而建立一个基于物联网技术的信息管理平台，将压缩机装备单机联合起来，形成工业物联网在压缩机行业的应用，可以称之为压缩机物联网。

11.4.1　压缩机物联网概述

如图 11-15 所示，压缩机物联网是将全球定位系统、手机通讯网、互联网等网络通信、监控等技术与压缩机结合，实现压缩机智能化识别、定位、跟踪、监控和管理，使压缩机装备、技术

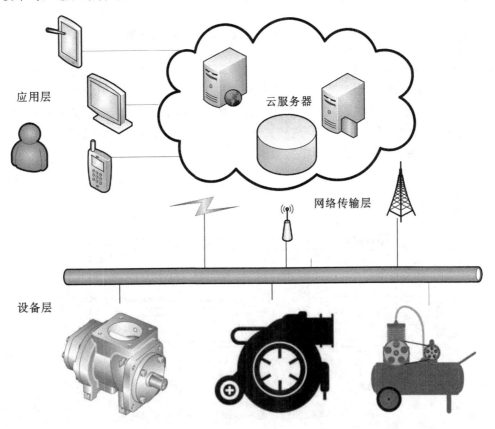

图 11-15　压缩机物联网应用示意图

服务人员、代理商、企业之间能够远程、动态、全天候地进行"物物相连、人人相连、物人相联"。利用压缩机企业联通的物联网,用户只需要按规程操作机械装备,其余所有问题,如保养、维护、修理等,都可通过压缩机物联网进行主动式服务。

随着压缩机的市场需求量逐年递增,压缩机厂商的产品出售到全国乃至世界各地,一方面,因操作不当等原因发生故障时,压缩机不能得到及时维修,长时间停机将给客户带来巨大损失;另一方面,压缩机是工业设备中耗电最多的设备之一,如何通过运行和维护服务,及时调整机器运行方式以降低能耗成为企业关注的焦点。对此,传统的监控方式已经不能满足客户的需求。为解决上述难题,压缩机物联网利用先进的物联网技术,搭建压缩机物联网整体运维平台,实现高度的信息化和工业化融合,实现企业向服务型制造企业的转型,并且为企业的信息化和智能化提供坚实的信息化平台保障。压缩机的信息化将信息技术、自动化技术、现代管理技术与机械制造技术相结合,改造提升压缩机行业的全局性、持续性、服务性和基础性的系统工程,实现从产品的设计制造、销售服务到回收再利用全生命周期的管理。

11.4.2　压缩机物联网的主要功能

在压缩机领域,物联网的标准化方面还没有形成一个统一的标准,但整个压缩机物联网发展态势良好,其主要作用有以下几个方面。

(1)远程监控。当远在千里之外的压缩机装备出现了故障时,各种故障信息数据可通过压缩机物联网系统及时传输至厂家的监控室,再由专家将解决方案回传至用户现场,便可解决问题,而无需奔波至现场维修。利用物联网,生产企业可以对所有出厂的压缩机设备安装智能终端,将用户的设备和厂家(经销/代理商)的服务"连接"起来,通过智能调度,极大地提高服务效率和质量,挽回客户因停机而造成的损失,节省服务成本和产品损失成本,提升客户忠诚度和信任度,提升售后配件销售额。同时,也可以改善当前压缩机行业售后配件生产、供应和服务的无序竞争局面,提升配件质量,使配件供给和售后服务市场趋向良性发展。

(2)大数据应用。首先,压缩机企业可以根据压缩机物联网获得的各种数据分析运行的产品有无缺陷,帮助研发部门或质量管理部门提升产品品质。其次,通过压缩机物联网可以清楚地了解压缩机在世界各地的使用情况,可针对当地经济发展情况进行分析,分析用户的使用习惯,作为企业的营销决策参考。最后,通过物联网可获得设备的使用情况,可分析不同地区、不同机型的使用情况,判断各零件的故障率,灵活储备零件库存,简化维修流程。

(3)智能控制及故障诊断。通过对用户的用气量需求进行监测,实现对压缩机运行状态的自适应调节控制,优化压缩机的运行曲线,达到最大限度降低能耗,实现优化运行和节能以及延长机器使用寿命的目的。同时,通过建立压缩机"专家系统",对压缩机的状态和性能进行综合分析,得到当前和将来压缩机运行状态的评估,对整个压缩机的剩余使用寿命进行预估,最终实现对压缩机健康状态的管理。

11.4.3　压缩机物联网发展趋势

物联网在压缩机行业的应用呈以下发展趋势。

(1)产品智能化:强化压缩机终端的故障自判断、远程辅助故障诊断、故障自恢复能力,强化施工现场的精细化、精准化、无人化能力,实现高效率和高质量的运行。

(2)服务平台化:基于物联网的互联互通的基础,将实时采集的压缩机状态数据上传至平台,对数据进行全新的分析,基于平台的开放能力,根据用户实际需求提供设备远程管理、预防性维护和故障诊断等服务。

(3)虚拟现实化:采用 AR、VR 等物联网技术与应用,解决设备在线体验、强化压缩机终端的感知能力,提供设备操作技能培训,虚拟与现实互联解决智能作业、无人值守等问题,降低劳动强度,提升作业安全性。

(4)管控全球化:在全球化发展过程中,压缩机产品基于物联网技术与应用,解决终端在世界各地入网认证问题、基础数据信息采集与传输问题、云端数据分析问题,实现对海外分布设备的监控与服务,拓展海外市场空间,进而形成全球一体化管控能力。

11.4.4　压缩机物联网的应用案例

压缩机物联网的应用能够更大程度地实现压缩机产业的信息化和智能化。据统计,在中国压缩空气的耗电量占全国发电量的 9%～10%,压缩空气系统的耗电量约占用气企业总耗电量的 15%～35%。在空气压缩机的寿命周期成本中,采购成本只占 5% 左右,服务成本占 17% 左右,而能耗成本占比高达 78% 左右,相对于整个寿命周期的能耗成本和服务成本,采购成本几乎可以忽略不计。因此,实现压缩机的节能运行,是压缩机物联网应用的首要目标。

通过压缩机物联网管理系统接入成千上万台在用户现场运行的压缩机。通过上传的运行数据分析,可真实客观的评价设备维护保养水平,反映压缩机实际运行的能效水平,使用户能有效地降低生产成本和管理成本。通过该系统分析压缩机运行历史和实时数据,可以得到压缩机空载率、空满载耗能、加卸载次数、年度预估耗能耗电等各项指标,并判断该机器或者空压站是否有节能改造的潜力。

如图 11-16 所示,是一台功率为 37 kW,接入物联网系统的螺杆空气压缩机历史运行数据,可以看出机器在工作日内运行非常规律,因此,可以真实的反映该机一年的运行情况,预测出一年的功耗和空载率等指标。从历史数据,可以看出该机器加卸载频繁琐、空载率大,浪费了大量电能,急需进行节能改造。

通过历史数据分析,对于此类空载率高的机器,可通过变频改造以适应用气设备的气量需求,这是最理想的节能方案。

经过变频改造之后的压缩机,运行在较低转速下,电流和功耗都随之下降。如图 11-17 所示,根据历史数据的对比测算,通过变频改造,该空压机一年可节省电费约 7 万元。由此可见,通过压缩机物联网的数据挖掘所带来的经济效益相当可观。

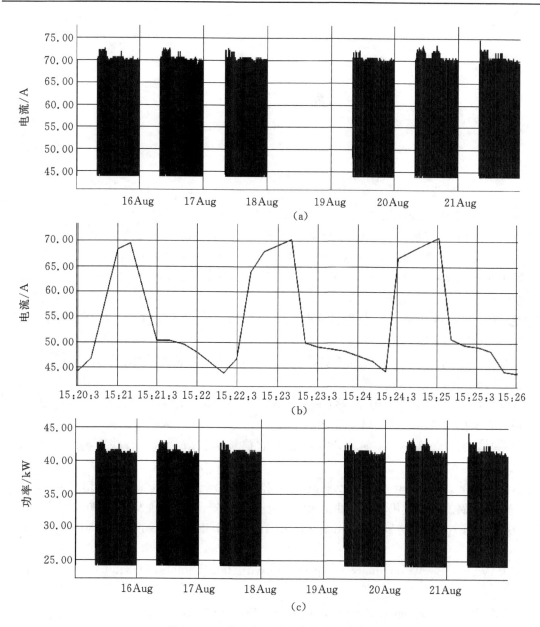

图 11-16　某空气压缩机的历史运行数据

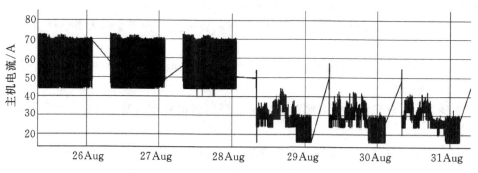

图 11-17　变频改造前后压缩机的电流对比

参考文献

[1] 邓定国,束鹏程.回转压缩机[M].北京:机械工业出版社,1982年.

[2] 邢子文.螺杆压缩机——理论、设计及应用[M].北京:机械工业出版社,2000.

[3] 吴序堂.齿轮啮合原理[M].2版.西安:西安交通大学出版社,2009年.

[4] 邢子文,吴华根,束鹏程.螺杆压缩机设计理论与关键技术的研究和开发[J].西安交通大学学报,2007,41(7):755-763.

[5] 吴华根,唐昊,陈文卿,等.双螺杆水蒸气膨胀机的研究与开发[J].西安交通大学学报,2014,48(3):1-6.

[6] 田雅芬,赵兆瑞,邢子文,等.复叠制冷系统与载冷剂制冷系统适用范围研究[J].制冷学报,2016,37(2):22-29.

[7] 武晓昆,陈文卿,周明龙,等.双螺杆制冷压缩机气流脉动衰减器的研究与开发[J].西安交通大学学报,2017,51(4):23-29.

[8] 顾兆林,郁永章,冯诗愚.涡旋压缩机及其它涡旋机械[M].西安:陕西科学技术出版社,1998.

[9] 森下悦生等,邓立文泽.涡旋式压缩机的几何理论[J].流体工程,1985,10:38-48.

[10] 李元鹤.涡旋式压缩机轴向柔性机构的研究[D].西安:西安交通大学,2000.

[11] GOODYEAR J W. Pressure energy translating and like devices:US2716861[P]. 1955-09-06.

[12] ZIMMERN B. Worm rotary compressors with liquid joints:US3180565[P]. 1965-04-27.

[13] ZIMMERN B. From Water to Refrigerant:Twenty Years to Develop the Oil Injection-free Single Screw Compressor[C]//Proceedings of the 1984 Purdue Compressor Technology Conference. Indiana:s. n. ,1984:513-518.

[14] 金光熹.单螺杆压缩机型线和流体动力润滑的研究[J].西安交通大学学报,1982,6:10-13.

[15] 吴建华,金光嘉.国内外单螺杆压缩机的发展及其啮合副型线研究[J].压缩机技术,1996,4:46-50.

[16] 冯全科,郭蓓,赵忏,等.多直线包络的单螺杆压缩机啮合副型面设计方法[J].压缩机技术,2005,3:42-46.

[17] 曹锋.双螺杆油气多相混输泵热力性能和动力性能特性研究[D].西安:西安交通大学,2001.

[18] 吴伟烽. 单螺杆压缩机啮合副的多圆柱包络啮合副理论及加工技术的研究[D]. 西安：西安交通大学，2009.

[19] WU Weifeng, FENG Quanke, YU Xiaoling. Geometric design investigation of single screw compressor rotor grooves produced by cylindrical milling[J]. Journal of Mechanical Design, Transactions of the ASME, 2009, 131(7):07101.

[20] 马国远，李红旗. 旋转压缩机[M]. 北京：机械工业出版社，2001.

[21] 苏春模. 罗茨鼓风机及其使用[M]. 北京：机械工业出版社，1999.

[22] 彭学院，何志龙，束鹏程. 罗茨鼓风机渐开线型转子型线的改进设计[J]. 风机技术，2000 (3):3-5.

[23] WYCLIFFE H. Mechanical high vacuum pumps with an oil-free sweptvolume[J]. Journal of Vacuum Science & Technology, 1987, 4:2608-2610.

[24] 汤炎，李莉. 单齿转子压缩机型线的研究[J]. 流体工程，1991, 5:24-30.

[25] 郁永章. 容积式压缩机技术手册[M]. 北京：机械工业出版社，2005.

[26] 李敏霞，马一太，李丽新. 二氧化碳摆动转子膨胀机的设计与受力研究[J]. 机械设计，2005, 22(10):48-51.

[27] 查世彤. 二氧化碳跨临界循环膨胀机的研究与开发[D]. 天津：天津大学，2003.

[28] 王满. 无气阀摆动转子压缩机结构与工作特性研究[D]. 南宁：广西大学，2017.

[29] TAN K M, OOI K T. Experimental study of fixed-vane revolving vane compressor[J]. Applied Thermal Engineering, 2014, 62(1):207-214.

[30] NOH K Y, MIN B C, SONG S J, et al. Compressor efficiency with cylinder slenderness ratio of rotary compressor at various compression ratios[J]. International Journal of Refrigeration, 2016, 70:42-56.

[31] LEE S J, SHIM J, KIM K C. Development of capacity modulation compressor based on a two-stage rotary compressor – Part II: Performance experiments and P – V analysis [J]. International Journal of Refrigeration, 2016, 61:82-99.

[32] 马伯华，等. 化学工程手册[M]. 北京：化学工业出版社，1989.

[33] 屈宗长. 同步回转式压缩机的几何理论[J]. 西安交通大学学报，2003, 37(7):731-733.

[34] 杨旭，屈宗长，束鹏程. 同步回转式压缩机动力分析及计算[J]. 流体机械，2007, 35(11):15-20.

[35] 杨旭，屈宗长，吴裕远. 同步回转式混输泵的工作原理与动力特性研究[J]. 西安交通大学学报，2010, 44(5):60-65.

[36] WU Huagen, XING Ziwen, SHU Pengcheng. Theoretical and Experimental Study on Indicator Diagram of Twin Screw Refrigeration Compressor [J]. International Journal of Refrigeration, 2004, 27(4):331-338.

[37] WU Huagen, LI Jianfeng, XING Ziwen. Theoretical and Experimental Research on the Working Process of Screw Refrigeration Compressor under Superfeed Condition [J]. International Journal of Refrigeration, 2007, 30(8):1329-1335.

[38] FLEMING J S, TANG Y. The twin helical screw compressor part 2: a mathematical model of the working process[J]. Proceedings of the Institution of Mechanical Engi-

neers,Part C:Journal of Mechanical Engineering Science,1998,212 (5):369 - 380.

[39] 李鹏飞,徐敏义,王飞飞. 精通 CFD 工程仿真与案例实战[M].北京:人民邮电出版社,2017.

[40] KOVACEVIC A,RANE S,STOSIC N,et al. Influence of Approaches in CFD Solvers on Performance Prediction in Screw Compressors[C]//Proceedings of 22nd International Compressor Engineering Conference at Purdue. Indiana:s. n. ,2014:1124.

[41] WU Huagen,HUANG Hao,ZHANG Beiyu,et al. CFD Simulation and Experimental Study of Working Process of Screw Refrigeration Compressor with R134a[J]. ENERGIES,2019,12(11):2054.